660MW 超超临界机组培训教材

电气设备及系统

陕西商洛发电有限公司　西安电力高等专科学校　组　编

王战锋　林创利　主　编

王鹏刚　副主编

刘宏波　蔺丹　参　编

中国电力出版社

CHINA ELECTRIC POWER PRESS

内 容 提 要

本分册是 660MW 超超临界机组培训教材系列丛书之《电气设备及系统》。全书以陕西商洛发电有限公司电气设备为主，主要讲述了一次设备及二次设备的工作原理、结构、运行与接线方式、故障处理等，包括汽轮发电机、电力变压器、发电厂开关设备、电气主接线及厂用电接线、配电装置、继电保护及发电厂电气控制等内容。

本分册适合从事 600MW 及以上大型火力发电机组安装、调试、运行、检修等工作人员学习或作为培训教材使用，也可以供相关专业工程技术人员学习，还可供高等院校能源与动力工程和电气工程及其自动化专业师生参考学习。

图书在版编目（CIP）数据

电气设备及系统/陕西商洛发电有限公司，西安电力高等专科学校组编 . —北京：中国电力出版社，2021.7（2025.1重印）
660MW 超超临界机组培训教材
ISBN 978-7-5198-5206-1

Ⅰ.①电…　Ⅱ.①陕…　②西…　Ⅲ.①超临界机组—电气设备—技术培训—教材　Ⅳ.①TM621.3

中国版本图书馆 CIP 数据核字（2020）第 248292 号

出版发行：中国电力出版社
地　　址：北京市东城区北京站西街 19 号（邮政编码 100005）
网　　址：http：//www.cepp.sgcc.com.cn
责任编辑：吴玉贤
责任校对：黄　蓓　郝军燕
装帧设计：赵姗姗
责任印制：吴　迪

印　　刷：北京天宇星印刷厂
版　　次：2021 年 7 月第一版
印　　次：2025 年 1 月北京第二次印刷
开　　本：787 毫米×1092 毫米　16 开本
印　　张：24
字　　数：572 千字
定　　价：98.00 元

编　委　会

主　任　张正峰　孙文杰

副主任　郭进民　王战锋　孙　明　雷鸣霄

委　员　林建华　汤培英　王敬忠　田　宁　袁少东　董　奎

　　　　　陈乙冰　杨艳龙　冯德群　王鹏刚　刘宏波　林创利

　　　　　高　驰　王俊贵　乔　红　韩立权　张泽鹏　陈智敏

　　　　　郭　松　王浩青

前　言

　　21 世纪，火力发电机组进入超高参数、大容量、低能耗、小污染、高自动化的发展时期，600MW 等级及以上机组逐渐成为主力机组。近几年来，有一大批 660MW/1000MW 超超临界机组相继投产，对从事生产运行和相关工作的技术人员提出了更高的要求。因此西安电力高等专科学校和陕西商洛发电有限公司联合组织编写了本套培训教材。本套教材分为《锅炉设备及系统》《汽轮机设备及系统》《电气设备及系统》《热工过程自动化》《电厂化学设备及系统》《输煤与环保设备及系统》六个分册。

　　本册为《电气设备及系统》分册，主要针对陕西商洛发电有限公司的 660MW 电气一、二次设备进行编写，同时兼顾特殊需求，该分册分为七章。绪论部分针对电力系统大框架、发电厂及变电站、发电厂变电站设备进行了概括性论述，是学习本分册的基础。第一章针对汽轮发电机结构与发展技术进行了论述。第二章针对电力变压器结构、原理及运行进行了深入介绍。第三章针对发电厂开关设备进行深入论述。第四章讲述了电气主接线及厂用电接线的理论知识和实际案例。第五章针对屋内、屋外、成套配电装置及防雷接地装置进行了论述。第六章针对二次继电保护及发电厂电气控制进行了介绍。第七章详细阐述了发电厂电气控制部分。本分册内容突出发电厂主要电气设备、系统特点，注重基本理论与实践的结合，注重知识的深度与广度的结合，注重专业知识与操作技能的结合，可以作为运行、检修、技术和管理人员的培训教材，还可以作为相关专业的教材和教学参考书。

　　本分册由西安电力高等专科学校林创利、蔺丹和陕西商洛发电有限公司王战锋、王鹏刚、刘宏波编写。在编写过程中，参阅了专业文献以及相关电厂、研究院所和高等院校的技术资料、说明书、图纸等，得到了陕西商洛发电有限公司生产领导和专业技术人员的大力支持、帮助及配合，在此一并表示衷心的感谢。

　　由于编者水平所限和编写时间紧迫，书中疏漏之处在所难免，敬请读者批评指正。

编　者

2020 年 12 月

目　录

绪　　论

一、电力系统的组成

电力系统是由发电厂、变电站、输配电线路及用户在电气上相互连接，能够生产、输送、分配电能的整体，电力系统组成示意如图 0-1 所示。一般把输配电线路以及由它所联系起来的各类变电站总称为电力网，因此，电力系统也可以看作由各类发电厂、电力网及用户组成。下面以图 0-1 所示的简单电力系统为例说明电力系统的组成及各部分的作用。

发电厂　　升压变电站　　输电线路　　降压变电站　配电系统及用户

图 0-1　电力系统组成示意图

（一）发电厂

发电厂是电力系统的中心环节，它的基本任务是把一次能源转变成电能。用于发电的一次能源主要有石油、天然气、煤炭、水力和核能。根据所使用的一次能源的不同，发电厂可分为火力发电厂、水力发电厂和原子能发电厂（核电厂）等。此外，还有太阳能发电厂、风力发电厂、潮汐发电厂、地热发电厂、抽水蓄能电站等。

随着中国电力供应逐步宽松以及国家对节能降耗的重视，中国加大力度调整火力发电行业的结构。2013 年开始，中国每年的火力发电量一直处于 4 万亿 kWh 以上，截至 2018年，中国火力发电量达到 49 794.7 亿 kWh，接近 5 万亿 kWh，同比增长 7.98%。

发电厂一般建设在动力资源比较丰富的地区，如水电站建设在江河流域水位落差较大的地方，火电厂多建设在燃料和其他能源的产地或交通方便的地方，而大的电力负荷中心则多集中在工业原料产地、工农业生产基地及大城市等地。因此，发电厂和电力负荷中心往往相距甚远，发电厂的电力需要经过升压变压器、输电线路、降压变压器、配电线路、配电变压器这些环节，然后供给用户。

（二）变电站

发电厂和电力负荷中心往往相距数十千米、数百千米乃至数千千米，电能在输送过程中，会产生电压降落、功率损耗和电能损耗。在远距离的电能输送中，为提高电能质量和供电经济性，必须在电源端提高电压，升压变压器即用于此目的。电能经过高电压远距离输送到达负荷中心后必须由降压变压器把电压降到安全经济的电压等级。变电站是由变压器及相应的开关等电气设备构成的变换电能的系统。根据变电站在电力系统中所处的位置及作用，变电站可分为枢纽变电站、中间变电站和终端变电站，其中枢纽变电站在电力输送和分配中起着重要的作用。

（三）输电线路

大多数发电厂远离电力负荷中心，如我国的煤炭资源主要集中在山西、陕西北部、内蒙古、河南西部等地区，水力资源主要分布在我国西南、西北地区，而我国的电力负荷中心主要集中在东部、南部，沿海的用电负荷占全国电力负荷的75％。因此需要将电力线路作为传输电能的通道从而将发电厂的电能送往负荷中心，我们将该电力线路称为输电线路。输电方式有三相交流输电和超高压直流输电两种，而三相交流输电为我国主要的输电方式。我国三相交流输电线路的最高电压等级为1000kV，直流输电线路为±1000kV。

电力线路分为架空线路和电缆线路两种。架空线路是指架设在线路杆塔上的导线，而电缆线路一般敷设在地下。由于架空线路的建设费用比电缆线路要低得多，而且架空线路便于施工、维护和检修，因此在电力网中绝大多数线路采用架空线路。当受环境限制不能采用架空线时才考虑电缆线路，如大城市的配电网。

（四）电力网

电力网简称电网，是电力系统的重要组成部分，是发电厂和电力用户之间必不可少的中间环节。它由各种电压等级的输配电线路及其两端的变电站组成，其分类如下：

按结构分{ 开式电网：用户只能从单方向得到电力的电网。
         闭式电网：用户可以从两个及两个以上方向得到电力的电网。

按电压等级分{ 低压电网：1kV以下的电网。
            高压电网：1～220kV电网。
            超高压电网：330～1000kV电网。
            特高压电网：1000kV以上电网。

按供电范围分{ 超高压电网：330kV以上，担任远距离输送任务的电网。
            区域电网：110～220kV的省区级电网。
            地方电网：不超过35kV、输电距离在几万米以内的电网。

发电厂生产的电能经过输电网到达电力负荷中心以后，还需要经配电网送往用户。我国的配电网一般分为高压配电网和低压配电网两级。高压配电网的电压是6、10kV和35kV，有些城市已采用110kV和220kV。低压配电网指的是电压为380V和220V的三相四线制电网。

我国城市配电网的发展目标是尽量使配电系统简单化，减少电压等级，提高供电可靠性。我国已有城市采用220kV的高压线路直接将电能输送到电力负荷中心，经过一次降压即到达低压配电网。我国农村用电的特点是负荷分散、具有季节性，农村配电网络多采用架空线路辐射形供电，一般采用110kV（或35kV）降到10kV，然后用分散的柱上配电变压器降到380/220V，供给农业用户。

还需说明的是，电力系统（所有的发电机、输电网和配电网、用户的受电器及负荷的总体）与发电厂的动力部分（锅炉、水库、核反应堆、风力机、汽轮机等）统称为动力系统。输电网和配电网统称为电力网，简称电网。动力系统、电力系统和电力网示意图如图0-2所示。

图0-2比较完整地描绘了电力系统和电力网的概貌，其中火力发电厂、水力发电厂、变电站、输电网、配电网以及负荷等构成了电力系统的基本组成部分。发电、输电和配电这些环节和设备构成了电力系统的一次系统；为保证电力系统正常、安全、可靠地供电，在电力系统中还设置有各种自动装置、继电保护、监测控制、信号回路、调度和操作系统等，这些都是电力系统不可缺少的组成部分，称为二次系统。本章主要涉及与一次系统有

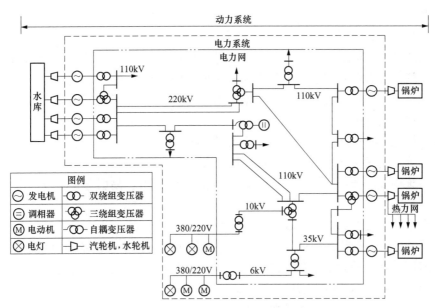

图 0-2 动力系统、电力系统和电力网示意图

关的分析和计算问题。

二、联合电力系统

电力系统是随着生产经济及技术的发展形成的。在电力工业发展的初期，发电厂均建设在用电地区附近，规模较小，且孤立运行。随着生产和经济的发展，发电厂的容量和用户所需的电能不断增加，小规模、孤立运行的电厂已经不能适应经济的发展。随着高压输电技术的发展，为提高运行的可靠性和经济性，在地理上相隔一定距离的发电厂彼此连接起来并列运行，这样就形成了区域电力系统。将几个区域的电力系统经联络线联系起来联合运行，就组成了现代的联合电力系统，也称为互联系统，如西北地区的甘肃、宁夏、青海、陕西的电力系统，经联络线路连接就组成了联合的西北电力系统。我国大区域的电力系统均为联合电力系统，如东北、华北、华中电力系统等。互联系统联络线的任务是按照运行的要求实现系统之间的功率交换，在事故情况下提高系统运行的可靠性。

联合电力系统在技术上和经济上都有很大的效益，主要归纳为以下几个方面。

（一）提高供电的可靠性

联合电力系统的容量较大，其中某一部分发生故障时对全系统影响较小，并且还可以通过联络线实现各地区之间的相互支援，使用户停电次数和时间都减少。

（二）减少系统装机容量，提高设备利用率

由于电力系统覆盖地域广，各地区最大负荷发生的时间不尽相同，因此联合电力系统中的最大综合负荷必然小于各个电力系统单独供电时各最大负荷相加的总和。若联合电力系统中最大综合负荷降低，则系统中的总装机容量也会相应地减小。

（三）合理利用动力资源，提高运行的经济性

联合电力系统可以在更大范围内进行能源调度，从而能够合理利用水力资源、煤炭资源。在丰水期水电大发，火电调峰；在枯水季节，水电站只担负尖峰负荷，而火电厂承担基本负荷运行。这样水电、火电调剂既充分利用了水力资源，又降低了火电厂的煤耗，提

高了电力系统整体运行的经济性。

（四）便于安装大机组，提高劳动生产率

在小系统中发电机组容量不能太大，否则一旦发生故障，对系统影响会很大。若电力系统之间互联，就有可能在系统中装设大容量的机组。从经济上看，大机组每 1kW 设备的投资、每生产 1kW·h 电能的燃料消耗和维护费用都较小机组经济，因此可以节省投资，降低成本，提高劳动生产率。

互联系统也存在一定的缺点，部分缺点列举如下：

（1）系统之间联系均为超高压设备，投资大。

（2）系统构成复杂，运行难度大，局部故障处理不当容易引起故障扩大，危及整个系统。

（3）全系统容量增加，短路故障电流增大。

电力系统的发展趋势是规模越来越大，电压越来越高，单个设备的容量越来越大，且已形成了跨国、跨洲的大型联合电力系统。世界上最大的电力系统容量已超过了 1 亿 kW，输电距离超过 1000km，最高电压达 1000kV，并正在向更高电压等级发展。

三、电力系统的运行特点及基本要求

（一）电力系统的运行特点

电能的生产、输送、分配和使用有着与其他行业完全不同的特点，具体如下。

1. 电能不能储存

电能的生产、输送、分配和消费是在同一时刻进行的。任何时刻发电厂所生产的电能必须等于用户消耗的功率加上系统输送电能时的功率损耗，电力系统中的功率是每时每刻平衡的。电力系统中生产电能的发电机、输送和分配电能的变压器和线路以及使用电能的用电设备是紧密联系、互相影响的一个统一的整体，因此，每一个电气元件的运行状况都会影响到电力系统的整体运行。

2. 电能生产与国民经济和人民生活有着极为密切的关系

现代工业、农业和交通运输以及人民日常生活都广泛使用电能作为动力。电能供应不足或中断将直接影响各个部门的生产，引起市政交通混乱，同时也会直接影响人民的日常生活，甚至引起更加严重的后果。在许多情况下，由于停电而造成的经济损失是非常巨大的。

3. 过渡过程非常迅速

电能是以光速传播的，所以在电力系统中由于运行情况发生变化而引起的从一种运行状态到另一种运行状态的变化过程（即过渡过程）十分迅速。电力系统中的正常操作，如变压器、输电线路的投入运行或切除都是在极短的时间内完成的；用户电力设备的启用、停止或增减负荷的过程也是在极短的时间内完成的；电力系统中的故障，如短路故障引发的异常现象变化也是很快的。因此，不论是在正常情况下（如运行情况变化）进行的调整和切换等操作，还是发生故障时需要切除故障或把故障限制在一定的范围内并迅速恢复正常运行所进行的一系列调整和切换等操作，仅仅依靠人工都是不可能的，必须应用各种自动装置和继电保护装置来迅速而准确地完成。

（二）电力系统的基本要求

电力系统的特点及电力系统在国民经济中的地位和作用决定了对电力系统的基本要

求，其基本要求如下。

1. 最大限度地满足用户用电的要求

最大限度地满足用户用电的要求，为国民经济的各个部门提供充足的电力是电力系统的主要任务。为此必须正确地进行电力系统发展的规划和设计，以发挥现有设备的潜力；加强系统维修以减少设备故障，尽量避免因缺电而使工农业生产受到影响。

2. 保证安全可靠的供电

保证供电的可靠性是电力系统运行极为重要的任务。要保证对用户供电的可靠性，首先要保证系统中各个元件运行的可靠性，因此需要经常对元件进行监视维护，并定期进行检修试验；其次要提高系统运行的水平，防止误操作的发生，且应事先采取预防性措施，并在发生事故后妥善处理，防止事故扩大。

虽然保证安全供电是对电力系统运行的主要要求，但各种用户对供电可靠性的要求是不一样的。供电中断对用户的影响也各不相同，有的会影响人身安全和设备安全，有的会造成严重的经济损失，有的则影响较小，因此必须根据实际情况确定。通常，根据对供电可靠性的要求可将用户分为以下三类。

第一类用户：指在国民经济中占有非常重要地位，一旦停电会造成人身事故、设备损坏，使生产秩序长期不能恢复，人民生活发生混乱或造成重大政治影响者。

第二类用户：若对这类用户突然停电，将产生大量的废品，造成大量减产，工厂停工，城市公用事业和人民生活将受到影响。

第三类用户：指不属于前两类用户的其他用户。如一般工厂的附属车间、学校、农村用电等，对这类负荷短时停电不会带来严重后果。

以上三类用户相应的负荷分别称为一类负荷、二类负荷、三类负荷。

当系统发生事故而导致供电不足时，首先应切除三类负荷，保证一类、二类负荷正常运行，通常对一类负荷都设置两个或两个以上的独立电源。

3. 保证良好的电能质量

良好的电能质量主要是指电力系统频率和各点的电压应保持在一定的允许变动范围之内，供电电压波形正常且应为正弦波。我国电力系统额定频率规定为 50Hz。一般频率容许偏差为 0.2～0.5Hz。供电电压相对额定电压的容许偏差由于负荷不同而有所不同，一般情况下，电动机：±5%；照明：−2.5%～+3%；农村：−10%～+7.5%。

频率的偏差将严重地影响电力用户的正常工作，频率降低将使电动机的转速下降，从而使劳动生产率降低，并缩短电机寿命；频率增加会使电动机转速增加，功率损耗上升，此外频率变化还影响电能表的正常使用及其他电子器械的精确度。同样，电压过高或过低也将使用电设备不能正常工作，或使其运行的技术、经济指标变差，供电电压过高，将使用电设备加速老化或损坏，如电动机磁路将工作在饱和磁化区而使铁芯过热，照明设备则因为电压过高而使其寿命显著缩短；电压过低则会使照明设备亮度过暗，电动机转矩显著减小，以致转差率增大，定子、转子电流增大，导致电动机过热甚至烧坏。

电力系统提供的电源波形如不是正弦波，必然包含着各种高次谐波成分，从而大大影响电动机运行效率和正常运行，还将影响电子设备正常工作，对通信造成干扰，甚至使系统产生高次谐波共振而危及设备的安全运行。

4. 提高电力系统运行的经济性

线路中输送的三相功率 S 和线电压 U、线电流 I 之间的关系为 $S = \sqrt{3}UI$。在传输功率一定的条件下，如所用的额定电压愈高，则线路上的电流愈小，这样线路上的功率损耗、电压损耗等也就愈小，同时可以采用截面积较小的导线以节约有色金属。运行的经济性就是使电能生产、输送和分配过程中耗费少、效率高，从而最大限度地降低电能成本。电力系统运行的经济性主要反映在降低发电厂的煤耗率（或水耗率）、厂用电率及网络电能损耗率等指标。

第一章　汽轮发电机

第一节　汽轮发电机技术参数

600MW 级汽轮发电机组容量大、技术参数高、运行可靠性好、耗煤量低、对环境污染小，是大多数工业发达国家重点发展的火力发电主力机组。我国改革开放的不断深入和经济建设的持续高速发展，促使电力生产快速增长，我国电力工业也迎来了大电网、大机组、高参数、高自动化的发展时期。自 1985 年 12 月 30 日内蒙古元宝山电厂 2 号机组投入运行开始，我国就迈入了发展 600MW 级汽轮发电机组的年代，600MW 级汽轮发电机组将逐渐成为我国电网中的主力机组，部分 600MW 级汽轮发电机技术数据见表 1-1。

表 1-1　部分 600MW 级汽轮发电机技术数据

项　　目	北仑港电厂1、2号机	哈尔滨三厂3、4号机	石洞口二厂1、2号机	邹县电厂5、6号机	商洛电厂1、2号机组	元宝山电厂2号机
出产厂家	东芝集团、北重集团公司	哈尔滨电气集团公司	ABB集团、上海电气集团股份有限公司	日立公司、东电电子（上海）有限公司	东方电气集团东方电机有限公司	阿尔斯通公司
额定容量（MW/MVA）	600/667	600/666.67	600/667	655.2/728	660/733.3	600/667
额定电压（kV）	20	20	24	22	22	20
额定电流（A）	19 245	19 245	16 038	19 105	19 245	19 245
额定频率（Hz）	50	50	50	50	50	50
额定转速（r/min）	3000	3000	3000	3000	3000	3000
额定功率因数	0.9	0.9	0.9	0.9	0.9	0.9
相数	3	3	3	3	3	3
定子绕组接线方式	YY	YY	YY	YY	YY	YY
定子绕组冷却方式	水内冷	水内冷	水内冷	水内冷	水内冷	水内冷
转子绕组冷却方式	氢内冷	氢内冷	氢内冷	氢内冷	氢内冷	氢内冷
定子铁芯冷却方式	氢冷	氢冷	氢冷	氢冷	氢冷	氢冷
氢气压力（MPa）	0.41	0.4	0.46	0.414	0.45	0.39
同步电抗百分数 X_d（%）	209.0	215.56	203.0	188.7	208.08	209.8
瞬变电抗百分数 X_d'（%）	31.79	26.5	29.0	22.10	26.24	32.1
超瞬变电抗百分数 X_a''（%）	25.4	20.5	19.0	20.06	21.18	22.3

续表

项 目	北仑港电厂1、2号机	哈尔滨三厂3、4号机	石洞口二厂1、2号机	邹县电厂5、6号机	商洛电厂1、2号机组	元宝山电厂2号机
稳态负序电流 $\left(\dfrac{I_2}{I_N}\right)$（%）	8	8	8	8	—	10
暂态负序电流 $\left(\dfrac{I_2}{I_N}\right)^2 t$	10	8	10	10（$t\leqslant120$s）	—	10
定子中性点接地方式	经20kV/190V配电变压器接地		经配电变压器高阻接地		经400/100V变压器高阻接地	经配电变压器高阻接地
效率（%）	99.0	98.94	98.91	98.8	98.95	98.94
短路比	0.539	0.542	0.5	≥0.5	0.5527	0.5139
静过载能力		1.71		1.622	1.64	
定子绕组绝缘等级	B级	B级	F级	F级	F级	F级
转子绕组绝缘等级	B级	B级	F级	B级	F级	F级
铁芯冲片绝缘等级		B级		F级	F级	
定子绕组温升（℃）	54	27	60	≤85	≤120	<65
定子铁芯温升（℃）		27.8	60	≤120	≤120	<65
转子绕组温升（最高/平均）（℃）	≤64	53.8/40.4	≤60	115	115	<75
励磁损耗（kW）		2040		1860.3		
机械损耗（kW）	1700	1298	117.2			
总损耗（kW）	6589	6421	7272.2			
励磁方式	全静态自并励	无刷	自并励	静止可控硅	静止可控硅	
额定励磁电压（V）	510	429	490	367	425.8	592
额定励磁电流（A）	4700	4202	5100	4393	4663.7	2963
空载励磁电压（V）		144.2		148	152	
空载励磁电流（A）	1693	1480	1786	1748	1786.3	
定值电压倍数	2.0	2.0	2.0	2.0	2.0	2.0
强励时间（s）		<10		10	20	
通风形式	气隙取气	气隙取气	轴向通风	气隙取气		—
风扇形式/数量		单级轴流/2		轴流/2		
定子机座特点		整体机座		内外机座		
冷却布置方式		背包式		立式		
隔振方式		切向弹性板		切向弹性板		
定子槽数		42		42	42	
转子槽数		32		32	32	
油密封形式		双流环式		单流环式	单流环式	
定子质量（t）	289.7	320	310		262	369
转子质量（t）	71.3	72	69	70	67.5	78

第二节　汽轮发电机的基本结构

商洛电厂汽轮发电机为三相交流隐极式同步发电机。发电机主要由静止的定子、转动的转子、集电环和电刷、外端盖与轴承、油密封装置、氢气冷却器及出线盒、引出线及瓷套端子等部分组成，各主要结构部件分别介绍如下。

一、定子部分

定子主要由机座与端盖、机座隔振、定子铁芯、定子绕组、定子出线等部分组成。

（一）机座与端盖

机座的作用主要是支撑和固定定子铁芯、定子绕组，同时也给冷却氢气通过发电机提供了多条循环路径。并且机座还承受电磁力矩和倍频的交变电磁力的作用，如果用端盖轴承，它还要承受转子质量，所以机座必须具有足够的强度和刚度。除此之外，600MW 水氢氢发电机，机壳内的额定氢压为 0.4～0.5MPa，机座还要求具有可靠的防爆能力和严密的密封，以防止漏氢和氢气的爆炸。商洛电厂 1、2 号机组发电定子机座设计成三段，即一个中段和两个端罩。中段（含铁芯和绕组）是发电机最重、最大的部件，其尺寸和质量均在铁路运输范围内，可以通过铁路运往电厂。端罩与机座之间和励端端罩与出线罩之间的结合面用焊接进行密封（在安装时进行），端罩与端盖之间则用注入密封胶的方式进行密封。端罩侧面布置有测温接线板，机内的测温元件引线经过测温接线板引出。机座上有四个可拆式吊攀。所有机外的油、水、气管道均用法兰与发电机连接。铁芯与机座之间装设轴向弹簧板，有效地减小了铁芯倍频振动对机座及基础的影响。

端盖是电机密封的一个组成部分，为了安装、检修、拆装方便，一般端盖由水平分开的上下两半构成。大容量的发电机厂采用端盖轴承，轴承装在高强度的端盖上。端盖结构示意图如图 1-1 所示。端盖分为外端盖、内端盖和导风环（挡风圈）。内端盖和导风环与外端盖间构成风扇前、后的风路。

（二）机座隔振（定子弹性支撑）

1. 铁芯的倍频振动

在二极汽轮发电机中，转子磁通经定子铁芯形成回路，对定子铁芯会产生磁拉力。空载时产生径向力；负载时除产生径向力外，还产生切向力。任一点的磁拉力与所在点磁通密度 B_δ 的二次方成正比。由于两磁极中心线上磁拉力最大，极间磁拉力

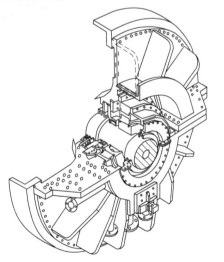

图 1-1　端盖结构示意图

最小，因此定子铁芯会产生椭圆形形变。气隙内各点磁通密度随转子旋转而改变，转子每旋转一周，铁芯的形变要交变两次，迫使定子铁芯产生频率为工作频率两倍（即 100Hz）的振动（即弯挠振动），定子铁芯倍频振动时的椭圆形形变如图 1-2 所示。此外，定子线棒因电流间的相互作用而产生振动，也会引起定子铁芯双频振动；三相突然短路时，定子铁芯还会出现扭转振动；定子端部漏磁的轴向分量，也会引起铁芯产生轴向双频振动；由于定子铁芯各

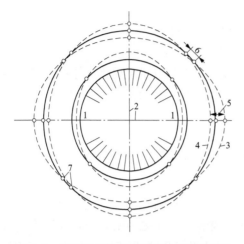

图 1-2　定子铁芯倍频振动时的椭圆形形变

1—转子磁极；2—磁极中心线；3—极中心线在垂直位置时的形变；4—极中心线在水平位置时的形变；5—径向振动的倍频振幅；6—切向振动的倍频振幅；7—节点

齿内磁导的不均匀，定子铁芯还会产生频率高于双频的振动。由此可见，引起定子铁芯振动的原因是多方面的。

2. 弹性支撑

当电机运行时，由于定子和转子间的磁拉力会使定子铁芯产生很大的双倍频率的振动。为了防止因铁芯振动而损害机座焊缝，以及铁芯振动传到机座引起厂房基础及其他设施发生危险的共振，必须在铁芯和机座之间采用弹性连接的隔振结构。汽轮发电机隔振结构示意图如图 1-3 所示，定子铁芯固定在定位筋上，再将定位筋连接到轴向弹簧板，而轴向弹簧板固定于定子机座上。这样，机座与定子铁芯由轴向弹簧板连接，组成一个弹性系统，可以有效地隔离来自径向和切向的定子铁芯磁振动，使其不致传到机座与基础上去。

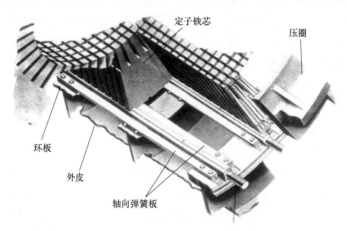

图 1-3　汽轮发电机隔振结构示意图

（三）定子铁芯

定子铁芯是构成发电机主磁通回路和固定定子绕组的重要部件，因此要求其具有导磁性能好、损耗低、刚度好、震动小等特点，并在结构及通风结构布置上能有良好的冷却效果。为了减少铁芯的磁滞和涡流损耗，定子铁芯通常用磁导率高、损耗小、厚度为 0.35～0.5mm 的硅钢片叠装而成。

商洛发电厂发电机定子铁芯是用相互绝缘的扇形片叠装压紧制成的。为减少电气损耗，扇形片采用高导磁低损耗的冷轧硅钢片冲制而成。扇形片两面刷涂加有无机填料的热固性绝缘漆。扇形片冲有嵌放定子线圈的下线槽和放置槽楔用的鸽尾槽。叠压时利用定子定位筋定位，迭装过程中经多次施压，两端采用低磁性的球墨铸铁压圈将铁芯夹紧成一个刚性圆柱体。铁芯齿部是靠压圈内侧的非磁性压指来压紧的。边段铁芯涂有黏接漆，在铁芯装压后加热使其黏接成一个牢固的整体，进一步提高铁芯的刚度。边段铁芯齿设计成阶梯状并在齿中间开窄槽，同时在压圈上装有整体的全铜屏蔽，以降低铁芯端部的损耗和温升。

（四）定子绕组

定子绕组放置于定子铁芯内圆槽内。定子绕组也称电枢绕组，是发电机进行机电能量转换的枢纽。商洛发电厂660MW汽轮发电机定子共42槽，接线方式采用YY联结。

1. 定子线棒

定子绕组由嵌入铁芯槽内的绝缘条形线棒组成，绕组端部为篮式结构，并且由连接线连接成规定的相带组。采用连续式F级环氧粉云母绝缘系统，表面有防晕处理措施。线棒由绝缘空心股线和实心股线混合编织换位组合而成。定子线棒是通过空心股线中的水介质来冷却的。冷却水从励端的汇流管和绝缘引水管流出并通过线棒端头的水电接头进入线圈，冷却线圈后再经过汽端的绝缘引水管和汇流管排入外部水系统。水内冷定子线棒槽内结构如图1-4所示。定子槽部横截面及线棒的槽内固定示意图如图1-5所示。

定子线棒在每槽嵌有上、下二层，每层线棒内由空心铜棒和实心铜棒按1：2组成。汽轮发电机电压高，定子绕组必须有足够的绝缘，其绝缘等级采用B级。每槽内的空心、实心铜棒均具有玻璃丝绝缘层。为了防止线棒与槽口表面的电晕放电，在线棒出槽口前后段的线棒表面分段涂有半导体漆。

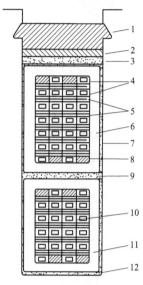

图1-4 水内冷定子线棒槽内结构

1—槽楔；2—滑动楔块；3—填充物；4—空心导线；5—实心导线；6—对地绝缘；7—侧面填充物；8—互换垫片；9—填充物（埋电阻温度检测器）；10—排间隔离物；11—对地绝缘；12—槽底填充物

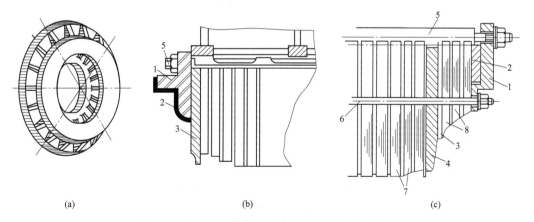

(a) (b) (c)

图1-5 定子槽部横截面及线棒的槽内固定示意图

（a）压圈；（b）端部铁芯固定；（c）穿心螺杆结构

1—压圈；2—电屏蔽；3—连接片；4—压指；5—定位筋；6—穿心螺杆；7—端部铁芯；8—磁屏蔽

11

为了抑制趋表效应，使每根导体内电流均匀，减少漏磁场在导体中引起的涡流损耗，将导体沿槽深方向分成若干根相互绝缘的线棒。由于线圈的高度较大，为了减少漏磁引起的股线间循环电流产生的附加损耗，线棒各股线（包括空心线）要进行换位。所谓换位就是在线棒编织时，使每根线棒沿轴向长度分别处于槽内不同高度的位置，这样每根线棒的漏电抗就相等。发电机定子线棒换位示意图如图1-6所示。

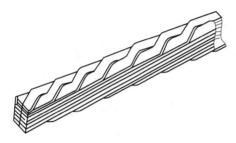

图1-6 发电机定子线棒换位示意图

定子线棒换位分为槽部换位和端部换位。大容量汽轮发电机广泛采用的换位方式为线棒在槽部540°换位，如某600MW汽轮发电机定子线棒就采用直线部分540°换位，这种换位不仅可全部抵消由槽部漏磁所引起的环流电势，而且还可抵消部分由端部漏磁所引起的环流电势。

为了更有效地减少由端部漏磁所引起的附加损耗，除了对槽部线棒进行编织换位外，还要把两个端部线棒再各做180°换位。

2. 定子绕组水路连接及水电接头

定子线棒是通过空心股线中的水介质冷却的。定子绕组的空心铜棒提供冷却线圈的水路，这些空心铜棒的端头接到线圈两端的水电接头中。水电接头由一个电气连接用的并头套和连接冷却水的管路接头组合而成。冷却水从励端的汇流管和绝缘引水管流出通过线棒端头的水电接头进入线圈，冷却线圈后再经过汽端的绝缘引水管和汇流管排入外部水系统。线圈与汇流管之间的绝缘引水管保证了线圈与汇流管之间的对地绝缘。

在水内冷的定子线棒中将空心铜棒用银焊焊接到一个公共接头上，此接头既是上层和下层线棒的电连接点，又是进水或出水的分路点和会合点。焊好的接头外面包上所需厚度的绝缘层，或用固化绝缘材料浇铸成型。此接头与绝缘引水管相连接。这个公共接头既是电的接头，又是水的接头，因此称为水电接头。发电机定子绕组端部水电接头的结构示意图如图1-7所示。

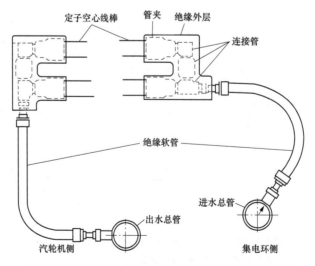

图1-7 发电机定子绕组端部水电接头的结构示意图

为了监测定子线圈的温度，在每个出水接头上装设了热电偶（常用热电偶分度号为R、S、K），并且在每个槽内的上下层线棒之间埋设了电阻型测温元件。

定子绕组在槽内的固定采用在槽底和上、下层线棒间填加外包聚酯薄膜的热固性适形材料（或半导体漆环氧玻璃布层压板等），并采用涨管压紧工艺，使线棒在槽内良好就位。同时，在线棒的侧面和槽壁之间塞入半导体垫条，使线棒表面良好接地，以降低线棒表面的电晕电位。定子槽楔由高强度 F 级玻璃布卷制模压成型，在槽楔下面采用弹性绝缘波纹板径向压紧线棒。槽口处槽楔具有可靠的防松动结构。

3. 定子绕组端部固定结构

商洛发电厂 660MW 发电机定子绕组端部结构示意图如图 1-8 所示。定子绕组端部用浸胶无纬玻璃纤维带绑扎固定在由绝缘支架和绑环组成的端部固定件上，绑扎固定后进行烘焙固化，使整个端部在径向和轴向成为一个刚性的整体，确保端部固有频率远离倍频，避免运行时发生共振。

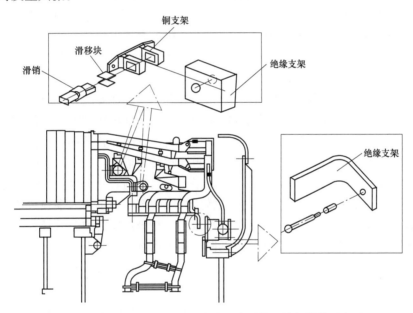

图 1-8 商洛发电厂 660MW 发电机定子绕组端部结构示意图

定子绕组端部固定结构与绕组相接触的各环件及紧固件均为非金属材料。整个绕组端部在切向和径向都具有足够的强度和刚度，而在轴向又具有良好的可伸缩性。当发电机运行时，由于温度变化引起线棒轴向胀缩时，定子绕组端部整体可沿轴向伸缩，从而有效地减缓了绕组绝缘中的应力，并且使发电机适用于调峰运行工况。

4. 定子出线

发电机各相和中性点出线均通过励端机座下部的出线罩引出机外。出线罩板采用非磁性材料制成，以减少定子电流产生的涡流损耗。出线罩板下方设有排泄孔，以防止引出线周围积存油或水。

定子出线通过高压绝缘套管穿出机壳引出机外。高压绝缘套管由整体的陶瓷和铜导电杆组成。铜导电杆由双层铜管制成，两端导电面镀银处理。高压绝缘套管上（发电机外侧）装有电流互感器供测量和保护用。整个定子出线装配采用氢气冷却。

二、转子部分

商洛发电厂660MW汽轮发电机转子由一个单独的合金钢锻件加工而成,转子风扇为轴流式风扇,安装在转子两端。该发电机转速很高（一般为3000r/min）,为了有效地固定励磁绕组,转子做成隐极式转子。由于转子的直径受到离心力的影响,且直径有一定的限度,为了增大容量,只能增加转子的长度,所以商洛发电厂660MW汽轮发电机的转子是一个细而长的圆柱体（转子铁芯外径为1124mm、本体有效长度为6909mm）。

商洛发电厂660MW汽轮发电机为氢内冷转子,氢气流通采用"气隙取气、一斗两路、径向斜流"通风式。转子由转轴与铁芯、转子绕组、护环、中心环、风扇和联轴器等构成。

（一）转轴与铁芯（转子本体）

转轴由整锻高强度、高磁导率合金钢加工而成。转轴锻件根据有关标准和规范订货,并根据相关标准要求对锻件的化学成分、机械性能及磁性能进行测试和超声波探伤。转轴本体上加工有放置励磁绕组的轴向槽,本体同时也可作为磁路。转轴具有传递功率、承受事故状态下的扭矩和高速旋转产生的巨大离心力的能力。转轴大齿上加工有横向槽（即月牙槽）,用于均衡大齿、小齿方向的刚度,以避免由于它们之间的较大差异而产生倍频振动。

（二）转子绕组

转子绕组采用具有良好的导电性能、机械性能和抗蠕变性能的含银铜线制成。

转子绕组槽部采用气隙取气斜流通风的内冷方式,并利用转子自泵风作用从进风区气隙吸入氢气。氢气通过转子槽楔后进入两排斜流风道,以冷却转子铜线。氢气到达底匝铜线后,转向进入另一排风道,冷却转子铜线后再通过转子槽楔,从出风区排入气隙。

转子绕组端部采用冷却效果较好的"两路半"风路结构。一路风从下线槽底部的副槽进入转子本体部分的端部风路;另一路风从转子线圈端部的中部进入铜线风道,再从转子本体端部排入气隙。为了加强后一路风的冷却效果,在该路风的中途再补入半路风,即形成"两路半"的风路结构,转子绕组端部两路半通风示意图如图1-9所示。

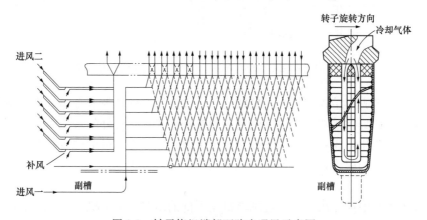

图1-9 转子绕组端部两路半通风示意图

转子线圈放入槽内后,槽口用铝合金槽楔和钢槽楔固紧,以抵御转子高速旋转产生的离心力。非磁性槽楔和磁性槽楔的应用保证了磁通分布合理。

转子槽衬用含云母、玻璃纤维等材料复合绝缘压制而成,具有良好的绝缘性能和机械性能。槽衬内表面和端部护环绝缘内表面均涂具有低摩擦系数的干性滑移剂，使转子铜线在负荷及工况变化引起热胀冷缩时可沿轴向自由伸缩，以满足发电机调峰运行的要求。

（三）护环和中心环

转子旋转时，转子线圈端部受到强大的离心力，为了防止对转子线圈端部的破坏，采用了用非磁性、高强度合金钢（$Mn_{18}Cr_{18}$）锻件加工而成的护环来保护转子线圈端部。护环分别装配在转子本体两端与本体端热套配合，另一端热套在悬挂的中心环上。转子线圈与护环之间采用模压的绝缘环绝缘。为了隔开和支撑端部线圈，限制它们之间由于温差和离心力引起的位移，端部线圈间放置了模压的环氧玻璃布绝缘块。

中心环对护环起着使其与转轴同心的作用，当转子旋转时，轴的挠度不会使护环受到交变应力作用而损伤，中心环还有防止转子线圈端部发生轴向位移的作用。发电机转子护环结构如图1-10所示。

为减少由于不平衡负荷产生的负序电流在转子上引起的发热，提高发电机承担不平衡负荷的能力，在转子本体两端（护环下）设有阻尼绕组，绕组齿部深入本体槽楔下。

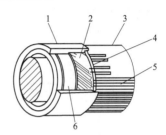

图1-10　发电机转子护环结构
1—护环；2—阻尼环；3—转子；4—环键；
5—转子槽楔；6—环状绝缘

（四）风扇和联轴器

1. 风扇

发电机转子两端护环外侧各装设有高强度铝合金制成的轴向风扇，用以驱动发电机内的氢气循环冷却发电机。

转子风扇由风扇座环和风扇叶片组成。汽轮机侧的风扇座环是从转子轴上装入的，而集电环侧的风扇座环是用合金钢锻造并热套在转子上的。风扇叶片安装在风扇座环上，并将其带螺纹的尾部用螺母固定。

当叶片旋转时，风扇使气体沿轴向流动，通过叶片的气流方向不改变、气流速度发生变化。这种风扇主要靠气流速度发生改变而产生风压，具有压力低、流量大、效率高等优点。

2. 联轴器

转子汽励两侧轴头处各设有与汽轮机和励磁机连接的联轴器。

联轴器采用高强度合金锻钢制成，联轴器与转轴间采用过盈配合。为防止联轴器与转轴之间发生相对转动，在联轴器与转轴配合处装配了轴向均匀的轴向圆锥形定位键。因此，联轴器在具有足够强度和刚度的同时，又能传递最严重工况下的转矩。

三、集电环和电刷

（一）集电环

集电环也称滑环，分为正极、负极两个环，它们均由高质量的耐磨合金钢制成，套在转轴上并与转轴绝缘。集电环的外表面有螺旋形沟槽，用于冷却及除去灰尘。集电环有轴向冷却通风孔，在正、负集电环之间装有一风扇，以散热降温。

（二）电刷

电刷是将励磁装置提供的电流通入旋转的转子的关键部件。发电机氢内冷的转子绕组励磁电流大，需要大容量的滑环（集电环）和多个电刷。为了冷却集电环，还安装有风扇。

发电机的电刷是用天然的石墨粉制成的，具有低磨系数、自润滑特性。电刷的一端有柔韧的铜"刷辫"。刷握上有恒压弹簧可沿径向给电刷施加一个恒定的力，随着电刷的磨损，恒压弹簧能自动调整以确保电刷的正常运行。

四、外端盖与轴承

（一）外端盖

端盖既是发电机外壳的一部分，又是轴承座，为便于安装，沿水平方向将端盖分为上下两半。端盖与机座的配合面及水平合缝面上开有密封槽，以便给槽内充密封胶，从而密封机内氢气。

端盖由钢板焊成，具有足够的强度和刚度，以支撑转子，同时承受机内氢气压力甚至氢爆产生的压力。

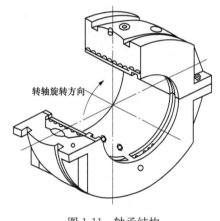

转轴旋转方向

图 1-11 轴承结构

（二）轴承

商洛电厂发电机采用端盖式轴承。轴瓦采用椭圆式水平中分面结构。轴承与轴承座（端盖）的配合面为球面，以使轴承可以根据转子挠度自动调节自己的位置。励端轴承设有双层对地绝缘以防止轴电流烧伤轴颈和轴承合金。润滑油来自汽轮机供油系统。启动和停机时的低转速下，汽轮机供油系统可提供高压顶轴油以避免损伤轴承合金。轴承结构如图 1-11 所示。

五、油密封装置

商洛电厂 660MW 发电机油密封采用单流环式结构，转轴穿过端盖处的氢气密封是依靠油密封的油膜来实现的。密封瓦用铜合金制成，装配在端盖内腔中的密封座内。密封瓦分为四块，径向和轴向均用卡紧弹簧箍紧。密封瓦径向可随转轴浮动。密封座上下均设有定位销，可防止密封瓦切向转动。压力密封油经密封座与密封瓦之间的油腔，流入密封瓦与转轴之间的间隙，沿径向形成油膜，防止氢气外泄，密封油压高于机内氢气压力（0.056MPa 左右）。流向机内的密封油经端盖上的排油管回到氢侧油箱；流向机外的密封油与润滑油混在一起，流入轴承排油管。

油密封系统具有配置简单、运行维护方便的特点。尤其在油系统中设置有真空净油装置，能有效去除油中水分，对保持机内氢气湿度有明显的作用。励端油密封设有双层对地绝缘以防止轴电流烧伤转轴。单流环式油密封和挡油盖结构示意图如图 1-12 所示。

六、氢气冷却器

氢气冷却器立放在发电机机座的四角。氢气冷却器与机座之间的密封结构，既可密封氢气，又可在氢气冷却器因温度变化而胀缩时起到补偿作用，保证发电机运行时机座具有良好的密封性能。氢气冷却器的水箱结构，满足发电机在充氢状态下可打开水箱清洗冷却水管。当氢气冷却器进出水管与外部水管拆开后，氢气冷却器就可以从发电机中抽出。氢气冷却器的容量设计按以下条件考虑：①5％的冷却水管堵塞时，发电机可以在额定功率下连续运行；②一组氢气冷却器退出运行时，允许发电机带 80％ 负荷连续运行。

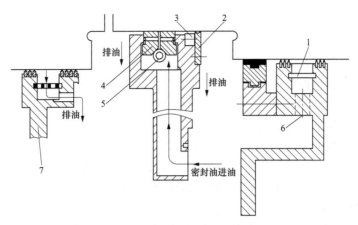

图 1-12　单流环式油密封和挡油盖结构示意图

1—过滤网；2—挡油板；3—挡油块；4—密封瓦；5—收紧弹簧；6—密封座；7—外挡油盖

七、出线盒、引出线及瓷套端子

发电机的出线盒设置在定子机座励端底部。出线盒由无磁性钢板焊接而成，其形状呈圆筒形，并具有足够的强度、刚度及气密性。引出线上端与定子绕组引线采用柔性接头连接，下端通过铬铜合金接线夹与瓷套端子相连，从而将定子绕组从机内引至出线盒处。发电机有六个出线瓷套端子，出线瓷套端子设在出线盒底部垂直位置和斜向位置。

引出线及瓷套端子均采用水内冷。而出线套管采用氢气内冷，氢气从铜导电杆上端的进风口进入导电杆内管，在底部转入双层铜管的环形空间，再从上部（特殊接头）排入过渡引线。定子出线通过高压绝缘套管穿出机壳引出机外。高压绝缘套管上（发电机外侧）装有电流互感器，供测量和保护用。

第三节　发电机励磁系统

一、概述

供给同步发电机励磁电流的电源及其附属设备统称为励磁系统。励磁系统一般由励磁功率单元和励磁调节器两个主要部分组成。励磁功率单元向同步发电机转子提供励磁电流；而励磁调节器则根据输入信号和给定的调节准则控制励磁功率单元的输出。励磁系统的自动励磁调节器对提高电力系统并联机组的稳定性具有相当大的作用，尤其是现代电力系统的发展导致机组稳定极限降低的趋势，也促使了励磁技术不断发展。

同步发电机的励磁系统主要由功率单元和调节器（装置）两大部分组成。发电机励磁控制系统基本原理示意图如图 1-13 所示，其中励磁功率单元是指向同步发电机转子绕组提供直流励磁电流的励磁电源部分，而励磁调节器则是根据控制要求的输入信号和给定的调节准则控制励磁功率单元

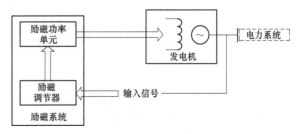

图 1-13　发电机励磁控制系统基本原理示意图

输出的装置。由励磁调节器、励磁功率单元和发电机本身一起组成的整个系统称为励磁控

制系统。励磁系统是发电机的重要组成部分，它对电力系统及发电机本身的安全稳定运行有很大的影响。

励磁系统的主要作用如下：

（1）根据发电机负荷的变化相应地调节励磁电流，以维持机端电压为给定值。

（2）控制并列运行各发电机间的无功功率分配。

（3）提高发电机并列运行的静态稳定性。

（4）提高发电机并列运行的暂态稳定性。

（5）在发电机内部出现故障时进行灭磁，以减小故障损失程度。

（6）根据运行要求对发电机实行最大励磁限制及最小励磁限制。

二、同步发电机励磁系统分类

同步发电机励磁系统的形式多种多样，按照供电方式可以划分为他励式和自励式两大类，同步发电机励磁系统分类如图 1-14 所示。

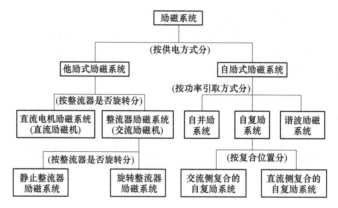

图 1-14　同步发电机励磁系统分类

1. 直流励磁机

这种励磁方式具有专用的直流励磁机，励磁机一般与发电机同轴，发电机的励磁绕组通过装在大轴上的集电环及固定电刷从励磁机获得直流电流，这种励磁方式具有较成熟的运行经验，其具有以下优缺点。

优点：励磁电流独立，工作比较可靠，可减少自用电消耗量。

缺点：励磁调节速度较慢，维护工作量大，故在大机组中很少采用。

2. 交流励磁机

现代大容量发电机有的采用交流励磁机提供励磁电流。交流励磁机也装在发电机大轴上，它输出的交流电流经整流后供给发电机转子励磁，此时发电机的励磁方式属于他励磁方式，又由于采用的是静止的整流装置，故又称为他励静止励磁。交流副励磁机提供励磁电流，交流副励磁机可以是永磁机也可以是具有自励恒压装置的交流发电机。为了提高励磁调节速度，交流励磁机通常采用 $100 \sim 200\,Hz$ 的中频发电机，而交流副励磁机则采用 $400 \sim 500\,Hz$ 的中频发电机。

有的交流励磁机采用直流励磁绕组和三相交流绕组都绕在定子槽内，转子只有齿与槽而没有绕组，像个齿轮，因此，它没有电刷、集电环等转动接触部件。交流励磁机有以下优缺点。

优点：工作可靠，结构简单，制造工艺方便等。

缺点：噪声较大，交流电势的谐波分量也较大。

3. 自励式励磁

不设置专门的励磁机，而从发电机本身取得励磁电源，经整流后再供给发电机本身励磁，这种励磁方式称为自励式静止励磁。自励式静止励磁可分为自并励和自复励两种方式。自并励方式是通过接在发电机出口的励磁变压器取得励磁电流，经整流后供给发电机励磁；自复励磁方式除设有整流变压器外，还设有串联在发电机定子回路的大功率电流互感器，这种互感器的作用是在发生短路时，给发电机提供较大的励磁电流，以弥补整流变压器输出的不足。

自励式励磁有两种励磁电源，通过励磁变压器获得电压电源和通过串联变压器获得电流源。这种励磁方式有以下优缺点。

优点：结构简单，设备少，投资少，维护工作量少等。

缺点：励磁电源来自发电机机端，易受发电机机端电压变化的影响。当发电机机端电压下降时其强励能力下降，对电力系统的暂态稳定不利。

三、自并励静止励磁系统

商洛电厂发电机采用自并励静止励磁系统。

（一）简介

发电机自并励系统中的励磁电源由机端励磁变压器供给整流装置，经三相全控整流桥直接控制发电机的励磁。这类励磁装置采用大功率晶闸管元件，没有转动部分，故称静止励磁系统。由于励磁电源由发电机本身提供，故又称为发电机自并励系统。自并励静止励磁系统原理简图如图 1-15 所示。

（二）主要优点

励磁系统接线和设备比较简单，无转动部分，可靠性高，维护费用少，不需要同轴励磁机，可缩短主轴长度，减少基建投资。

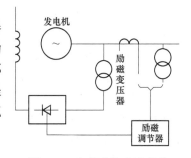

图 1-15 自并励静止励磁系统原理简图

自并励静止励磁系统特别适用于发电机与系统间有升压变压器的单元接线中。由于发电机引出线采用封闭母线，机端电压引出线故障的可能性极小，设计时只需考虑在变压器高压侧三相短路时励磁系统有足够的电压即可。

四、商洛电厂自并励静止励磁系统

（一）励磁系统组成

商洛电厂采用 NES®6100 静止励磁系统，NES®6100 自并励励磁系统如图 1-16 所示。该系统通过可控硅整流桥控制励磁电流来调节同步发电机端电压和无功功率。其中，可控硅整流功率柜的触发控制脉冲来自 NES®6100 发电机励磁调节装置。此外，NES®6100 发电机励磁调节器对用于励磁控制的模拟量和开关量信号进行采集和处理，并且将励磁系统运行状态信息以模拟信号、节点开关或通信形式输出。

NES®6100 励磁系统可分为四个主要部分：中频副励磁机或励磁变压器的两套相互

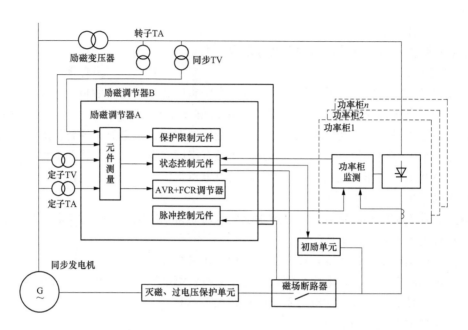

图 1-16　NES®6100 自并励励磁系统

独立的励磁调节器（A套、B套）、晶闸管整流装置起励单元、灭磁单元、过电压保护等辅助单元。

（二）发电机电压自动调节

给定值调节：各控制环节给定值的上下限幅值以及给定值的调节间隔、步长等参数均可分别设置。

PID控制：PID控制器的输入信号为实际值与给定值的偏差。PID控制器的输出电压（即控制电压U_c）为移相触发元件的输入信号，与励磁电流成正比。励磁调节器根据各类限制器的动作情况自动选择PID控制器的参数，达到优化同步发电机控制性能的目的，增进同步发电机的动态稳定性。

调差功能：通过设置调差，可调补偿范围为−15％～＋15％额定机端电压。

软起励：软起励功能用于防止机端电压的起励超调。软起励功能投入时，励磁调节器接到开机令后立即开始起励升压，当机端电压大于10％额定值后，调节器以设定的速率逐步增加给定值，使机端电压稳定上升到软起励给定终值。

自动跟踪：NES®6100 自并励励磁系统至少配备两套 NES®6100 型励磁调节器（分别称为A套和B套），其中一套为主套投入运行，另一套作为从套处于热备用状态。每套励磁调节器都含有一个自动电压调节器（AVR）和励磁电流调节器（FCR）。自动跟踪功能用于实现自动电压调节方式（自动方式）和励磁电流调节方式（手动方式）间的平稳切换。

限制器：励磁调节器限制器的作用是维护发电机的安全稳定运行，避免因励磁调节原因造成发电机事故停机，从而增强系统运行的可靠性。

低励限制器：低励限制器（UEL）用于限制同步发电机进相运行时允许的无功功率，防止深度进相造成不稳定运行。

过无功限制器：过无功限制器对同步发电机过励侧无功功率进行限制，限制器调节过程和低励限制器相对应。

过励限制器：过励限制器（OEL）的功能是在保证励磁绕组不致过热的前提下，充分利用励磁绕组短时过载能力，尽可能在系统需要时提供无功功率，支持系统电压恢复，即保证强励能力。

励磁电流限制器：励磁电流限制器（ECL）包括最大励磁电流瞬时限制和负载最小励磁电流限制两部分。最大励磁电流瞬时限制可以设定三段励磁电流限制值，当励磁电流超过设定的限制值并持续到设置的动作时间后，最大励磁电流瞬时限制动作将励磁电流自动降到安全的数值。

定子电流限制器：当发电机输出功率超过额定有功功率时，定子电流限制器（SCL）将代替励磁电流限制器，成为发电机容量的主要限制因素。

电压/频率限制器：发电机空载端电压与所链磁通成正比，为避免发电机组和励磁变压器铁芯过磁通饱和，励磁调节器设有电压/频率限制器（VFL），又称 V/Hz 限制器。如果发电机机端电压超过某一频率下的电压限制值，经过设定的动作时间后，限制器将报出 V/Hz 限制动作信号，自动降低机端电压给定值至当前频率下的电压限制值，同时输出增磁禁止信号。

功率柜限制器：励磁调节器具有功率柜故障监视和检测功能，但当励磁系统功率柜出现故障时，功率柜限制器将根据故障情况自动限制功率柜整流输出。

（三）无功功率或功率因数恒定控制

无功功率或功率因数恒定控制附加在电压恒定控制环节上，通过电压闭环的调节过程发挥作用。励磁调节器将当前无功功率或功率因数与设定的无功功率或功率因数相比较，得出差值信号，经调节环节后输出叠加信号到电压给定值。调节器中设置了调节死区，以防止参考电压跟随无功功率输出的微小波动而不断改变。

（四）电力系统稳定器

电力系统稳定器（PSS）通过引入附加反馈信号以补偿快速励磁系统的负阻尼作用，抑制同步发电机的低频振荡，提高电网的稳定性。它的主要作用是给电压调节器提供一个附加控制信号，产生正的附加阻尼转矩，来补偿以端电压为输入的电压调节器可能产生的负阻尼转矩，从而提高发电机和整个电力系统的阻尼能力，抑制自发低频振荡的发生，加速功率振荡的衰减。

商洛电厂采用 NES®6100 发电机励磁调节器，该调节器可提供双输入型 PSS2B 模型及多频段控制型 PSS4B 模型，用户可通过软件开关选择实际使用的 PSS 模型。

PSS2B 模型以机组的加速功率信号附加反馈信号，在控制程序中由电功率信号和转子角频率信号经处理合成。

PSS4B 模型是 2000 年由加拿大魁北克电力局提出来的新型稳定器，对该模型的相关规定可参见 IEEE Std 421.5—2005，它是在 PSS2B 的基础上加以改进而形成的。其最大特点在于将转速/功率信号分为低频、中频及高频三个频段，各频段可以单独调节增益、相位、输出限幅及滤波器参数，为不同频段的低频振荡提供合适的阻尼，提高系统的稳定性。

（五）励磁电流闭环控制及开环控制

励磁电流闭环控制（ECR）及开环控制（OLC）主要作为设备调试或维护时的试验手段，可分别输出控制电压 U_c 到移相触发元件，其控制模式和电压闭环控制（AVR）相独立。

ECR 方式以发电机励磁电流为调节对象，调节器运行在 ECR 方式时，开关量输入增减磁信号对应发电机励磁电流给定值的增减。ECR 的相关参数和上下限值均可设置整定。此外，ECR 作为 AVR 故障后的后备调节方式，在 AVR 运行故障时（如 TV 断线）可自动切换。

（六）监视与保护功能

开机保护：开机保护作用于励磁调节器，当励磁调节器由等待状态进入开机状态时，防止励磁电流很小而机端电压突然急剧增大，或机端电压很小而励磁电流突然增大的情况。开机保护动作后，励磁调节器闭锁脉冲，转入停机状态。

过电压保护：过电压保护（OVP）作为电压/频率限制的后备保护，以防止电压/频率限制失效的情况下发电机绕组磁通深度饱和发热。发电机机端电压超出过电压保护限制值时，经过延时，励磁调节器逆变灭磁。

TV 断线监视：每套励磁调节器装置通过对其测量 TV 和励磁 TV 的测量值进行比较来进行 TV 断线的检测。当主套出现 TV 断线，励磁调节器将从主套自动方式切换到备用从套的自动方式；如果出现双套 TV 断线，将切换到手动方式。TV 断线发生时，故障套的励磁调节器装置将启动参数限制措施，防止控制电压急剧增大，同时通信方式输出告警信号。

逆变监视：正常情况下，励磁系统收到停机令后，执行逆变停机过程，同时产生开机闭锁信号。励磁调节器检测到电压标志、电流标志均消失，则会从开机态进入停机态；延时 5s 后，封脉冲进入等待态。当励磁系统收到停机令，产生开机闭锁信号之后，如果过了一段时间（可设定）检测到系统还处于开机态，则报出逆变失败信号。

第四节 发电机的冷却方式及冷却系统

一、发电机氢气系统

（一）氢气系统主要特性

大容量水氢氢冷汽轮发电机为冷却定子铁芯和转子绕组，要求建立一套专门的供气系统，该供气系统称为氢气系统。这种系统应能保证给发电机充氢和补漏氢，并能自动地监视和保持电机内氢气的额定压力、规定纯度以及冷却器冷端的氢温。

各种不同型号的汽轮发电机，供气系统基本相同。氢气系统主要特性如下。

（1）氢气由中央制氢站或储氢罐提供。

（2）输氢管道上设置有自动氢压调节阀，以保持机内氢压为额定氢压。当机内氢气溶于密封回油被带走而使氢压下降或机内氢气纯度下降需要进行排污换气时，可通过自动氢压调节阀自动补氢。

（3）设置一只氢气干燥器，以除去机内氢气中的水分，保持机内氢气干燥以及氢气纯度符合要求。

（4）设置一套气体纯度分析仪及气体纯度计，以监视氢气的纯度。有的系统中可能专设一套换气分析仪和换气纯度计，专门用于监视换气的完成情况。

（5）在发电机充氢或置换氢气的过程中，采用二氧化碳（或氮气）作为中间介质，用间接方法完成，以防止机内形成空气与氢气混合的易爆炸气体。

（二）氢气纯度

氢气是易燃易爆性气体。在密闭容器中，当氢气与空气混合，氢的含量为 $4\% \sim 75\%$，即形成易爆炸的混合气体。

正常运行时发电机内氢气纯度保持在 96% 以上，低于此值时，应进行排污，同时补充新鲜氢气，使机内氢气纯度或湿度达到正常运行值，最好在 98% 以上。氢气中氧气体积分数不得超过 0.5%。

发电机运行中氢气纯度下降的主要原因是密封瓦的氢侧回油带入溶解于油的空气，或密封油箱的油位过低时从主油箱的补充油中混入空气。

造成氢气纯度降低的有害杂质主要是水分和空气的氧。在干燥的氢气中，含氧量的多少也可反映氢气的纯度，故有的发电机氢气系统通过对监视含氧量来监视氢气的纯度。一般要求氢气中的含氧量低于 2%。对大容量发电机，由于其对氢气纯度的要求更高，故要求其氢气中的含氧量更低，小于 1%。

（三）氢气湿度

1. 正常运行时氢气湿度的标准

（1）发电机在运行氢压下的氢气允许湿度高限，应按发电机内的最低温度查得；允许湿度的低限为露点温度 $t_d = -25\text{℃}$。

（2）供发电机充氢、补氢用的新鲜氢气在常压下的允许湿度：对新建、扩建电厂（站），露点温度 $t_d < -50\text{℃}$；对已建电厂（站），露点温度 $t_d < -25\text{℃}$。

（3）稳定运行中的发电机，以冷氢温度和内冷水入口水温中的较低值作为发电机内的最低温度。

（4）停运和开、停机过程中的发电机，以冷氢温度、内冷水入口水温、定子线棒温度和定子铁芯温度中的最低者，作为发电机内的最低温度。

2. 氢气湿度过高的影响因素

发电机内氢气湿度过高时，一方面会降低氢气纯度，使通风摩擦损耗增大，效率降低；另一方面，不仅会降低绕组绝缘的电气强度（特别是达到结露时），而且还会加速转子护环的应力腐蚀，特别是在较高的工作温度下，湿度又很大时，应力腐蚀会使转子护环出现裂纹，而且会加快裂纹的发展。

发电机内氢气湿度过高的主要原因有以下几种：

（1）制氢站出口的氢气湿度过高。

（2）氢气冷却器漏水。对水氢氢冷却方式或水水氢冷却方式的发电机，还有可能是定子、转子绕组的直接冷却系统漏水。

（3）密封油的含水量过大或氢侧回油量过大。如果轴封系统中氢侧回油量大，再加上油中含水量大，从密封瓦的氢侧回油中出来的水蒸气会严重影响机壳内氢气的湿度。

（4）发电机旁的连续干燥器（循环干燥器）工作不正常。

（四）商洛电厂氢气控制系统

商洛电厂发电机采用水氢氢冷却方式，定子绕组为水冷，转子绕组为氢气内冷，铁芯为氢气外部冷却。在机组启停和运行工况下，发电机内的气体转换、自动维持氢压的稳定以及监测发电机内部气体的压力均由氢气控制系统中的气体控制站来实现和保证，气体控制站为集装型式。另外，氢气控制系统中还设有氢气干燥器、氢气纯度分析仪、氢气温湿度仪等主要设备，以监测和控制机内氢气的纯度、温湿度等指标从而确保发电机安全满发运行。

1. 氢气控制系统设计参数

额定氢气压力：0.4MPa（表压）。

氢气纯度：≥98％，系统正常；≤95％，系统报警。

氢气温度（露点）：−25～−5℃（氢气压力为0.4MPa时）。

2. 中间介质置换法

气体置换应在发电机静止、盘车或转速不超过1000r/min的情况下进行，发电机气体置换采用中间介质置换法。充氢前先用中间介质（二氧化碳或氮气）排除发电机及系统管路内的空气，当中间气体纯度超过95％后，才可充入氢气排除中间气体，最后置换到氢气状态。这一过程所需中间气体的体积为发电机和管道容积的1.5倍，所需氢气体积约为发电机和管道容积的2～3倍。发电机由充氢状态置换到空气状态时，其过程与上述类似，先向发电机引入中间气体排除氢气，当中间气体纯度超过95％，方可引进空气排出中间气体。当中间气体含量低于15％以后，可停止排气。此过程所需气体体积为发电机和管道容积的1.5～2倍。气体置换过程所需气体体积和时间见表1-2。

表1-2 气体置换过程所需气体体积和时间

所需气体	置换运行状态	所需气体体积（m³）		估计所需时间（h）
		运行状态	停止状态	
二氧化碳	用二氧化碳（纯度达到95％）驱除空气	180	120	4
氢气	用氢气（纯度达到96％）驱除二氧化碳	320	240	3
氢气	氢气压力提高到0.4MPa	440	330	4
二氧化碳	用二氧化碳（纯度达到95％）驱除氢气	240	180	2

3. 电机正常运行状态下的补氢排氢

正常运行时，由于下述原因发电机需补充氢气：

（1）如果存在氢气泄漏，必须补充氢气以保持机内氢气压力。

（2）由于密封油中溶解有空气，致使机内氢气污染，纯度下降，因此需排污补氢以保证机内氢气纯度。

正常运行时氢气减压器整定值为0.4MPa。发电机运行时，当机内氢气压力下降到0.38MPa时，压力开关动作发出"氢压低"报警信号；当机内氢压升至0.42MPa时，手动调节氢气减压器进口门，打开排气阀门使机内氢气降低到0.4MPa。

4. 主要设备

（1）氢气干燥器。在机组的运行过程中，机内氢气由于与密封油接触或其他原因，氢气湿度将会增高。氢气系统设有氢气干燥器，氢气干燥器的进口与发电机的高压区相连，氢气干燥器的出口与发电机的低压区相连。通过氢气干燥器的运行可以连续排出机内氢气所含有的水分,从而达到降低氢气湿度的作用。

(2) 氢气减压器。氢气控制站中装有氢气减压器,以保持机内氢气压力恒定。氢气减压器安装于供氢管路上,相当于减压阀,使用时将氢气减压器出口压力整定为 0.4MPa。装于氢气减压器后的排空阀门用于调试减压器的出口压力,使其为整定值 0.4MPa。

(3) 氢气过滤器。氢气过滤器用于滤除氢气中的杂质,由于过滤元件是粉末冶金多孔材料,强度太低,在正常使用情况下,过滤元件两端压差一般不超过 0.2MPa,否则会对过滤元件起破坏作用。

(4) 氢气纯度分析仪。在机组的运行过程中,机内氢气由于与密封油接触或其他原因,氢气纯度将会降低,而氢气纯度的降低将直接影响发电机的运行效率,因此氢气系统中设有氢气纯度分析仪以监测发电机内的氢气纯度,此外,氢气纯度分析仪还可以监测气体置换过程中中间气体的纯度。

(5) 液体探测器。发电机机壳、氢气冷却器和出线盒下面均设有液体探测器。液体探测器内部的浮子控制开关用于指示发电机里可能存在的液体漏出,每一个探测器装有一根回气管通到机壳,还装有放水阀能够排出积聚的液体。

(6) 氢气露点仪。氢气露点仪装在发电机氢气干燥器的进氢管路上,对发电机内的氢气温度和湿度进行在线监测,氢气露点仪的工作电源为交流 220V,并有 4～20mA 的输出信号。

5. 发电机氢气系统监视与调整

当氢压变化时,发电机的允许功率由绕组最热点的温度决定,即该点温度不得超过发电机在额定工况时的温度。不同氢压、不同功率因数时,发电机的功率应按容量曲线带负荷。当氢压太低或在二氧化碳及空气冷却方式下不准带负荷。

发电机正常运行期间的氢气纯度必须大于 98％,含氧量小于 1.2％。若氢气纯度小于 98％时,必须补排氢使氢气纯度大于 98％;当氢气纯度下降至 95％时,应立即减负荷并进行补排氢;若氢气纯度继续下降至 90％时,应立即停机排氢进行检查。当密封油泵停用时,应注意氢气纯度在 90％以上。

发电机氢压与定子冷却水的压差必须在 0.035MPa 以上,当压差低于 0.035MPa 时报警。

二、发电机定子冷却水控制系统

(一) 定子冷却水控制系统工作原理

定子冷却水控制系统采用闭式循环方式,使连续的高纯水流通过定子线圈空心导线,带走线圈损耗。进入发电机定子的水是从化学车间直接引来的合格化学除盐水,补入水箱的化学除盐水通过电磁阀、过滤器,最后进入水箱。开机前管道、阀门、集装所有元件和设备要多次冲洗排污,直至水质取样化验合格方可向发电机定子线圈充化学除盐水。水箱内的软化水通过耐酸水泵升压后送入管式冷却器、过滤器,然后再进入发电机定子线圈的汇流管,将发电机定子线圈的热量带出来再回到水箱,完成一个闭式循环。为了改善进入发电机定子线圈的水质,将进入发电机总水量 5％～10％的水不断经过本装置内的离子交换器进行处理,处理后再送回到水箱。

(二) 大容量水氢氢冷汽轮发电机定子绕组水冷系统基本要求

(1) 供给定子绕组额定冷却水流量。

（2）控制进入定子绕组的冷却水温度，使其达到要求值。

（3）保持高质量的冷却水质（除盐水又称凝结水）。

（三）典型定子绕组水冷系统

1. 水氢氢冷发电机定子绕组水冷系统基本组成

水氢氢冷发电机定子绕组水冷系统由一只水箱、两台100％互为备用的冷却水泵、两只100％的冷却器、两只过滤器、一至两台离子交换树脂混床（除盐混床）、进入定子绕组的冷却水的温度调节器以及一些常规阀门和监测仪表组成。QFSN-600-2水氢氢冷发电机定子绕组水冷系统如图1-17所示。

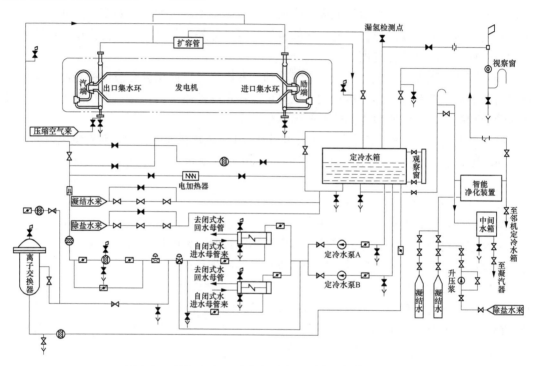

图1-17　QFSN-600-2水氢氢冷发电机定子绕组水冷系统

2. 定子绕组水冷系统特点

（1）对冷却水水质要求高。

（2）正常运行时，水的电导率为0.5～1.5μS/cm，高报警值为5μS/cm，高高报警值为9.5μS/cm。为了达到高的冷却水质要求，系统中设置了连续运行的除盐混床，约有5％～10％的水从冷却器出口经节流孔板、气体流量计、除盐混床、出口电导率表回到水箱。除盐装置出口的电导率要求达到0.4～1μS/cm。

（3）为了防止运行中冷却水水质被污染，冷却水系统所有设备和管道阀门均由防锈材料制成。此外在水箱上部空间充以氮气，使水与氧气隔绝，防止发电机定子绕组空心导线内壁和管道内壁被氧气及渗入的二氧化碳腐蚀。

（4）正常运行时，发电机机壳内的氢压大于定子绕组冷却水的水压，其压差降低到35kPa时，有一只压差继电器发出报警。其目的是万一机壳的水系统（汇流母管、绝缘引水管、空心导线）泄漏时，冷却水不致漏出引起对地绝缘损坏，而只是氢气漏入水系统，水箱的氢压会逐渐升高，直至安全门动作。

（5）发电机在主厂房15.7m标高处，而水冷系统布置在主厂房的0m层，高度相差15.7m。因此，在发电机定子出水汇水母管回流至水箱时，可能产生虹吸作用，致使出水汇水母管处产生负压，80℃的定子绕组冷却水可能发生汽化，造成线棒内气塞。为了消除这种危险，系统中设计了一根防虹吸管道，该管道一端接至出水汇水母管的上部，另一端接至水箱的顶部（充氢空间），使母管经常保持14kPa的正压，防止虹吸发生。

（6）系统中主水路上不设流量计，也无自动调节阀门，因系统中的流量只取决于系统的阻力，只要调整绕组进水压力到规定值，就能确保正常状态下的流量。定冷水断水保护实际所用测点为定冷水母管三个流量测点测量的差压信号。

（7）发电机共有42个上层线棒和42个下层线棒，每个线棒是一个水的分支路。从设在励磁侧的进水母管上引出84根绝缘引水管，分别接到42个上层线棒和42个下层线棒，在汽轮机侧的42个上层线棒和42个下层线棒共84根绝缘引水管接至出水汇水母管。在出水的绝缘引水管中共装设84个热电偶，用于监测每一水支路的出水温度。西屋公司规定42个上层线棒出水温度的相互温差不得超过7.9℃。同样，42个下层线棒出水温差亦不得超过7.9℃。84个热电偶温度测点全部接入计算机，当温差大于7.9℃时发出报警，应停机检查。这是监视水内冷导线各部阻塞的措施。

整个水内冷系统自动化水平较高。冷却水系统的温度调节是由计算机控制系统的一个子系统来完成的，调节量是进入发电机的冷却水温，调节对象是冷却器的冷却水的出口阀门。发电机定子绕组冷却水，即除盐水的热量是靠冷却器的冷却水带走的，调节冷却器的冷却水流量就可以改变冷却器的冷却能力，从而调节了发电机定子绕组的冷却水温。

此外，冷却水系统中设有进水温度高、出水温度高、氢-水压差低、进出水压差低/高、水箱压力高/低、滤网压降高、进水导电率高、水箱水位高/低等报警装置，还有两台水泵具有互相自投功能和水箱水位自动补水功能。

3. 发电机内冷水水质常用控制策略

（1）添加铜缓蚀剂处理法。这种方法是通过让铜缓蚀剂与水中铜离子络合生成难溶沉淀覆盖在铜表面暂时形成保护膜，以减缓铜基体的腐蚀。此保护膜易破损脱落形成黏泥，在铜导线中沉积形成污垢，严重时会堵塞定子线棒水流，使线棒超温并烧毁。1998年，某362MW机组因发电机内冷水加BAT铜缓蚀剂后，各项指标难以控制而导致发电机烧毁事故发生。

（2）氢型＋钠型两套小混床旁路处理法。在氢型小混床的基础上再并联一个钠型小混床，正常情况下二者并联运行，进行微碱性处理。该方法的原理是根据内冷水的pH和导电度来控制两台混床的进出口门的开度，稳定内冷水的pH范围为7～8。此方法的优点是性能稳定、运行可靠，能满足发电机内冷水水质要求；缺点是树脂失效周期短，一般为数月，更换树脂和调整操作比较频繁。

（3）小混床＋NaOH处理法。向系统中连续加入NaOH稀释溶液，使水中的pH范围为8～9，可有效减轻对铜导线的腐蚀。使用该方法后，系统调节若稍有不慎则会威胁机组安全运行且后期维护价格昂贵。

（4）超净化处理法。采用独特结构的双层床离子交换器，且该离子交换器装有高交换容量的特种树脂对内冷水进行处理。双层床离子交换器采用特种均粒树脂，使用前对树脂进行了深度再生和特殊处理，不仅树脂使用寿命延长到了1～2年，从根本上也减缓和抑制了对铜导线的腐蚀。该方法效果理想。

（5）发电机内冷水箱充氮隔绝空气。

（四）商洛电厂定子冷却水控制系统

1. 概述

商洛电厂发电机定子绕组为水冷却，冷却水的水质、水量、水压、水温等均由定子冷却水控制系统来保证。

2. 发电机定子冷却水水质控制策略

（1）发电机内冷水水质标准要求。

1）水质透明纯净、无机械混杂物。

2）水温为20℃时，电导率为0.5～1.5μS/cm（定子绕组独立水系统）；pH值为7.0～8.0；硬度小于2μmol/L；含氨量（NH_3）为微量；含铜量小于40μg/L。

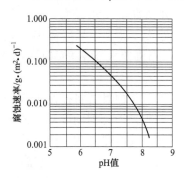

图1-18 铜离子的腐蚀速率和pH值的关系

（2）铜离子的腐蚀速率与pH值的关系如图1-18所示。pH<7.0时，铜离子的腐蚀速率（析出速度）大，且随着pH值的减小而逐渐增大；7.0<pH<8.5时，铜离子的析出速度逐渐变小且能控制析出量在允许范围内；当pH＝8.5时，铜离子的析出速度达到最小值；当pH>8.5时，铜离子的析出速度又逐渐增大。按相关规定，发电机内冷水要严格控制pH>7.0。

3. 定子冷却水控制系统的运行

（1）定子水冷却器的运行。两台冷却器一台运行，一台备用。单台冷却器运行，发电机可带100％负荷。通过控制通过冷却器的定冷水流量来调节主路定冷水温度。

（2）离子交换器的运行。水系统管路调整完成后将离子交换器投入运行，发电机运行时需将电导率仪投入，通过调整阀门来调整经过离子交换器的水量。如果离子交换器的出水电导率低于规定值，则需减小其水量。离子交换器的处理水量为线圈总进水量的5％～10％，最高水量不应超过50％，在树脂的有效期内，它都是高效的，当电导率仪指示电导率已增加到2μS/cm时，应更换离子交换器的树脂。反复干燥、浸湿、冷冻、融化或过热都将对树脂造成损害，应尽量避免以上情况。

（3）水过滤器的运行。正常运行时，水过滤器一台工作，一台备用，当水通过过滤器的压降增加到高于正常压降0.021MPa时，关闭进出口及排污阀门，清洗或更换过滤器芯子。

（4）水箱的运行。水系统在运行时，水箱充氮运行。如果水箱不充氮，在常压下，大气中的氧气和二氧化碳会进入水箱加快腐蚀活动。使用氮气给水箱加压，水箱上设有减压器，能自动调节氮气压力，维持氮气压力为0.014MPa，当水箱内氮气压力超过0.035MPa时，安全阀将自动打开，释放压力。水箱上部装有气表，可测量气体的累计排放量。

4. 发电机断水保护

当发电机定子绕组进出水压差降低到1/2额定水流量下的压差时，压差开关闭合，3

个信号按三取二逻辑原则运算后，作为发电机断水保护的信号源。当发电机定子绕组出现断水情况时，冷水断水保护仅采用到达定值延时 30s 机组跳闸。

5. 定子冷水系统异常现象分析

(1) 经过的水流量变小（如断水）。断水时应通过甩负荷或跳闸办法减少负荷。视负荷大小，断水时几分钟之内绝缘便告损坏。跨接在定子进出水管路上的压差开关负责提供断水报警信号。利用它们可以实现减负荷或跳闸。利用迟延时间可在一台泵故障时启动备用泵，使其达到规定转速。

(2) 水电导率增加。

1) 水中吸入污染物造成水电导率增加。造成水电导率增加的污染源可能为：①氢气漏入水中；②不纯冷却水进入高纯冷却水。

氢气本身不增加电导率，但其中所含的少量二氧化碳会使电导率增加。如发现电导率增加，须先检查漏气情况。只有当冷却器中的定子冷却水压比不纯水水压低时，才会出现不纯冷却水泄漏到高纯冷却水的情况。

2) 离子交换器树脂已接近使用寿命终点。如果没有异常污染出现，水电导率仍然很高，那么一定是离子交换器中的树脂已接近使用寿命终点，这时离子交换器的电导率必然上升。当电导率超过 $2\mu S/cm$ 时，必须置换离子交换器中的树脂，置换后方可再重新投入使用。

6. 定冷水系统事故处理方法

(1) 定子线圈及引线冷却水系统故障。

1) 现象：①冷却水压力低，冷却水流量减小；②发电机出水温度超过允许值。

2) 处理方法：①降低发电机负荷，使发电机出水温度不超允许值；②设法恢复供水压力及流量；③发电机断水保护动作，则使厂用系统恢复正常；④若冷却水中断 30s 保护未动作，应立即解列发电机；⑤在停机后，应查明原因，恢复供水，无其他异常情况时，应尽快恢复机组，按调度要求并网。

(2) 定子线棒及引水管出水温差大。

1) 现象：定子线棒最高温度与最低温度间的温差达 8℃ 或定子线棒引水管出水温差达 8℃。

2) 处理方法：①通知检修人员确认测温元件并查明原因，运行人员应对温度升高的线圈温度加强监视，直到故障消除或停机检查；②检查定子三相电流是否不平衡；③核对同一水路的线圈对应槽温度是否也有不正常的升高，若有则认为线棒内有堵塞现象，应立即提高进水压力，增加水流量，必要时减负荷，使温度不超允许值；④当定子线棒温差达 14℃ 或定子引水管出水温差达 12℃，或任一槽内层间测温元件温度超过 90℃ 或出水温度超过 85℃ 时，在确认测温元件无误后，请示领导停机处理，停机后要对定子线圈进行反冲洗。

(3) 内冷水电导率高。

1) 现象：内冷水电导率高报警。

2) 处理方法：①离子交换器出水电导率高，应先通过人工化验方法核实离子交换器出口水电导率是否在规定值以下，若不在规定值以下应更换树脂。如为电导率仪故障，应及时处理。②若离子交换器出水电导率正常而定子绕组进水电导率高，应检查流经离子交换器的水量是否过小，检查补水电导率是否合格。③定子绕组进水电导率高达 $9.5\,\mu S/cm$ 且呈继续升高趋势时，应申请停机；定子绕组进水电导率高达 $9.9\,\mu S/cm$ 时，应立即停机。

（4）发电机定子线棒或导水管漏水。

1）现象：①定子线棒内冷水压升高；②氢气漏气量增大，补氢量增大，氢压降低；③冷水箱压力升高。

2）处理方法：①从发电机排污门放出液体化验，判断内冷水是否泄漏；②检查内冷水箱压力升高是否是由发电机定子线棒或导水管漏水引起的；③若确认发电机定子线棒或导水管漏水属实，则应立即解列停机。

第五节 发电机密封油系统

汽轮发电机转轴和端盖之间的密封装置叫轴封，它的作用是防止外界气体进入电机内部或阻止氢气从机内漏出，以保证电机内部气体的纯度和压力不变。氢冷发电机都采用油封，为此需要一套供油系统，该供油系统称为密封油系统。

采用油进行密封的原理是通过在高速旋转的轴与静止的密封瓦之间注入一连续的油流，使其形成一层油膜来封住气体，使机内的氢气不外泄，外面的空气不能进入机内。为此，油压必须高于氢压，才能维持连续的油膜，一般只要使密封油压比机内氢压高 $0.015MPa$ 就可以封住氢气。从运行安全上考虑，一般要求油压比氢压高 $0.03\sim0.08MPa$。为了防止轴电流破坏油膜、烧伤密封瓦和减少定子漏磁通在轴封装置内产生附加损耗，轴封装置与端盖和外部油管法兰盘接触处都需加绝缘垫片。普遍应用的油密封结构足以使机内氢压达 $0.4\sim0.6MPa$。

轴封从结构上可分为盘式（径向轴封）和环式（轴向轴封）两种，660MW 机组都采用环式油密封。环式油密封主要有单流环式、双流环式和三流环式三种，每一种的具体结构又不同。下面结合进口和国产 660MW 汽轮发电机上的油密封装置，以北仑港电厂的密封装置为例进行介绍。

一、单流环式油密封

北仑港电厂单流环式密封装置北仑港电厂 1 号发电机的油密封系统如图 1-19、图 1-20 所示，轴封系统为环形，每个轴封装置的密封瓦含有各为四段（扇形）的两个环，环的内径比转轴的直径大百分之几毫米，每段由自紧弹簧径向固定。自紧弹簧的作用是轴向把两排环分开，环的四段可径向扩大，但顶部有制动件防止环转动。压力油进入两环之间后分为两路，一路流向机外空气侧，另一路流向氢气侧。电机转轴和密封瓦间的间隙中产生油膜，防止机内氢气沿间隙外泄，并防止机外空气沿该间隙进入机内影响氢气纯度。

与其他环式密封相比，单流环式密封的氢侧回油量较大，溶于油中被带走的氢气也较多，因此必须设置真空净油装置才能保证供给极少含气的密封油，以免影响密封油膜的连续性。

二、双流环式油密封

双流环式油密封分为单环、双流环式密封瓦（西屋技术）和双环、双流环式密封瓦（双环式为西屋公司的改进型，对轴挠度影响较单环式密封瓦小）。

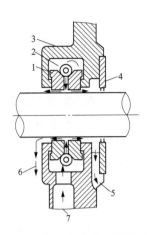

图 1-19 北仑港电厂单流环式密封装置

1—密封瓦；2—自紧弹簧；3—瓦座；4—挡油板；5—氢侧回油；6—空侧回油；7—进油

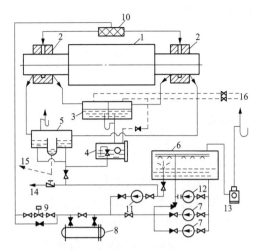

图 1-20 北仑港电厂 1 号发电机的油密封系统

1—转子；2—密封瓦；3—氢侧回油扩大箱；4—浮子阀（氢闭塞箱）；5—空气析出箱（空侧回油）；6—真空油箱；7—主密封油泵；8—冷油器；9—自动压差调节阀；10—滤网；11—事故油泵（DCM）；12—再循环油泵；13—真空泵；14—由轴承油总管；15—去轴承油箱；16—换气管（排至厂房外）

对单环、双流环式密封瓦，有两股压力油分别进入瓦中的两道环形油腔，一路经瓦与轴颈间的间隙轴向流至空侧，另一路由另一腔室经瓦与轴颈间的间隙轴向流至氢侧。如果两股压力油的油压相等，则两个环形油腔之间的间隙无油流，两股油各自成回路。此外，还有一股压力油进至空侧密封瓦侧面，对密封瓦产生轴向推力以平衡氢侧密封瓦的轴向推力。

第六节 发电机允许运行方式

发电机额定容量是按额定冷却介质温度、额定频率、额定电压和额定功率因数等运行条件设计的。但发电机实际运行时，不仅冷却介质温度、功率因数会发生变化，而且频率和电压也会偏离额定值，此时，发电机的额定容量也应做相应的调整。

一、冷却条件变化对发电机允许功率的影响

对 600MW 级水氢氢冷汽轮发电机，定子绕组采用水内冷、转子绕组采用氢内冷、定子铁芯为氢冷。冷却条件变化主要是指氢气和冷却水的有关参数不同于其额定值。当冷却条件变化时，发电机一般不能在额定容量条件下运行，其允许负荷可随冷却介质条件的变化做相应的变化。

（一）氢气温度变化的影响

在发电负荷不变时，当氢气入口（或冷端）风温升高时，绕组和铁芯温度（最热点处）升高，会加速绝缘老化、降低电机寿命。

当冷却介质的温度升高时，为了避免绝缘的加速老化，要求减小汽轮发电机的功率，使绕组和铁芯的温度不超过额定方式下运行时的最大监视温度。当氢气温度高于额定值

31

时，按照氢气冷却的转子绕组温升条件限制功率。对水氢氢冷汽轮发电机，冷端氢温不允许高于制造厂的规定值，也不允许低于制造厂的规定值，在规定温度范围内，发电机可以按额定功率运行。由于定子的绕组和铁芯分别采用不同的冷却介质，当冷端氢温降低时，也不允许提高功率。

（二）氢气压力变化的影响

氢气的传热能力与氢压大小有关。随着氢气压力的提高，氢气的传热能力增强，氢冷发电机的最大允许负荷也可增加。反之，当氢压低于额定值时，由于氢气传热能力的减弱，发电机的允许负荷也应降低。为了使绕组最热点的温度不超过发电机在额定工况时的温度，故当氢压变化时，发电机的允许功率应由绕组最热点的温度来决定。

对水氢氢冷发电机，当氢压高于额定值时，其所带的负荷不允许增加，因为定子绕组的热量是被定子线棒内的冷却水带走的，所以，提高氢压并不能增强定子线棒的散热能力，故发电机允许负荷也就不能增大。当氢压低于额定值时，由于氢气的传热能力减弱，必须降低该发电机的允许负荷。为保证绕组温度不超过额定工况时的允许温度，氢压降低时，发电机的允许功率应根据制造厂提供的技术条件或容量曲线来确定。

由于氢压变化会引起机内温度的变化，从而影响发电机的正常功率，故机内的氢压必须保持在规定的范围内。可通过氢气控制系统来实现机内氢气压力的自动调节。

（三）氢气纯度变化的影响

若氢气和空气混合使氢气含量降到 $4\%\sim75\%$，便有爆炸危险，故在运行中，必须保证发电机内的氢气具有一定的纯度。一般要求发电机运行时的氢气纯度应保持在 96％以上，低于此值时应进行排污。

从经济观点上看，氢气的纯度越高，混合气体的密度就越小，通风摩擦损耗就越小。当机壳内氢气压力不变时，通常氢气纯度每降低 1％，通风摩擦损耗约增加 11％。所以，国外对较大容量的发电机，通过增加排污次数，保证其运行时的氢气纯度不低于 97％～98％，以提高运行效率，如日立公司产 600MW 水氢氢冷汽轮发电机，要求机内氢气纯度为 98％，在氢气纯度降低到 90％时，发出纯度低报警信号。

可见，氢气纯度变化时，对发电机运行的影响主要从安全和经济两个方面考虑。

（四）定子绕组进水量和进水温度变化的影响

对水氢氢冷汽轮发电机，定子绕组采用除盐水冷却，定子铁芯和转子绕组采用氢冷却。在额定条件下，定子绕组铜线和铁芯之间的温差并不大，约为 15～20℃，而铁芯的温度高些。

当冷却水量在额定值的 $\pm10\%$ 范围内变化时，对定子绕组温度产生的影响不大。大量地增加冷却水量，会导致入口压力过分增大，在由大截面流向小截面的过渡部位可能发生气蚀现象，使水管壁损坏，故一般不采用提高流量的方法来降低定子绕组的温度。而降低除盐水流量，将使绕组入口和出口水温差增大，绕组出口水温度增高会造成绕组温升极不均匀，因此采用降低流量的方法是不允许的。

如果除盐水流量降低使定子绕组冷却水完全停止循环，从绕组的温升条件来看是危险的，若除盐水的电阻值过低，可能沿水管内壁发生闪络。当发电机定子绕组的冷却水停止循环后，其容许运行的持续时间要根据水的电阻率来确定。定冷水断水保护仅采用到达定值延时 30s 机组跳闸。一般来说，在设计中，采用绕组进出口的水温差不超过 30～35℃，这样当入口水温度等于 45℃时，相当于出口水温度最大不超过 80℃，以避免出口处产生汽化。绕组入口的水温与额定值的偏差，允许范围是 ±5℃，这时，汽轮发电机的视在功率不变。在任何情况下，对冷却水温度，绕组出口的水温都不应超过 85℃（有的定为 90℃）以免汽化。

当绕组进水温度在额定值（多为 45～46℃）±5℃以内变化时，可不改变额定功率。但不同发电机的技术规定可能与此有些差别。当绕组入口水温超过规定范围上限时，应减小功率，以保持绕组出水的温度不超过额定条件下的允许出水温度。入口水温也不允许低于制造厂的规定值，以防止定子绕组和铁芯的温差过大或可能引起汇水母管表面的结露现象。

二、频率不同于额定值时的运行

国外有关资料表明，频率偏差在 ±2.5%范围内时，发电机的温升实际上不受影响。所以，当频率偏差在 ±2.5%以内时，发电机可保持额定功率运行。有些汽轮发电机允许频率偏差在 ±5%之内，如 ABB 公司 600MW 汽轮发电机就有此技术规定。

按照我国的相关运行规程规定，发电机运行频率允许在一定的范围内变动，其频率范围不超过（50±0.5）Hz（额定频率为 50Hz）时，发电机可按额定容量运行。当发电机运行频率比额定值大较多时，由于其转速升高，转子承受的离心力增大，可能使转子的某些部件损坏，因此频率增高主要受转子机械强度的限制。同时，频率增高，转速增大时，通风摩擦损耗也随着增多，虽然在一定电压下，磁通可以小些，铁耗也可能有所降低，但总的来说，此时发电机的效率是下降的。

当发电机运行频率比额定值小较多时，也有很多不利影响。例如，频率降低，转速下降，使发电机内风扇的送风量降低，其后果是使发电机的冷却条件变坏，各部分的温度升高。频率降低时，为维持额定电压不变，就得增加磁通，同电压升高的情况一样，由于漏磁增加而产生局部过热；频率降低还可能使汽轮机叶片损坏，厂用电动机也可能由于频率下降使厂用机械受到严重影响。

实际运行时，不希望发电机在偏离频率额定值较多的情况下运行。由于发电机设计留有裕度，在系统运行频率变化 ±0.5Hz 的容许范围内，可不计上述影响，容许发电机保持额定功率长期连续运行。

三、电压不同于额定值时的运行

发电机正常运行时，其端电压容许在额定电压 ±5%范围内变化，此时发电机的功率仍可以保持在额定值不变。对 660MW 汽轮发电机的技术要求：发电机在额定功率时，允许电压偏差为 ±5%，而温升不应超过允许限值。

当发电机低于额定电压运行时，由于电压降低，铁芯中的磁通密度相应减小，铁芯损耗减小，从而定子铁芯温度有所降低，若维持功率不变，则需适当增大定子电流使定子因铜损增加而温度稍有升高，通常铜损引起的温升大于铁芯损耗造成的温度降低。因而在低电压运行时，适当增加定子电流是合理的，但不能增加太多。另外，电压降低时，功角随之增大，从而降低了静态储备系数。为了保证发电机安全、稳定运行，规定降低电压时，电流增量不得超过 5%，且发电机最低电压不低于 95%U_N（U_N 为额定电压）。

当电压降低值超过 5%，即电压低于 95%U_N 时，为了使定子电流不超过额定值的 5%，此时必须减小发电机的功率，否则定子绕组的温度将超过容许值。发电机的最低运行电压应根据系统稳定运行的要求来确定，一般不应低于额定值的90％，因为电压过低不仅会影响并列运行的稳定性，还会使发电厂厂用电动机的运行情况恶化、转矩降低，从而使机炉的正常运行受到影响。

当电压升高时，无功功率增大，若维持功率不变必须增大励磁电流，从而引起转子绕组温度升高。由于电压高，发电机的磁通密度显著增加，铁芯损耗增大，铁芯温度随之升高。而近代大容量内冷发电机在额定条件下运行时，其定子铁芯就已处于饱和状态，因而即使电压增加不多，也会使铁芯变为深度饱和，使定子铁芯温度升高、转子及定子结构件中附加损耗增大。故当发电机电压超过额定值的5％时，必须适当降低发电机的功率。发电机连续运行的最高允许电压应遵守制造厂的规定，但最高不得大于额定电压的110％。

第七节　同步发电机的启动、升压和并列

发电机安装或检修完毕，得到系统调度的命令即可将其启动并投入运行。为保证发电机的安全可靠，启动前必须对有关设备和系统进行一系列检查、测量和试验。只有启动前的准备工作完成且全部检查、测试情况良好，方可启动机组。

一、同步发电机启动

当启动准备妥当且报告后，即可命令汽机值班人员开启主汽门，转动汽轮机转子。汽轮发电机从刚开始转动到升至额定转速需要经历一段时间，在此期间汽轮机属暖机状态。发电机一转动，即认为发电机以及与其相连的各种装置已带电。此时，不经领导批准，不允许在这些回路内做任何工作。

当发电机转速升至50％额定转速时，应做下列各项检查：

（1）应仔细监听发电机、励磁机内部的声音是否正常。

（2）检查轴承油温、轴承振动及其他运转部分是否正常。

（3）整流子和集电环上的电刷，是否因振动而接触不良，是否有跳动或卡死现象（如有，应设法消除）。

（4）发电机各部分温度有无异常。

（5）发电机冷却器的各种水门、风门是否在规定的位置。

通过以上检查，如无异常情况，即可升速至额定转速3000r/min。

二、同步发电机升压

当发电机升速至额定转速且各部分工作正常的情况下，就可以加励磁升高发电机定子绕组电压，简称升压。发电机电压的升高速度一般不作规定，可以立即升至规定值，但在接近额定值时，调整不可过急，以免超过额定值。升压时还应注意：

（1）三相定子电流表的指示均应等于或接近于零，如果发现定子电流表有指示，说明定子绕组上有短路（如临时接地线未拆除等），这时应减励磁至零，拉开灭磁开关进行检查。

（2）三相电压应平衡，同时以此检查一次回路和电压互感器回路有无断路。

（3）当发电机定子电压达到额定值，转子电流达到空载值时，将磁场变阻器的手轮位置标记下来，便于以后升压时参考。核对这个指示位置可以检查转子绕组是否有匝间短

路，这是因为有匝间短路时，要达到定子额定电压，转子的励磁电流必须增大，这时该指示位置就会超过上次升压的标记位置。

三、同步发电机并列

当发电机电压升到额定值后，可准备对电网并列。并列是一项非常重要的操作，必须小心谨慎，操作不当将产生很大的冲击电流，严重时会使发电机遭到损坏。发电机的同期并列方法有准同期与自同期两种。

（一）准同期并列

准同期并列即准确同期并列的方式，是一种常用的基本同期方式，并列时应满足三个条件：①待并发电机的电压与系统电压相等；②待并发电机的频率与系统频率相等；③待并发电机的电压相位角与系统的电压相位角一致。

并列操作可以手动进行，称为手动准同期；也可以自动进行，称为自动准同期。自动准同期需借助专有的自动准同期装置进行。

采用手动准同期操作前，应确认主断路器、隔离开关位置正确，如有屏幕显示器，也可通过画面确认。还应确认操作开关及同期开关位置正确（不允许有第二个同期开关投入）。接着可投入同期表盘，同期表开始旋转，同期灯也跟着时亮时暗。这时可能还要少许调整发电机端电压，以满足第1个并列条件。调整的方法是调整自动电压调节器的电压给定开关（特殊情况下也可利用调节器内的手动回路开关或感应调压器进行调压），继而调整发电机的转速以满足第2、3个并列条件。当3个条件都满足时，同期表指针指在同期位置，同期灯最暗，表示此时已到达同步点。但一般是在指针顺时针方向缓慢旋转，且接近同步点（预留到达同步点的主断路器合闸时间）时，即可合闸使发电机与系统并列。随即可增加发电机的励磁电流和有功负载，确认发电机已带上5%的负载，即15MW的有功负载和7～10Mvar的无功负载，记下并列时间，切断同期表开关和同期灯开关，并列操作告终。

发电机手动准同期操作是否顺利与运行人员的经验有很大关系，经验不足者往往不易掌握好合闸时机，从而发生非同期并列事故。因此，现在广泛采用自动准同期装置进行自动并列。

自动准同期并列装置的功能是根据系统的频率检查待并发电机的转速，并发出脉冲去调节待并发电机的转速，使其高出系统一预整定数值，然后检查同期的回路开始工作。当待并发电机以微小的转速差向同期点接近，且待并发电机与系统的电压差在±10%以内时，它就提前一个预先整定好的时间发出合闸脉冲，合上主断路器，实现与系统的并列。

应该说明，某些自动准同期装置只能发出调速脉冲，而不发出调压命令，因而并列时仍要人工调整励磁调节器的给定开关，使待并发电机电压与系统电压相等。

（二）自同期并列

自同期并列的方法是当待并发电机的转速接近额定转速（相差±2%范围之内）时，在励磁开关断开的情况下，先合上发电机的主断路器，然后再合上励磁开关，加上励磁，使发电机自动同步。采用自同期并列的优点：

（1）操作简单。

（2）可防止非同期并列引起的危险。

（3）在紧急情况下，可以很快地将发电机并入系统，对加速事故的处理有很重要的意义。

自同期并列的缺点是并列时待并发电机会受到较大电流的冲击，甚至会使系统电压降低。对 100MW 以下的发电机，在系统运行条件允许的情况下，均可采用自同期并列。对 100MW 及以上的发电机，是否能采用自同期并列，应经过试验后慎重决定。

第八节　同步发电机运行中的调整及监视

同步发电机接入无穷大容量电力系统后，在调整负载过程中，除要注意各个参量不要超过允许范围外，还要注意负载上升速度。为了防止过度的热膨胀，负载上升速度不能太快，从空载到满负载，通常要几小时。下面主要叙述正常运行中的调整及运行中的监视。

一、发电机运行中的负载调整

（一）运行中的负载调整

1. 有功负载调整

正常情况按上级调度的命令进行。当自动发电控制（automatic generation control，AGC）投运时，机组有功负载按 AGC 指令自动增加或降低，若 AGC 退出运行时，则机组有功的调节应由上级调度根据系统负载的变化和需要，通知各厂增加或降低功率。值长接到通知后，通知机组值班人员相应调整燃料、水量风量稳定运行。这一过程应时刻监视该机电气仪表，以保证发电机的正常运行。

出现事故时，可根据具体情况直接进行有功负载的调节，并尽量保持机组的稳定运行，同时与上级调度汇报。

2. 无功负载调整

正常情况下，机组值班人员根据电网给定的电压曲线按规定要求，通过改变自动电压控制器（automatic voltage regulator，AVR）的工作点进行无功负载的调节。当机组有功负载变化时，应密切监视和调节无功负载，使机组运行在 P-Q 曲线范围内，满足系统电压的要求。

出现事故时，根据事故处理要求进行调节。如发电机失步时，应增加无功负载；三相定子电流不平衡超过规定时，应降低无功负载等。

（二）调节负载时参数的变化

1. 仅调节有功负载

如仅降低有功负载时，会发生以下变化：

（1）有功负载下降。

（2）三相定子电流平衡下降。

（3）无功负载略有上升。有些发电机仅装设功率因数表，则在滞后范围内下降。

2. 仅调节无功负载

如仅增加无功负载时，会发生以下变化：

（1）无功上升，或功率因数滞后下降。

（2）三相定子电流平衡上升。

（3）转子电流、电压上升。

（4）定子电压略有上升。

（5）主励转子电压、电流上升。

（三）调节过程中的注意事项

（1）调节幅度应控制得小一些为好，以免被调节对象大起大落。

（2）调节时，必须先认清要调对象的操作设备和操作画面。

（3）调节过程中，必须严密监视参数变化的情况。

（4）调节过程中，还应综合观察和分析各参数的变化情况，如三相定子电流是否平衡变化；转子电流、电压是否相应变化等。调节后，特别是发电机负荷增加后，应对发电机的各部分温度加强监视。正常工况下，各部分温度应稍有上升并且不会超过允许值。但若由于冷却条件影响而发生温度异常升高时，应认真分析，找出可能的原因并汇报上级，采取措施，措施包括降低有功、无功负载，使机组运行在允许范围内。

二、发电机运行中的监视

对运行中的汽轮发电机，必须经常进行检查、维护，以便及时发现异常情况，消除设备缺陷，保证发电机长期安全运行。

（一）对发电机的一般检查与维护

严密监视运行中发电机各种表计参数，如电压、电流、频率、各处温升等，不得超过规定值。每小时应记录一次发电机的工况参数，如有计算机打印值，可与之对照。如发现个别温度测点值异常，应对其加强监视，缩短记录间隔时间。按值长命令执行负载曲线的运行。

通过窥视孔检查发电机端部，端部应无异状与异音，无焦味、放电、火星、臭味、渗水、漏水及结露等。用手触摸发电机外壳，应无异常振动与过热等。

（二）发电机运行中的监视内容

运行中的监视主要包括有关画面或表盘的监视和通过切换测量进行的监视两项内容。

1. 有关画面或表盘的监视

发电机运行中主要监视的仪表包含有功表（MW）、无功表（Mvar）、定子电压表（kV）、三相定子电流表（kA）、转子电压表（V）、转子电流表（A）、频率表（Hz）、功率因数表（cosφ）、主励转子电压表（V）和电流表（A）、副励交流电压表（V）等。此外，还有自动励磁调节器的有关表计。正常运行中，除应监视各表计指示不超过规定数值外，还应根据运行资料及时分析各表计有无异常指示。如在一定的有功、无功负载时，定子电流及转子电压、电流的指示应对应，即不应出现个别表计指示异常升高或降低情况；在冷却条件相似的条件下，发电机各部位温度应无不正常指示等。

另外，切实做好发电机各表计的抄录和分析工作，以便积累运行资料。对抄录数据进行分析，以便不断监视和掌握发电机的运行工况，并及时发现机组的异常运行，采取相应措施。

2. 通过切换测量进行的监视

通过切换测量进行的监视是指对发电机定子、转子绝缘的监视。发电机定子、转子绝缘是利用定子、转子电压表切换开关进行的。

转子电压表的正常指示值为正、负极之间的电压。需测量转子对地绝缘时，利用切换开关分别测量正极对地和负极对地电压，根据正、负极之间的电压、正极对地电压和负极对地电压可测算出转子绕组包括励磁回路的对地绝缘电阻值。计算公式为

$$R_{ri} = R_i \left(\frac{U_1}{U_2 + U_3} - 1 \right) \times 10^{-6} \qquad (1\text{-}1)$$

式中　R_{ri}——转子绕组对地绝缘电阻，$M\Omega$；

　　　　R_i——转子电压表内阻，其数值根据表计实际内阻提供，Ω；

　　　　U_1——转子正、负极之间电压，V；

　　　　U_2——转子正极对地电压，V；

　　　　U_3——转子负极对地电压，V。

从式（1-1）可以看出，当转子某极接地时，$R_{ri}=0$，因为此时另一极对地电压等于正负极之间电压。对 R_{ri} 的数值规定不一，视机组的冷却方式而定。氢冷机组要求 R_{ri} 大于 $0.5M\Omega$；水冷机组各厂规定不同，一般控制最低不得小于 $100k\Omega$，但冷却水质导电度应合格，具体还应参照制造厂的规定。

定子绕组绝缘可定时利用定子电压表切换测量进行监视。正常时，各相对地电压应相等且平衡，即均为相电压。当切换测量结果发现一相对地电压降低而另两相升高时，则说明对地电压低的一相对地绝缘下降（如果低至 0 而另外两相对地电压升高至线电压时，则表明发生了金属性接地，此时发电机定子接地保护应动作报警）。应定期记录绝缘数值，以便经常进行分析比较。如果运行中绝缘下降很多或接地时，均发出报警信号。

第九节　同步发电机运行极限及 *P-Q* 曲线

一、同步发电机稳定概念

（一）静态稳定概念

发电机如果在某一点工作时受到小的扰动后能恢复到原来的工作点，我们就把这个原工作点称为静态稳定工作点；反之，如果在某一点工作时受小的扰动后不能回到原来的工作点，我们就称这个原工作点为静态不稳定工作点，简称不稳定工作点。

发电机直接与无限大容量系统并联运行时，当发电机电动势 E_0 和系统电压 U 为某一定值时，汽轮发电机可能向系统输出最大功率 P_{max}，计算公式如下：

$$P_{max} = m \frac{E_0 U}{X_d} \qquad (1\text{-}2)$$

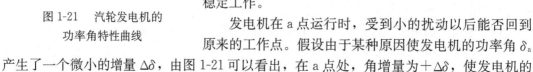

图 1-21　汽轮发电机的
功率角特性曲线

只有发电机的输出功率小于最大值 P_{max} 时，汽轮机和发电机的功率才有可能平衡。汽轮发电机的功率角特性曲线如图 1-21 所示，当汽轮发电机的输入功率为 P_1 时，它与功率角特性曲线有两个交点，即 a 点和 b 点。当忽略发电机的空载损耗，则两个交点 a 和 b 都满足功率平衡关系，相应的功率角分别为 δ_a 和 δ_b。下面利用功率角特性曲线分析 a 和 b 两个工作点发电机是否都能稳定工作。

发电机在 a 点运行时，受到小的扰动以后能否回到原来的工作点。假设由于某种原因使发电机的功率角 δ_a 产生了一个微小的增量 $\Delta\delta$，由图 1-21 可以看出，在 a 点处，角增量为 $+\Delta\delta$，使发电机的

输出功率增加 ΔP，但此时汽轮机的功率仍维持 P_1 恒定，发电机功率的变化使发电机和汽轮机间的转矩平衡遭受破坏。扰动后达 a′ 点，由于发电机的电磁转矩超过了汽轮机的转矩，于是发电机的转子开始减速，从而使发电机电动势与系统电压之间的功率角减小，结果运行状态又恢复到原来 a 点，所以在 a 点运行是能够稳定的。同理，当 a 点处有一个功率角增量 $-\Delta\delta$ 时，发电机输出功率减小 ΔP，使发电机的电磁转矩（制动转矩）小于汽轮机的输出转矩（驱动转矩），于是发电机的转子加速，相应地使发电机电动势 $\dot{E}_0$ 相对于电网电压 $\dot{U}$ 的旋转速度加快，从而使发电机的运行状态又恢复到原来的工作点 a。由此可见，在 a 点发电机工作是静态稳定的。

发电机在 b 点运行时受到小的扰动以后，情况完全不同。当扰动功率角增量为 $+\Delta\delta$ 时，引起机组加速，使功率角 δ 反而增大，转子继续加速，最后导致发电机失去同步。可见，在 b 点发电机工作是静态不稳定的。

由以上分析可见，发动机能够稳定运行的功率角 δ 范围为 $0\sim90°$。而在实际运行中，发电机应运行在极限范围内，并保证有足够的静态稳定储备，故发电机正常运行的功率角通常为 $30°\sim45°$。

（二）暂态稳定概念

静态稳定是发电机与系统并联运行时受到微小的扰动后，发电机能自行恢复到原先的工作点并稳定运行的能力。暂态稳定则是指电网发生突然的急剧的大扰动时，发电机能自行恢复到新的稳定状态的能力，如果能在短暂振荡后恢复或过渡到新的工作点稳定同步运行，则称发电机为暂态稳定，反之，则为不稳定。

同步发电机在运行中经常受到比较大的扰动，受到突然的急剧的大扰动的原因可归纳为以下几种：

（1）系统发生短路故障。

（2）负载突然变化，如输电线路突然切除或投入大容量用电设备。

（3）切除或投入系统的某些组件，如双回输电线路突然切除一个回路。

当发电机受到比较大的扰动后，其各种运行参数（电压、电流、功率）都要发生急剧变化。但是由于原动机的调速系统具有一定的惯性，不可能随着发电机功率的瞬时变化而及时地调整原动机的输出功率，因此原来功率的平衡受到破坏，以至于机组转轴上出现转矩过剩或不足，从而引起转子的速度以及各发电机功率角的变化。而这些变化反过来又影响到各台发电机电流、电压、输出功率的变化。因此，在比较大的扰动后，系统中就会出现发电机电磁-机械瞬变过程。

下面我们以双回输电线路突然切除一个回路为例，说明暂态稳定过程。

切除一回线路后发电机的功率角和相对速度的变化曲线如图 1-22 所示，切除一回线路前，发电机工作在曲线 1 的 a 点，切除一回线路后工作点突然跃到曲线 2 的 b 点，这时由于汽轮机调速系统动作

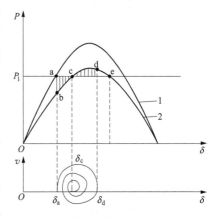

图 1-22　切除一回线路后发电机的功率角和相对速度的变化曲线

的滞后性,发电机的输入功率 P_1 暂时不变。那么发电机的电磁转矩就小于转矩,于是引起转子的加速过程,发电机暂态电动势 $\dot{E}'$ 和系统电压 $\dot{U}$ 相对速度 v 变大,功率角 δ 也变大。当到达 c 点时,功率达到平衡,但由于转子存在惯性,工作点将越过 c 点继续移至 d 点,在到 d 点之前转子加速运动中聚集的能量已全部释放完毕。发电机的输入功率 P_1 小于电磁功率,转子又开始减速,转子继续减速使 $\dot{E}'$ 和系统电压 $\dot{U}$ 相对速度 v 变为负值,功率角 δ 随之减小,工作点又返回 c 点,由于转子本身存在惯性,故需经过几次振荡后才能稳定在 c 点运行。由此可见,发电机与系统并联运行受到突然的急剧扰动之后,能过渡到新的稳定状态继续运行。

过渡过程也可能有相反的情况。如果在发电机运行状态变化的过程中,功率角振荡的第一个周期内,相对速度 v 未达零值以前,功率角 δ 的最大值已等于或超过临界 e 点对应的功率角 δ_e,发电机转矩又小于原动机转矩,即出现了加速性的过剩转矩,那么就不可能过渡到新的稳定运行状态,相对速度不断增大,最后导致发电机失去同步。

系统受到较大扰动后,能否重新过渡于稳定状态下运行,可简单地用等面积法则来确定。如图 1-22 所示,如果加速面积 S_{abc} 小于最大可能的减速面积 S_{cde},发电机就能过渡到新的工作点稳定运行,并保持与系统同步;反之,如果加速面积 S_{abc} 大于最大可能的减速面积 S_{cde},则不能保证暂态稳定。保证暂态稳定的充分必要条件是 $S_{abc}<S_{cde}$。

暂态稳定的程度既受系统电压 U、暂态电动势 E'、发电机暂态电抗 X_d'、发电机与无限大系统母线之间的电抗 X_s 等影响,也受转子的转动惯量的影响。提高继电保护和强行励磁的速度和顶值倍数是提高暂态稳定至关重要的措施。

二、汽轮发电机安全运行极限

对与电网并联运行的汽轮发电机,调节汽轮机的进汽量,汽轮机输出的机械功率会发生变化,从而可调节发电机输出的有功功率大小;改变发电机的励磁电流,则可调节发电机输出的无功功率大小和性质。

汽轮发电机输出的有功和无功功率可以根据电力系统的情况进行调节,有功和无功功率都有最大值和最小值的限制,超过限制范围的发电机组将不能正常运行。

在稳定运行条件下,发电机的安全运行极限取决于以下五个条件,这些条件共同决定了发电机工作的允许范围。

(一)原动机输出功率的限制

汽轮机输出功率是根据发电机的额定有功功率 P_N 设计的,虽有过载能力,但运行中不宜高出 P_N。另外,输出功率还受最小功率 P_{min} 的限制,运行时也不能小于 P_{min}。P_{min} 不是受发电机本身限制,而是由汽轮机和锅炉方面的原因决定。汽轮机的最小允许功率与汽轮机的类型有关,一般为额定值的 $10\%\sim20\%$。此外,由于锅炉在低负载时燃烧不稳定,特别是燃煤锅炉,故 P_{min} 还受锅炉最小功率的限制。随锅炉类型和燃料不同而异,通常锅炉允许的最小功率约为额定值的 $25\%\sim75\%$。

(二)定子三相绕组电流的限制

发电机三相定子绕组导体截面积、发电机的冷却系统都是按照额定电流设计的,运行中定子电流不可超过额定值 I_N。

(三)定子端部发热的限制

发电机在进相运行时,定子端部的漏磁将大于迟相运行状态的端部漏磁,将在定子端部铁芯及金属压板等处感生过大的涡流，导致温度升高。当温度超过允许值时，就要限制无功功率的吸收。

（四）励磁电流的限制

发电机励磁绕组导体截面积、冷却条件、励磁系统等都是按照发电机额定运行条件下所需的励磁电流（额定励磁电流）设计的，所以运行中励磁电流不能超过额定值。

（五）进相运行稳定度的限制

由于发电机转入进相运行时功率角 δ 增大，容易出现不稳定情况，所以此时就要限制其输出的有功功率或吸收的无功功率。

三、汽轮发电机的 *P-Q* 曲线

汽轮发电机在稳定运行条件下，有功功率 P 和无功功率 Q 之间的关系曲线称为发电机的安全运行极限图，又称运行容量特性曲线（简称 *P-Q* 曲线）。该曲线能够较完整表达发电机在不同运行方式下的容量极限，并且可以清楚反映 $\cos\varphi$ 变化对发电机功率的影响和限制。下面讨论汽轮发电机允许运行范围的 *P-Q* 曲线的绘制及运用。

在不计铁芯的饱和影响时，可按发电机的相量图来绘制 *P-Q* 曲线。发电机允许运行范围的 *P-Q* 曲线如图 1-23 所示。

取 *OP* 为有功功率坐标轴，*OQ* 为无功功率坐标轴，根据发电机额定有功及无功功率确定工作点，如图 1-23 中 A 点所示，在 *P-Q* 坐标平面上，A 为额定运行点。*OA* 在 *P* 轴及 *Q* 轴上的投影分别为 *AC*、*AD*，即分别为发电机的额定有功功率和额定无功功率。

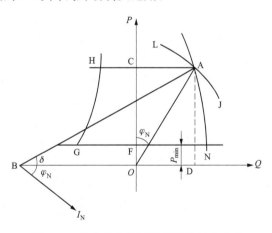

图 1-23 发电机允许运行范围的 *P-Q* 曲线

发电机功率因数 $\cos\varphi$ 不等于额定功率因数 $\cos\varphi_N$，运行时，以定子电流（即视在功率）不超过额定值作为条件，运行点应限制在以 *O* 为圆心，以 *OA* 为半径的圆弧 LAJ 以内；以励磁电流不超过额定值作为条件，则运行点应限制在以 B 点为圆心，以 *BA* 为半径的圆弧 AN 之内；以不超过额定有功功率 P_N 为条件，运行点应在水平线 HCA 以下；以不小于最小允许功率 P_{min} 为条件，则运行点应在水平线 GFN 以上。同时考虑上述四个条件，并在 $\cos\varphi \leqslant 1$ 时，P 和 Q 的允许运行范围为 FN-NA-AC-CF 所包围的面积。

汽轮发电机在功率因数 $\cos\varphi$ 超前而转入进相运行时，定子和励磁绕组的额定电流已不再是限制的因素，除了受额定有功功率和最小允许有功功率限制外，首先受定子端部发热的限制。汽轮发电机进相运行的另一个限制因素是系统运行稳定性。但是稳定性问题不仅与该发电机的运行状态有关，还与整个系统的结构、参数、其他各台发电机运行状态以及发电机自动电压调节器性能等密切相关，所以发电机进相运行的允许范围不如相位滞后运行那样确定。图 1-23 给出的只是进相运行的大概范围。

按相量图绘制的 *P-Q* 曲线说明了发电机输出功率与有关参量的变化关系，但由于作图设计及饱和的影响，所得曲线不能准确反映发电机的功率限制。

考虑饱和影响的 *P-Q* 曲线，可由发电机的调整特性曲线求得。再按额定转速和电压下所带负载的温升试验测得的数据，确定不同冷却介质温度下的定子和转子容许电流，对应不同的 $\cos\varphi$ 算出容许定子电流的有功和无功分量，按一定的比例尺绘制在 *P-Q* 坐标图上，将同一冷却介质温度下的各点连成曲线，即为该冷却条件下保持额定频率和额定电压运行的 *P-Q* 曲线。

发电机的 *P-Q* 曲线由制造厂提供，是发电厂运行和调度人员必须掌握的资料。研究发电机运行的 *P-Q* 曲线，对提高发电机的安全运行，保证安全供电和发挥设备潜力均有重要的意义。

第十节　汽轮发电机进相运行

随着电力系统的不断发展，大型发电机组日益增多。电压等级的提高，输电线路的加长，加之许多配电网使用了电缆线路，从而引起电力系统电容电流的增加。在轻负荷时，线路上的电压会升高，如在节假日、午夜等低负荷的情况下，如果不能有效地吸收剩余的无功功率，枢纽变电站母线上的电压可能超过额定电压的 $15\%\sim20\%$ 左右。此时最好利用部分发电机进相运行，以吸收剩余的无功功率，进行电压调整。

发电机进相运行是指发电机向系统输送有功功率和吸收无功功率，功率因数角超前于端电压。如第二章所述，如果调整发电机的励磁电流，使发电机从迟相运行转为进相运行，也就是从发出无功功率转为吸收无功功率。励磁电流越小，从系统吸收的无功功率越大，功率角 δ 也越大，所以在进相运行时，静态稳定的极限角是允许吸收多少无功功率、发出多少有功功率的限制条件之一。此外，发电机进相运行时，端部铁芯、端部压板以及转子护环等部分会通过相当大的端部漏磁，使发电机端部发热增加，因此，定子端部容许发热也是进相运行时的容许功率限制条件之一。

另外，当发电机由迟相转入进相运行时，随着功率因数的降低，发电机允许的功率剧烈下降。功率因数与发电机容许功率关系如图 1-24 所示，该图给出了大型机组功率因数变化时的容许功率。

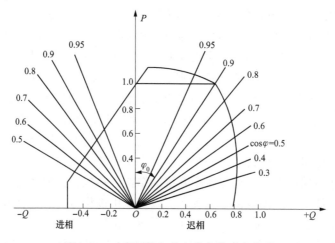

图 1-24　功率因数与发电机容许功率关系

综上所述，发电机从迟相转为进相运行时，静态稳定储备下降，端部发热严重。这两方面的影响都和发电机的出力密切相关。发电机在进相运行时，功率越大，静态稳定性能越差。在一定功率因数下，端部漏磁通约与发电机的功率成正比。因此，欲保持一定的静态稳定储备，且保持端部发热为一定值，随着进相程度的增大，发电机的功率应相应降低。

值得注意的是，600MW 发电机已采取多种措施来减少端部发热，如采用非磁性钢的转子护环、采用铜板屏蔽、开槽分割以限制涡流通路、定子铁芯端部做成阶梯形等。采用上述措施后，可降低进相运行时的端部温升，从而提高进相运行时的允许功率。但实际运行时，应尽量避免进相运行，一旦发生进相运行应严密监视发电机各部件的温度变化，同时汇报上级和有关技术人员，必要时适当降低机组的有功负荷。

第十一节　汽轮发电机的不对称运行

一、发电机不对称运行

由于种种原因，可能使发电机的三相定子电压和电流失去平衡，形成不对称运行状态。发电机不对称运行是一种非正常工作状态。出现不对称的原因可能是多种多样的，可能是负荷不对称（如系统中有大容量单相电炉、电气机车等不对称用电设备），也可能是输电线路不对称（如一相断线、某一相因故障或检修切除后采用两相运行）或系统发生不对称短路故障等。

当同步发电机不对称运行时，三相电压和电流均不对称。由对称分量法可知，定子绕组中除了正序电流外，还有负序电流。不对称的程度通常用负序电流 I_2 对额定电流 I_N 的百分数表示或直接用比值 $\dfrac{I_2}{I_N}$ 表示。

二、负序电流对发电机的危害

发电机三相不对称运行的特点是除了定子绕组内有正序电流外，还伴随出现负序电流。正序电流是由发电机电动势产生的，它所产生的正序磁场与转子保持同步速度且同方向旋转，因此该磁场对转子而言是相对静止的，在转子上不会引起感应电流。此时转子发热是由励磁电流决定的。

负序电流出现后，它除了和正序电流叠加使绕组相电流可能超过额定值，而使该相绕组发热超过容许值之外，还会引起转子的附加发热和机械振动。

当定子三相绕组中流过负序电流时，所产生的负序磁场以同步速度与转子反方向旋转，在励磁绕组、阻尼绕组及转子本体中感应出两倍频率的电流，从而引起附加发热。由于这个感应电流频率较高（100Hz），集肤效应转大，因此感应电流在转子各部分造成的附加发热主要集中于表面薄层中。感应电流在转子表面的分布与鼠笼式电动机转子电流分布相似，在转子表面沿轴向流动，在转子端部沿圆周方向流动而形成环流，发电机转子产生的涡流如图 1-25 所示。这些电流不仅流过转子本体 1（线 A），还流过护环 2（线 B、C 和 D）及中心环 3（线 D）。这些电流流过转子的槽楔与齿，并流经槽楔和齿与套箍的许多接触面。这些接触部位电阻较高，发热尤为严重，可能产生局部高温，破坏转子部件的机械强度。

除上述的附加发热外，负序电流产生的负序磁场还在转子上产生两倍频率的脉动转

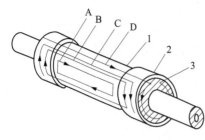

图 1-25 发电机转子产生的涡流

矩，使发电机组产生频率为 100Hz 的振动，并使轴系产生扭振。负序电流产生的附加发热和振动，对发电机的危害程度与发电机类型和结构有关。由于汽轮发电机的转子是隐极式的，磁极与轴是一个整体，绕组置于槽内，散热条件不好，所以负序电流产生的附加发热往往成为限制不对称运行的主要条件。

三、汽轮发电机不对称负荷的容许范围

汽轮发电机不对称负荷容许范围的确定主要取决于下列三个条件。

(1) 负荷最重一相的电流不应超过发电机的额定电流。

(2) 转子最热点的温度不应超过容许温度。

(3) 不对称运行时的机械振动不应超过容许范围。

第一个条件是考虑到定子绕组的发热不超过容许值，第二和第三个条件是针对不对称运行时负序电流所造成的危害提出来的。发电机承受不对称运行的能力也称为发电机的负序能力，通常用两个技术参数表示：一个是允许长时期运行的稳态负序能力，以允许的最大负序电流标幺值 I_2^* 表示；另一个是短时间允许的暂态负序能力，以容许的短时发热量 $I_2^{*2}t$ 表示，它代表短时（一般 $t<120\text{s}$）最大容许的负序发热量。当系统中发生不对称短路时，其容许持续时间 t 往往根据厂家规定的 $I_2^{*2}t$ 容许值计算。当发电机不对称运行时，其负序电流的容许值和容许时间都不应超出制造厂规定的范围。

四、装设阻尼绕组减轻负序电流的影响

根据分析，不对称运行会给发电机带来一系列不良影响，甚至危及发电机的安全运行。产生这些不良影响的主要原因是负序电流产生的反转磁场，因此要减少不对称运行的不良影响就必须尽量地削弱这个磁场，为此在发电机的转子上安装阻尼绕组。当反转磁场切割转子时，阻尼绕组由于电阻和漏电抗很小且安装在极靴表面，因此将产生较大的感应电流而显著地削弱反转磁场。阻尼绕组的漏阻抗越小，阻尼作用就越强，削弱反转磁场的效果就越显著。不对称运行时，由于阻尼绕组可降低转子的损耗和发热，并缩小转子直轴与交轴的差异，减小交变转矩，从而可以提高发电机承受负序电流的能力。

由于汽轮发电机整块铁芯里所感应的涡流能起一部分阻尼作用，为避免转子使结构复杂，一般不再另装阻尼绕组。但是在大型汽轮发电机中，定子线负荷较高是为了提高发电机承受不对称负载的能力，一般还需另加装阻尼绕组，加装阻尼绕组的汽轮发电机有全阻尼和半阻尼之分。将扁铜条放在槽楔下，并在两端护环下用铜环连接在一起，这种阻尼结构称为半阻尼，它可以减少槽楔和小齿的发热。如果不仅在转子槽，而且在大齿上另外开槽放置扁铜条并与两端铜环连通，这种阻尼结构便是全阻尼，全阻尼还可以减小大齿表面的发热。有的只在转子端部装设短铜条，与铜环连接成梳形阻尼环，可使易于烧伤的槽楔与护环接触处的电流经阻尼环旁路，从而降低其温升，以便提高承受负序电流的能力。

虽然阻尼绕组对发电机不对称运行是有益的，但是它可使突然短路时产生的冲击电流增大。

第十二节 汽轮发电机的失磁运行

汽轮发电机的失磁运行是指该发电机失去励磁后，仍带有一定的有功功率，以低滑差与系统继续并联运行，即进入失磁后的异步运行。

同步发电机突然部分或全部失去励磁成为失磁，是较常见的故障之一。引起发电机的失磁的原因主要有以下几种。

（1）励磁回路开路，如自动励磁开关误跳闸、励磁调节装置的自动开关误动作、可控硅励磁装置的元件损坏等。

（2）励磁绕组短路。

（3）运行人员误操作等。

汽轮发电机的失磁过程是一个复杂的电磁、机电暂态过程。发电机组失磁后，转速（或转差）实际上是不断变化的。即使励磁电流衰减完毕，发电机进入稳态异步运行，由于存在交变异步功率以及转子直轴和交轴磁路不对称引起的反应功率，发电机输出功率发生波动，随之引起转差波动，这时发电机的转差不可能为常数。因此，发电机失磁的严格分析需要求解一组变系数的微分方程，一般只能用数值法求解，这里就不再推导，可参看有关电机学教材。

下面以单机接在无限大容量电网母线上为例，定性地讨论汽轮发电机在失去励磁后，怎样进入稳态异步运行，发电机是否能继续向电网输送有功功率，以及异步运行的发电机怎样才能恢复同步运行等问题。

一、发电机失磁后运行状态的变化

发电机失磁后运行状态的变化大致可以分为失磁到失步、失步后从暂态异步运行进入到稳态异步运行、励磁恢复后的再同步过程三个阶段。发电机失磁后功角及功率变化如图 1-26 所示。

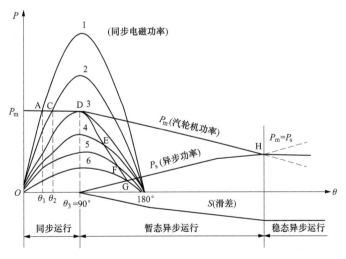

图 1-26　发电机失磁后功角及功率变化

（一）发电机由失磁到失步

设汽轮发电机接在无限大容量电网上稳定运行，其功角特性为曲线 1（见图 1-26），对应于功角的运行点为 A，这时发电机的电磁功率与汽轮机输入的机械功率相平衡。

假设发电机刚失去励磁时，转子仍然以同步转速继续运行。若励磁系统发生短路故障，则转子的直流励磁电流按指数规律衰减，相应的发电机感应电势 $E_。$ 也逐渐衰减，这样发电机的电磁功率及相应的电磁转矩都相应减小，图 1-26 中功角特性曲线由曲线 1 降到曲线 2，运行点也应转移到曲线 2 上，但汽轮机供给的机械功率 P_m 因调速器尚未立即动作还来不及改变，这样汽轮机输给发电机转子的机械转矩大于电磁转矩和摩擦转矩，则轴上有剩余转矩，驱动转子加速，功角 θ 不断增大，当功角 $\theta < 90°$ 时，随着功角的增大，发电机的电磁功率增加，这样功角 θ 的增大可补偿因励磁电流衰减导致的同步功率下降，出现发电机的电磁功率与汽轮机的机械功率之间的暂时平衡。若忽略摩擦损耗功率，图 1-26 中C、D为发电机失磁后暂态过程的两个暂时平衡点。

在励磁电流衰减的过程中，发电机感应电势随之减小，无功功率也随之减小，发电机逐渐过渡到进相运行，并从电网吸收滞后的无功功率。

当励磁电流衰减到某一数值后，发电机的同步电磁功率降低到其幅值与汽轮机功率相等，即曲线 3 上的 D 点，此时功角 $\theta = 90°$，发电机处于临界失步状态。当 $90° < \theta < 180°$ 时，随着励磁电流的进一步衰减，同步电磁功率的幅值继续下降，同时随着功角 θ 增加，$\sin\theta$ 值减小，这又引起电磁功率下降，发电机运行点转移到 E（在曲线 4 上）和 F（在曲线 5 上），在这阶段中，同步电磁功率 P_s 与汽轮机功率 P_m 的差距逐渐扩大，出现较大的剩余功率使转子加速，在功角 θ 接近 180°时，转子转速剧烈增大，当 θ 抵达 180°时，同步电磁功率下降为零，发电机在剩余转矩的作用下终将失去同步，转子被加速而超出同步转速运行，即进入异步运行状态。

在励磁绕组闭合回路失磁时，励磁电流衰减过程需要一定的时间，在功角 $\theta \leqslant 90°$时，功角 θ 增大能维持电磁功率基本上保持定值，机组轴上的过剩转矩不大，转子加速也并不显著，相对而言这段时间比较长；而在功角 $90° < \theta < 180°$时，由于转速急剧增加，经历的时间较短。

当发电机进入异步运行时，如果励磁电流尚未衰减到零，在 $180° < \theta < 360°$时同步电磁也感变为负值，转速更加增大，同步电磁随着功角 θ 的不断增加而变化，使同步电磁功率成为周期性交变功率。因此，在异步运行阶段，剩余的同步电磁功率会引起功率的摆动，对发电机是不利的。机组发生部分失磁就属于这一情况，此时应立即投入灭磁电阻，使发电机转入全失磁。

发电机失步后，转子超过同步转速，发电机转子与定子旋转磁场有了相对运动，发电机进入异步状态运行，这样在转子绕组中感应出转差频率电势及相应的转差频率电流，此电流在定子同步旋转磁场下产生制动的异步转矩，发电机向电网输出异步有功功率 P_{as}，该功率随转差增大而增大。

与此同时，汽轮机的调速系统开始工作，其调速特性随转子转速的上升使汽轮机的机械转矩减小，当发电机转速一直上升到异步转矩与机械转矩相等时（图 1-26 中 H），达到新的平衡，发电机进入到稳态异步运行状态，转差率 S 维持一定值。

（二）发电机失步后的稳定异步运行

发电机异步状态运行时，由于定子绕组仍接在电网上，在定子绕组中继续流过三相对称电流，此电流产生的旋转磁场仍以同步转速旋转。当转子以转差率 S 切割定子同步旋转磁场时，在转子的励磁绕组、阻尼绕组及转子的齿与槽楔中，将分别感应出转差频率为 f_s 的交流电流。这些电流与定子旋转磁场相互作用而产生制动的异步转矩 M_{as}。随着转差率由小变大，异步转矩也增大（在达到某一临界转差率之前），当发电机在某一转差率下，异步转矩与汽轮机输入的转矩相平衡时，发电机进入稳定的异步运行。此时，发电机从电网吸收感性无功率，供给定子和转子励磁，同时向电力系统发送有功功率。

（三）发电机的再同步过程

在异步运行状态的发电机，当恢复直流励磁电流以后，发电机从异步运行状态转入同步运行状态的过程称为再同步过程。

汽轮发电机失磁后，异步运行时机组要从电网吸取大量感性无功功率。异步运行无论对机组本身还是电网的安全运行都会带来影响。如果发电机能再恢复同步，让它转入正常运行，这对机组和电网而言都是有利的。发电机能否实现再同步，首先要看电机的转速能否达到同步转速，即转差的瞬时值能否经过零值。显然，如果转速不能达到同步转速也就根本谈不上实现再同步；其次，在到达同步转速后，还要看机组能否不失步地过渡到同步运行状态，否则，即使达到同步转速但不能保持同步运行，再同步仍然等于没有实现。

汽轮发电机失磁后在电网中异步运行时，机组带有一定的有功负荷，汽轮机有相应的机械转矩，在发电机恢复励磁拖入同步过程中可能产生较大的变化。恢复励磁以后，如果不计转子直轴和交轴磁的不对称，则转子轴上受到三个转矩，即汽轮机的机械转矩 M_m、发电机的异步转矩 M_{as} 和同步转矩 M_s。

机械转矩 M_m 包括汽轮机转矩和摩擦转矩。汽轮机转矩是维持转子转动的驱动转矩，其所对应的有功功率为汽轮机输出功率 P_m，而摩擦转矩是阻止转子转动的阻力矩。

发电机恒定的异步转矩 M_{as} 是由定子旋转磁场与转子反向旋转磁场相互作用产生的。在转差率 $S>0(n<n_1)$ 时，M_{as} 使机组加速靠近同步转速；当转差率 $S<0(n>n_1)$ 时，M_{as} 使机组减速接近同步转速。所以不管转速如何，异步转矩 M_{as} 的作用均使发电机接近同步转速。由于只有转差率才能产生异步转矩，S 接近零时，异步转矩 M_{as} 也趋近于零。因此只有存在转差率 S 时，M_{as} 存在才可能实现再同步。

为了实现再同步应做到：同步电磁转矩要足够大，从而可出现同步运行点；失磁运行的发电机，其平均转差 S_{av} 应较小，为此在合入励磁开关前可适当减小发电机的有功输出（关小汽门）。

二、发电机失磁后现象

（1）转子电流表指示等于或接近于零。

（2）定子电流表摆动且指示增大。

（3）有功功率表指示减小，并且发生摆动。

（4）无功功率表指示负值，功率因数指示进相。

（5）机端电压显著下降，并且随定子电流摆动。

（6）转子各部分温度升高。

三、汽轮发电机失磁异步运行的限制因素

汽轮发电机失磁异步运行是一种非正常运行方式。根据发电机运行规程规定，汽轮发电机失磁后允许无励磁短时异步运行，在这段时间内运行和调度人员设法恢复励磁、改用

47

备用励磁机、转移负荷以及采取其他措施，以便保证电力系统的供电安全和发电机的运行安全。在确定发电机失磁后异步运行的允许负荷时，应考虑的限制因素如下。

（一）电力系统方面

大功率汽轮发电机一般都是并联在大容量电网上运行。当发电机经由失磁再到失步而进入异步运行时，发电机的无功功率由同步运行时向电网输出变为异步运行后从电网吸取。根据计算和运行结果得出，在稳态异步运行时，发电机输出有功功率允许为额定有功功率的50%～60%，这时发电机从电网吸取的总无功功率约为额定有功功率。如果系统容量较大，且有足够的无功储备，系统电压不会严重下降，仍能保持系统稳定运行，则机组异步运行对电力系统而言是允许的。反之，如果失磁机组的单机容量较大，系统容量较小，补偿无功缺额的能力不足，系统电压将会显著下降，使电力系统各部分之间失步，并伴随异步振荡，甩掉大量负荷，甚至造成整个系统崩溃瓦解。因此，单机容量较大的发电机是否允许异步运行，首先要看系统能否稳定。

（二）发电机方面

1. 定子电流增大

发电机失磁异步运行，若输出有功功率为额定有功功率的50%～60%时，由于工作电流与磁化电流相加，定子电流大为增加，将达到或超过额定电流。定子电流的平均值应不超过相关发电机运行规程中规定的短时（30min以内）允许过负荷值。

2. 定子端部发热

汽轮发电机失磁异步运行是进相（欠励）运行的极端情况，此时定子端部漏磁和发热显著增加，端部温度的高低和发热的部位与端部构件的材料、冷却方式和端部结构有关。定子端部发热是大型汽轮发电机异步运行能力的主要限制因素。

3. 转子发热

汽轮发电机失磁异步运行时，平均转差率 S 一般在1%以下，在转子本体中虽然会感应出交变电流，该电流沿转子本体构成闭合回路产生损耗并引起发热，但这感应电流不会像负序电流那样密集分布于其表层。因此，发电机失磁异步运行时转子表面温度一般不会超过允许值。

4. 转子绕组过电压

励磁回路因灭磁开关断开失磁（包括正常操作和误操作），将在断开熄弧的瞬间产生过电压。励磁绕组经整流器闭路失磁异步运行，差频电流在负半周时，励磁绕组因整流器不导通而产生过电压。励磁绕组开路失磁异步运行时也会产生过电压，在转差不大时，过电压并不会产生危险。

发电机失磁异步运行时转子绕组的过电压需要通过试验作出规定，其标准应以不超过转子绝缘的耐压水平为准。

（三）其他方面

（1）发电机不允许长期在额定负载下异步运行，需要迅速将有功功率降至允许值。减负荷的速度要适当和迅速，为此需要装设能自动减负荷的失磁保护装置。

（2）迅速减负荷后锅炉能否满足要求、汽轮机是否会发生较大的压差都需要进行监视，产生的压差不能超过正常规定数值，若超过要采取措施，否则会成为限制发电机异步运行的因素。

（3）发电机异步运行时，定子电流、有功功率和无功功率等均包含有交变分量，对机组振动可能会有影响，试验时应加以监视，使其不超过允许值，否则需要减少有功输出。

通过大量研究和试验表明，只要系统有足够的无功功率储备，从而能维持系统一定的电压水平，发电机组便能快速将输出有功功率降至允许值，汽轮发电机失磁后的异步运行并不会给发电机和电力系统造成危害。发电机组失磁异步运行时的各量允许值（包括允许运行时间）应通过试验确定。

四、发电机振荡或失步时的应急措施

由于系统短路、突然减少励磁、失磁等原因引起的发电机机组剧烈振荡或失步，若机组保护没有动作跳闸，值班人员应采取下列措施。

（1）若电压调节器在手动运行方式，应尽可能增加励磁电流，必要时降低部分有功负荷，以创造恢复同期的有利条件。

（2）若电压调节器在自动运行方式，需降低发电机的有功负荷。

（3）采取上述措施后，仍不能恢复同期且失步保护不动作时，应将失步的发电机解列，待稳定后立即恢复同期并列。

（4）若由于发电机失磁造成系统振动，失磁保护不动作时，应立即使发电机跳闸。

（5）振荡过程中系统发生故障，电压降低时过励动作持续时间使发电机转子达到允许热容量时，自动电压调节器自动限制励磁，运行人员不须干涉，但需汇报上级值班人员。

需要说明的是，对大容量发电机，由于其满负荷运行失磁后从系统吸收较大的无功功率，往往对系统影响较大，因此 600MW 汽轮发电机不允许异步运行，其都装有失磁保护，当出现失磁时，一般经 0.5～3s 失磁保护就动作。

第十三节　发电机短路时过负荷运行

在正常运行时，发电机是不允许过负荷的，即不允许超过额定容量长期运行。但当电力系统发生故障，如发电机跳闸而失去部分电源时，为了维持电力系统的稳定运行和保证对重要用户的供电，则允许发电机在短时间内过负荷运行。

过负荷运行是指发电机定子、转子电流超过额定电流较多时，会使绕组温度有超过容许值的危险，使绝缘老化加快，甚至还可能造成机械损坏。过负荷数值越大、持续的时间越长，上述危险越严重。由于发电机在额定工况下的温度较其所用的绝缘材料的最高允许温度低一些，因此，有一定的备用容量可作短时过负荷使用。

过负荷的允许值不仅和持续时间有关，还与发电机的冷却方式有关。直接内冷的绕组在发电机发热时容易产生变形，所以过负荷的容许值比间接冷却的要小。发电机定子和转子短时过负荷容许值由制造厂家规定。根据北仑港电厂对发电机过负荷的运行规定，在事故情况下，允许发电机定子绕组短时过负荷运行，定子电流过负荷与允许持续时间的关系见表 1-3，同时允许转子绕组有相应的过负荷，励磁过负荷与允许持续时间的关系见表 1-4。

表1-3 定子电流过负荷与允许持续时间的关系

定子电流（A）	47 794	32 569	27 494	24 533
允许时间（s）	＜10	＜30	＜60	＜120

表1-4 励磁过负荷与允许持续时间的关系

励磁电压（V）	1061	745	638	571
允许时间（s）	＜10	＜30	＜60	＜120

以上过负荷的允许持续时间是额定冷却条件下的值，而且发电机的短时电压不超过额定电压。

发电机不容许经常过负荷运行，只有在事故情况下，当系统必须切除部分发电机或线路时，为防止系统稳定被破坏，保证连续供电，才容许发电机短时过负荷。

一旦当发电机发生过负荷时，应汇报值长采取措施，并记录过负荷的值和持续时间。当发电机过负荷时间超过允许时间时，应汇报值长立即采取措施，将发电机定子电流、励磁电压降到允许值。当发电机定子电流、励磁电压超过允许值时，值班人员应先检查发电机的功率和电压，并密切注意电流和电压超过允许值所经历的时间，应采取减少励磁电流的方法来限制定子电流达到最大允许值，并注意功率和电压在允许范围内。如果减小励磁电流无效，必须降低发电机的有功负荷至允许值。

发电机过负荷运行时，运行值班人员应密切监视发电机温度有无异常变化。

第十四节　发电机常见故障及原因

根据中国电力科学研究院有限公司对全国发电机事故的统计分析，近几年来国内100MW以上容量的汽轮发电机的主要故障类型是发电机定子、转子绝缘故障；发电机氢油系统故障；发电机定子、转子冷却系统故障和发电机集电环系统故障。以上这四类故障约占发电机总故障的80%，所以认真分析这些故障的内在原因，采取必要的预防措施，对发电机的安全稳定运行有重要作用。本节主要对这些常见故障及其产生的原因进行讨论。

一、定子故障及原因分析

定子是发电机最重要的部件。发电机定子故障是多发性故障，造成的损失也比较严重。定子的主要故障有定子端部绕组短路故障和定子铁芯故障。

（一）定子端部绕组短路故障及原因分析

1. 发生在引出线与水接头绝缘的短路故障

（1）故障的特点。

1）短路发生在绕组电位较高处。

2）短路点是绝缘相对薄弱的部位。

3）发生短路的机组存在油污严重、湿度偏高的运行工况。

4）短路点在油污容易溅上的一侧，励端为右侧，汽端为左侧，说明短路与油污有关。

5）短路故障与制造厂的制造质量不稳定有关。

6）短路故障在有些电厂重复发生，说明短路故障与运行条件有关。

（2）故障的主要原因。产生该故障的主要原因是端部绝缘薄弱的部位经不起长期的油污与水分的侵蚀。故障部位的引线与过渡引线都是手包绝缘，水电接头绝缘是下线后包扎的，绝缘的整体性与槽部对地绝缘相比有很大差距。制造工艺不稳定也比较容易使该部分绝缘质量下降。运行中当油污与湿度比较严重时，整体性较差的绝缘被侵蚀，绝缘水平逐渐下降，使绝缘外的电位接近或等于导线电位，这时处于高电位的不同引线间就开始放电，当氢气湿度偏高时，放电强度不断增强，直至相间短路造成严重故障。对水电接头绝缘来说，还可能通过涤玻绳爬电，沾满油污及水分的涤玻绳搭桥使两相短路。高质量的绝缘可较好地抵制油污、水汽侵蚀，但当油污十分严重，氢气湿度高度饱和时，电机绝缘也会因受侵蚀而发生相间短路。

2. 发生在渐开线部位的短路故障

渐开线部位发生短路故障的原因之一是故障部位留有异物，当异物存在渐开线部位时，绕组受到电动力作用而产生振动，磨损绝缘，造成发电机定子绕组短路、接地或绕组端部固定不紧，整体性差。垫块、绑线受电磁振动，磨损绝缘，造成接地、短路或引线水路被堵致使引线过热也可导致短路或相邻的水电接头绝缘薄弱，绝缘引水管破裂也会引起定子绕组短路或槽楔松动，槽楔下垫条窜出刺伤端部绕组的绝缘，也会引起短路。

（二）定子铁芯故障及原因分析

定子铁芯故障虽不是一种频繁发生的故障，但这类故障发生会造成极大的损失。而且随着国内一大批大容量机组已进入老龄阶段，这类故障也有增多的趋势。定子铁芯故障主要有以下几点。

1. 铁芯压装松弛

铁芯压装松弛主要是由于硅钢片上的漆膜干缩，在振动的影响下硅钢片互相摩擦，致使漆膜破坏。氢冷发电机密封瓦长期漏油也会造成硅钢片绝缘损坏，硅钢片涡流增大，发热严重。此外设计制造时铁芯压紧力不够，定子压圈固定螺母松脱也是原因之一。

2. 定子铁芯齿部局部过热

毛刺、连片、撞痕、凹坑、压装松弛造成绝缘破坏都是产生过热的原因。用肉眼观察时，根据定子内膛表面和定子背部以及压圈和齿压条与有效铁芯的接触部位的热变色和漆膜碳化现象，就可以断定铁芯是否局部过热。

3. 扇形齿部折断

铁芯叠片压装不紧时，个别铁芯冲片振动引起片间齿部折断。

4. 定子膛内硬物打伤铁芯

5. 硅钢片材质差

个别发电机的定子铁芯在设计制造时选用了性能参数较差的硅钢片，当发电机空载实验时电压较高，铁芯进入深度饱和区且时间相对较长，使铁芯片间绝缘较热。加上运行中多种因素的影响，逐渐加剧铁芯片间绝缘的损坏程度，最终导致铁芯烧损。

6. 定子绕组两点间接地造成铁芯损坏

由于一些发电机定子接地保护存在死区，当保护死区内有一点接地时没有任何显示，机组继续运行，但在这种情况下定子绕组的其他位置再有接地点时，就会形成两点接地而烧损定子铁芯。

（三）定子绕组的电晕及原因分析

发电机定子绕组线圈运行中发生电晕放电，不仅会影响安全运行，而且电晕会增加线圈有功损耗，加速绝缘老化损坏，因此为保护发电机可靠运行，延长其使用寿命，应注意绕组防晕。

二、转子故障及原因分析

发电机转子故障主要包括转子匝间短路、转子接地、集电环损伤、转子护环损伤、轴电压、大轴磁化等。大轴磁化最主要的原因是转子匝间短路及两点接地。

（一）发电机转子集电环损伤及原因分析

以前集电环-电刷装置的火花故障不是一种频发性故障，也不是一种很难分析判断的故障。但根据事故统计资料表明，近年来由于环火造成发电机集电环烧坏恶性事故却在增多。

发电机转子集电环损坏的主要原因如下：①集电环表面粗糙，碳粉堆积，通风不良；②电刷更换不及时；③刷握与集电环或刷握与电刷之间间隙太大，电刷容易卡涩；④由于振动电刷被振坏；⑤电刷质量不良或混用不同牌号的电刷；⑥运行中碳粉和转子轴瓦漏出的油混合在一起，不仅影响集电环的绝缘还会过热起火，最终损坏集电环；⑦高速旋转的转子引线的绑绳松脱，与静止的电刷搅在一起影响了电刷和集电环的接触，形成环火。

除以上分析的原因外，随着转子冷却技术的不断提高，转子的实际电流密度也有所增加，而相应的监测手段却未跟上，所以造成集电环烧损的事例越来越多。为此对这种故障进行深入的研究势在必行。

（二）发电机转子护环损坏及原因分析

护环是发电机的重要部件之一。国内外有关资料统计表明，转子护环损坏的主要原因是护环应力腐蚀，护环发生应力腐蚀导致了不少恶性事件。

护环发生应力腐蚀的原因为材质对应力腐蚀的敏感性。一般认为18Mn18Cr护环抗应力腐蚀能力较强，但该护环抗应力腐蚀开裂和氢脆裂纹的能力较差。

产生应力腐蚀的因素有拉应力和腐蚀介质，两者同时存在就会产生应力腐蚀。拉应力包含制造加工、装配及正常运转中产生的应力，护环上有应力集中的部位；转子旋转弯曲在护环纵向产生的拉应力等。

腐蚀介质主要由以下三个方面产生：①机组运转产生电晕，使周围空气电离形成臭氧，再与空气中的氮结合形成硝酸根离子、氯离子；②氢气引起氢脆问题；③氢气湿度问题。新设备装运存放过程中受潮、淋雨，运行中密封瓦漏入含水的透平油，定、转子空心导线漏水，氢冷器漏水以及新补入湿度较大的氢气等均会使氢气湿度增大，这些都是产生腐蚀介质的条件。

（三）发电机产生轴电压及原因分析

1. 轴电压的来源

（1）磁不对称引起轴电压。由于定子叠接缝、转子偏心、转子或定子下垂会产生不平衡磁通，变化的磁通会在转轴-座板-轴承构成的回路中感应出电压。感应电压将在任何低阻回路产生大电流，从而引起相应的损坏。

（2）轴向磁通。由于剩磁、转子偏心、饱和、转子绕组不对称产生旋转磁通，磁通在轴承和转子部件中感应出单极电压，该电压将在轴承和轴密封中引起大电流和相应的破坏。

（3）静电荷引起的轴电压。在汽轮机低压缸内，蒸汽和汽轮叶片摩擦产生的静电电荷形成静电场而产生轴电压。

（4）用于转子绕组上的外部电压使轴产生电势。由于静止励磁装置电压源或转子绕组不对称，轴与轴承间的电压被加到油膜上，如果击穿，将发生电荷放电，产生斑点，损坏轴瓦和密封瓦的表面。

2. 轴电压产生的后果

轴电压引起的危害主要有以下几个方面：损坏轴表面及轴承乌金；加速润滑油的老化，促使机械磨损加剧，导致轴承进一步损坏；损坏氢气密封瓦、传动齿轮、油泵等。

（四）发电机转子匝间短路及原因分析

相对以上故障来讲，发电机转子匝间短路是一类比较频繁发生的转子故障。当运行中短路磁动势较大时，往往伴随有严重的大轴磁化。

1. 转子匝间短路的危害

发电机转子匝间短路会造成磁路不平衡，引起机组振动增大被迫停机。严重时短路电弧会烧伤转子绝缘，并进一步发展成多路匝间短路和接地，将烧坏转子铜线，烧伤转子护环，从而造成大轴磁化。

2. 匝间短路和接地的起因

（1）转子端部绕组匝间绝缘薄弱，运行中热应力和机械离心力的综合作用使绝缘损坏造成匝间短路。当两个线圈间绝缘损坏时整个线圈短路，进而扩大到烧坏护环下的扇形绝缘瓦接地。

（2）氢内冷转子如通风冷却不良，匝间绝缘过热损坏，从而造成匝间短路，严重时烧坏槽绝缘或护环下绝缘接地。

（3）由于制造时加工工艺不良，转子绕组铜线有毛刺，运行时在各种力的作用下刺伤绝缘，引起匝间短路。

（4）转子护环下线圈间绝缘垫块松动，在运行中受热应力和离心力的综合作用，垫块在转子绕组边缘产生往复运动。由于线棒侧面裸露，垫块与铜线摩擦产生的铜末导致匝间引弧发热，使匝间复合纸绝缘被烧伤、碳化，最后形成永久性匝间短路。

（5）发电机内氢气湿度严重超标或密封油大量漏入机内，使转子绝缘恶化。

（6）制造过程中遗留的金属物在运行中受热应力和机械应力的作用损坏转子绝缘，造成匝间短路。

3. 转子匝间短路的预防措施

（1）加强对转子匝间绝缘的检查试验。在运行中加强对转子电流和转子轴振动的监视。对氢内冷转子，由于其结构特点比较容易产生匝间短路，应在机内装设转子匝间短路动态探测线圈进行在线监测，及时发现问题，防止转子匝间短路发展为两点接地，减小故障危害。

（2）大容量发电机运行中应投入转子接地保护并动作于跳闸。

（3）检修时应注意防止异物进入转子通风孔内。

三、水内冷发电机故障及原因分析

（一）发电机定子漏水故障及原因分析

发电机定子漏水的部位及原因分析如下：

（1）定子空心导线的接头封焊处漏水。其原因是焊接工艺不良，有虚焊、砂眼。

（2）空心导线断裂漏水，断裂部位有的在绕组端部，有的在槽内直线换位处。其原因主要是空心铜线材质差。

（3）聚四氟乙烯引水管漏水。绝缘引水管磨破漏水的原因一是引水管材质不良，有砂眼；二是绝缘引水管过长，运行中引水管与发电机内端盖等金属物质摩擦。

（4）压紧螺母稍有松动就会导致定子漏水。

（二）发电机定子冷却水压力低的原因及处理

（1）定子冷却水滤网差压高，切换备用滤网并联系检修处理。

（2）定子冷却水泵功率不足或跳闸，可增开备用泵或切换备用泵运行。

（3）阀门误操作，立即恢复。

（4）水箱水位低，应补水至正常水位。

（5）管道、阀门法兰等泄漏，设法隔离并联系检修处理。

（三）发电机断水的原因及处理

1. 发电机断水的原因

（1）运行水冷泵跳闸，备用泵未启动。

（2）水冷箱的水被误放。

（3）水冷器切换时空气未放尽。

（4）水冷系统其他阀门被误操作。

2. 发电机断水时的处理

发生发电机断水时，应立即自动或手动在30s内减负荷至规定值。若处理不成功，保护动作停机，否则故障停机。

四、密封油系统常见故障

（一）密封油系统异常运行情况

（1）密封油压低、油氢差压低。

（2）密封油泵故障。

（3）密封油差压调节阀自动失灵。

（4）密封油中断。

（5）密封油系统着火。

（6）真空油箱油位不正常。

（7）密封油进入发电机本体。

（二）密封油系统异常运行情况分析及处理

以660MW汽轮发电机为例来说明。

（1）当运行中的主密封油泵发生故障跳闸或密封油母管压力低至0.72MPa时，发出报警信号，确认事故密封油泵能自动启动。事故密封油泵启动后，检查运行中的主密封油泵及有关设备有无异常，必要时应切换到备用主密封油泵运行，待密封油母管压力正常后再停事故密封油泵。

（2）当运行中的主密封油泵故障停止或其母管压力低于正常值时，若事故密封油泵不能自动启动，则应立即强制手动启动；若手动启动不成功，立即停事故密封油泵，手动启动备用主密封油泵。

（3）在上述情况下，若事故密封油泵和备用主密封油泵均无法启动，则密封油将由主机润滑油系统来提供。由于油压降低，必须及时将机内气压降至 120kPa 左右，并维持油氢差压正常，发电机负荷降至 360MVA 以下，严密监视发电机各线圈、铁芯温度是否正常及发电机是否漏水。如果润滑油系统也发生故障，则脱扣停机。

（4）密封油差压调节阀自动调节失灵，应就地手动调整，并及时联系检修处理。

（5）发电机密封油中断，应紧急停机并排氢。

（6）密封油系统着火，严重威胁机组和人身安全，应紧急停机并进行灭火。

（7）密封油真空油箱泊位低至 −80mm 时，发出报警信号，应立即检查并核对就地油位计，同时检查密封油真空泵、油箱进油隔离阀、油位调节阀、补油隔离阀及止回阀、空侧油气分离器及止回阀等的工作情况。若因放油阀误开则应立即关闭，保持真空泵正常运行，补油至正常油位。

密封油真空油箱油位高，应调节至正常并查明原因。当泊位高至 +70mm，真空泵自停，否则手动停止。

当发电机本体油-水继电器发出报警，应立即就地排放液体。若油量多，应适当降低密封油压并调整氢压，联系检修将油氢压差整定到较低值 35kPa。排放液体时，防止氢气大量外泄。

此外，密封油压降低，除维持正常的油氢压差外，还应适当降低机组负荷和发电机定子冷却压力，并维持氢水压差。

五、氢冷系统常见故障

1. 发电机冒烟、着火或爆炸

当发电机冒烟、着火或爆炸时，应紧急停机并排氢。

2. 发电机氢气纯度过低

当混合气体中的含氢量达 4%～75% 时容易发生爆炸。为防止这类事故，氢气纯度必须保持在 98% 以上，当机内氢气纯度低于 95% 时，值班人员应汇报值长，同时应立即进行补氢和排污放氢工作，使氢气纯度恢复到正常值。用污时应确认排污口附近无动火作业等火种，操作应缓慢，以防产生静电引起爆炸起火。

发电机内氢气纯度迅速下降并低于 90% 或氢压急剧下降至 0.1MPa 以下时，应紧急停机。

如果氢气纯度的降低是由于氢压低造成空气漏入机壳内或机内有油、水而引起的，则应提高氢压或通过打开油、水的阀门，将底部的油或水放掉，并查明原因，消除缺陷，然后进行排污放氢和补充新鲜氢气，使氢气纯度恢复到正常值。

氢气纯度表故障时，应立即通知检修处理并每 4h 取样分析氢气纯度一次，直到氢气纯度表修复并正常投入使用为止。

3. 氢气温度异常

氢气温度升高，会使发电机的绝缘温度也升高，从而加速绝缘老化，绝缘寿命降低。

定子和转子电流的允许值要根据全面的温升试验确定。为了防止有效铁芯和绕组铜线之间产生过高的温差，这些电流的增加值不允许超过额定冷却气体温度时允许值的5%。

对于水氢氢冷汽轮发电机，当氢气温度降低时，不允许提高负荷。这是因为定子的有效部分分别用两种介质冷却，凝结水冷却定子绕组，氢气冷却定子有效铁芯。这些介质温度的降低，彼此间互不相关，如果按照两种不同介质温度的配合来规定允许温度是非常困难的，而且也会使运行中负荷的监视变复杂，甚至可能由于一时疏忽造成绕组的铜线与铁芯的温度超过允许范围。当氢气温度高于额定值时，则按照氢冷转子的温升条件限制负荷。

氢气温度异常，检查氢气冷却器工作情况。若氢温自动调整失灵，用旁路阀手动调整温度并通知检修处理。

氢气冷却器一台故障停运，机组负荷可接带80%负荷。并严密监视发电机定子铁芯及绕组温度。

4. 氢气压力高

在氢冷发电机的运行过程中，氢气压力不允许过分升高，否则氢气就可能在密封瓦中冲破油膜，穿过轴承而进入汽轮机的油系统内，甚至可能在转子油膜上着火。

发电机内氢气压力升高超过允许值时，气体控制盘上就出现氢压高的信号，压力表的指示也会超过允许值，运行人员应根据这种现象进行检查。如果氢压高是由于氢母管上的压力高而引起的，则应调整氢母管上的进气阀门使压力降低到正常值；如果氢压是由于补充新鲜氢气太多而引起的，则一方面应停止补氢，另一方面应打开排污门进行放氢，使氢压恢复到正常值。

5. 氢气压力降低

发电机内氢压降低时，气体控制盘上就出现氢压低的信号，这时运行人员应立即进行检查，查明原因后，设法消除。氢压降低的原因较多，运行人员应根据不同情况，正确而且迅速地处理。

6. 漏氢量大和氢压下降的常见原因及处理

(1) 密封油中断，紧急停机并紧急排氢。

(2) 密封油压低，设法将其调至正常或增开备用泵。若密封油压无法提高，则降低氢压，同时按氢压下降时对应负荷或发电机容量曲线相应减负荷运行。

(3) 自动补氢失灵或氢气母管压力低，补氢切换为手动或联系制氢站提高氢气母管压力。

(4) 管子破裂、阀门泄漏等有关设备漏氢。在不影响机组正常运行的前提下，设法隔离，若无法隔离则要求停机处理。

(5) 发电机密封瓦或出线套管损坏，应迅速报告值长，要求停机处理。

(6) 误操作或排氢阀未关严，立即纠正误操作，关严排氢阀，同时维持正常氢压。

(7) 发电机定子线圈或机内配水管泄漏，应立即报告值长，同时根据泄漏情况，进行故障停机或紧急停机。

此外应注意，若氢气泄漏到主厂房内，应立即开启有关区域门窗，加强通风换气，禁止动火作业。

第二章 电力变压器

第一节 变压器类型及基本原理

一、变压器的类型

变压器作为一种能量转换器,广泛地应用于国民经济各部门、各领域。在电力系统中使用的变压器称为电力变压器。变压器及高压配电装置是构成电力网的主要变配电设备,起着传递、接收和分配电能的作用。在发电厂中,将发电机发出的电能经过变压器升压后并入电力网,称这种升压变压器为主变压器;另一种是分别接于发电机出口或电力网中将高电压降为用户电压,向发电厂厂用母线供电的变压器,称这种变压器为厂用总变压器(简称厂总变)和启动/备用变压器(简称启/备变)。这些电力变压器都是按照标准工业频率 50Hz 而制造的。在电力系统中,由于使用厂用总变压器,发电机、传输电力的电网以及用电设备都有可能选择最合适的工作电压,安全而经济地运行,在电力系统中变压器占着极其重要的地位。根据数据统计,电力系统中变压器的安装总容量为发电机安装容量的 6~8 倍。

电力变压器按照用途可分为升压变压器、降压变压器、配电变压器、联络变压器(供连接几个不同电压等级的电网用)和厂用电变压器(供发电厂本身用电)。

按相数来分,变压器可分为单相变压器和三相变压器。由于电力系统采用的电力变压器大多是三相的,但特大型变压器鉴于运输上的考虑有的制成单相,安装好后再联结成三相变压器组。商洛电厂主变压器采用型号 SFP-750000/330 三相双绕组变压器,为强迫油循环风冷,采用无载调压,额定电压比 $363\pm(2\times2.5\%)/22kV$。

按每相线圈数分,变压器可分为双绕组变压器和三绕组变压器。前者联络两个电压等级,后者联络三个电压等级。双绕组变压器是适用性强、应用最多的一种变压器。三绕组变压器常在需要把三个电压等级不同的电网相互连接时采用。

对 600MW 机组的启动备用变压器,当高压和两极中压(10.5kV 与 3kV)绕组均为 Y 接线时,为提供变压器三次谐波电流通路,保证主磁通接近正弦波,改善电动势的波形,常在该变压器上设有第四个 D 接线的绕组,即成为四绕组变压器。商洛电厂启动/备用变压器采用型号 SFFZ-65000/330,65/36-36MVA 带有平衡绕组的三相分裂变压器,采用有载调压,调整分接开关($345\pm8\times1.25\%/10.5$-10.5)kV 位置,可以调整 10kV 母线电压为额定值。

对大容量机组(单机 200MW 及以上)的厂用电系统,当只采用 6.3kV 一级厂高压时,为安全起见,主要厂用负荷需由两路供电而设置两段母线,这时常采用分裂低压绕组变压器,简称分裂变压器。它有一个高压绕组和两个低压绕组,两个低压绕组称为分裂绕组。实际上这种变压器是一种特殊结构的三绕组变压器。

按线圈耦合的方式,电力变压器又可分为普通变压器和自耦变压器。电力系统中的自耦变压器一般设置有补偿绕组,它是一个低压绕组,高压、中压绕组之间存在自耦联系,而低压绕组与高、中压绕组之间只有磁的耦合。自耦变压器的损耗小、质量小、成本低，但由于其漏抗较小会使短路电流增大。此外，由于高、中压绕组在电路上相通，为了过电压保护，自耦变压器的中性点必须直接接地。

按冷却方式分，有空气冷却的干式变压器、油冷式和油浸式变压器等。电力变压器大多数采用油浸式，为了加强绝缘和改善散热，将铁芯和绕组一起浸入灌满变压器油的油箱内。油浸式变压器又可分为油浸自冷、油浸风冷、强迫油循环风冷和强迫油循环水冷等。而电压不太高、无油的干式变压器用于需要防火的场合。在600MW机组厂房内的厂用低压变压器，就出于防火要求考虑而普遍采用干式变压器。商洛发电厂低压变压器均采用低压箔绕型低损耗干式变压器。

电力变压器的高压绕组和中压绕组除主接头外还引出多个分接头。并装有分接开关，以改变有效匝数，实现分级调压。根据调压分接开关是否可在带负载情况下操作，电力变压器又分为有载调压变压器和不加电压时方可切换分接头的无载调压变压器。单机200MW及以上的高压厂用变压器为三绕组分裂式无载调压变压器，启动/备用变压器为三绕组分裂式有载调压变压器。大多数低压厂用变压器为无载调压变压器。

除了电力变压器以外，按照变压器的用途来分，还包含以下种类：①供给特殊电源用的变压器，例如整流变压器、电炉变压器、电焊变压器等；②量测变压器，如测量大电流的电流互感器，测量高电压用的电压互感器等；③试验用高压变压器及大电流变压器；④矿用变压器，供井下配用；⑤船用变压器，供船舶配用；⑥中频变压器，供1000～8000Hz交流系统用；⑦自动控制系统中的小功率变压器等。

二、变压器的基本工作原理

变压器是一种静止的电能传递装置，用来将一种电压、电流的交流电能变换为频率相同的另一种电压、电流的电能。

变压器是应用电磁感应原理来进行能量转换的，其结构的主要部分是两个（或两个以上）互相绝缘的绕组，两绕组套在一个共同的铁芯上，两个绕组之间通过磁场而耦合，但在电的方面没有直接联系，能量转换以磁场作媒介。把接到电源的绕组称为一次绕组，简称原方（或原边），而把接到负载的绕组称为二次绕组，简称副方（或副边）。单相变压器原理如图2-1所示。

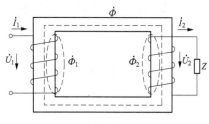

图2-1 单相变压器原理

当原方接到交流电源时，在外施电压U_1作用下，一次绕组中通过交流电流I_1，并在铁芯中产生交变磁通Φ，其频率和外施电压的频率一致，这个交变磁通同时交链着一次、二次绕组，根据电磁感应定律，交变磁通在原、副绕组中感应出相同频率的电势E_1和E_2，副方有了电势便有电流I_2流入负载，即向负载输出电能，实现了能量转换。利用一次、二次绕组匝数的不同及绕组联结法的不同，可使原方、副方有不同的电压、电流和相数。根据电磁感应定律可以导出以下公式。

一次侧绕组感应电势E_1的计算见式（2-1）。
$$E_1 = 4.44 f N_1 B_m S \times 10^{-4} \tag{2-1}$$
二次侧绕组感应电势E_2的计算见式（2-2）。

$$E_2 = 4.44fN_2B_mS \times 10^{-4} \tag{2-2}$$

式中　f ——电源频率，Hz，工频为 50Hz；

　　　N_1 ——一次侧绕组匝数；

　　　N_2 ——二次侧绕组匝数；

　　　B_m ——铁芯中磁通密度的最大值，T；

　　　S ——铁芯截面积，cm^2。

由式（2-1）、式（2-2）得出：

$$E_1/E_2 = N_1/N_2 \tag{2-3}$$

由此可见，变压器一、二次侧感应电势之比等于一、二次侧绕组匝数之比。

由于变压器一、二次侧的漏电抗和电阻都比较小，可以忽略不计，因此可近似地认为 $U_1 = E_1$、$U_2 = E_2$，因此可得式（2-4）。

$$U_1/U_2 = E_1/E_2 = N_1/N_2 = K \tag{2-4}$$

式中　K ——变压器的变比。

变压器一、二次侧绕组因匝数不同将导致一、二次侧绕组的电压高低不等，匝数多的一边电压高，匝数少的一边电压低，这就是变压器能够改变电压的原因。

在一、二次绕组电流 I_1、I_2 的作用下，铁芯中的总磁势为

$$I_1N_1 + I_2N_2 = I_0N_1 \tag{2-5}$$

式中　I_0 ——变压器的空载励磁电流。

由于 I_0 比较小，在数值上可以忽略不计，因此式（2-5）可改写为

$$I_1N_1 + I_2N_2 = I_0N_1 = 0 \tag{2-6}$$

则

$$I_1N_1 = -I_2N_2 \tag{2-7}$$

于是从数值上有如下关系：

$$I_1/I_2 = N_2/N_1 = 1/K \tag{2-8}$$

由此可见，变压器一、二次电流之比与一、二次绕组的匝数成反比。即变压器匝数多的一侧电流小，匝数少的一侧电流大，也就是电压高的一侧电流小、电压低的一侧电流大。

第二节　变压器结构及技术参数

一、变压器结构

铁芯和绕组是电力变压器的最主要部件，统称为器身。对于油浸式变压器，器身浸放在盛满变压器油的油箱里，各绕组的端点通过绝缘套管引至油箱的外面，以便与外电路连接。因此，较大容量的油浸式变压器一般是由铁芯、绕组、变压器油、油箱、冷却装置、绝缘套管等主要部分构成。商洛电厂 SFP-750000/330 主变压器外形如图 2-2 所示。

（一）铁芯

铁芯是变压器的磁路部分，其作用是将两个绕组一、二次侧的磁路耦合达到最佳程度。660MW 机组主变压器对铁芯材料和制造工艺都有很高的要求，为了降低铁芯在交变磁通作用下的磁滞和涡流损耗，铁芯采用优质硅钢片剪成一定形状叠装而成，片间涂有绝

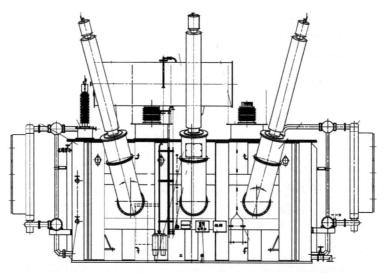

图 2-2   商洛电厂 SFP-750000/330 主变压器外形

缘漆，以避免片间短路。铁芯广泛采用磁导率高的冷轧晶粒取向硅钢片，以缩小体积和质量，也可节约导线和降低导线电阻所引起的发热损耗，提高磁导率和减少铁芯损耗。

铁芯包括铁芯柱和铁轭两部分。铁芯柱上套绕组，铁轭将铁芯柱连接起来，使之形成闭合磁路，铁芯柱与铁轭用夹紧装置紧固成坚实的整体。

根据磁路系统的不同，在电力系统的三相系统中实现变电压可以运用三台单相变压器，也可用一台三相变压器，前者称为三相变压器组，后者铁芯有三个芯柱的称为三相芯式变压器。电力系统中用的较多的是三相芯式变压器，但配合大容量的单元机组，考虑到巨型变压器运输困难或为了减少备用容量，常采用三相变压器组。商洛电厂 660MW 发电机组所配用的 1 号、2 号主变压器为双绕组变压器 SFP-750000/330，高压为 363kV，低压为 22kV，容量为 750 000MVA，分接范围 $\pm 2\times 2.5\%$，额定电流为 1192.9A。

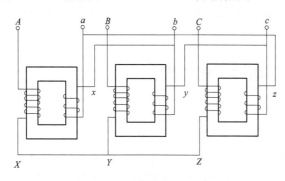

图 2-3   三相变压器组的磁路

三相变压器组的磁路如图 2-3 所示，从图看，每相主磁通各有单独的磁路，且各相磁路彼此无关。当变压器一次侧的外施电压对称时，三相磁通是对称的，因而相应的三相空载电流也是对称的。

铁芯式三相变压器有三相三铁芯柱式和三相五铁芯柱式两种结构，分别如图 2-4 和图 2-5 所示。图 2-5 所示的三相五铁芯柱式（或称三相五柱式）变压器也称三相三铁芯柱旁轭式变压器，它是在三相三铁芯柱式（或称三相三柱式）变压器的外侧加两个旁轭（没有绕组的铁芯）而构成的，但其上下铁轭的截面积和高度比普通三相三铁芯柱式的截面积小，从而降低了整个变压器的高度。

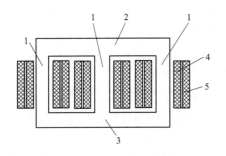

图 2-4 三相三铁芯柱式变压器
1—铁芯柱；2—上铁轭；3—下铁轭；
4—低压绕组；5—高压绕组

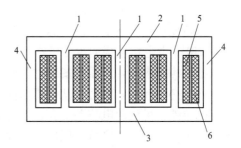

图 2-5 三相五铁芯柱式变压器
1—铁芯柱；2—上铁轭；3—下铁轭；4—旁轭；
5—低压绕组；6—高压绕组

由于三相五柱式铁芯各相磁通可经旁轭而闭合，故三相磁路可看作是彼此独立的，而不像普通三相三柱式变压器各相磁路互相关联。因此当有不对称负载时，各相零序电流产生的零序磁通可经旁轭而闭合，故其零序励磁阻抗与对称运行时励磁阻抗（正序）相等。

中、小容量的三相变压器都采用三相三铁芯柱式变压器。大容量三相变压器常受运输高度限制，故多采用三相五柱式变压器，如北仑港电厂 755MVA 主变压器、石洞口二电厂 773MVA 主变压器都采用三相五柱式变压器。

壳式变压器有单相壳式和三相壳式两种基本结构，分别如图 2-6 和图 2-7 所示。单相壳式变压器铁芯有一个中心铁芯柱和两个分支铁芯柱（也称旁轭），中心铁芯柱的宽度为两个分支铁芯柱宽度之和。由于全部绕组放在中心铁芯柱上，两个分支铁芯柱像"外壳"围绕在绕组的外侧，因而有壳式变压器之称，有时也称其为单相三柱式变压器。三相壳式变压器可以看作是由三个独立的单相壳式变压器并排合拢放在一起而构成。

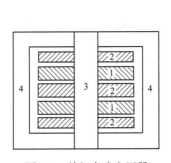

图 2-6 单相壳式变压器
1—高压绕组；2—低压绕组；3—铁芯柱；4—旁轭

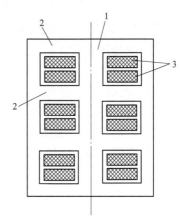

图 2-7 三相壳式变压器
1—铁芯柱；2—铁轭；3—绕组

芯式变压器结构比较简单，高压绕组与铁芯的距离较远，绝缘较易处理。壳式变压器的结构比较坚固，制造工艺较复杂，高压绕组与铁芯柱的距离较近，绝缘处理较困难。壳式结构易于加强对绕组的机械支撑，使其能承受较大的电磁力，特别适用于通过大电流的变压器。

壳式结构也用于大容量电力变压器。如平坪电厂 600MW 发电机采用三台单相

240MVA升压变压器接成三相变压器组与500kV电网相连，两组单相变压器（分别由日立公司和保定变压器厂制造）的铁芯均为三柱式，即该变压器为单相壳式结构；扬州第二发电厂600MW发电机连接的主变压器，容量为755MVA，是三相壳式变压器。

除以上结构要求外，变压器安装过程中对铁芯还有如下要求：

（1）铁芯必须接地。铁芯及其金属部件在绕组电场作用下具有不同的电位，因此与油箱之间有电位差，虽然此电位差不大，但将通过很小的绝缘距离而断续放电。放电一方面使油分解，另一方面无法确认变压器在试验和运行中的状态是否正常。

（2）铁芯必须是一点接地。铁芯中是有磁通的，当有多余点接地时，等于通过接地片而短接铁芯，短接回路中有短接环流。接地点越多，环流回路越多，环流越大，环流的大小还与多余接地点的位置有关。

（3）铁芯中设有冷却油道。在大容量变压器中，为了使铁芯损耗发出的热量能被绝缘油在循环时充分地带走，从而达到良好的冷却效果，通常在铁芯中还设有冷却油道。冷却油道的方向可以与硅钢片的平面平行，也可以与硅钢片的平面垂直。如北仑港电厂中的755MVA三相五柱式主变压器，其铁芯叠装时，在主铁芯柱和边柱的垂直方向上留有油流通道，通道数量分别为横三纵一和横三。

（二）绕组

变压器绕组是由按规定连接方法连接而在电力系统上具有改变电压和电流功能的单匝或几匝线圈的组合。变压器运行时，绕组直接与电网相连，它不但长期在额定电压下工作，而且受到突然短路、雷击、开关操作等暂态过程中产生的过电压、过电流以及相应的电磁力的作用。因此变压器绕组应具有足够的电气强度、机械强度、耐热能力以及良好的散热条件，同时还应有合理的工艺性与经济性。

变压器绕组是变压器的电路部分，由圆截面或矩形截面导线绕制而成，呈圆筒形状。现代大容量变压器均采用铜制作导线，导线外面的绝缘是纸或漆、天然丝、玻璃丝、棉纱等，绕组的内架是用酚醛纸板制作的圆筒。

变压器绕组按其高压绕组和低压绕组在铁芯上布置关系分类，有同心式和交叠式两种基本形式。同心式绕组，参见图2-4和图2-5，其高压绕组和低压绕组均做成圆筒形，但圆筒的直径不同，然后将圆筒同轴心地套在铁芯柱上。交叠式绕组又称为饼式绕组，参见图2-6，其高压绕组和低压绕组各分为若干线饼，沿着铁芯柱的高度交错地排列着。芯式变压器一般都采用同心式绕组。为了绝缘方便，通常低压绕组装得靠近铁芯，高压绕组则套在低压绕组的外面，低压绕组与高压绕组之间以及低压绕组与铁芯之间都留有一定的绝缘间隙和散热油道，并用绝缘纸筒隔开。

同心式绕组根据绕制特点又可分为圆筒式、螺旋式、连续式和纠结式等几种型式。

1. 圆筒式绕组

圆筒式绕组是最简单的一种绕组，它是用绝缘导线沿铁芯高度方向连续绕制，绕制完第一层后，垫上层间绝缘纸再绕第二层。这种绕组一般用于小容量变压器的低压绕组。这种绕组是同心式线圈的最简单型式。具有工艺性好、便于绕制、层间油道散热效率高的优点，但端部支撑的稳定性差。

2. 螺旋式绕组

上述圆筒式绕组实际上也是螺旋式的，不过这里所讲的螺旋式绕组每匝并联的导线数较多，该绕组是由多根绝缘扁导线沿着径向并联排列（一根压一根），然后沿铁芯柱轴向高度像螺纹一样一匝跟着一匝绕制而成，一匝就像一个线盘。螺旋式绕组纵剖面导线排如图 2-8 所示，图中显示的是螺旋式绕组导线匝间排列的一部分（只表示出其中 4 匝），每匝有 6 根扁导线并联，各匝不像圆筒式绕组那样彼此紧靠着，而是各匝之间隔一个空的沟道或垫以绝缘纸板，可构成绕组的盘间（匝间）散热油道。

当螺旋式绕组并联导线太多时，就把并联导线分成两排，绕成双螺旋式绕组。为了减小导线中的附加损耗，绕制螺旋式绕组时，并联导线要进行换位。这种绕组一般为三相容量在 800kVA 以上、电压在 35kV 以下的大电流绕组。这种绕组具有绕制简便的优点，但由于线圈高度限制，匝数稍多的线圈不能采用。

3. 连续式绕组

连续式绕组是用扁导线连续绕制成若干线盘（也称线饼）构成，连续式绕组导线排如图 2-9 所示。相邻线盘交替连接在绕组的内侧和外侧，且都用绕制绕组的导线自然连接，没有任何接头。这种绕组应用范围较大，机械强度高，散热性能好，但绕制技术要求较高，且较费工。这种绕组一般用于三相容量为 630kVA 以上、电压为 3～110kV 的绕组。

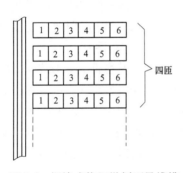

图 2-8　螺旋式绕组纵剖面导线排

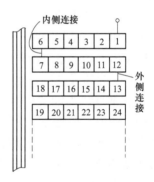

图 2-9　连续式绕组导线排

4. 纠结式绕组

纠结式绕组的外形与连续式绕组相似，主要不同的是连续式绕组的每个线盘中电气上相邻的线匝是依次排列的，而纠结式绕组电气上相邻的线匝之间插入了绕组中的另一线匝，以使实际相邻的匝间电位差增大。纠结式绕组导线排如图 2-10 所示。纠结式绕组焊头多、绕制费时。采用纠结式绕组是为了增加绕组的纵向电容，以便在过电压时使起始电压比较均匀地分布于各线匝之间。纠结式绕组一般用于电压在 110kV 以上的高压绕组。

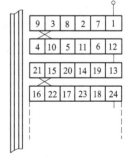

图 2-10　纠结式绕组
导线排

绕组是变压器运行时的主要发热部件，为了使绕组有效地散热，除绕组纵向内、外侧设有油道外，对双层圆筒形绕组，在其内外层之间多用绝缘的撑条隔开，以构成纵向油道；对线饼式绕组，如螺旋式、连续式、纠结式等绕组，每两个线饼之间也用绝缘板条隔开，以构成横向油道。纵向和横向油道是互相沟通的。

三相变压器的电路系统牵涉到三相绕组的连接问题。对电力变压器而言，三相绕组的连接方式有 Y 接和 D 接两种基本形式。

变压器同一侧线圈是按照一定形式进行联结的。单相变压器的联结符号用 I 表示。三相变压器或组成三相变压器组的单相变压器，可以联结成星形、三角形等。星形联结是各相线圈的一端接成一个公共点（中性点），其他端子接到相应的线端上，高压侧用 Y 表示，而中压和低压绕组用 y 表示，有中性点引出则用 YN 或 yn 表示；三角形联结是三个相线圈互相串联形成闭合回路，串联处接至相应的线端，高压侧用 D 表示，而中压和低压绕组用 d 表示。同侧绕组联结后，不同侧间电压向量有角度差，线电压向量间的角度差表示相位移。

联结组别号由联结组和组别组成。单相双绕组变压器不同侧绕组的电压向量相位移为 0° 或 180°，其联结组别只有 0 和 6 两种，但通常情况下绕组的绕向相通、端子标志一致，所以电压向量为同一方向（极性相同），联结组别仅为 0。因此，双绕组单相变压器的联结组别标号为 I，I0。

三相双绕组变压器相位移为 30° 的倍数，所以有 0、1、2、……、11 共 12 种组别。商洛电厂主变压器的联结组别号为 Ynd11。

（三）变压器油

油浸式变压器中使用的变压器油是从石油中提炼出来的矿物油。油浸式变压器中的变压器油有两个作用：一是作为绝缘介质；二是作为散热的媒介，即通过变压器油的循环将绕组和铁芯散发出来的热量带给箱壁或散热器、冷却器进行冷却。

变压器油具有介质强度高、黏度低、闪燃点高、酸碱度低、杂质与水分极少等要求。工程中用的净化的变压器油的耐电压强度一般可达 200～250kV/cm。变压器工作过程中要防止潮气侵入油中，即使进入少量水分，也会使变压器的绝缘性能大为降低。此外，变压器油在较高温度下长期与空气接触时将被老化，使变压器油产生悬浮物堵塞油道，并使变压器油的酸度增加损坏绝缘，故受潮或老化的变压器油要经过过滤等处理使之符合标准。

（四）油箱及附件

1. 油箱

油浸式变压器的器身（绕组及铁芯）装在充满变压器油的油箱中，油箱用钢板焊成。油箱有平顶油箱和拱顶油箱两种基本形式。平顶油箱的箱沿在上部，箱盖是平的，多用于 6300kVA 以下的变压器；拱顶油箱的箱沿设在下部，箱盖做成钟罩形，又称钟罩式油箱，多用于 8000kVA 以上的变压器。商洛电厂采用的变压器为钟罩式油箱。

中、小型变压器的油箱由箱壳和箱盖组成，变压器的器身就放在箱壳内，将箱盖打开就可吊出器身进行检修。大、中型变压器由于其器身庞大和笨重，起吊器身不便，因此都做成箱壳可吊起的结构，吊箱壳式变压器如图 2-11 所示。这种箱壳好像一只钟罩，当器身要检修时，吊去较轻的箱壳（即上节油箱），器身便全部暴露出来了，这叫吊罩检查。吊罩检查时环境温度不宜低于 0℃，器身温度需高于环境温度。当器身温度低于周围空气温度时，应将器身加热，宜使器身温度高于环境温度 10℃ 以上。

大容量变压器的油箱广泛采用全封闭结构，即主油箱与油箱顶部钢板之间或上节油箱与下节油箱之间都采用焊接焊死，不使用密封垫，以防止密封不牢靠。为便于检修，在适当部位开有人孔门或手孔门。

2. 储油器（油枕）、油位计及呼吸器

（1）储油器。当温度变化时，油箱内变压器油的体积会膨胀或收缩，这就会引起油面的升高与降低。为了使油箱内的油面能自由地升降，而又不会有大面积油面与空气接触，对大、中型变压器，都在其变压器箱盖上部加装一只圆筒形的铜制储油器（也称油枕或油膨胀器），储油器结构如图 2-12 所示。储油器可用作油膨胀之用，同时也可以用来减少油与空气的接触面积，减缓变压器油受潮、氧化变质。储油器底部有管道与其下部的主油箱连通，主油箱内总是充满变压器油，变压器油一直充到储油器内适当高度。储油器内的油面高度随油箱中油温变化而变动。在储油器的一侧装有油位表，以便观察油位的高低。储油器的这种结构不仅使油与空气相接触的面积大大减少，同时油面仍能随着温度的变化自由地升降。储油柜的容积约为总容量的 10%，它能保证变压器在冬季停用和夏季带最大允许负荷时，都能在油位计上看到油位。

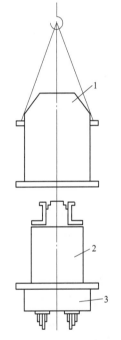

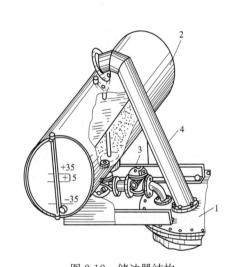

图 2-11　吊箱壳式变压器
1—钟罩式箱壳（上节油箱）；
2—器身；3—下节油箱

图 2-12　储油器结构
1—主油箱；2—储油器；
3—气体继电器；4—排气管（防爆管）

（2）油位计。对中小型变压器，常在其油枕端侧装设一只可直接观察油位的玻璃油位计；对中大型变压器，玻璃油位计已不能满足要求，因而装设其他形式的油位计。大容量变压器上用得较多的油位计是一种指针式油位计，也称度盘式油位计，度盘式油位计结构如图 2-13 所示。这种油位计利用机械传动和电磁耦合的原理工作，其设在油枕外部的指示表与内部传动机构之间用非磁性金属板隔开，是气密的（即不透气的），保证了油枕处的密封性。浮子随油枕内的油位升降而升降，通过连杆（支臂）和齿轮将浮子的升降转变为转子磁铁的转动，这些机构均设在油枕内腔。与油枕内侧的转子磁铁对应的定子磁铁（实为从动磁铁）在油枕外部，它通过非磁性金属板与油枕内转子磁铁耦合，因而油枕此处是完全不透油和不透气的。油枕内侧转子磁铁的转动，带动外部从动磁铁转动相同的角度，与从动磁铁相连的指针也转动同样的角度。刻度盘上标有 0～10，10、0 分别是浮球位置的最大和最小位移，并被分成均匀的刻度。油位计上还装有微型开关，当指针轴转到限位角度时，微型开关动作，接通电路，发出报警信号。

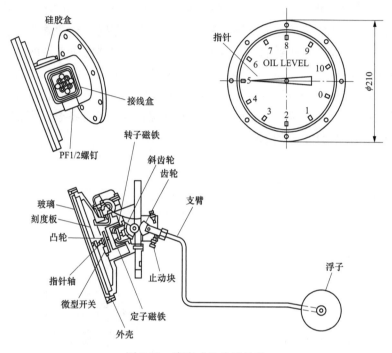

图 2-13　度盘式油位计结构

（3）呼吸器。为了能使储油器内的油面自由地升降，而又防止空气中的水分和灰尘进入储油器内的油中，中、小型变压器的储油器通过一根管道，再经一个呼吸器（又称换气器）与大气连通。呼吸器内装有干燥剂（或称吸湿剂），干燥剂通常采用硅胶。图 2-14 所示为一种小型的吸湿过滤式呼吸器，它包括硅胶容器、带油槽的过滤器和位于顶部的连接法兰。当变压器油枕内的油位升降时，外界空气通过油槽和过滤器进入，滤除进入的空气中的灰尘，然后使清洁后的空气通过硅胶，硅胶吸收掉所有的水分，以便使干燥的空气进入变压器油枕内。利用油槽使硅胶与大气隔开，从而使硅胶仅吸收进入空气中的水分，这样可延长硅胶的使用寿命。吸湿室内装的干燥剂是浸有氧化铝的硅胶，其颗粒在干燥时是蓝色的，但是随着硅胶吸收水分接近饱和时，粒状硅胶就转变成粉白色或红色，据此可判断硅胶是否已失效。受潮后的硅胶可通过加热烘干而再生，当硅胶颗粒的颜色变成蓝色时，再生工作就完成了。

大型变压器为了加强绝缘油的保护，不使油与空气中的氧接触，以免氧化，常采用在储油器中加装隔膜或充氮气等措施。图 2-15 所示为一种隔膜式油枕（储油器），其利用薄膜（隔膜）使油与大气隔离。油枕为水平圆柱体，处于中分面的法兰夹着一层薄膜把油枕内部空间分隔成上、下两部分，薄膜以下是变压器油，薄膜以上是空气。薄膜是由尼龙布上覆盖腈基丁二烯橡胶制成，具有极低的透气性和较高的抗油性及低温适应性（−43℃），

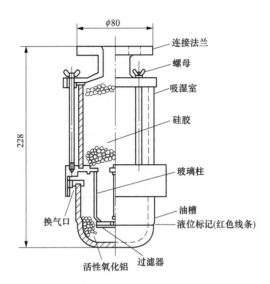

图 2-14　吸湿过滤式呼吸器

在 60℃油温驱动薄膜 10 万次后仍正常。油枕的油箱能承受全真空，因此在油枕安装好后仍能实现真空注油。薄膜的空气侧接有一个呼吸器与大气相通。呼吸器内装有可再生的变色硅胶（吸湿剂），以吸收进入的空气中的潮气。呼吸器的下侧有空气过滤器，内装颗粒状的吸附剂（活性氧化铝 Al_2O_3）及变压器油，以吸收空气中的灰尘。商洛电厂就是采用的此种隔膜式储油柜。

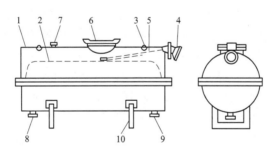

图 2-15　隔膜式油枕（储油器）
1—油箱；2—隔膜；3—吊环；4—油位表；5—油位计连杆；6—手孔；
7—呼吸器法兰；8—接本体法兰；9—充油法兰；10—支架

图 2-16 所示为一种耐真空的橡胶容器式油枕，它在油枕内油的表面上侧空间使用一个合成橡胶制的橡胶容器，橡胶容器内无油，而油枕内的所有其余空间都充满变压器油。橡胶容器能通过其形状变化适应油的热胀冷缩引起的油位变化。由于该橡胶容器是由有优良的耐油性和耐气候作用的、机械强度高的腈系橡胶制成，所以其在长期运转中有足够的可靠性。在该油枕的橡胶容器内，空气通过吸湿过滤式呼吸器与外界空气相通，以防止容器变质，并使橡胶容器内始终保持大气压。此外，由于橡胶容器底部被制造成与当时油量相符的水平状，所以其底部被油位计指示为油位。

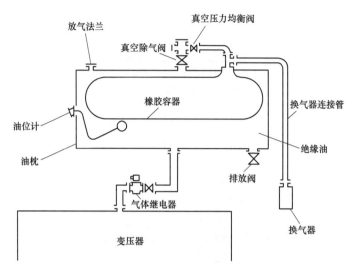

图 2-16　橡胶容器式油枕

3. 压力释放装置

压力释放装置在保护电力变压器安全方面起重要作用。压力释放装置是油浸式变压器等电气设备过压力保护的安全装置，可以避免变压器油箱变形或爆裂。

对充有变压器油的电力变压器，如果内部出现故障或短路，电弧放电就会在瞬间使油汽化产生大量气体，导致油箱内压力极快升高。如果不能极快释放该压力，油箱就会破裂，将易燃油喷射到很大的区域内，可能引起火灾，造成更大的破坏，因而必须采取措施防止这种情况发生。

大、中型变压器上已普遍采用阀式压力释放器（压力释放阀），也称减压器。压力释放器装在变压器油箱顶盖上，类似于锅炉上的安全阀。当油箱内压力升高到压力释放阀的开启压力时，压力释放阀在2ms内迅速开启，使油箱内的压力很快降低。当压力降到压力释放阀的关闭压力值时，压力释放阀又可靠关闭，使油箱内永远保持正压，有效地防止外部空气、这部分水汽及其他杂质进入油箱；在压力释放阀开启同时，标志杆向上动作且明显伸出顶盖，表示压力释放阀已动作过；在压力释放阀关闭时，标志杆仍滞留在开启后的位置上，然后必须手动才能复位。比之安全气道有动作精确、可靠，无须更换等优点，压力释放器的动作压力可在投入前或检修时将其拆下来测定和校正。

压力释放器动作压力的调整必须与气体继电器动作流速的整定相协调。如压力释放器的动作压力过低，可能会使油箱内压力释放过快而导致气体继电器拒动，扩大变压器故障范围。

图 2-17 所示为一种快速动作的压力释放器。它利用一个可调节的弹簧压住阀盘（盘状门），当油箱内部压力高于弹簧压力时，阀盘被顶起，即排气阀打开。正常状态下，油箱内压力作用到阀盘上的总推力是阀盘内密封圈（直径较小）以内的总面积上的压力。一旦阀盘起座（顶起），作用在阀盘上的总推力是阀盘外密封圈（直径较大）以内的总面积上的压力。因此，一旦阀盘起座，就能在几毫秒之内全开。

罩盖中装有鲜明颜色编码的动作指示器，阀盘打开时，将动作指示器上端推至露出罩外，并利用指示器套管的O形环将其保持在开启位置，在较远处仍清晰可见，表示它已

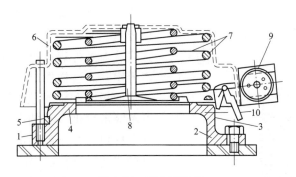

图 2-17 压力释放器

1—法兰；2—垫圈；3—阀盘；4—密封圈（内）；5—密封圈（外）；6—罩盖；

7—弹簧；8—动作指示器；9—报警开关；10—手动复位器

动作过。该指示器不会自动复位，但可手动复位，复位方法是将其下推至落在阀盘上。压力释放器动作后，其触点动作，此触点可以与气体继电器跳闸触点并联，以防止压力释放器动作将压力释放以后使气体继电器拒动而发不出跳闸命令。

压力释放器安装在油箱盖上部，一般还接有一段升高管使释放器的高度等于油枕的高度，以消除正常情况下的油压静压差。

4．气体继电器

气体继电器又称瓦斯继电器，它的作用是保护主变压器内部（轻和重）故障，是反应变压器内部铁芯局部过热烧损、绕组内部断线、绝缘逐渐劣化等故障所产生的气量或绝缘突发性故障、击穿故障所引起高速油流的一种继电器，它装在油枕与主油箱之间的连接管路上。气体继电器工作原理如图 2-18所示，当变压器的某一部分过热破坏绝缘时，油箱内就会产生气体，气体进入气体继电器，当它积聚

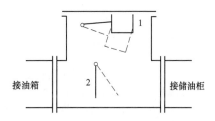

图 2-18 气体继电器工作原理

1—开口杯；2—挡板

到一定量时，开口杯下垂至图中虚线为止，接通信号接点，发出报警信号；若变压器发生了严重故障，油箱内有大量气体产生，气体以较大压力冲向下面挡板，挡板倾斜至图中虚线位置，接通跳闸节点使断路器动作，使变压器自动与电网脱离。气体继电器的具体工作原理在后面章节介绍。

（五）绝缘套管

变压器绕组的引出线从箱内穿过油箱引出时，必须经过绝缘套管，以使带电的引线绝缘，而且将引线固定。绝缘套管主要由中心导电杆和瓷套组成。导电杆在油箱内的一端与绕组连接，在外面的一端与外线路连接。

绝缘套管的结构主要取决于电压等级。电压低的一般采用简单的实心瓷套管；电压较高时，为了加强绝缘能力，在瓷套和导电杆间留有一道充油层，这种套管称为充油套管。电压在 110kV 以上时，采用电容式充油套管，简称电容式套管。电容式套管除了在瓷套内腔中充油外，在中心导电杆（空心铜管）与安装法兰之间还有电容式绝缘体包着导电杆，作为法兰与导电杆之间的主绝缘。电容式绝缘体是用油纸（或单面上胶纸）加铝箔卷

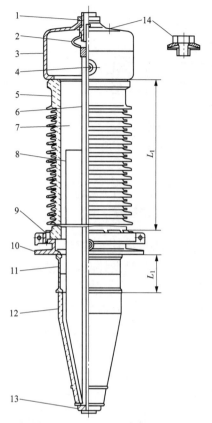

图 2-19 高压电容式充油套管

1—顶端螺帽；2—可伸缩连接段；3—顶部储油室；
4—油位计；5—空气侧瓷套；6—导电管；
7—变压器油；8—电容式绝缘体；9—压紧装置；
10—安装法兰；11—安装电流互感器；
12—油侧瓷套；13—底端螺帽；14—密封塞

制成型，卷制时在油纸（绝缘纸）每卷到一定厚度（如 $1 \sim 2mm$）时，再卷一层铝箔，这样从内到外表面就形成多个同心的圆柱形电容串联。这样卷制的目的是利用电容分压原理使径向和轴向电位分布趋于均匀，以提高绝缘击穿度。有的电容式套管则是环绕着导电杆包有几层贴附有铝箔的绝缘纸筒，各纸筒之间还留有空间，构成有效的冷却通道，用以散热，以提高载流容量和热稳定性。高压电容式充油套管如图 2-19 所示。

绝缘套管是载流元件之一，在变压器运行中长期通过负载电流，因此必须具有良好的热稳定性，以及能承受短路时的瞬间过热。

二、变压器的技术数据

（一）变压器的额定数据

每台设备上都装有铭牌，用以标明该设备的额定技术数据和使用条件。这些额定技术数据和使用条件用以表明制造厂按照国家标准在设计及试验该类设备时，必须保证的额定运行情况。额定值是保证设备能正常工作，且能保证一定寿命而规定的某量的限额。

变压器的技术参数有额定容量 S_N、额定电压 U_N、额定电流 I_N、额定频率 f_N、额定温升 τ_N、阻抗电压百分数 $U_d\%$，这些参数都标在变压器的铭牌上。此外，在铭牌上还标有相数、接线组别、额定运行时的效率及冷却介质温度等参数或要求。

1. 额定容量 S_N

额定容量是设计规定的在额定条件使用时能保证长期运行的输出能力，单位为 kVA 或 MVA。对三相变压器，额定容量是指三相总的容量。

变压器额定容量与绕组额定容量有所区别，对双绕组变压器，变压器的额定容量即为绕组额定容量，一般一、二次侧的绕组容量是相同的；对三绕组变压器，当各绕组的容量不同时，变压器的额定容量是指容量最大的一个（通常为高压绕组）的容量，但在技术规范中都写明三侧的容量。如某厂用总变压器的额定容量为 48/36/12MVA，一般就称这个厂用总变压器的额定容量为 48MVA。

变压器容量的大小对变压器结构和性能数据影响很大。容量越大，变压器铁芯直径、线性尺寸、质量和损耗等的相对值越小、越经济。

变压器额定容量的大小与电压等级也是密切相关的。电压低、容量大时电流大，损耗增大；电压高、容量小时绝缘比例大，变压器尺寸相对增大。因此，电压低的容量必小，电压高的容量必大。

2. 额定电压 U_N

额定电压是由制造厂规定的变压器在空载时额定分接头上的电压，单位为 V 或 kV，在额定电压下能保证变压器长期安全可靠运行。当变压器空载时，一次侧在额定分接头处加上额定电压 U_{N1}，二次侧的端电压即为二次侧额定电压 U_{N2}。对三相变压器，如不做特殊说明，铭牌上的额定电压是指线电压，且均以有效值表示；但是组成三相组的单相变压器，如绕组为星形接法，则绕组的额定电压以线电压为分子，$\sqrt{3}$ 为分母表示，如 $380/\sqrt{3}$ kV。

变压器的额定电压应与所连接的输电线路电压相符合，变压器产品系列是以高压的电压等级而分的。

3. 额定电流 I_N

变压器各侧的额定电流是由相应侧的额定容量除以相应绕组的额定电压及相应的相系数（单相为 1，三相为 $\sqrt{3}$）计算出来的流经绕组线端的线电流，单位为 A 或 kA。

对单相双绕组变压器，有如下计算公式。

一次侧额定电流

$$I_{N1} = S_N/U_{N1} \tag{2-9}$$

二次侧额定电流

$$I_{N2} = S_N/U_{N2} \tag{2-10}$$

对三相变压器，如不做特殊说明，铭牌上标的额定电流是指线电流。

一次侧额定电流

$$I_{N1} = S_N/\sqrt{3}U_{N1} \tag{2-11}$$

二次侧额定电流

$$I_{N2} = S_N/\sqrt{3}U_{N2} \tag{2-12}$$

4. 额定频率 f_N

我国规定标准工业频率为 50Hz，故电力变压器的额定频率都是 50Hz。

5. 额定温升 τ_N

变压器内绕组或上层油的温度与变压器外围空气的温度（环境温度）之差，称为绕组或上层油的温升。在每台变压器的铭牌上都标明了该变压器的温升限值。我国相关标准规定，绕组温升的限值为 65℃，上层油温升的限值为 55℃，并规定变压器周围的最高温度为 40℃。因此变压器在正常运行时，上层油的最高温度不应超过 95℃。

6. 阻抗电压百分数 $U_d\%$

对双绕组变压器，当二次侧短接时，一次侧绕组流通额定电流而施加的电压称阻抗电压 U_d，通常阻抗电压以额定电压百分数表示，即 $U_d\% = U_d/U_N \times 100\%$。

阻抗电压百分数又称短路电压百分数，它是变压器的一个重要参数。它表明了变压器在满载（额定负荷）运行时变压器本身的阻抗压降大小。它对于变压器在二次侧发生突然短路时，将会产生多大的短路电流有决定性的意义；对变压器的并联运行也有重要意义。

阻抗电压百分数的大小与变压器成本和性能、系统稳定性、供电质量和变压器容量有关。当变压器容量小时，短路电压百分数也小；变压器容量大时，短路电压百分数也相应较大。我国生产的电力变压器，短路电压百分数一般为 4%～24%。

7. 额定冷却介质温度

对吹风冷却的变压器，额定冷却介质温度指的是变压器运行时，其周围环境中空气的最高温度不应超过 40℃，以保证变压器载额定负荷运行时，绕组和油的温度不超过额定允许值。所以，铭牌上有对环境温度的规定。

对强迫油循环水冷却的变压器，冷却水源的最高温度不应超过 30℃，当水温过高时，将影响冷油器的冷却效果。冷却水源温度的规定值应标明在冷油器的铭牌上。此外冷却水的进口水压也有规定，必须比潜油泵的油压低，以防冷却水渗入油中，但水压太低，水流量太小，将影响冷却效果，因此对水流量也有一定要求。对不同容量和型式的冷油器，有不同的冷却水流量的规定。以上这些规定都标明在冷油器的铭牌上。

8. 空载合闸电流

空载合闸电流是当变压器空载合闸到线路时，由于线路饱和而产生很大的励磁电流，所以又称为励磁涌流。空载合闸电流大大地超过了稳态的空载电流，甚至可达到额定电流的 5～7 倍。

空载合闸电流与合闸时铁芯的剩磁、电压相角有关。合闸时电压相角等于 0，磁通在半波内变化到 2 倍磁通。有同向剩磁时将增加的更多，空载合闸电流更为严重。变压器容量越大，其持续时间越长，可达 5～10s。在三相变压器中总有一相要产生这种过渡现象，不过，差动继电器已可以不再因空载合闸而误动作了。

9. 冷却方式

变压器的冷却方式由冷却介质种类及其循环种类来标志。冷却介质种类及其循环种类的字母代号见表 2-1。

表 2-1 冷却介质种类及其循环种类的字母代号

种类名称	分 类	字母代号
冷却介质种类	矿物油或可燃性合成油	O
	不燃性合成油	L
	气体	G
	水	W
	空气	A
循环种类	自然循环	N
	强迫循环（非导向）	F
	强迫导向油循环	D

冷却方式由 2 个或 4 个字母代号标志，依次为线圈冷却介质及其循环种类、外部冷却介质及其循环种类。冷却方式的代号标志及其应用范围见表 2-2。

表 2-2 冷却方式的代号标志及其应用范围

冷却方式	代号标志	适 用 范 围
干式自冷式	AN	一般用于小容量干式变压器
干式风冷式	AF	线圈下部设有通风道并用冷却风扇吹风，以提高散热效果，用于 500kVA 以上变压器时是经济的

冷却方式	代号标志	适　用　范　围
油浸自冷式	ONAN	用于容量小于 6300kVA 的变压器，维护方便
油浸风冷式	ONAF	用于容量为 8000～31 500kVA 的变压器
强迫风冷式	OFAF	用于高压大型变压器
强迫水冷式	OFWF	
强迫导向风冷或水冷	ODAF ODWF	

变压器接在电压频率为额定频率、电压大小为额定电压的电网上，副边电流、原边电流均为额定电流时的运行状态称为额定运行状态，此时的负载称为额定负载。变压器可以长期可靠地运行于额定状态。

（二）变压器的型号

变压器的型号用于标明该变压器的类别和特点，其文字部分用汉语拼音字头表示，如 SFP-750000/330，其中 S 代表三相；F 代表风冷；P 代表强迫油循环；750 000 是额定容量，单位为 kVA；330 是高压侧的额定电压，单位为 kV。

（三）商洛电厂 660MW 机组配用的变压器技术数据

1 号、2 号主变压器均为 750 000kVA 三相变压器。

高压厂用变压器 2 台：1 号、2 号均为 SFF-65000/22 变压器。

启动/备用变压器 1 台：为 SFFZ-65000/330 变压器。

低压干式变压器：锅炉变压器、脱硫变压器、输煤变压器、除尘变压器、厂前区变压器、化水变压器、公用变压器、汽机变压器、供水变压器、翻车机变压器、照明变压器、检修变压器、灰场变压器。

以上变压器除主变压器、高压厂用变压器、启动/备用变压器为屋外布置外，其余均为室内布置。

1. 主变压器技术规范

主变压器可简称主变。660MW 发电机组配用的升压主变压器的型号为 SFP-750000kVA/330kV，即三相风冷式强迫油循环式，由 750 000kVA、330kV 电力变压器组组成的三相变压器组，调压方式为无励磁调压。SFP-750000/330 油浸式变压器相关参数见表 2-3。

表 2-3　　　　　　　　　　　　SFP-750000/330 油浸式变压器相关参数

项目	数　据	项目	数　据
型　号	SFP-750000/330	调压方式	无励磁调压
额定容量	750 000kVA	额定电流	1192.9A
额定电压	363±2×2.5%/22kV	接线方式	YNd11
相　数	三相	频　率	50Hz
冷却方式	强迫油循环风冷（OFAF）	阻抗电压百分数	14%
空载电流	3.5A	空载损耗	275kW

项　目	数　据	项　目	数　据
负载损耗	<1300kW	生产厂家	西安西电变压器有限公司
总油重	80t	变压器总重	463t
中性点电抗器		中性点隔离开关	JW-252
		中性点避雷器	Y1.5W5-207/440

2. 高压厂用变压器技术规范

高压厂用变压器为 SFF-65000/22，即自然油循环风冷三相铜绕组油浸式低损耗无载调压分裂变压器。

3. 启动/备用变压器技术规范

启动/备用变压器 1 台：型号为 SFFZ-65000/330，即油浸式变压器。

第三节　变压器的冷却系统

油浸式电力变压器的冷却系统包括两部分：①内部冷却系统，保证绕组、铁芯的热散入油中；②外部冷却系统，保证油中的热散到变压器外。

一、变压器冷却方式

按油浸变压器的冷却方式，冷却系统可分为油浸自冷式、油浸风冷式、强迫油循环风冷式、强迫油循环水冷式等几种。

（一）油浸自冷式（ONAN）

油浸自冷式冷却系统没有特殊的冷却设备，油在变压器内自然循环，铁芯和绕组所发出的热量依靠油的对流作用传至油箱壁或散热器。这种冷却系统的外部结构又与变压器容量有关，按容量大小的不同，油箱壁有三种不同的结构。

1. 平滑式箱壁

这种用钢板焊成的箱壁是完全平滑的，没有其他任何附加设备。这种结构使用在较小的油浸式变压器中，铁芯和绕组中产生的热量经过油与箱壳内壁的接触、箱壳的外壁与外界冷空气的接触自然的散热冷却。

2. 散热筋式壁箱

此种箱壁是在平滑的箱壳外壁上再加焊一些散热筋构成。这些散热筋使箱壳与空气相接触的面积比平滑的外壁与空气相接触的面积大，因此它的自然散热的能力也就增加了。

3. 散热管或散热器

当变压器的容量增大时，箱壳表面的面积虽然也随之增大，但远比不上变压器内部的总损耗所引起的发热量的增加，此时就在箱壳四周围焊上许多散热管，使散热面积增大，因此散热效果更好。

当变压器的容量再大些时，就做成拆卸式散热器，冷却效果更好，但其冷却原理与散热管相同。

带散热管的油浸自冷式变压器油流路径如图 2-20 所示。变压器运行时，油箱内的油因铁芯和绕组发热而受热，热油上升到变压器顶部后，从散热管的上端入口进入到散热管内，散热管的外表面与外界冷空气相接触，使油得到冷却。冷油在散热管内下降，由管的下端再流入变压器油箱下部，冷油使铁芯和绕组得到冷却，因此油的温度又重新升高，热油便在此上升至变压器的顶部。重复上述循环就使变压器得到不断的冷却。

油浸自冷式冷却系统结构简单、可靠性高，广泛用于容量 10 000kVA 以下的变压器。

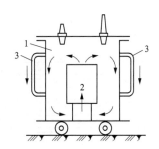

图 2-20　带散热管的油浸自冷式
变压器油流路径
1—油箱；2—铁芯与绕组；3—散热管

（二）油浸风冷式（ONAF）

油浸风冷式冷却系统也称油自然循环、强制风冷式冷却系统。它是在变压器油箱的各个散热器旁安装一个至几个风扇，把空气的自然对流作用改变为强制对流作用，以增强散热器的散热能力。它与自冷式系统相比，冷却效果可提高 150%～200%，相当于变压器输出能力提高 20%～40%。为了提高运行效率，当负载较小时，可停止风扇而使变压器以自冷方式运行；当负载超过某一规定值，如 70% 额定负载时，可使风扇自动投入运行。这种冷却方式广泛应用于 10 000kVA 以上的中等容量的变压器。

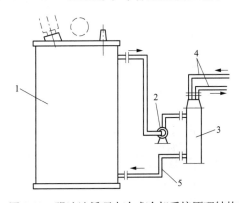

图 2-21　强迫油循环水冷式冷却系统原理结构
1—变压器；2—潜油泵；3—冷油器；
4—冷却水管道；5—油管道

（三）强迫油循环水冷式（OFWF）

强迫油循环水冷式冷却系统原理结构如图 2-21 所示。它由变压器、潜油泵、冷油器、油管道、冷却水管道等组成。工作时，变压器上部的热油被潜油泵吸入后增压，迫使油通过冷油器使油得到冷却，冷却后的油仍在压力作用下通过油管道再进入油箱底部，从而使变压器的铁芯和绕组得到冷却，这时油的温度又升高了，热油再次上升到变压器的顶部，实现强迫油循环。在冷却器的顶部，有温度较低的冷却水通过冷却器时，利用冷却水冷却油。因此，在这种冷却系统中，铁芯和绕组的热先传给油，油中的热又传给冷却水，冷却水的温度升高，然后从冷却水管流走。

油-水冷却器结构如图 2-22 所示。变压器内的高温油从油入口进入冷却器，沿着位于冷却水管（即图中的冷却管）侧面的挡板流动，经油出口重新进入变压器。在油循环的同时，冷却水从水入口进入水室，以 1m/s 左右的速度流过冷却管，并从水出口流至冷却器外部水管。在冷却器中，油与水是不直接接触的。但设计时和运行中，水压必须低于油压，以确保发生泄漏时，水不致进入变压器内而导致绝缘损坏。

（四）强迫油循环风冷式（OFAF）

强迫油循环风冷式冷却系统用于大容量变压器。商洛电厂主变的冷却方式即为此种。这种冷却系统是在油浸风冷式的基础上，在油箱主壳体与带风扇的散热器（称冷却器）的连接管道上装有潜油泵。油泵运转时，强制油箱体内的油从上部吸入散热器，再从变压器的下部进入油箱体内，实现强迫油循环。该冷却系统的冷却的效果与油的循环速度有关。

图 2-23 所示为大型变压器中使用的强迫油循环风冷式冷却系统中的一种冷却器结构。

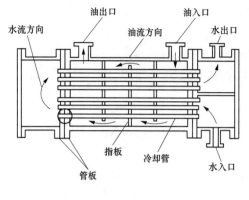

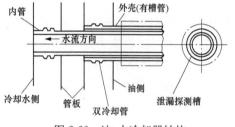

图 2-22 油-水冷却器结构

其油泵装在冷却器下部，油泵使油从上至下通过冷却器（带风扇的散热器）。在油泵附近管路上装有油流量指示器，用于监视油泵的运转情况，将其装在冷却器的下部位置是为了便于观察。油泵与油浸电动机是整体制造在一个全封闭金属壳内，因此油永远不会从轴或其他零件中漏出。装在冷却器与油泵之间的油流量指示器，其外壳内的叶片转动是利用磁耦合器传输给外部指针，以指示油流的流量和方向。为了增强散热器（冷却器）的散热能力，在散热管外焊有许多散热片，并在每根散热管的内部有专门机加工的内肋片。图 2-23 所示冷却系统中，每个冷却装置上安装有四台风扇，冷却风扇固定在冷却风扇箱中，风扇用于将风扇箱内散热器附近的高温空气抽出。

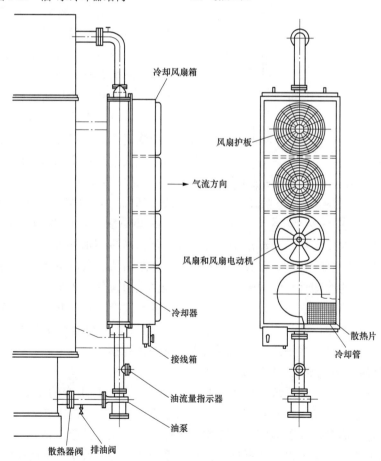

图 2-23 强迫油循环风冷式冷却系统结构

大型强迫油循环风冷壳式变压器中的油循环通道如图 2-24 所示。该壳式变压器有两个并联的磁路，两磁路的铁芯水平布置，狭窄的铁芯上未设置冷却油道。这种变压器的绕组线圈（线盘）间距较大，构成较大的垂直方向的油流通道，油泵送的油在油箱内主要通过绕组线圈，因而冷却效率高。

在上述采用强迫油循环风冷或水冷的大容量变压器中，为了充分利用油泵加压的有利条件，加强绕组的散热，变压器绕组部分常采用导向冷却。导向冷却就是使油按一定路线通过绕组，而不是像一般变压器中油在绕组中自然无阻无定向地流动。为了使油按照导向路线有规律地定向流动，保证所有的绕组线盘都有低温冷却油流过，使绕组得到有效冷却。

在铁芯式变压器中或在铁芯垂直放置的变压器中，通常需要设置导引油通过绕组的结构部件。图 2-25 为双绕组变压器强迫油循环导向冷却示意图，从图中可见压力油在高、低压绕组之间有各自的油流路线，且高、低压绕组中均有纵向和横向油道，油在油道中沿着图中箭头所示。

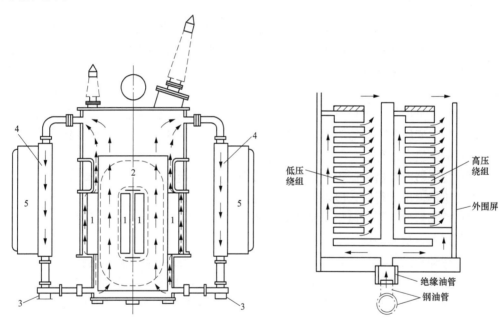

图 2-24　大型强迫油循环风冷壳式变压器中油循环通道　　　图 2-25　双绕组变压器强迫油循环
1—铁芯；2—绕组线圈；3—油泵；4—散热器；5—风扇框　　　　　　　　　导向冷却示意图

二、变压器的冷却器的运行形式

不同的变压器，冷却器的数量可能不同，运行方式也可能不同，但冷却运行方式考虑的原则是近似的。下面以商洛电厂主变的冷却器运行方式为例加以介绍。

制造厂：西安西电变压器有限责任公司。

主变压器额定容量：$2 \times 750\,000$kVA。

冷却方式：强迫油循环风冷式。

冷却装置：主变压器冷却方式为强迫油循环风冷，共有冷却器四组。

（1）强迫油循环风冷变压器运行时，至少必须投入两组冷却器运行，冷却器控制箱采用两路独立电源供电，两路电源可任选一路工作，另一路备用。当一路电源出现故障时，另一路电源自动投入。正常运行时，选择"Ⅰ工作"，此时1C及C接触器励磁。当出现以下情况时，接触器发出信号：①Ⅰ、Ⅱ工作电源故障时均发出信号；②工作或辅助冷却器发生故障时发出信号；③备用冷却器运行中发生故障时发出信号。

（2）每组冷却器的运行方式有工作、辅助、备用、停运四种状态。

工作状态是指电源正常时，只要控制开关切至"工作"位置，冷却器即投入运转。

辅助状态是指正常情况下，该组冷却器的控制开关切至"辅助"位置，变压器负荷大于85％时或变压器顶层油温达到要求时启动辅助状态。当上层油温达到60℃时，辅助冷却器自动投入运转；当上层油温低于50℃时，辅助冷却器自动停止运转。

备用状态是指正常情况下，冷却器的控制开关切至"备用"位置，当工作或辅助冷却器任一组因故停止运行时，备用冷却器自动投入运行。发生故障的冷却器检修后重新投入运行时，备用冷却器控制回路被切断，备用冷却器的油泵风扇退出运行，即停止工作。

（3）当变压器上层油温达到85℃时，发油温高报警；当变压器上层油温达到97℃时，变压器跳闸。

（4）当冷却器失去电源全部停止运行后，主变压器允许运行20min，当上层油温达到97℃时，将由保护动作将变压器退出运行，如果保护未动作则应手动停运；如20min内，变压器的上层油温未达到75℃时，则允许上升到75℃，但这种状态下运行的最长时间不得超过60min。

（5）额定负荷长期运行时，变压器的冷却器运行方式为三组运行，一组备用。

（6）若主变压器冷却器为单侧布置，则应以1、2或3、4之间的任意组合，一般情况下不采用单侧组合运行。

（7）变压器冷却器控制投自动时，当变压器投入运行时，工作冷却器应自动投入运行；当变压器退出运行时，冷却器全部自动停止运行。

（8）冷却器的油泵和风扇电动机均装有过负荷、短路及断相运行保护，保护动作时，使接触器断电，从而保护了电动机。

（9）冷却器投入运行后，冷却器内油开始流动，当油流速达到一定值时，装在冷却器联管上的油流继电器触点闭合，从而使红色信号灯亮，即表示冷却器已投入正常运行。当冷却器内油流量不正常，低于规定值时，油流继电器触点打开，红色信号灯灭，表示冷却器内油路发生故障。

第四节　变压器的分接调压开关

变压器的一次侧接在电力网上，由于电力系统电压会因种种原因发生波动，因此，变压器的二次侧电压也会发生相应的波动，从而影响用电设备的正常运行。接在变压器二次侧的负载，由于用电设备负荷的大小或负荷功率因数的不同，也会影响变压器二次电压的变化，给用电设备的正常运行带来影响。因此，需要变压器有一定的调压能力，以适应电力网运行及用电设备的需要。

变压器调压的工作原理是改变绕组的圈数，也就是改变变压器一、二侧的电压比。根据电压波动情况或负荷对电压的要求，可调整线圈匝数使二次侧电压满足负荷的需要，一般用在线圈上抽分接头的办法来调整线圈匝数。分接头一般都在高压侧线圈上，这是因为结构上高压线圈在低压线圈的外侧，抽头、引线比较方便，在绝缘处理上也简单些。另外变压器高压侧电流小，引线和分接开关等导电部分的截面积可以小一些，节省金属材料。中小型变压器的分接头一般安排在每相绕组的末端，调压方式即为中性点调压；对大型变压器，电压在 35kV 以上时，通过改变变压器高压绕组中部的分接头来调节电压，这种调压方式称中间调压。

变压器调压方式可分为无励磁调压（无载调压）及有载调压两种。后者比前者有着显著的优点，主要在变压器运行中切换分接头，提高了供电可靠性。但是，实现有载调压方式的开关结构较复杂，成本较高，运行维护也较困难。因此，对用电要求较高的变压器，均采用有载调压；而对用电要求不很高的变压器，都采用无载调压。例如，厂用高压变压器接至发电机出口，所以电源侧的电压是稳定的，发电机装有自动电压调节器，其电压精度很高，相当灵敏。由于机端的电压非常稳定，所以厂用高压变压器的分接开关没有必要调整，就不必安装了，因此厂用高压变压器采用无载调压的调压方式。

一、无载调压开关

660MW 机组配套用 750MVA 主变压器采用无载调压。无载调压的特点是变压器电压的调整必须在变压器无励磁状态，即无载状态下改变分接头。调压开关在切换分接头时均不带负载电流，所以其结构大为简化，调压的方法也十分简单。

无励磁调压变压器的调压范围及级数的规定如下：

（1）容量为 6300kVA 及以下的高压线圈：$U_N \pm 5\%$。

（2）容量为 8000kVA 及以上时，电压 35kV 及以上：$U_N \pm 2 \times 2.5\%$；电压 10kV：$U_N \pm 5\%$。

（3）三线圈变压器，电压为 35kV，中压或低压线圈：$U_N \pm 5\%$ 或 $U_N \pm 2 \times 2.5\%$。

根据使用的要求，在调压范围和级数不变的情况下，允许增加负分接级数、减少正分接级数。在 -7.5% 和 -10% 分接位置时，变压器的容量应较其额定容量分别降低 2.5% 和 5%。

以 750MVA 主变压器为例，该变压器高压绕组的额定电压为 $363 \pm 2 \times 2.5\%$，调压方式为用无载分接开关进行调压。

二、有载调压分接开关

（一）概述

1. 有载调压分接开关定义

有载调压分接开关也称带负荷调压分接开关，装有这种分接开关的电力变压器称为有载调压变压器。在变压器负载运行中，有载调压分接开关用以变换一次或二次线圈的分接，改变其有效匝数，进行分级调压。

有载调压变压器的调压范围及级数规定如下：

（1）电压为 110kV 及以下的高压线圈：$U_N \pm 3 \times 2.5\%$。

（2）电压为 220kV 的高压线圈：$U_N \pm 4 \times 2\%$。

有载调压的基本原理：在变压器的绕组中引出若干分接抽头，通过有载调压分接开关，在保证不切断负荷电流的情况下，由一个分接头切换到另一个分接头，以达到变换绕组的有效匝数，即变换变压器变比的目的。用有载调压分接开关变压器的体积增加得不多，电压可以做得很高，容量可以做得很大。

调压变压器具有调压范围和调压级差两个指标。调压范围是指调压获得的最大和最小电压的差值，调压级差则是指调压时能保证的最小电压差值，两者一般都用绕组额定电压的百分值表示。显然，扩大调压范围和减小调压级差可以提高调压质量，然而会使变压器结构复杂、费用增加。

2. 有载调压分接开关的分类

变压器中具有分接头的那部分绕组称为调压绕组。有载调压分接开关为了避免调压绕组分接线匝短路，应设置限流阻抗，这阻抗可以选择电阻器，也可以选择中心抽头的电抗器，这样有载调压分接开关可分为电阻式和电抗式两大类。

电抗式有载分接开关的特点是其电抗器是按长期通过的额定电流而设计的，从一级切换到另一级不需要速动机构。如果电抗器是按连续工作设计的，则在变换分接过程中其可以停留在跨接两个分接头的位置工作，在所需要的调压级数相同的情况下，使变压器线圈的分接头个数减少一半。同时，即使分接开关操动机构的供电电源在过渡过程的任意位置发生故障，变压器仍能继续运行，但过渡时循环电流的功率因数较低，切换开关电弧触头的电寿命较短。由于用了电抗器使变压器的体积增大，制造成本较高。

电阻式的特点是过渡时间较短、循环电流的功率因数为1，切换开关电弧触头的电寿命可由电抗式的1万~2万次提高到10万~20万次。但是，由于电阻是短时工作的，操动机构一经操作，必须连续完成，若由于机构不可靠而中断使其停留在过渡位置，将使电阻烧损而造成事故。如果选用设计合理的机构和优质材料，这个问题是可以解决的。

3. 有载调压分接开关的组成

有载调压分接开关由切换开关、选择开关和操动机构等部分组成。

切换开关是专门承担切换负载电流的部分，它的动作是通过快速机构按一定程序快速完成的。选择开关是按分接顺序，使相邻的即刻要换接的分接头预先接通，并承担连续负载的部分。选择开关的动作是在不带电的情况下进行的。为满足这一要求，选择开关又分为单数的和双数的，两者分步动作。为了增大调压范围，有时选择开关可带有一个或几个范围开关，连接成正反调压、粗细调压等以增加调压级数。切换开关和选择开关，两者总称为开关本体，一般都安装在变压器油箱内。由于切换开关在切换负载电流时产生电弧，使油质劣化，因此必须装在单独的绝缘管内，使其与变压器油箱内的油隔开。

操动机构是使开关本体动作的动力源，可以电动也可以手动。它还带有必需的限动、安全联锁、位置指示、计数以及信号发生器等附属装置。电动时操动机构是通过垂直轴、齿轮盒和水平轴等与开关本体相连的。通常操动机构都安装在变压器油箱外部的箱壁上。

电阻式有载调压分接开关按其切换开关和选择开关的组成方式分为复合型和组合型两种。复合型的开关本体，切换开关和选择开关合并为一体，又称为选切开关，即选择开关兼有切换触头。

电阻式有载分接开关中的电阻是按短时通过电流设计的，电阻可选得较小，体积也较小，但需要速动机构来避免传动机构故障而停留在中间位置，由于速动机构能快速工作，这种分接开关属于速动型。由于电阻采用的是高性能材料，如镍铬合金，又由于电阻器在电路中工作时间仅几毫秒，致使电阻器的损坏危险性极低。速动型电阻式分接开关的另一个优点是延长了油的寿命。由于包围有载分接开关接通触头和开断触头的油被开断电弧周围形成的碳所污染，而这种碳的形成直接与负载电流的大小和燃弧时间的长短有关，因此在早期的慢速有载分接开关中，操作几千次以后就要对油进行处理或更换，而现在油的使用周期延长了几十倍。

中心抽头电抗式分接开关与速动型电阻式分接开关相比，主要优点是由于电抗器接在分接头的中间位置上，对给定的变压器分接头可以得出 2 倍的有效工作位置，可以使调压级数增加。在需要分接位置数较多的场合，此优点将更加明显。

传动机构是分接开关的重要元件，它主要由电动机、减速器和保护及联锁控制回路组成，传动机构可保证分接开关能正确停留在固定的位置。传动机构的控制可以由专门的位置控制开关或由把手进行，把手只宜在分接开关检修或调试时使用。为了安全，用把手切换时，应将控制回路断开。分接开关的联锁装置用于防止切换超过预定位置，它由控制开关的电气联锁和机械制动联合实现。温度降低时，油的黏度增大，将引起放在油中的传动机构运动阻力增大，可能造成分接开关损坏，所以对低温也实行闭锁，一般的闭锁温度要求为上层油温不得低于－20℃。

有载调压分接开关由于操作频繁，一般要求机械寿命应保证至少 20 万次，若电弧触头为钨钢镶嵌结构时，其电寿命应保证至少 2 万次。随着真空开关的推广使用，用真空开关作为切断开关可以显著增加允许的操作次数。

有载分接开关配有自动装置，只有自动装置拒动或计划检修时，才允许用按钮远方手动操作；只有不能远方手动操作时，才允许临时用传动机构上的操作按钮就地操作。上面已指出，带负荷时不允许用操作把手操作。假若用把手操作，电气控制系统就退出工作，负荷联锁和油温闭锁都将不能实现。

（二）有载调压分接开关的调压原理

1. 过渡电路

有载调压分接开关的调压可以用一句话来概括，即采用了过渡电路。有载调压分接开关的过渡过程如图 2-26 所示，假设变压器每相绕组有三个分接抽头 1、2、3，负载电流 I 原来由分接抽头 1 输出，如图 2-26（a）所示。如果是无载调压，则可以在停电后，将分接抽头 1 改接至分接抽头 2，运行时负载电流 I 改由分接抽头 2 输出了。

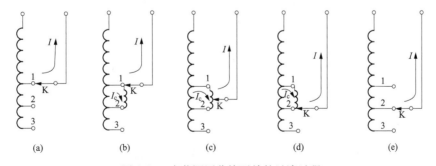

图 2-26　有载调压分接开关的过渡过程

（a）开始位置；（b）过渡的分接抽头接入限流阻抗；（c）动触头在阻抗上滑动；
（d）动触头滑到需要的分接抽头；（e）切除过渡用的阻抗

但由于有载调压不能停电，分接抽头 1 和分接抽头 2 之间必须接入一个过渡电路。这个过渡电路仅仅在进行调压时接入，当调压完成后即行除去。接入过渡电路的方法通常是在分接抽头 1 和分接抽头 2 之间跨接一个过渡阻抗（电阻或电抗），如图 2-26（b）所示。于是在阻抗中将流过一循环电流 I，有了过渡阻抗就避免了在分接抽头 1 和 2 之间造成短路，起到限流的作用，故有时过渡阻抗又称为限流阻抗。

接入阻抗就好像在分接抽头 1 和 2 之间搭设了一座临时的"桥"，这时动触头可以在桥上滑动，如图 2-26（c）所示。负载电流可以继续通过"桥"输出，不致造成停电，直至分接开关的动触头到达分接抽头 2 位置时为止，如图 2-26（d）所示。动触头既然已到达分接抽头 2，"桥"已无用可以去除，即切除过渡阻抗，如图 2-26（e）所示。至此，切换时的过渡过程完成，原来由分接抽头 1 输出负荷电流，现在由分接抽头 2 输出。其他分接抽头切换过程与以上过程相同。

图 2-26 所示的接触为滑动接触，因为切换一个分接的时间很短，不一定要求圆滑连续地过渡，所以实际中通常都采用简化的方法，可采用双电阻或多电阻过渡，分别如图 2-27 和图 2-28 所示。实际中将过渡分成有限的几级，即分级过渡，可使结构大为简化。由于分级过渡的基本原理与滑动过渡相同，因此此处不再一一详述。

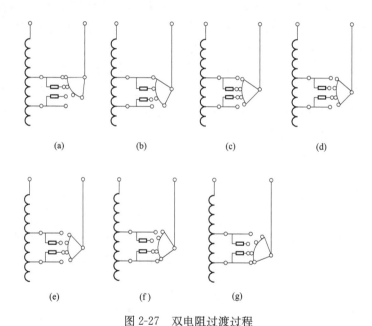

图 2-27 双电阻过渡过程

(a) 开始位置；(b) 过渡电阻之一通过负荷电流；(c) 过渡电阻均通过负荷电流；
(d) ～ (f) 向另一过渡电阻通过负荷电流；(g) 过渡电阻均切除

2. 选择电路

当电流不大、每一级的电压不高时，采用图 2-27、图 2-28 所示的切换触头直接在各级抽头上依次进行切换是可行的，此即直接切换式有载分接开关，也称复合式或单体型有载分接开关。这种结构的所有触头，在切换时都会因分离电弧而使触头的接触表面烧蚀。因此，必须用铜钨触头镶嵌制造，但当容量较大时就不经济。此外，复合式分接开关的外形尺寸随电压的增高而迅速加大。因为电压高时，切换开关的体积要加大，以保证断弧，因此，这种型式不适用于大容量或高电压切换。

为了解决这个问题，通常把切换电流的任务专门交给另一组触头，制造一个单独的部

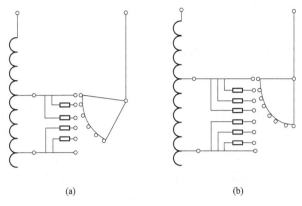

图 2-28　多电阻过渡过程电路

(a) 四电阻；(b) 六电阻

分，即切换开关，它只由一个分接抽头切换到另一个分接抽头，而另外再增加一个单独的部分，即选择开关。四电阻过渡带选择电路的有载分接开关的动作程序如图 2-29 所示，把变压器绕组的所有的抽头引出线分成两组，奇数组为 S_1（1、3、5、…），偶数组为 S_2（2、4、6、…）。随着换接过程的进行，依次把相应的分接抽头连到切换开关的 1 或 2 的触头上，因此选择开关在这里的功能是做切换前的准备工作，它将即刻需要切换的分接头预先接通，然后切换开关才能切换到这个分接头上来。所以，选择开关是不切换负载电流的，负载电流的切换是由切换开关来完成的。这种切换开关称为有单独切换开关的有载分接开关，或称组合式有载分接开关。

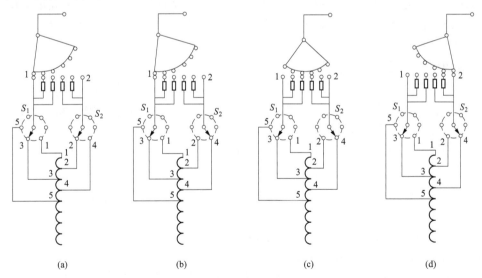

图 2-29　四电阻过渡带选择电路的有载分接开关的动作程序

(a) 选择；(b) 选择结束；(c) 切换；(d) 切换结束

3. 调压电路

有载调压的变压器具有很多分接头，调压范围比较大，根据不同的工作需要，有不同的调压方式，且各有不同的调压电路。常见调压方式有正反调压，调压绕组的极性与主绕组的极性相同时为正调，相异时为反调。范围开关所在的位置就直接意味着开关是处在正调范围还是在反调范围。

三、变压器分接头开关的调整及运行维护

（一）调节分接头的有关规定

主变压器分接头开关挡位的调整，根据调度规定执行；厂用高压变压器及厂用低压变压器分接头开关挡位的调整，根据厂用母线电压的情况，并依据值长命令执行。变压器分接头开关的调节工作由电气值班人员配合检修维护人员进行，调整后的变压器挡位情况应在专用记录本内记录，便于核查变压器挡位及电压的运行维护。

对无载调压变压器，在变换分接头挡位时，应在变压器停电的情况下进行，变换分接头后还应测量变压器三相绕组的直流电阻，检查三相是否平衡，测量前应先锁紧挡位位置。

启动/备用变压器分接头开关挡位的调节，应根据厂用母线电压情况或并列厂用高压变压器的电压情况，按值长命令进行调节。调节前应检查有载调压切换开关油箱油色、油位正常，操动机构、操作电源应保持良好状态。用有载调压开关向高或低调节电压时，每次只允许调节一个电压挡位，同时观察电压变化情况，等电压趋于稳定后再进行下一个挡位的调节。不允许一次调节数挡，防止有载调压开关的触点烧坏。调整有载调压开关挡位后，应详细记录调节前后的电压挡位数值及调节前后的实际电压。

根据各变压器挡位电压参数，对照检查调节后的变压器在该挡位的电压运行情况是否与该挡位额定电压相符，若发现不符或其他异常现象应及时汇报并处理。

（二）有载调压变压器分接开关操作的注意事项

系统中运行的变压器，其一次侧电压随系统运行方式的变化而变化，为保证供电电压在额定的范围内，必须通过改变变压器的变比，即调整分接开关的位置来调节其二次侧电压。

有载调压变压器在运行中调整分接开关时应注意以下几点：

（1）调整前应检查分接开关的油箱油位正常。一般变压器分接开关的油箱与主油箱是不相通的，若分接开关油箱漏油，使之发生严重缺油，则在切换过程中会发生短路故障，烧坏分接开关。

（2）分接开关经调整后，应在某一固定位置，不允许将分接开关长期停留在过渡位置。在过渡位置上，分接开关的接触电阻较大，长期运行会造成分接开关过热烧坏。

（3）对与系统相连接的变压器，在调整分接开关之前应与系统调度进行联系，在征得调度同意后才能操作。

（4）值班员根据调度下达的电压曲线及电压信号，自动调压操作。每次操作应认真检查分接头动作电压电流变化情况（每调一档计为一次），并做好记录。

（5）两台有载调压变压器并列运行时，允许在变压器85％额定负荷电流下进行分接头变换操作。但不能在单台变压器上连续进行两个分接头变换操作，需在一台变压器的一个分接头变换操作完成后，再进行另一台变压器的一个分接头变换操作。一台有载调压变压器和一台无载调压变压器并列运行前，必须把有载调压变压器的分接开关调至与无载调压分接开关相同或相近的挡位，即使两台主变压器的次级电压相同或相近。当有载调压变压器和无载调压变压器并列运行时，严禁调节分接开关。

（6）值班人员进行有载分接开关控制时，应按巡视检查要求进行，在操作前后均应注意并观察气体继电器有无气泡出现。

（7）运行中有载分接开关的气体继电器发出信号或分接开关油箱换油时，禁止操作并拉开电源隔离开关。

（三）无载分接头开关调整电压挡位的操作顺序

（1）将变压器停电，做好安全措施，由运行人员协助检修人员进行调整。

（2）拧松分接头开关操作手柄上的螺栓。

（3）将分接头开关旋至所要调整的新电压挡挡位上，为了清除触点接触面上的氧化膜及沉积物，应将分接头开关置于新的电压挡位上，左右旋转五、六下后再定位。

（4）测量变压器高压侧三相绕组的直流电阻，最大与最小差值不应大于最小值的 2%，并检查锁紧位置。

（5）拧紧分接头开关手柄上的定位螺栓。

（6）详细记录调整后的新电压挡位及三相直流电阻。

（四）有载调压开关调整电压挡位的操作顺序

（1）检查有载调压装置电动机动力保险良好。

（2）检查有载调压装置抽头位置指示器电源良好。

（3）检查有载调压装置机构箱内挡位指示与集控室厂用控制屏上的挡位指示一致。

（4）按预定的调压目标按一下升压或降压调节操作按钮，注意挡位指示灯的变化及电压表指示值的变化，逐步将电压调整到所要求的数值。

（5）调整结束后还应检查有载调压装置机构箱内挡位指示与集控室厂用控制屏上的指示是否一致。

（6）对变压器及有载调压装置进行全面检查，应无异常现象。

（7）做好调整记录。

（五）有载调压开关的维护要求

（1）每切换操作 1000 次后，应从有载调压切换开关油箱中取油样做油质化验，若低于耐压标准 30kV 的要求时，应及时进行换油或过滤处理；当运行期满一年或切换次数达到 30 000 次时，必须进行换油处理以保证有载调压开关的可靠运行。

（2）变压器有载调压开关在切换次数达到 50 000 次或投运五年后，应将切换开关本体从油箱中吊出，清洗整个开关本体和绝缘筒，测量触头的烧伤程度，必要时还要更换烧伤严重的触头，检查过渡电阻是否完好，以保证有载调压切换开关的可靠运行。

（3）变压器过载运行时，不允许频繁操作有载调压切换开关进行调压。

（4）为了防止有载调压切换开关在变压器严重过负荷或系统短路时进行切换操作，在调节回路中加装有电流闭锁装置，该装置在运行中应投入。

（5）有载调压切换开关的气体保护与防爆装置动作后，应查明原因，否则不准将变压器投运。

（6）有载调压切换开关的电动操动机构应处于完好状态。

（7）有载调压切换开关的操动机构封闭门应关好，防止雨雪、尘土侵入。

（8）有载调压变压器在运行中或在调压切换操作过程中，若发现过电压、电流指示连续摆动时，可能是有载调压切换开关的过渡电阻或切换触头烧伤所致，此时应汇报值长申请停运变压器，联系检修维护人员进行检修处理。检修处理后，才能继续运行。

（9）应定期收集调压瓦斯气体，应加强对调压瓦斯的检修维护工作。

（10）有载调压切换开关的电动操动机构的机械转动部分应保持良好的润滑效果，定期检查各油杯中是否缺油。润滑油脂应充分注入，刹车电磁铁的闸片应保持干燥，不可沾油。

（六）有载分接开关的油质监督与检查周期

运行中的有载分接开关每 6 个月应取油样进行耐压试验一次，其油耐压不应低于 30kV/2.5mm。当油耐压为（25～30kV）/2.5mm 时，应停止使用自动调压控制器；若油耐压低于 25kV/2.5mm 时，应停止调压操作并及时安排换油；当运行 2～4 年或变换操作达 5000 次时应换油。

有载分接开关本体吊芯检查周期：新投运一年后，或分接开关变换 5000 次；运行 3～4 年或累计调节次数达 10 000～20 000 次，结合变压器大修进行吊芯检查（进口设备可按制造厂规定进行）。

四、变压器的有载调压开关试验

对采用有载调压方式的变压器，在每次大、小修中应对分接开关进行有关试验，如测量分接开关的电阻是否合格、分接开关的压力是否符合要求、分接开关的动作方向是否正确、分接开关油箱中的油是否符合要求等。变压器有载调压分接开关的试验项目及标准见表 2-4。

表 2-4 变压器有载调压分接开关的试验项目及标准

序号	试验项目	周期	标准	说明
1	测量触头接触电阻	大、小修时	一般小于 $500\mu\Omega$	
2	测量触头接触压力	大、小修时	符合厂家规定	或测量切换开关动、静触头的压缩量
3	测量限流电阻	大、小修时	符合厂家规定	仅限于电阻式分接开关
4	开关动作方向及顺序	大、小修时	符合厂家规定	
5	绝缘油试验	与变压器油有关试验相同		

五、有载调压的作用

（一）提高电压合格率

电压合格率是供电质量重要指标之一，供电质的好坏直接影响到千家万户人民的生活及工农业生产的产品质量。因此要及时进行有载调压，确保电压合格率。

（二）提高无功补偿能力，提高电容器投入率

电力电容器作为无功补偿装置，其无功功率与运行电压平方成正比。当电力系统运行电压降低，补偿效果降低，而运行电压升高时，对用电设备过补偿，使其端电压升高，甚至超出标准规定，容易损坏设备绝缘，造成设备事故。为弥补这一缺点，往往采用措施防止向电力系统倒送无功造成无功装置的浪费和损耗的增加，即停用无功补偿设备。这时若能及时调整主变压器分接开关，将母线电压调至合格范围，就无须停用电容器的补偿。

（三）降低电能损耗

电力系统配电网络中电能传输产生的损耗主要消耗在各种电气设备和输电线路上，其表现形式主要有铜损和铁损两部分。我们知道，电压越低，一般电气设备的铜损越大，铁损越少，而电压越高，铁损越大，铜损越少，若电压超过其额定电压时，铁芯出现饱和现象，铜损也会急剧增加，而总损耗值最小的运行状态是电压在额定电压附近。因此，经常保持变电站母线电压的合格，使各电气设备经常运行在额定电压状况，将是最经济合理的。否则，损耗将增加。

综上分析，在电力网中应大量使用有载调压，并充分认识和发挥它的作用，及时调节主变压器有载调压分接开关，确保供电质量，真正做到电网的安全、经济、优质运行。

六、变压器分接开关的运行

（1）主变压器分接头的切换，应根据系统电压需要来决定，切换操作应有上级调度的命令，其他的厂用变压器的分接头则是根据本厂厂用电的电压情况决定。

（2）无载调压变压器调整分接头时，需将变压器停电并做好安全措施后方可进行。调整时应多次转动分接头，消除氧化膜。调整后，应测量其接触电阻符合要求，并做好分接头调整的记录。

（3）有载调压变压器的分接头调整时，无须将设备停电，正常情况下采用远方电动操作。当远方操作失灵后，也可就地电动操作，当电动操作回路故障时，则可就地手动操作。

（4）有载调压变压器停运 6 个月以上，要重新投入运行时，对有载调压装置，应用手动机械方式对整个调节范围往返进行两次试验。

（5）调整有载调压分接头时，应点动逐级调压，同时监视分接位置及电流电压的变化。

（6）在调节有载调压分接头时，如果出现分接头连续动作的情况，应立即断开操作电源，而后用手动方式将分接头调至合适的位置。

（7）当系统发生短路或变压器过载时，禁止调节变压器的有载调压分接头。

第五节　变压器的允许运行方式

一、变压器的额定运行方式

（1）运行中的变压器电压允许为分接头额定值的 95%～105%，其额定容量不变。

（2）变压器外加的一次电压可以较额定电压高，但不得超过相应分接头额定电压的 105%。

（3）强迫油循环风冷变压器，上层油温最高不得超过 85℃。

（4）自然循环风冷、自然冷却的变压器，上层油温最高不得超过 95℃。

（5）变压器不应以额定负荷时上层油温低于最高上层油温作为过负荷运行的依据。

（6）对于 F 级绝缘的干式变压器的温升：绕组允许温升不大于 100℃。

二、变压器的允许过负荷运行方式

变压器的过负荷能力是指它在较短的时间内所能输出的最大容量。在不损害变压器绝缘和降低变压器使用寿命的条件下，它能大于变压器的额定容量。因此，变压器的额定容量和过负荷能力具有不同的意义。

按过负荷运行的目的不同，变压器的过负荷可分为在正常情况下的过负荷和事故情况下的过负荷。正常过负荷是指不损害变压器绝缘和使用寿命的前提下的过负荷；事故过负荷也称短时急救过负荷，是指在发生系统事故时，为了保证用户的供电和不限制发电厂出力，允许变压器在短时间内的过负荷。

正常过负荷可以经常使用，事故过负荷只允许在事故情况下使用（例如运行中的若干台变压器中有一台损坏，又无备用变压器，则其余变压器允许按事故过负荷运行）。变压器存在较大的缺陷（例如冷却系统不正常、严重漏油等）时，不准过负荷运行。变压器过负荷运行时，应投入全部冷却器。

（一）变压器的正常过负荷

正常过负荷是可能发生的。随着外界因素的变化，如用电量增加或系统电压下降，特别是在高峰负荷时，可能出现过负荷情况，此时，变压器的绝缘寿命损失将增加。相反，在低谷负荷时，由于变压器的负荷电流明显小于额定值，绝缘寿命损失减小。两者之间可以互相补偿，故变压器仍可获得原设计的正常使用寿命。变压器的正常过负荷能力是以不牺牲变压器正常寿命为原则确定的，正常过负荷的允许值根据变压器的负荷曲线、冷却介质温度以及过负荷前变压器所带的负荷来确定。

正常过负荷运行时应注意下列事项：

（1）存在较大缺陷（如冷却系统故障、严重漏油、色谱分析异常等）的变压器不准过负荷运行。

（2）全天满负荷运行的变压器不宜过负荷运行。

（3）变压器在过负荷运行前应投入全部冷却器。

变压器允许短时间过负荷能力应满足表 2-5 要求（正常寿命、过负荷前已带满负荷、环境温度 40℃）。

表 2-5 变压器允许短时过负荷能力

过负荷能力（%）	30	45	60	75	100
允许运行时间（min）	120	80	45	20	10

（二）变压器的事故过负荷

变压器的事故过负荷也称短时急救过负荷。当电力系统发生事故时，保证不间断供电是首要任务，变压器绝缘老化加速是次要的。所以，事故过负荷和正常过负荷不同，它是以牺牲变压器寿命为代价的。事故过负荷时，绝缘老化率容许比正常过负荷时高得多，即容许较大的过负荷，但我国规定绕组最热点的温度仍不得超过 140℃。

变压器事故过负荷允许运行时间可参照表 2-6、表 2-7 的规定。

表 2-6 强迫油循环冷却的变压器事故过负荷允许运行时间 时 分

过负荷倍数	环 境 温 度 （℃）				
	0	10	20	30	40
1.1	24：00	24：00	24：00	14：30	5：10
1.2	24：00	21：00	8：00	3：30	1：35

续表

过负荷倍数	环境温度（℃）				
	0	10	20	30	40
1.3	11：00	5：10	2：45	1：30	0：45
1.4	3：40	2：10	1：20	0：45	0：15
1.5	1：50	1：10	0：40	0：16	0：07
1.6	1：00	0：35	0：16	0：08	0：05
1.7	0：30	0：15	0：09	0：05	—

表2-7 油浸自冷风冷变压器事故过负荷允许运行时间   时 分

过负荷倍数	环境温度（℃）				
	0	10	20	30	40
1.1	24：00	24：00	24：00	19：00	7：00
1.2	24：00	24：00	13：00	5：50	2：45
1.3	23：00	10：00	5：30	3：00	1：30
1.4	8：30	5：10	3：10	1：45	0：55
1.5	4：45	3：10	2：10	1：10	0：35
1.6	3：00	2：05	1：20	0：45	0：18
1.7	2：05	1：25	0：55	0：25	0：09
1.8	1：30	1：00	0：30	0：13	0：06
1.9	1：00	0：35	0：18	0：09	0：05
2.0	0：40	0：22	0：11	0：06	—

三、变压器的允许温升

（一）变压器的温度分布

660MW 机组的发电厂所用的变压器大都是油浸式变压器，这种变压器在运行中各部位的温度是不同的。变压器运行时，绕组和铁芯中的电能损耗都转变为热量，使变压器各部分的温度升高，它们与周围介质存在温差，热量便散发到周围介质中去。当热量向周围辐射使发热和散热达到平衡状态时，各部分的温度趋于稳定。在油浸式变压器中，绕组和铁芯热量先传给油，受热的油又将其热传至油箱及散热器，再散入外部介质（空气或冷却水）。变压器中绕组温度最高，其次是铁芯，变压器油的温度相对最低，而变压器的上层油温又要高于下层油温。油浸自冷式变压器的温度分布如图2-30所示，图2-30（a）表明，绕组和铁芯内部与它们的表面之间有小的温差，一般只有几摄氏度；绕组和铁芯的表面与油有较大的温差，一般约占它们对空气温升的20%～30%；油箱壁内外侧也有一不大的温差；油箱壁对空气的温差较大，约占绕组和铁芯对空气温升的60%～70%。图2-30（b）表明，变压器各部分温度沿高度方向的分布也是不均匀的，如变压器正常运行时变压器油沿着变压器器身上升时，不断吸收热量，温度不断升高，接近顶端又有所降低。绕组和铁芯的温度也随高度增高而增高。在变压器中，温度最高的地方是在绕组上。

变压器温度的限制取决于绝缘材料的耐热能力。不同种类绝缘材料的耐热能力不同，

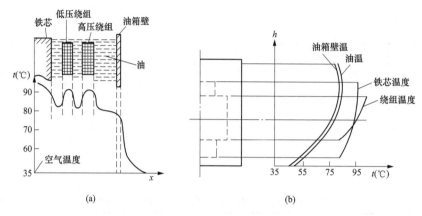

图 2-30 油浸自冷式变压器的温度分布

(a) 沿横截面分布；(b) 沿高度分布

如 A 级绝缘材料的耐热温度为 105℃，而云母、玻璃、石棉等 B 级绝缘材料的耐热温度为 130℃。对油浸式变压器，其绝缘一般均采用 A 级绝缘材料，即浸渍处理过的有机材料，如纸、木材、棉纱等。当运行环境温度为 40℃时，变压器绕组的允许温度不超过 105℃，实际运行中监视的一般是变压器的上层油温，上层油温一般比绕组温度低 10℃左右，可又比中、下层温度高。所以通过监视变压器的上层油温来间接地监视变压器绕组温度。从防止油质劣化过快方面考虑，油温越高，油的氧化速度就越快，即油的老化越快。实验证明，当油温增加 10℃时，油的氧化速度将增加一倍。因此，上层油温一般控制在 85℃以下，甚至更低。

对采用强迫油循环水冷或风冷的变压器，由于冷却方式的改进，用潜油泵将油送入绕组之间的油道内，增加了冷却效果，使绕组最热点温度降低，但是，由于油的流动加快，上层油温和绕组间平均温度的差值要比无强迫油循环时高。因此，上层油温的控制值要比油浸自冷或风冷方式的变压器低，上层油温不宜经常超过 75℃。

若变压器的温度长时间超过允许值，则变压器的绝缘容易损坏。因为绝缘长期受热后要老化，温度越高，绝缘老化越快，从而导致绝缘损坏，发生绕组之间或绕组对铁芯短路。即使不发生绝缘损坏，但当绝缘老化到一定程度时，在运行振动和电动力作用下，绝缘容易破裂，且易发生电气击穿而造成故障。因此变压器在正常运行中，其温度不允许超过绝缘材料所允许的温度。

此外，当变压器绝缘的工作温度超过允许值后，由于绝缘的老化过程加快，其使用寿命缩短。使用年限的减少一般可按"八度规则"计算，即温度每升高 8℃，使用年限将减少 1/2。例如：绝缘工作温度为 95℃时，使用年限为 20 年；绝缘工作温度为 105℃时，使用年限为 7 年；绝缘工作温度为 120℃时，使用年限为 2 年。

可见，变压器的使用年限主要取决于绕组的运行温度。因此，变压器必须在其允许的温度范围内运行，以保证变压器的合理使用寿命。

下面列出商洛电厂变压器运行温度的规定：

(1) 强迫油循环风冷变压器的上层油温不得超过 75℃，最高不得超过 85℃。

(2) 油浸自冷、油浸风冷式变压器的上层油温不得超过 85℃，最高不得超过 95℃。

（3）油浸风冷变压器在风扇停止工作时，应监视其上层油温不得超过规定值：当上层油温不超过 55℃时，则可以不开风扇在额定负荷下运行。

（4）对强迫油循环风冷变压器，当冷却装置全停时，在额定负荷下允许运行 20min；若冷却器全停后上层油温尚未达到 75℃时，则允许上层油温上升到 75℃。但冷却器全停时，应退出相关保护连接片，允许运行时间不得超过 1h。

（5）低压厂用干式变压器线圈外表温度：商洛电厂的低压厂用干式变压器绝缘等级均为 F 级，正常运行当中应监视其绕组温升不得超过 100℃，当环境温度为 35℃时，最高允许温度不超过 135℃。

（二）变压器各部分的允许温升

变压器的温度与周围环境温度的差值称为变压器的温升。变压器的允许温升取决于绝缘材料。油浸电力变压器的绕组一般用纸和油作绝缘，属 A 级绝缘。我国电力变压器允许温升是基于以下条件规定的：变压器在环境温度为＋20℃下带额定负荷长期运行，使用期限 20～30 年，相应的绕组最热点温度为 98℃。

变压器在正常运行中，不仅要监视其上层油温，还要控制其各点温升。这是因为变压器在运行过程中，其内部的传热能力与其温度和周围介质温度的差值是成正比例关系的。当周围空气温度很低时，变压器的外壳散热能力大大增加，变压器油温降低较多，而变压器的内部散热能力增加不大。在环境温度较低的情况下，变压器带大负荷时，其上层油温虽然没有超过允许值，但其温升可能超过允许值。如某台油浸式变压器，当运行环境温度为 40℃、上层油温为 90℃时，则温升为 50℃，没有超过允许值；若环境温度为 0℃时，上层油温为 60℃，这时上层油温未达到规定值，但温升为 60℃，已超过规定值，这是不允许的。因此，变压器在正常运行中必须确保上层油温和温升都在允许值内，这样才能保证变压器的安全运行。

对自然油循环和一般的强迫油循环变压器，绕组最热点的温度高出绕组平均温度约 13℃；而对导向油循环变压器，则约高出 8℃。因此，对自然油循环和一般强迫油循环变压器，在保证正常使用期限下，绕组对空气的平均温升限值为（98－20－13）＝65（℃）；同理可得出导向强迫油循环变压器的绕组对空气的平均温升限值为 70℃。

在额定负荷下，绕组对油的平均温升，设计时一般都保证：自冷式变压器为 21℃，一般强迫油循环冷却和导向强迫油循环冷却变压器为 30℃。

为了保证绕组在平均温升限值内运行，变压器油对空气的平均温升应为绕组对空气的温升减去绕组对油的温升，即：

（1）自冷式变压器，油对空气的平均温升：（65－21）＝44（℃）。

（2）一般强迫油循环变压器，油对空气的平均温升：（65－30）＝35（℃）。

（3）导向强迫油循环变压器，油对空气的平均温升：（70－30）＝40（℃）。

一般情况下，自冷式变压器的上层油温高出平均油温约为 11℃；对强迫油风冷或导向风冷的变压器，则其上层油温高出平均油温约 5℃。所以，为保证绕组在平均温升限值内运行，变压器上层油对空气的温升要求如下：

（1）自冷式变压器，上层油对空气的温升：（44＋11）＝55（℃）。

（2）一般强迫油循环变压器，上层油对空气的温升：（35＋5）＝40（℃）。

（3）导向强迫油循环变压器，上层油对空气的温升：（40＋5）＝45（℃）。

变压器各部分的允许温升见表 2-8，此表列出了我国标准规定的，在额定使用条件下变压器各部分的允许温升。额定使用条件为最高气温＋40℃；最高日平均气温＋30℃；最高年平均气温＋20℃；最低气温＋30℃。

表 2-8 所列的温升是对额定负荷而言。但对强迫油循环变压器，当循环油泵停用时一般仍可以采用自然油循环冷却方式工作，带比额定负荷小的负荷运行，这也是强迫油循环变压器的一种运行方式，此时上层油对空气的温升限值就是 55℃。

表 2-8　　　　　　　　　　　　变压器各部分的允许温升　　　　　　　　　　　℃

温升 ＼ 冷却方式	自然油循环	强迫油循环风冷	导向强迫油循环风冷
绕组对空气的平均温升	65	65	70
绕组对油的平均温升	21	30	30
上层油对空气的温升	55	40	45
油对空气的平均温升	44	35	40

（三）运行中电压变化允许范围

变压器的外加一次电压应尽量为其额定值，但由于受各种因素的影响，往往不能稳定为额定值。变压器在正常运行中，由于系统运行方式的改变，其一次绕组的电压也在变化，若变压器的电压低于额定值，对变压器本身不会造成任何影响，但会使用户的电能质量降低，影响对用户的正常供电。若变压器的电压高于额定值，由于变压器铁芯磁化曲线的非线性关系，将会使变压器的励磁电流和磁通密度增加，造成变压器的铜耗和铁耗增大，引起变压器的温度升高。过高的铁芯温度会使铁芯绝缘加速老化，也会使变压器油加速劣化。所以，变压器运行电压长时间超过分接头电压是会影响变压器的使用寿命的。

由于过大励磁电流的存在，变压器消耗的无功功率也随之增加，会使变压器实际出力降低；而且过大的励磁电流，会使变压器磁通密度加大，磁路饱和，会引起一、二次绕组电势波形发生畸变，产生高次谐波分量，其中 3 次谐波成分较大。该谐波分量一方面可能在系统中造成谐波共振现象，导致过电压；另一方面还影响通信线路，干扰通信线路的正常工作。因此，变压器的电源电压一般不得超过额定值的±5%，不论电压分接头在任何位置，如果电源电压不超过±5%，则变压器二次绕组可带额定负荷，如电源电压波动超过－5%时，则应考虑相应降低额定容量。个别情况下，根据变压器的构造特点，经试验，允许电源电压长时间高至额定值的110%。

变压器运行中发生的异常运行主要包括上层油温超限；油色、油位异常；气体继电器报警；冷却系统故障及色谱分析不正常等。当运行人员发现异常运行（色谱分析应由化学部门提供）时，应及时分析其性质、原因及影响，并采取适当的处理措施，以防止事态发展严重，保证变压器的安全运行。

第六节　变压器的并联运行

变压器的并联运行又称并列运行，是指将两台或多台变压器的一次侧和二次侧分别接在公共的一、二次母线上，共同向负载供电的运行方式。变压器的并联运行如图 2-31

所示。

并联运行的优点如下：① 可以提高供电的可靠性。并联运行时，如果某台变压器发生故障或需要检修时，可以将它从电网切除，而不中断向重要用户供电；②可以根据负荷的大小调整投入并联运行变压器的台数，以提高运行效率；③可以减少备用容量，并可随着用电量的增加，分期分批地安装新的变压器，以减少初次投资。

需要说明的是在总容量相同的情况下，由于一台大容量变压器要比几台小容量变压器造价低、基建投资少、占地面积小，故并联变压器的台数也不宜过多。

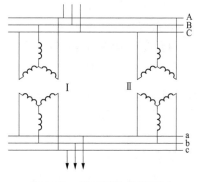

图 2-31 变压器的并联运行

一、变压器并联运行的条件

变压器并联运行的理想情况：

（1）空载时并联的各变压器二次绕组之间没有环流。环流的出现不仅会引起附加损耗，使绕组温升升高、效率降低，而且还占用设备容量。

（2）负载时各变压器所带负载的大小与它们的额定容量成正比，使各台变压器的容量都能得到充分利用。

（3）负载时各变压器对应相的电流同相位，这样总负载电流一定时，各变压器分担的负载电流最小。

为满足上述理想情况，并联运行的变压器必须符合下列三个条件：

（1）各变压器一、二次侧的额定电压分别相等，即各变压器的变比相等。

（2）各变压器的联结组别相同。

（3）各变压器的短路电压百分数 u_k 相等，且短路电压的有功分量 u_{kr} 和无功分量 u_{kx} 分别相等。

二、并联条件不满足时对运行的影响

下面以两台变压器并联运行为例来进行分析。

1. 仅变比不等时并联运行

设两台变压器联结组别和短路阻抗的标幺值都相同，但变比 $k_I \neq k_{II}$ 且 $k_I < k_{II}$。一次侧接入同一电源，即一次电压相等。由于变比不等，二次侧的空载电压 $\dot{U}_{20I} \neq \dot{U}_{20II}$，且 $\dot{U}_{20I} > \dot{U}_{20II}$，其电压差 $\Delta \dot{U}_{20} = \Delta \dot{U}_{20I} - \dot{U}_{20II} \neq 0$。空载状态时，在 $\Delta \dot{U}_{20}$ 的作用下，两台变压器之间产生环流 $\dot{I}_C$。

虽然环流只在二次绕组中流过，根据磁动势平衡原理，两台变压器的一次侧也相应产生环流。负载后，环流依然存在，使得各变压器二次承担的总电流 $\dot{I}_I$、$\dot{I}_{II}$ 中包括各变压器的负载电流 $\dot{I}_{LI}$、$\dot{I}_{LII}$ 与环流 $\dot{I}_C$，故可知：

$$\left. \begin{array}{l} \dot{I}_I = \dot{I}_{LI} + \dot{I}_C \\ \dot{I}_{II} = \dot{I}_{LII} - \dot{I}_C \end{array} \right\} \tag{2-13}$$

环流的存在，一方面影响变压器的负载分配，另一方面占用了变压器的容量，增加了变压器的损耗，这些都是不利的。因此，一般要求空载环流不超过额定电流的10%，通常规定变比的偏差不大于1%。

2. 仅联结组标号不同时并联运行

两台变压器联结组不同并联运行时，二次侧各线电动势之间至少有30°的相位差。例如Yy0和Yd11，即使二次侧线电动势大小相等，由于对应线电动势之间相位相差30°，也会在它们之间产生电压差$\Delta \dot{U}$，Yy0与Yd11并联时的相位关系如图2-32所示，$\Delta U_2 = 2U_{2N}\sin15° = 0.518U_{2N}$。这样大的电动势差作用在变压器二次绕组所构成的回路上，必然产生几倍于额定电流的环流，它将烧坏变压器的绕组。因此联结组不同的变压器绝对不允许并联运行。

3. 仅短路电压百分数不等时并联运行

当并联运行的变压器短路电压百分数u_k不相等时，各并联变压器承担的负载系数将不会相等。两台变压器并联的简化等效电路如图2-33所示。图中各物理量和参数均看作折合到一次侧的值。由于各台变压器的阻抗角相差不大，可认为电流相位基本相同，因而可得：

$$I_I Z_{kI} = I_{II} Z_{kII} \tag{2-14}$$

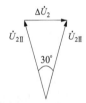

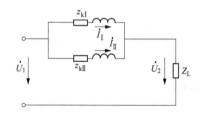

图2-32　Yy0与Yd11并联时的相位关系　　图2-33　两台变压器并联的简化等效电路

式（2-14）可变为

$$\frac{I_I Z_{kI} I_{NI}}{I_{NI} U_{1N}} = \frac{I_{II} Z_{kII} I_{NII}}{I_{NII} U_{1N}} \tag{2-15}$$

令

$$\beta_I = \frac{I_I}{I_{NI}} \qquad \beta_{II} = \frac{I_{II}}{I_{NII}} \tag{2-16}$$

可得

$$\frac{\beta_I}{\beta_{II}} = \frac{u_{kII}}{u_{kI}} \tag{2-17}$$

式中　β_I、β_{II}——I、II台变压器的负载系数。

上式表明，两台并联运行变压器各台所分配的负载（负载系数）与短路电压百分数成反比。因此，短路电压百分数与变压器分担的负载应满足以下条件。

（1）短路电压百分数大的变压器分担的负载（负载系数）小，短路电压百分数小的变压器分担的负载（负载系数）大。

（2）当短路电压百分数小的变压器满载时，短路电压百分数大的变压器欠载，变压器的容量不能得到充分利用。

（3）短路电压百分数大的变压器满载时，短路电压百分数小的变压器过载，长时间过载是不允许的。

因此，为了充分利用变压器的容量，理想地分配负载，并联运行的各变压器的短路电压百分数应相等。

变压器并联运行的三个条件中，条件（2）必须严格保证。条件（1）和条件（3）允许有小的差别。在实际运行中，要求各并联运行的变压器其变比的差值 Δk 不超过 1%，短路电压百分数的差值不超过 10%，短路阻抗角为 $10°\sim20°$。变比差值 Δk 的计算见式（2-18）。

$$\Delta k = \frac{|k_{\mathrm{I}} - k_{\mathrm{II}}|}{\sqrt{k_{\mathrm{I}} k_{\mathrm{II}}}} \times 100\% \tag{2-18}$$

式中　k_{I}、k_{II}——并联变压器变比。

第七节　变压器运行的检查与维护

一、变压器投入运行前的检查

（一）送电前的检查

变压器投入运行前应收回并终结有关检修工作票，拆除有关短接线和接地线，恢复常设围栏和指示牌，检查下列各项并符合运行条件后，可进行送电操作。

（1）测量绝缘电阻合格（由检修人员通知）。

（2）二次回路完整，接线无松动、脱落。

（3）变压器外壳接地，铁芯接地（若引出的话）完好，外观清洁无渗油、漏油现象。

（4）变压器各油位计指示正常，呼吸器等附件无异常。

（5）冷却器外观无损伤，无渗油、漏油现象。

（6）冷却器控制回路无异常，油泵、风扇启停正常，控制箱内无杂物，电加热器正常，各操作开关在运行位置，备用电源自投试验正常。

（7）变压器各温度计接线完整，核对温度计指示与阴极射线管（cathode-ray tube，CRT）指示及其环境温度相同。

（8）变压器电压调整分接头在运行规定位置。

（9）变压器各套管无裂纹，充油套管油位指示正常。

（10）油枕与油箱的联络阀门在开启状态，气体继电器内无气体。

（11）变压器中性点接地装置完好，符合运行条件。

（12）压力释放装置完好。

（13）变压器氢气监视装置完好，指示正常。

（14）变压器有关保护装置应投入。

（二）变压器的绝缘电阻检查

变压器在检修后或停运七天以上者，均须测量绝缘电阻，并将测量结果记入绝缘电阻测量记录簿内，如有异常须立即汇报处理。

二、变压器运行中的检查与维护

（一）常规检查项目

为了保证变压器能安全可靠地运行，运行值班人员对运行中的变压器应做定期巡回检查，严格监视其运行数据。对油浸式电力变压器，在现场做定期巡回检查时，应检查以下项目：

（1）变压器的上层油温以及高、低压绕组温度的现场表计指示与控制盘的表计或

CRT 显示应相同，考察各温度是否正常，是否接近或超过最高允许限额。

（2）变压器油枕上的油位是否正常，各油位表、温度表不应当积污和破损，内部无结露。

（3）变压器油质颜色是否剧烈变深，本体各部位不应有漏油、渗油现象。

（4）变压器的电磁噪声与以往比较有无异常变化。本体及附件不应振动，各部件温度正常。

（5）冷却系统的运转是否正常。对强迫油循环风冷的变压器，是否有个别风扇停止运转；运转的风扇电动机有无过热现象，有无异常声音和异常振动；油泵是否运行正常。

（6）变压器冷却器控制装置内各开关是否在运行规定的位置。

（7）变压器油流量表指示是否正常。

（8）变压器外壳接地、铁芯接地及个性点接地装置是否完好。

（9）变压器箱盖上的绝缘件，如套管、绝缘子等是否有破损、裂纹及放电的痕迹等不正常现象。充油套管的油位指示是否正常。

（10）变压器一次回路各接头接触良好，不应有发热现象。

（11）氢气监测装置指示有无异常。

（12）变压器消防水回路完好，压力正常。

（13）吸湿器的干燥剂是否失效，干燥剂必须定期检查，并进行更换和干燥处理。

（二）变压器的特殊检查项目

（1）大风时应检查户外变压器各部引线有无剧烈摆动及松动现象。

（2）气温突变时，应对变压器油位进行特殊检查。

（3）雨雪天应检查户外变压器的连接头处有无冒汽和融雪现象。

（4）变压器在经受短路故障后，必须对其外部进行检查。

（三）变压器的正常维护

（1）化学人员应定期做好变压器绝缘油的色谱检查，并核对氢气监测装置的指示值，以便及时发现变压器中可能存在的异常情况。

（2）变压器正常运行时，一般每小时用计算机处理并输出打印一次主变压器、厂用高压变压器、启动/备用变压器的温度，厂用变压器的温度在定期巡视检查时记录。

（3）按发电厂"设备定期切换试验制度"的规定，每半个月对主变压器、厂用高压变压器、启动/备用变压器的冷却器进行一次启动试验并切换运行。

（4）按"设备定期切换试验制度"的规定，每月对启动/备用变压器的有载调压装置进行一次分接头升降遥控试验。

（5）按"设备定期巡回检查制度"的规定，对主变压器、厂用总变压器、启动/备用变压器进行检查。

第八节　变压器的故障在线监测

一、在线监测的经济意义

电力变压器是输电和配电网络中最重要的设备。电力变压器的工作效率代表电力部门的财政收益。传统收集变压器状态信息的方法是外观检查、理化、高压电气试验和继电保护。这些传统方法属于常规的试验和检测，仅仅能够提供变压器故障或事故后的滞后信息，即在事故过后才能获得状态信息，与现代化状态维护发展趋势不相适应，虽然检测方法种类很多，却不能满足对变压器进行实时状态监测的需要。继电保护装置的作用也是如此。

随着变压器现代维护技术的发展，产生了状态监测。它打破了以往收集变压器信息的局限性。电力系统通过采用对变压器在线监测的方法，可以即时连续记录各种影响变压器寿命的相关数据，对这些数据的自动化处理可及早发现故障隐患，实现基本的状态维护。

现代科技进步使微电子技术、传感技术和计算机技术广泛应用于电力系统高压设备的状态监测成为现实。国内外应用的各种在线监测装置和方法相继投入电网和变电站，从而积累了许多在线监测的经验，促使在线监测技术不断完善和成熟，开拓了高压装置状态维护的新局面。

变压器在线监测技术的优越之处是以微处理技术为核心，具有标准程序软件，可将传感器、数据收集硬件、通信系统和分析功能组装成一体，弥补了室内常规检测方法和装置的不足。变压器综合在线监测技术通过及时捕捉早期故障的先兆信息，不仅防止了故障向严重程度发展，还能够将故障造成的严重后果降到最低。变压器在线监测服务器与电力部门连接，使各连接部门都可随时获取变压器状态信息。这种方式不仅降低了变压器维护成本，还降低了意外停电率。连接到变压器在线监测服务器的用户数量不限，通过防火墙可进入成套变电站。因此，变压器在线监测提高了运行可靠性，延缓了维护费用的投入，延长了检修周期和变压器寿命，且由此带来的经济效益是非常可观的。

我国从20世纪70年代采用带电测试；80年代开始实现数字化测量；90年代开始采用多功能微机在线监测，从而实现了变压器绝缘监测的全部自动化。国内多家电力研究部门和高等院校对变压器及高压电器设备的在线监测研究起到了一定作用，尽管有2/3的在线监测装置存在问题，但确实为在线监测积累了许多实际经验。西安交通大学已研制出全自动在线监测与专家诊断相结合的综合专家系统，使变压器在线监测不断得以完善和发展。

变压器在线监测系统有集中式和分散式两种形式。集中式可对所有被测设备定时或巡回自动监测，分散式是利用专门的测试仪器测取信号就地测量。集中式在线监测上存在一定的不足，如测量结果重复性较差，传感信号失真，监测系统管理和综合判断能力不够等，但主要问题应属产品结构设计和质量方面的问题。尽管如此，维护变压器最佳运行和现代化管理的最佳途径仍是综合性变压器在线监测。

二、变压器在线监测的条件和特点

变压器在线监测的先决条件是与计算机联网。利用计算机技术通过标准化软件或浏览器获得变压器状态信息，通过系统分析、计算测得数据，并结合专家系统作综合智能诊断。在线监测技术的优越性主要体现在它自身具有自检功能以及和专家系统结合后具有综合判断故障的能力。

变压器在线监测的主要特点是通过连续监测变压器一段时间内参数的变化趋势来判定变压器运行状况。在线监测可以捕捉到非瞬间故障的先兆信息。在线监测的最突出特点是可以在运行中实时监测，这是其最大的技术优势。尽管根据在线监测捕捉到的动态信息对变压器内部的突发性故障进行预测存在很大的局限性，但它却是现代化状态维护的必须手段，它对制定、部署下一步的检修计划和方案具有十分重要的现实指导意义。

在线监测所采用的监测仪（如传感器等）可靠性很高，安装在变压器上不需要人去维护，具有很高的自检功能。一旦监测仪自身存在问题，可自动发出声光报警。因此，排除了常规监测方法中人为造成的各种误差和不准确性。在线监测的周期能人为设定，范围可以从几小时至几年。

三、在线监测的对象和经济效益

变压器在线监测的对象应是有问题或被怀疑有问题的变压器。在线监测的费用主要取决于安装传感器的数量，在线监测的费用不应该超出变压器的事故的损失费用。对在线监测的成本效益分析需要很多单独参数，而这些参数很难获得，如失效概率，如果按照国内有关部门规定的事故率推算，在线监测的成本应当是一台新变压器平均价格的1%。

四、变压器在线监测的原理和程序

虽然变压器在线监测的内容和目标不同，但在线监测的基本原理是相同的。它通过安装在变压器上的各种高性能传感器，连续地获取变压器的动态信息。在线监测原则上不允许出现误报警或漏报。在线监测装置通过智能软件系统和软件规则程序实现自动监测。

在线监测的判定系统并非根据所测量的参数绝对值，而是根据测量参数随时间的变化趋势来进行判定。它的工作程序通过与计算机联网，在很高的自动化条件下，收集、存贮并现场处理所测到的数据，做出趋势预测。

在线监测的基本程序：数据收集、存贮→数据处理、状态分析→故障分类→根据智能专家系统的经验判定故障位置→提出维护方案。

状态分析一般以人工神经网络分析为基础，它是一种理想的模式分类器。

数据处理和故障分类大多采用快速傅里叶变换或先进的小波变换方法。人工神经网络的自学习功能和并行处理能力提高了推理速度，可以解决知识的组合爆炸问题。对繁杂的多方面数据，如铁芯、绕组、油温、负荷电流等复杂的数据以及故障机理不清的问题，经过人工神经网络预处理单元的特征分析，可以将预分析结果变换成人工神经网络适宜处理的形式。故障分类主要用于区分故障性质，如电气过热故障、磁路过热故障、与纤维有关的放电、与纤维无关的放电、机械故障和其他故障。

智能专家系统的判定以数据库存贮的知识、经验为依据。最后决策系统提出维护方案。

变压器在线监测数据库可以存贮电气设备的全面信息，主要包括被监测的各种参数、运行状况和历史数据等，还可存贮诊断判定结果。所有信息和资料均可通过联网进行查询，因此给电网维护工作带来了极大方便。

五、变压器在线监测的范围

国内外变压器在线监测的范围很广，主要包括以下内容：

（1）利用光纤传感器进行热点监测。

（2）监测油中可燃气体总量，可分析 H_2、CH_4、C_2H_4、C_2H_6、C_2H_2、CO、CO_2 7种特征气体的含量。

（3）在线监测局部放电，包括电气局部放电、声音局部放电、超高频局部放电、静态局部放电。

（4）在线监测套管的功率因数和电容。

（5）在线监测冷却装置的功能（如风扇、油泵的转换状态等）。

（6）在线监测油中湿度、温度、酸度。

（7）在线监测负载电流。

（8）在线监测绝缘纸的湿度和迁移情况。

（9）在线监测绕组顶部和底部油温。

（10）在线监测介电和动力系境的缺陷。

（11）在线监测结构件的夹紧力。

（12）在线监测有载调压开关（OLTC）的性能和缺陷，包括 OLTC 声音传播情况、OLTC 分接变换过程中的振动，在线监测 OLTC 电机驱动性能。

（13）在线监测铁芯接地故障和绕组缺陷。

（14）在线监测储油柜的油位，通过安装传感器提供油渗漏信息。

（15）在线监测全封闭组合电器（gas insulated substation，GIS）。

第九节　变压器的异常和事故处理

一、变压器异常

（一）运行中的异常现象

（1）运行中发现变压器有任何不正常现象时（如漏油、异常发热、振动音响不正常等），应汇报领导，采取有效措施。

（2）变压器有下列情况之一者，应立即停止变压器的运行，若有备用变压器时，应换由备用变压器供电。

1）变压器内部音响很大，有不均匀的爆裂声。

2）在正常冷却条件及负荷情况下，变压器温度不断上升超过允许值。

3）变压器压力释放装置喷油。

4）变压器漏油，致使油位在最低油位线以下或看不见。

5）套管有严重的破损、放电现象。

6）变压器着火。

7）氢气监测装置报警。

8）油色变化过甚、油内出现碳质物等。

9）干式变压器绕组有放电声并有异臭。

（二）变压器不正常的温升

变压器在运行中油温或线圈温度超过允许值时应查明原因，并采用措施使其降低，同时须进行下列工作：

（1）检查变压器的负荷和冷却介质的温度，核对该负荷和冷却介质温度下应有的油温和线圈温度。

（2）核对变压器的 CRT 显示温度和就地温度计有无异常。

（3）检查冷却装置是否正常。备用冷却器是否投入，若未投则应立即手动启动。

（4）调整出力、负荷和运行方式，使变压器温度不超过监视值。

（5）经检查如冷却装置及测温装置均正常，调整出力、负荷和运行方式仍无效，变压器油温或线圈温度仍有上升趋势，或油温比正常时同样负荷和冷却温度下高出 10℃ 以上，应立即汇报有关领导，停止变压器运行。在处理过程中应通知有关检修人员到场参与处理。

（6）变压器油位显著降低时，应采取下列措施：

1）如由于长期微量漏油引起，应加补充油并视泄漏情况安排检修。

2）若因油温过低而使油位大大降低时，应适当调整冷却装置运行方式。

3）在加油过程中，应撤出重瓦斯保护，由"跳闸"改为投"信号"。待加油结束，恢复重瓦斯保护投"跳闸"。

（三）变压器油位升高

因环境温度上升使变压器油位渐渐升高。若最高油温时的油位可能高出油位计时，则应通知检修人员放油。

二、变压器事故处理

（一）变压器的故障处理

1. 变压器的故障信号

（1）气体继电器——"报警""跳闸"。

（2）油温指示——"报警"。

（3）线圈温度指示——"报警"。

（4）压力释放装置——"报警"。

（5）冷却器故障——"报警"。

（6）油流中断——"报警"。

（7）冷却器电源中断——"报警"。

（8）冷却器备用电源消失——"报警"。

（9）油位计——"报警"。

2. 变压器内部故障的处理

（1）查看保护动作情况，做好记录，并复归动作信号。

（2）对保护动作范围内的设备进行外表检查，检查有无明显故障点。

（3）进行气体分析。根据气体的颜色及可燃性判断故障性质，气体特征与故障性质见表2-9。

表2-9　　　　　　　　　　气体特征与故障性质

气体特征	故障性质	
无色、无臭、不可燃	空气漏入	气体颜色的鉴别必须迅速进行，否则经一定时间颜色即会消失。微开放气阀时（有三种情况），可闻到臭味气体
灰色、有臭、易燃	油分解	
黄色、有臭、不易燃	木质支架等故障	
白色、有臭、可燃	纸绝缘故障	

（4）安全措施要到位。

（5）检修人员对变压器内部回路故障点进行查找。

（6）气体保护、差动保护动作，未查明原因前，不得向变压器送电。

（7）变压器后备保护动作跳闸，应对变压器进行外部检查无异常，并查明故障点确实在变压器回路以外，才能对变压器试送电一次。

（8）变压器内部故障及其回路故障消除后，在投入运行前，应做零起升压观察。没有条件零升时，送电前相关安全措施一定要齐全。

（9）主变压器、厂用总变压器故障跳闸后，跳闸原因不明，且系统急需，经总工批准，可零起升压恢复运行，若在升压过程中发现异常应立即手动跳闸。

3. 变压器油流中断

（1）检查油流指示器是否正常。

（2）检查冷却装置工作电源是否中断，备用电源是否自动投入，油泵是否停转。若冷却装置故障，须调整当时的运行方式，必要时按温升接带负荷，但不允许超过变压器铭牌规定的该冷却条件时的允许容量。

4. 压力释放装置动作

（1）检查压力释放装置破坏后是否大量喷油。

（2）检查变压器喷油是否着火，若着火按变压器着火处理。

（3）由于变压器内部故障引起压力释放装置动作时，须按事故处理进行。

（4）检查压力释放装置能否自动复置。

5. 气体继电器动作跳闸或发信号

（1）迅速对变压器外部进行检查，检查有无设备损坏。

（2）由检修人员对变压器进行内部检查予以确认。

（3）检查气体继电器有无因外力冲击而动作。

（4）检查气体继电器内有无气体，并根据聚气体量、颜色和对气体色谱分析确定化学成分来判别。

（5）检查并记录氢气监测装置指示值。

（6）当瓦斯信号发出时，应查明原因，并取气体化验，决定能否继续运行。若正常运行中，气体信号每次发出时间逐渐缩短，应汇报上级，同时值班人员做好跳闸准备。

（7）若属于气体继电器误动，应尽快将变压器投入运行。

6. 硅胶变色

联系检修人员更换硅胶。

（二）变压器着火时的处理

变压器着火时，首先应将其所有电源开关和刀闸拉开，停用冷却器。若变压器油在变压器顶盖上着火，应立即打开变压器事故放油阀，启动变压器喷水灭火装置，通知消防人员按消防按规程灭火。

（三）变压器冷却电源故障处理

首先检查备用电源能否投入，若不能迅速降低变压器负荷，使负荷下降到变压器铭牌所规定的自然冷却方式下的负荷，就必须严密监视变压器线圈温度，温度不能超限，并立即通知检修人员进行处理。

第三章　发电厂开关设备

第一节　高压断路器基本知识

一、国内外交流高压断路器的发展状况

在电力系统中，断路器的主要作用是在正常情况下接通和断开各种电力线路和设备；在电力系统发生故障时，在继电保护的作用下，自动地切除故障线路和设备，以保证电力系统的安全稳定运行。

高压断路器根据灭弧介质的不同，可以分为油断路器、压缩空气断路器、真空断路器、六氟化硫断路器。

（一）油断路器

油断路器指采用变压器油作为灭弧介质的断路器，它可分为多油断路器和少油断路器。多油断路器的油，除了作为灭弧介质和触头间的绝缘外，还作为带电部分对外壳之间的绝缘。少油断路器的油仅作为灭弧介质和触头间的绝缘，而带电部分对地的绝缘采用瓷绝缘或其他介质。多油断路器体积庞大，用油量多，增加了爆炸和火灾的危险性。而少油断路器具有用油量少、体积小、耗材量少等优点，但检修周期短，使用寿命短。油断路器仅在一些供电可靠性要求不高的场合使用。

（二）压缩空气断路器

压缩空气断路器又称为空气断路器，它采用压缩空气作为灭弧介质。该断路器具有灭弧能力强、动作迅速等优点。但是，其结构复杂，要求制造时的加工工艺水平很高，而且有色金属消耗量较大。在电力系统中压缩空气断路器已经被淘汰。

（三）真空断路器

真空断路器利用真空作为灭弧介质。该断路器具有灭弧速度快、开断能力强、结构简单、耗材少、体积小、维护方便、检修周期长、使用寿命长等优点。因此，广泛应用35kV 及以下电力系统。

（四）六氟化硫断路器

六氟化硫断路器采用具有优良灭弧性能和绝缘性能 SF_6 气体作为灭弧介质。该断路器具有开断性能好，断口耐压高，开距小，体积小，维护工作量小，检修周期长，噪声低，运行稳定，安全可靠，寿命长等优点。六氟化硫断路器已被广泛应用在电力系统。

高压断路器的发展不仅与灭弧介质有关，而且与电网电压等级提高密切相关。随着交流 330kV 及以上电网开始向更高电压等级的发展，相应的高压断路器种类也日益发展健全，经历了空气断路器、油断路器、真空断路器、SF_6 及 SF_6 混合气体断路器后，逐步转向生产 SF_6 气体绝缘的封闭式组合电器。

二、高压断路器的基本要求

（一）断路器的基本要求

由于断路器在正常工作时接通和切断负荷电流，短路时切断短路电流，并受装设地点

环境变化的影响，因此，它应满足以下要求：

（1）断路器在额定条件下，应能长期可靠地工作。

（2）无论是在正常工作电压下，还是在各种过电压下，断路器断口之间及带电部分对地之间应具有足够的绝缘强度。

（3）断路器应具有足够的断路能力。由于电网电压较高，正常负荷电流和短路电流都很大，当断路器在断开电路时，触头会产生强烈的电弧，只有当电弧完全熄灭，电路才能真正断开。因此，要求断路器有足够的断路能力，尤其在短路故障时应能可靠地切断短路电流，并保证有足够的热稳定和动稳定。

（4）具有尽可能短的开断时间。当电网发生短路故障时，断路器能迅速切断故障电路，这样可以缩短电网的故障时间和减轻短路电流对电气设备的损害。在超高压电网中，迅速切除故障电路还可以提高电力系统的稳定性。

（5）结构简单，价格低廉。

（二）高压断路器的基本技术参数

（1）额定电压（单位：kV）。额定电压是保证断路器正常长期工作的线电压。我国高压断路器的额定电压等级有 3、6、10、35、110、220、330、500、750、1000kV 等。

考虑到输电线路有电压降落，以及电力系统调压要求，又规定了与电气设备额定电压相适应的最高工作电压。对额定电压在 220kV 及以下的电气设备，其最高工电压为额定电压的 1.15 倍；对 220kV 以上的电气设备，最高工作电压规定为额定电压的1.1 倍。

（2）额定电流（单位：A）。额定电流是在规定的环境温度下，长期通过载流导体和绝缘各部分的发热温度不应超过其长期最高允许温度的最大标称电流。我国规定的断路器额定电流有 220、400、600、（1000）、1250、1600、（1500）、2000、3150、4000、5000、6300、8000、10 000、12 500、16 000、20 000A 等。

断路器的额定电流的大小相应地决定了断路器的触头结构和导电部分的截面积。

（3）额定开断电流（单位：kA）。额定开断电流是在额定电压下断路器能可靠地开断的最大短路电流，它是衡量断路器开断能力的一个重要参数。我国规定的开断电流为 1.6、3.15、6.3、8、10、12.5、16、20、25、31.5、40、50、63、80、1000kA 等。

断路器的开断电流大小和工作电压有关，在不同的工作电压下，同一台断路器所能正常开断的最大电流也是不相同的。当运行电压低于额定电压时，开断电流较额定开断电流有所增大，其中最大值称为极限开断电流。

（4）动稳定电流（峰值，单位：kA）。动稳定电流反映断路器在冲击短路电流作用下，承受电动力的能力。它决定着断路器的导电部分和绝缘支撑件的机械强度，而且还决定着断路器触头的结构型式。

（5）热稳定电流（单位：kA）。热稳定电流反映断路器在规定时间内，承受短路电流引起的热效应的能力。当热稳定电流通过断路器的时间为额定短路持续时间时，断路器各部分温度不超过其短时所允许发热的最高温度，并且不发生触头熔接或其他妨碍正常工作的异常现象。额定短路持续时间一般 2s，如果需要大于 2s 时可取 3s；经用户与制造厂家协商也可取 1s 或 4s。

（6）额定关合电流（单位：kA）。额定关合电流是反映断路器合闸于故障线路能力的参数，它是保证断路器能关合短路线路而不至于发生触头熔焊或黏接，所允许接通的最大短路电流。

（7）开断时间（单位：ms）。开断时间是指从断路器分闸线圈通电（发布分闸命令）起至三相电弧完全熄灭为止的时间。开断时间由分闸时间和电弧燃烧时间（简称燃弧时间）组成。开断时间 t_b 是标志断路器开断过程快慢的参数。

对高压断路器，分闸时间和燃弧时间都必须尽量缩短，以减轻短路电流对电力设备造成的危害，增加电力系统的稳定性。

（8）关合时间（单位：ms）。与开断时间一样，断路器的关合时间也是一个重要参数。关合时间是指断路器接到合闸命令瞬间起到任意一相中首先通过电流瞬间的时间间隔。它是合闸时间与预击穿时间之差。合闸时间 t_c 是指断路器接到合闸命令瞬间起到所有相触头都接触瞬间的时间间隔。预击穿时间 t_0 是指关合时，从任意一相中首先出现电流到所有相触头都接触瞬间的时间间隔。

（9）金属短接时间（单位：ms）。金属短接时间是指断路器在合分闸操作时，从动、静触头刚接触到刚分离时的一段时间。金属短接时间如果太长，则当重合于永久故障时持续时间长，对电网稳定不利；如果太短，会影响断路器灭弧室断口间的介质恢复，而导致不能可靠地开断。我国生产的断路器的金属短接时间，少油产品一般为 100ms 左右，SF_6 产品为 60ms 左右，如 LW_6-500 型 SF_6 路器为 (60 ± 5)ms。

（10）自动重合（闸）性能。输电线路发生短路故障时，继电保护发出跳闸信号，断路器开断短路故障；然后经很短时间又再自动重合闸。断路器重合后，如故障并未消除，断路器必须再次开断短路故障。此后，部分情况下由运行人员在断路器第二次开断短路故障后经过一定时间再令断路器关合电路，此过程称作强送电。强送电后，故障如仍未消除，断路器还需第三次开断短路故障。上述操作顺序称为快速自动重合闸断路器的额定操作顺序，可写为

$$O—T—CO—T'—CO$$

其中：O 为分闸操作；T 为无电流时间，指自动重合操作中断路器开断时，从所有相中电弧均已熄灭起到随后重新关合时任意一相中开始通过电流时的时间间隔，对快速自动重合闸的断路器，取 $T=0.3s$；CO 为断路器合闸后，无任何延时就立即进行分闸操作；T' 为强送时间，一般取 $T'=3$min。

（11）分（合）闸不同期时间（单位：ms）。指断路器各相间或同相各断口间分（合）时间的最大差异。

（12）额定充气压力（表压，单位：MPa）。标准大气条件下，设备运行前或补气时按要求充入气体的压力。

（13）相对漏气率（简称漏气率）。设备（隔室）在额定充气压力下，在一定时间间隔内测定的漏气量与总充气量之比，以年漏气百分率表示。

三、断路器的基本结构

高压断路器的种类繁多，具体构造也各不相同，但就其基本结构而言，可分为电路通

断元件、绝缘支撑元件、断路器基座、操动机构及其中间传动机构等几部分，断路器基本结构示意图如图 3-1 所示。

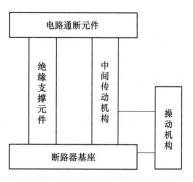

断路器中的电路通断元件是其关键部件，它承担着接通或断开电路的任务。断路器的通断由操动机构控制，进行分、合闸时，操动机构经中间传动机构操纵动触头来实现。电路通断元件主要包括接线端子、导电杆、触头和灭弧室等，这些元件均安装在绝缘支撑元件上。绝缘支撑元件起着固定通断元件的作用，并使其带电部分与地绝缘。绝缘支撑元件则安装在断路器的基座上。

图 3-1 断路器基本结构示意图

第二节 SF₆ 断 路 器

一、SF₆ 断路器的分类及特点

（一）SF_6 气体的基本性质

（1）物理和化学性质。清洁的 SF_6 气体是无色、无味、无毒和不可燃的。它的分子结构为六个氟原子围绕着一个中心硫原子对称分布在八面体的各个顶端，相互以共价键结合，硫原子和氟原子的电负性都很强，故其稳定性很高。因而 SF_6 是最不活泼的气体之一。在室温条件下，它不会和与之相接触的物质发生化学反应。

用于气体绝缘开关设备的 SF_6 以气态形式存在，而通常在气瓶中 SF_6 以液态形式存在，以便运输和贮存。

（2）电气特性。

1）绝缘特性。SF_6 分子具有很强的负电性（即吸附电子的能力），所以，SF_6 气体具有极好的介电绝缘性能。在均匀电场中，SF_6 气体的绝缘强度约为空气的 2.5～3 倍。当气体压力为 0.2MPa 时，SF_6 气体的绝缘强度与绝缘油相当。

2）灭弧特性。由于 SF_6 在熄灭电弧和瞬时放电的温度范围内（1500～5000K）有着优异的热交换特性。因而是用于断路器的极佳灭弧介质。

（3）SF_6 气体及其分解物的毒性。清洁的 SF_6 稳定性很高，是无毒的，试验表明，动物和人吸入 SF_6 气体是没有副作用的。但当 SF_6 气体中含有杂质时，在高温下，SF_6 会与杂质气体中的氧气、电极材料释放出的氧气和固体材料分解的氧气等作用，生成低氟化合物（这些低氟化合物有剧毒）；当气体中含有水分时，这些低氟化合物会与水继续发生反应，生产腐蚀性很强的氢氟酸、硫酸之类的物质。而这些生成物，对人类、环境及其设备都会产生一些不良影响。

（二）SF_6 断路器的分类

SF_6 气体断路器（GCB）属于气吹式断路器，110kV 及以上电压等级的高压 SF_6 气体断路器，根据其总体结构可分为瓷柱式 SF_6 断路器、落地罐式 SF_6 断路器和 SF_6 全封闭组合电器 SF_6 断路器三类。

1. 瓷柱式 SF_6 断路器

瓷柱式 SF_6 断路器支持瓷套承担带电部分与接地部分的绝缘,灭弧室安装在支持瓷套的上部,装在灭弧瓷套内,一般每个灭弧瓷套内装一个断口。随着额定电压的提高,支持瓷套的高度及串联灭弧室的个数也增加。支持瓷套的下端与操动机构相连,通过支持瓷套内的绝缘拉杆带动触头完成断路器的分、合闸操作。通常,对两个及以上断口的 GCB,在灭弧室上并联有电容器,以改善断口间的电压分布,提高断路器的开断容量及绝缘耐压水平,瓷柱式 SF_6 断路器结构示意图如图 3-2 所示。这种结构的优点是系列性好,用不同个数的标准灭弧单元和支持瓷套即可组装不同电压等级的产品;其缺点是稳定性差,不能安装电流互感器。

2. 落地罐式 SF_6 断路器

落地罐式 SF_6 断路器又称为落地箱式 SF_6 断路器,其灭弧室用绝缘体支撑在接地的金属罐中心,带电部分与箱体之间的借助套管引线由 SF_6 气体承担。这种结构便于安装电流互感器,抗震性能好,但系列性差。落地罐式 SF_6 断路器结构示意图如图 3-3 所示。

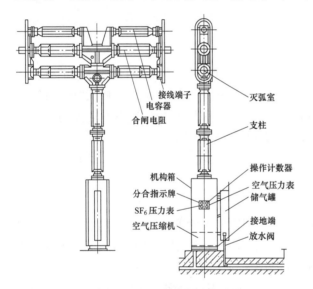

图 3-2 瓷柱式 SF_6 断路器结构示意图

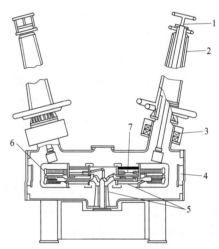

图 3-3 落地罐式 SF_6 断路器结构示意图
1—接线端子;2—瓷套;3—套管式互感器;
4—吸附剂;5—环氧支持绝缘子;
6—合闸电阻;7—灭弧室

3. 全封闭式组合电器

全封闭式组合电器是将 SF_6 断路器、隔离开关、接地开关、电流互感器、电压互感器和部分母线按照电气主接线的要求,依次连接,组成一个整体,安装在一个用 SF_6 气体绝缘的金属外壳内而构成。这种结构电器已经广泛用于 $110\sim330kV$ 电压等级电力系统中。

(三) SF_6 断路器的特点

(1) 断口耐压高。单元断口耐压可以做得很高,同样电压下串联断口减少,电气的绝缘距离可以大幅度减少。

(2) 灭弧能力强。触头烧损轻微,故允许断路次数多,检修周期长。

（3）开断性能很好。SF₆ 断路器的开断电流大、灭弧时间短、无严重的截流过电压。无论开断大电流或小电流，其开断性能都优于空气断路器和油断路器。

（4）无噪声，对无线电无干扰。

（5）要求加工精度高、密封性能良好。

（6）结构简单，体积小，占地面积小，适用于各种不同地理环境的要求。

（四）SF₆ 断路器灭弧室的基本结构及其特点

SF₆ 断路器灭弧室结构按灭弧介质压力的不同，分双压式和单压式两种，但双压式由于结构复杂、辅助设备多，一般不采用。

按触头运动方式不同，分为定熄弧距、变熄弧距和自能式灭弧室。

国产的 SF₆ 断路器均采用单压式灭弧室，单压式灭弧室有定熄弧距、变熄弧距、自能式三种结构，通常采用定熄弧距和变熄弧距灭弧室的结构，下面主要介绍这两种灭弧室基本结构、工作原理及其特点，另外对自能式灭弧室工作原理也加以介绍。

1. 定熄弧距灭弧室

单压式定熄弧距灭弧室工作原理如图 3-4 所示。断路器的触头由两个带喷嘴的空心静触头和动触头组成。断路器的弧隙由两个静触头保持固定的开距，故称之为定开距。图 3-4（a）为触头在合闸位置时的情况。当分闸时，操动机构带着动触头和压气缸向右运动，使活塞与压气缸之间的 SF₆ 被压缩，产生高气压。当动触头脱离左边静触头后，产生电弧，同时，将原来由动触头所封闭的压气室打开而产生气流向静触头喷口内纵向吹弧，如图 3-4（b）所示。当电弧熄灭之后，触头处在图 3-4（c）所示的分闸位置。

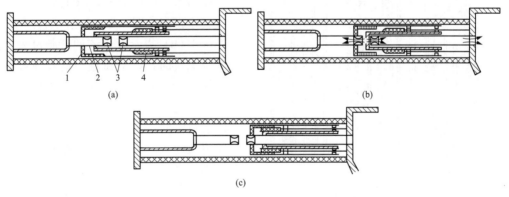

图 3-4　单压式定熄弧距灭弧室工作原理

（a）合闸位置；（b）气体向触头内吹弧；（c）分闸位置

1—压气缸；2—动触头；3—带喷嘴的空心触头；4—活塞

2. 变熄弧距灭弧室

单压式变熄弧距灭弧室工作原理如图 3-5 所示，触头系统有主触头、弧触头和中间触头，活塞固定不动。主触头的中间触头放在外侧，以改善散热条件提高断路器的热稳定。灭弧室的可动部分由动触头、喷嘴和压气缸组成。合闸时止回阀打开，使压气室与活塞内腔相通，SF₆ 气体从活塞的小孔充入压气室；分闸时止回阀堵住小孔，SF₆ 气体集中向喷嘴吹弧。

图 3-5（a）为触头在合闸位置时的情况。当分闸时，操动机构通过绝缘拉杆使带有动

107

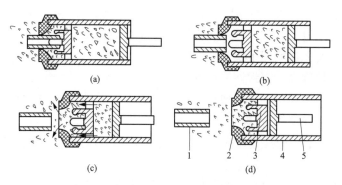

图 3-5　单压式变熄弧距灭弧室工作原理

（a）合闸位置；（b）分闸时产生压力；（c）气体熄弧；（d）分闸位置

1—静触头；2—绝缘喷嘴；3—动触头；4—压气缸；5—活塞

触头和绝缘喷口的工作气缸向右运动，在活塞和压气缸之间产生压力，如图 3-5（b）所示。主触头首先分离，然后绝缘喷口脱离静触头，触头间产生电弧，气缸内气体在压力作用之下吹向电弧，使电弧熄灭，如图 3-5（c）所示。图 3-5（d）为电弧熄灭后，触头在分闸位置情况。在这种灭弧室结构中电弧在触头运动的过程中熄灭，所以称为变熄弧距。

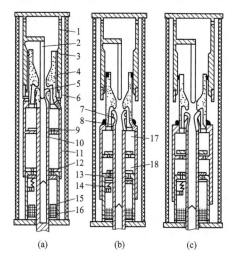

图 3-6　自能式灭弧室工作原理

（a）合闸位置；（b）大电流开断过程；（c）小电流开断过程

1—静触头底座；2—静弧触头；3—密封环；4—大喷嘴；5—小喷嘴；6—静触头；7—动弧触头；8—动主触头；9—热膨胀室阀门；10—操作杆；11—压气缸；12—压气缸阀；13—压气阀；14—压气阀弹簧；15—动触头底座；16—冷却网；17—热膨胀；18—压气缸

3. 自能式（膨胀式）灭弧室

自能式灭弧室工作原理如图 3-6 所示。它利用的是电弧能量建立灭弧所需的压力差，因而固定活塞的截面积比压气式小得多。图 3-6（a）表示合闸状态。图 3-6（b）表示大电流的开断过程，开断大电流时，在动弧触头离开静弧触头瞬间，大电流引起的电弧使热膨胀室内压力骤增，热膨胀室阀片关闭；当电弧电流过零时，热膨胀室贮存的高压气流将电弧熄灭。而动弧触头在操动机构带动下，继续往下运动。当压气缸压力超过减压阀的反作用力时，减压阀打开，使气缸内过高的压力释放，且减压阀一旦打开，要维持继续分闸动力不是很大，故不需要分闸弹簧有太大的能量。

图 3-6（c）为小电流开断过程。在小电流开断时，电弧能量不大，热膨胀室压力不是很高，压气缸压出的气体途经热膨胀室熄灭小电流电弧，不会发生截流过电压。由于大喷嘴和热膨胀室的存在使电弧熄灭后，在动静弧触头之间保持着较高的气压，有较好的绝缘强度，不会发生击穿而导致开断失败。

利用这种灭弧室结构制成的断路器主要优点如下：

（1）具有比较好的可靠性，由于需要操作能量少，可采用故障率比较低的、不受气候海拔、环境影响的弹簧操动机构。

（2）在正常的工作条件下，几乎不需要维修。

（3）安装容易，体积小，耗材少，对瓷套的强度要求低，轻巧，结构简单。

（4）由于需要的操动能量少，因而对构架、基础的冲击力小。

（5）具有比较低的噪声水平，因而可装设在居民住宅区。

（6）不仅适用于大变电站，也适用于边远山区、农村小变电站。

商洛电厂 330kV 超高压断路器就采用自能式灭弧室结构。

二、SF_6 断路器中 SF_6 气体水分控制

（一）水分的主要危害

在 SF_6 断路器中 SF_6 气体的水分的危害有两个方面：第一，在固体绝缘件（盘式绝缘子、绝缘拉杆等）表面凝露时会大大降低沿面闪络电压；第二，参与在电弧作用下 SF_6 气体的分解反应，生成腐蚀性强的氟化氢等分解物，对 SF_6 断路器内的零部件有腐蚀作用，会降低绝缘件的绝缘电阻和破坏金属件表面镀层，使产品受到严重损伤。

SF_6 气体的水分是一个很重要的控制指标，其大小直接影响到设备的安全可靠运行，因此，在 SF_6 断路器（包括 GCB、GIS）的安装、运行过程中，必须严格控制 SF_6 气体的水分，了解其变化原因，并采取有力的防治处理措施，提高 SF_6 断路器的可靠性。各国的不同厂家和公司对水分标准有不同的规定，设备中 SF_6 气体的水分允许含量标准见表 3-1。

表 3-1　　　　　　　　　设备中 SF_6 气体的水分允许含量标准

隔　室	有电弧分解的隔室	无电弧分解的隔室
交接验收值（μL/L）	≤150	≤500
运行允许值（μL/L）	≤300	≤1000

（二）水分的主要来源

根据多年运行经验和对 GCB 解体大修，认为 SF_6 气体中的水分来源有以下几个方面，这也是某些国内外厂家产品中水分偏高的原因。

（1）GCB 和 GIS 的零部件或组件在制造厂装配过程中吸附过量的水分。

（2）密封件的老化和渗透。

（3）各法兰面密封不严。

（4）吸附剂饱和失效。

（5）在测试 SF_6 气体压力、水分以及补气过程中带入水分。

（三）水分超标时现场的处理方法和措施

GCB 和 GIS 中水分超标时，主要有以下三种处理方法和措施。

（1）抽真空、充高纯氮气、干燥 SF_6 气体。不论是 GCB 还是 GIS，SF_6 气体水分均受温度影响，在温度高的季节，现场对水分超标设备进行抽真空，充入高纯氮气去吸收设备内的水分，反复多次后再抽真空，并充入干燥后的 SF_6 气体。这种方法效果好，容易操作和掌握，是现场处理 SF_6 气体水分超标的一种值得采用的方法。

（2）外挂吸附罐。由于某些 GCB 中隔室未加吸附剂，可以考虑外挂吸附罐，通过吸附罐中的吸附剂来吸附 GCB 中 SF_6 气体水分，从而达到降低水分的目的。这种方法简单、

易操作、不需停电。

（3）解体大修方法。结合设备大修，采用对设备各组件进行干燥处理、更换和加装吸附剂，快速装配并抽真空等工艺或技术，从而达到彻底降低 SF_6 气体水分的目的。

三、SF6 断路器的常见故障及处理

SF_6 断路器的常见故障及处理方法如下：

（1）SF_6 断路器中 SF_6 气体水分值超标。一般可以采取以上三种方法和措施加以处理解决。

（2）运行一段时间后部分 SF_6 断路器发生频繁补气情况。如果某一相（柱）的 SF_6 断路器发生频繁告警或闭锁信号时（一般 10 天左右一次），预示着该 SF_6 断路器年漏气率远远超过 1％。检修中为了缩短停电时间，利用合格的备品相（柱）替代运行中漏气相（柱），在其他不停电时间对漏气相（柱）进行处理。

（3）断路器用合闸电阻投切机构失灵，不能有效地提前投入。主要原因是投切机构可靠性不高。

（4）并联电容器介质损耗值超标。DL/T 596—2005《预防性试验规程》规定，并联电容器电容与出厂值相比变化应在±5％以内，$\tan\delta \leqslant 0.5\%$（20℃），要求 1～3 年对并联电容及介质损耗进行测量。对介质损耗超标的并联电容器，一定要全部更换为同类产品的合格品，并在相同条件下进行试验，从而正确地进行分析、判断。

（5）操动机构频繁打压。油泵频繁启动，除检查机构有无外漏外，主要反映阀系统内部有无明显泄漏。处理时可将油压升到额定压力后，切断油泵电源，将箱中油放尽，打开油箱盖，仔细观察何处泄漏。在查明原因后，将油压释放至零后，有的放矢进行解体检查。另外，对液压油也需要进行过滤处理，以减小杂质影响。

（6）操动机构超时打压。若从蓄压筒预压力升到额定压力的打压时间超过 3～5min，说明操动机构超时打压，此时就要检查机构是否有内漏和外漏现象，高压放油阀是否关紧，安全阀是否动作，油面是否过低，吸油管有无变形，油泵低压侧有无气体等，做到有针对性进行处理。

（7）在断路器调试过程中，分、合闸时间及周期性不满足要求。通过调节分、合闸电磁铁间隙及供排油阀来实现。

（8）密度继电器失灵或不能正确动作。若由密度继电器本身动作值不正确引起，需要加以更换；若由密度继电器不正确安装位置引起，这种情况一般发生在机械式密度继电器上。因为机械式密度继电器要求它与 SF_6 断路器本体处在同一大气环境条件下，或将密度继电器置于机构箱或控制箱内，在有些季节会出现箱内外温度差，从而引起密度继电器不能正确动作。建议使用机械式密度继电器时一定要将其与 SF_6 断路器置于同一大气环境条件下，另外也可以采用非机械式密度继电器，使其不受环境条件限制。

四、商洛电厂 330kV 断路器介绍

330kV 断路器采用 GIS ZF9-363/Y4000-50 用单断口断路器（配液压碟簧操动机构）。灭弧室为压气式变开距、双吹结构。三相断路器结构尺寸图（立式）如图 3-7 所示。

（一）特点

（1）优良的灭弧性能。采用压气式灭弧室结构，不仅能成功开断普通短路故障，而且能成功开断诸如近区故障、失步故障等故障电流及开合容性或感性电流。

（2）操作噪声小。液压碟簧操动机构缓冲特性平缓，分、合闸操作均靠液压传动，操作噪声水平低。

（3）结构简单。所配液压碟簧操动机构通过传动拐臂和灭弧室相连。

（4）防慢分可靠。液压碟簧操动机构采用机械式防慢分装置，机构一旦出现失压意外，能可靠地防止断路器出现慢分。

（5）可靠性高。由于采用液压碟簧操动机构，以碟形弹簧储能代替了传统的压缩氮气储能，压力管道与环境温度无关，

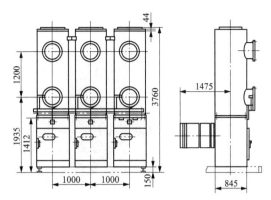

图 3-7 三相断路器结构尺寸图（立式）

整台机构无外露油管。经历了 5000 次不间断的机械寿命试验，整机可靠性高，并且维护容易，检修周期长。

（二）结构及工作原理

1. 总体结构

断路器外形结构如图 3-7 所示。该断路器为每极单断口结构。每台产品由三个单极组成。每极包括灭弧室、操动机构。产品每极配用一台液压碟簧操动机构，可单极操作，也可三极电气联动操作。

2. 灭弧室

灭弧室采用压气式变开距、双吹结构。它由壳体、静触头系统、动触头系统、绝缘拉杆、直动密封等组成。

在合闸位置，电流从上端的梅花触头经导体、主触头座、静触头、中间触头、动触头座，到下端的梅花触头。

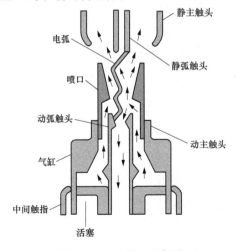

图 3-8 灭弧原理示意图

分闸时，由绝缘拉杆带动动触头一起向下运动，当动、静弧触头脱离时，其间产生电弧，与此同时压气缸中的 SF_6 气体压力已建立起来，强大的气体吹熄电弧。

合闸时，绝缘拉杆向上运动，这时所有的运动部件按分闸操作的反方向动作，SF_6 气体进入压气缸，动触头最终到达合闸位置。简单的灭弧原理示意图如图 3-8 所示。

3. 液压碟簧操动机构

液压碟簧操动机构如图 3-9 所示，主要由五个功能模块组成。

（1）储能模块：由三组相同的储能活塞、工作缸、支撑环和 16 片碟簧组成。

（2）监测模块：主要由限位开关，齿轮、齿条构成的储能弹簧位置指示器及泄压阀组成。

（3）控制模块：包括 1 个合闸电磁铁、2 个分闸电磁铁、换向阀和调整分、合闸速度的可调节流螺栓。

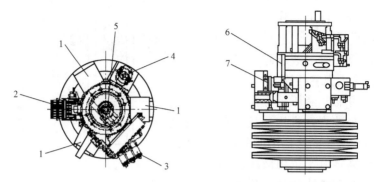

图 3-9 液压碟簧操动机构

1—贮能模块；2—监测模块；3—控制模块；4—打压模块；5—工作模块；
6—泄压阀操作手柄；7—弹簧贮能位置指示器

（4）打压模块：主要由储能电机、变速齿轮、柱塞油泵、排油阀和位于低压油箱的油位指示器组成。

（5）工作模块：主要由两端带有阶梯缓冲的活塞杆和工作缸组成，工作缸兼作固定其他功能元件的基座。

液压碟簧操动机构的工作原理示意图如图 3-10 所示。

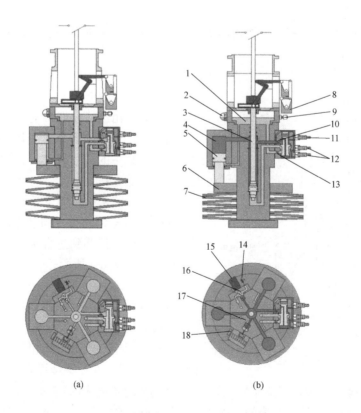

(a)   (b)

图 3-10 液压碟簧操动机构工作原理示意图（一）

（a）未储能，分闸状态；（b）已储能，分闸状态

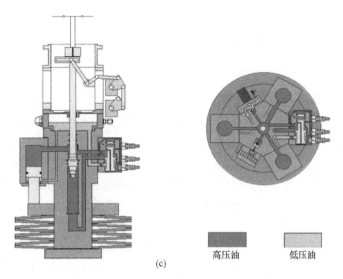

(c)

图 3-10 液压碟簧操动机构工作原理示意图（二）

(c) 工作状态

1—低压油箱；2—油位指示器；3—工作活塞杆；4—高压油腔；5—储能活塞；6—支撑环；7—碟簧；
8—辅助开关；9—注油孔；10—合闸节流阀；11—合闸电磁阀；12—分闸电磁阀；13—分闸节流阀；
14—排油阀；15—储能电机；16—柱塞油泵；17—泄压阀；18—行程开关

当储能电机接通时，油泵将低压油箱的油压入高压油腔，三组相同结构的储能活塞在液压的作用下，向下压缩碟簧而储能。储能时应特别注意储能电机仅适用于短时工作，为了防止储能电机过热而损坏，储能电机启动每小时不能超过 20 次。

4. SF_6 气体监控系统

SF_6 气体监控系统如图 3-11 所示，三极本体 SF_6 气体系统各自独立，每极本体分别由三通阀 E 连向 SF_6 气体密度监控器和供气、检查口。三通阀 E 和 SF_6 气体密度监控器分别如图 3-11（b）、图 3-11（c）所示。三通阀 E 在运行情况下，应处于常开位置，以连通本体和 SF_6 管路系统，以便密度监控器随时监测本体中的气体密度。供气、检查口用 O 形密封圈和专用法兰密封。当 SF_6 气体密度降低，发出报警

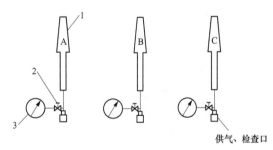

供气、检查口

图 3-11 SF_6 气体监控系统

1—SF_6 断路器；2—三通阀 E；3—SF_6 密度监控器

时，可由此口补给 SF_6 气体，即便是在带电运行的条件下，也可由此口补气。此口也可用于检查 SF_6 密度计动作值。

SF_6 气体密度监控器采用表计合一的结构，表计内部装双金属片进行温度补偿，能直观监视气压变化（环境温度为 $-20 \sim 60$℃，误差为 2.5%，可以不必修正环境温度对 SF_6 气压的影响，直接充入额定气压的 SF_6 气体），SF_6 气体密度监控器可发出以下信号：当 SF_6 气体气压低于 0.55MPa 时，发出补气信号；当 SF_6 气体气压低于 0.50MPa 时，发出闭锁机构操作信号。

第三节 真空断路器

一、概述

（一）真空断路器与真空度

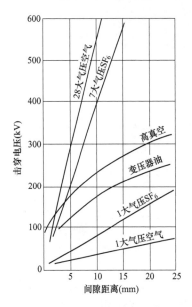

图 3-12 不同介质的绝缘
间隙的击穿电压

真空断路器是以真空作为灭弧和绝缘介质的。真空是相对而言的，指的是绝对压力低于 101 325Pa（相当于 1atm）的气体稀薄的空间。气体稀薄程度用真空度表示，真空度即气体的绝对压力与大气压的差值。气体的绝对压力值愈低真空度就愈高。

（二）气体间隙的击穿电压与气体压力关系

真空断路器灭弧室内的气体压力低于 1.33×10^{-2} Pa，一般出厂时的气体压力为 1.33×10^{-5} Pa。这里所指的真空，是气体压力在 1.35×10^{-2} Pa 以下的空间。在这种气体稀薄的空间，其绝缘强度很高，电弧很容易熄灭。不同介质的绝缘间隙的击穿电压如图 3-12 所示，该图表示在均匀电场作用下，不同介质的绝缘间隙击穿电压。由图 3-12 可见，真空的绝缘强度比变压器油、1 大气压 SF_6 和 1 大气压空气的绝缘强度都高得多。

（三）真空电弧特性

真空间隙内气体稀薄，分子的自由行程大，发生有效碰撞的概率很小，真空中的电弧是在由触头电极蒸发出来的金属蒸汽中形成的。由于电极表面总有微小的突起部分，引起电场能量集中，使这部分发热而产生金属蒸汽。因此，电弧特性主要取决于触头材料的性质及其表面状况。使用最多的触头材料是以良导电金属为主体的合金材料，如铜-铋（Cu-Bi）合金，铜-铋-铈（Cu-Bi-Ce）合金等。

二、真空断路器的灭弧室及工作原理

真空灭弧室宛如一只大型电子管，所有的灭弧零件都密封在一个绝缘的玻璃外壳内，真空断路器灭弧室结构如图 3-13 所示。动触杆与动触头的密封靠金属波纹管来实现，波纹管一般采用不锈钢制成。在动触头外面四周装有无氧铜板制成的金属屏蔽罩，屏蔽罩的作用是防止触头间隙燃弧时飞出电弧生成物（如金属离子、金属蒸汽、炽热的金属液滴等）污染玻璃外壳内壁而破坏其绝缘性能。屏蔽罩固定在玻璃外壳的腰部，燃弧时，屏蔽罩吸收的热量容易通过传导的方式散发，有利于提高灭弧室的开断能力。

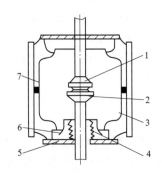

图 3-13 真空断路器灭弧室结构
1—静触头；2—动触头；3—屏蔽罩；
4—波纹管；5—与外壳接地的金属法兰盘；
6—波纹管屏蔽罩；7—玻璃外壳

真空断路器的触头结构示意图如图 3-14 所示，触头的中部是一圆环状的接触面，接触面的周围是开有螺旋槽的吹弧面，触头闭合时只有接触面相接触。当开断电流时最初在接触面上产生电弧，电流回路呈Ⅱ形，在流过触头中的电流形成的磁场作用下，电弧沿径向向外快速移动，即从位置 a 向外移动到 b，电流在触头中的流动路径受螺旋线的限制。因此，通过电极内的电流可分解为切向分量 i_2 和径向分量 i_1，其中切向分量电流 i_2 在弧柱上产生沿触头方向的磁感应强度 B_2，它与电弧电流形成的电动力是沿切线方向的，使电弧做圆周运动，在触头的外缘上不断旋转，于是可避免电弧固定在触头某处而烧坏触头，同时能提高真空断路器的开断能力。

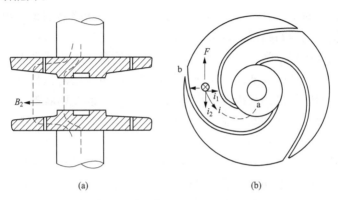

图 3-14　真空断路器的触头结构示意图

(a) 纵剖面图；(b) 下触头俯视图

三、真空断路器的特点

(1) 触头开距短。10kV 级真空断路器的触头开距只有 10mm 左右。因为开距短，可使真空灭弧室做得小巧，所需的操作功能小、动作快。

(2) 燃弧时间短，且与开断电流大小无关，一般只有半个周波，故有半周波断路器之称。

(3) 熄弧后触头间隙介质恢复速度快，对开断近区故障性能较好。

(4) 由于触头在开断电流时烧损量很小，所以触头寿命长、断路器的机械寿命也长。

(5) 体积小、质量轻。

(6) 能防火防爆。

四、高压真空接触器

高压真空接触器是在正常工作条件及过载下，能关合、承载和开断电流的高压开关电器，高压真空接触器用真空管作为灭弧室的高压接触器，其灭弧介质为真空。它通常和限流熔断器配合构成 F-C 回路，限流熔断器作为线路和电器的短路保护。

高压真空接触器具有以下优点：

(1) 频繁操作。它能够使用电动机的频繁操作，每小时可达几百次，短时可达到上千次。这是少油断路器和其他真空断路器所无法比拟的。

(2) 高机械寿命。油断路器寿命一般为 2000 次左右，真空断路器为 1 万次左右，而真空接触器却可达几十万次、上百万次。

(3) 体积小。它的体积一般只有油断路器的 1/3 或 1/4 甚至更小。

(4) 高经济性。真空接触器结构简单，可靠性好，维护周期长，维护费用低。这就决定了真空接触器不仅一次性投资较少，而且长期效益也较好。

因此，真空接触器在发电厂及工矿企业得到了广泛应用，主要用来控制电动机、变压器和电容器。

第四节 断路器的操动机构

一、断路器操动机构

操动机构是完成断路器分、合闸操作的动力能源，是断路器的重要组成部分。操动机构的性能好坏直接影响到断路器的正常工作。

断路器操动机构接到分闸（或合闸）命令后，将能源（人力或电力）转变为电磁能或弹簧位能、重力位能、气体或液体的压缩能等，经传动机构将能量传给提升机构。传动机构将相隔一定距离的操动机构与提升机构连在一起，并可改变两者的运动方向。提升机构是断路器的一个部分，是带动断路器动触头运动的机构，它能使动触头按照一定的轨迹运动，通常为直线运动或近似直线运动。

操动机构一般做成独立产品。一种型号的操动机构可以操动几种型号的断路器，而一种型号的断路器也可配装不同型号的操动机构。根据能量形式的不同，操动机构可分为手动发动机构、电磁操动机构、弹簧操动机构、电动机操动机构、气动操动机构和液压操动机构等。

断路器操作时的速度很高。为了减少撞击，避免零部件的损坏，需要装置分、合闸缓冲器，缓冲器大多装在提升机构的近旁。在操动机构及断路器上应具有反映分、合闸位置的机械指示器。

二、操动机构的性能要求

断路器的全部使命，归根结底体现在触头的分、合动作上，而分、合动作又是通过操动机构来实现的。因此，操动机构工作性能和质量的优劣，对高压断路器的工作性能和可靠性起着极为重要的作用，对操动机构的主要要求如下。

（1）不仅能关合正常工作电流，而且在关合故障回路时，能克服短路电动力的阻碍，关合到底。当操作能源（如电压、气压或液压）在一定范围内（80%～110%）变化时，仍能正确、可靠的工作。

（2）保持合闸。合闸过程中，合闸命令的持续时间很短，操动机构必须有保持合闸的部分，以保证在合闸命令和操作力消失后，断路器仍能保持在合闸位置。

（3）分闸。操动机构不仅要求能够电动（自动或遥控）分闸，在某些特殊情况下，应该可以在操动机构上进行手动分闸，而且要求断路器的分断速度与操作人员的动作快慢和下达命令的时间长短无关。

（4）自由脱扣。在断路器合闸过程中，如操动机构又接到分闸命令，则操动机构不应继续执行合闸命令而应立即分闸。

（5）防跳跃。断路器关合在故障线路上而又自动分闸，即使合闸命令尚未解除也不会再次合闸。

（6）复位。断路器分闸后，操动机构中的每个部件应能自动地恢复到准备合闸的位置。

（7）连锁。为了保证操动机构的动作可靠，要求操动机构具有一定的连锁装置。

常用的连锁装置包含以下几种：①分合闸位置连锁。保证断路器在合闸位置时，操动机构不能进行合闸操作；在分闸位置时，不能进行分闸操作。②低气（液）压与高气（液）压连锁。当气体或液体压力低于或高于额定值时，操动机构不能进行分、合闸操作。③弹簧操动机构中的位置连锁。弹簧储能达不到规定要求时，操动机构不能进行分、合闸操作。

三、操动机构的种类及其特点

1. 手动操动机构

靠手动直接合闸的操动机构称为手动操动机构。它主要用来操动电压等级较低、额定开断电流很小的断路器。除工矿企业用户外，电力企业已很少采用手动操动机构。手动操动机构结构简单、不要求配备复杂的辅助设备及操作电源；缺点是不能自动重合闸，只能就地操作，不够安全。因此，手动操动机构应逐渐被弹簧操动机构所代替。

2. 电磁操动机构

靠电磁力合闸的操动机构称为电磁操动机构。电磁操动机构的优点是结构简单、工作可靠、制造成本较低；缺点是合闸线圈消耗的功率太大，因而用户需配备价格昂贵的蓄电池组，电磁操动机构的结构笨重、合闸时间长（0.2～0.5s），因此在超高压断路器中很少采用，主要用来操作 110kV 及以下的断路器。

3. 电动机操动机构

利用电动机经减速装置带动断路器合闸的操动机构称为电动机操动机构。电动机所需的功率取决于操作功率的大小以及合闸做功的时间，由于电动机做功的时间很短（即断路器的固有合闸时间，约在零点几秒左右），因此要求电动机有较大的功率。电动机操动机构的结构比电磁操动机构复杂、造价也高，但可用于交流操作。用于断路器的电动机操动机构在我国已很少生产，有些电动机操动机构则用来操动额定电压较高的隔离开关，对合闸时间没有严格要求。如韩城第二发电厂 330kV 隔离开关就是用 CJ$_6$ 电动机操动机构来实现远方和就地操作的。

4. 弹簧操动机构

利用已储能的弹簧作为动力使断路器动作的操动机构称为弹簧操动机构。弹簧储能通常由电动机通过减速装置来完成。对某些操作功率不大的弹簧操动机构，为了简化结构、降低成本，也可用手动来储能。

5. 气动操动机构

由于这种断路器的分闸功率比合闸功率大，所以分闸时由压缩空气活塞驱动，并使合闸储能弹簧储能；合闸时由合闸弹簧驱动。气动操动机构的压缩空气压力为 0.6～1.0MPa。气动操动机构的主要优点是构造简单、工作可靠、功率大，操作时没有剧烈的冲击。缺点是需要有压缩空气的供给设备。

6. 液压操动机构

液压操动机构利用液压传动系统的工作原理，将工作缸以前的部件制成操动机构，与断路器本体配合使用。工作缸可以装在断路器的底部，通过绝缘拉杆及四连杆机构与断路器触头系统相连。

第五节 隔 离 开 关

一、隔离开关的用途

隔离开关是高压开关设备的一种。在结构上，隔离开关没有专门灭弧装置，因此隔离开关不能用来拉合负荷电流和短路电流。

在电力系统中，隔离开关主要用途如下：

（1）隔离电压。在设备检修时，用隔离开关把将停役的电气设备与带电的电网可靠隔离，以保证工作人员和设备的安全。

（2）倒闸操作。隔离开关和断路器配合进行倒闸操作，以改变运行方式。

（3）可用来接通或开断小电流电路，如可用隔离开关进行下列操作：

1）拉合无故障电压互感器和避雷器。

2）拉合变压器中性点接地开关。

3）允许用刀闸拉合经开关闭合的旁路电流。

4）未经试验不允许拉、合经开关闭合的旁路电流。

5）未经试验不允许拉、合空母线，拉开母线环流。

二、隔离开关的基本要求

按照隔离开关在电网中担负的任务及使用条件，其基本要求如下：

（1）隔离开关断开后应具有明显的断开点，易于鉴别设备是否与电网隔开。

（2）隔离开关断点间应具有足够的绝缘距离，以保证在恶劣的气候、环境条件下也能可靠地起隔离作用，并保证在正常工作电压和各种过电压情况下，不致引起击穿而危及设备及工作人员的安全。

（3）在短路情况下，隔离开关应具有足够的热稳定性和动稳定性，尤其是不能因电动力的作用而自动分开，否则将引起严重事故。

（4）分、合闸时的同期性要好，有最佳的分、合闸速度，以尽可能降低操作时的过电压、燃弧次数和无线电干扰。

（5）隔离开关的结构应简单，动作要可靠。

（6）带有接地开关的隔离开关，必须装设连锁机构。

（7）隔离开关与断路器之间应有电气闭锁，以防止带负荷误拉、合刀闸。

三、隔离开关的操作及注意事项

在变电站中，隔离开关的操作是经常的、频繁的。操作人员要具有一定的操作技能，必须按规定的程序进行，不得随意更改；整个操作过程还要符合安全工作规程的要求。

（1）操作隔离开关时，应先检查相应回路的断路器确实在断开位置，以防止带负荷拉合隔离开关。

（2）线路停、送电时，必须按顺序拉合隔离开关。停电操作时，必须按照先拉断路器，后拉线路侧隔离开关，再拉母线侧隔离开关的顺序进行；送电操作时，刚好相反，以免发生误操作。

（3）隔离开关操作时，应有值班人员在现场逐相检查其分、合位置，触头接触深度等项目，确保隔离开关动作正常，位置正确。

（4）隔离开关一般应在主控室进行操作，当远控电气操作失灵时，可在现场就地进行电动或手动操作，但必须征得值长或班长的许可，并在有现场监督的情况下才能进行。

（5）隔离开关、接地开关和断路器之间安装有防止误操作的电气、电磁和机构闭锁装置，倒闸操作时，一定要按顺序进行。如果闭锁装置失灵或隔离开关和接地开关不能正常操作时，必须严格按闭锁要求的条件检查相应的断路器、隔离开关、接地开关位置状态，只有核对无误后，方能解除闭锁进行操作。

四、商洛电厂隔离开关

商洛电厂采用 252/363kV GIS 隔离开关，252/363kV GIS 隔离开关如图 3-15 所示。这种隔离开关由三个标准装配单元组成，并且配有一台电动或弹簧操动机构。装在壳体中的隔离开关动触头是经过绝缘棒及密封轴伸出来，并经过连接机构与操动机构连接，每一壳体中充有一定压力的 SF_6 气体。

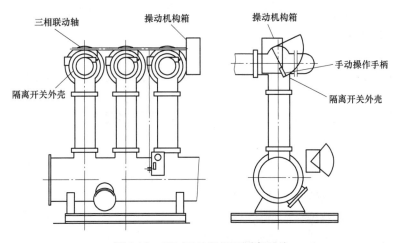

图 3-15 252/363kV GIS 隔离开关

隔离部件：252/363kV GIS 隔离开关通过密封轴使绝缘棒旋转，带动动触头做往复运动。该隔离开关有 GR 型和 GL 型两种，GR 型、GL 型隔离开关断口分别如图 3-16、图 3-17 所示。GR 型的载流回路呈直角形布置，GL 型的载流回路直线布置。

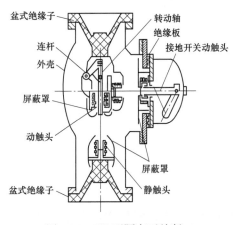

图 3-16 GR 型隔离开关断口

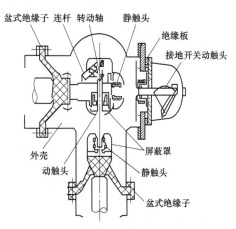

图 3-17 GL 型隔离开关断口

119

操动机构：操动机构可选用 CJG2 电动操动机构、CTG2 弹簧操动机构、CSG1 手动操动机构。

由于这种隔离开关的分、合闸装置没有开断能力，因此，与断路器及其他隔离开关和接地开关之间必须具有联锁。根据主接线的需要，隔离开关有时须具备一定的开合容性、感性小电流和母线转换电流能力，隔离开关内部通过专门设计来满足这些要求。

第六节 互 感 器

电力系统为了传输电能，往往采用很高的电压，通过的电流也很大，无法用仪表直接测量。互感器的作用就是将高电压和大电流按比例降到可以用仪表直接测量的数值，以便用仪表直接测量，还可以作为各种继电保护和自动装置的信号源。互感器可以分为电流互感器和电压互感器两大类。

一、电流互感器

（一）电流互感器工作原理

电流互感器是专门用作变换电流的特种变压器，其工作原理与变压器相似，都是根据电磁感应原理工作的。

正常使用时，电流互感器的变比等于一、二次额定电流之比，即一、二次绕组匝数的反比。电流互感器的变比为 K_i，计算式为

$$K_i = \frac{I_{1N}}{I_{2N}} \approx \frac{N_1}{N_2} = \frac{I_1}{I_2} \tag{3-1}$$

式中　I_{1N}——电流互感器一次额定电流，A；

　　　I_1——电流互感器一次负荷电流，A；

　　　I_{2N}——电流互感器二次额定电流，A；

　　　I_2——电流互感器二次负荷电流，A；

　　N_1、N_2——一次、二次绕组的匝数。

电流互感器具有以下特点：

（1）一次绕组串联在原电路中，匝数少，故一次绕组内的电流值 I_1 完全决定于与电流互感器串联的原电路的负荷电流，而与二次绕组的负荷无关。

（2）电流互感器的正常工作状态接近于短路状态。

电流互感器在正常工作状态时，磁势平衡方程式如下：

$$\begin{aligned} \dot{F}_1 + \dot{F}_2 &= \dot{F}_0 \\ F_1 &= I_1 N_1 \\ F_2 &= I_2 N_2 \\ F_0 &= I_0 N I \end{aligned} \tag{3-2}$$

式中　F_1——电流互感器一次磁势，AT；

　　　F_2——电流互感器二次磁势，AT；

　　　F_0——电流互感器励磁磁势，AT。

二次负荷电流所产生的二次磁势 F_2 对一次磁势 F_1 有去磁势作用，因此合成磁势 F_0 及铁芯中的合成磁通 Φ 都不大，在副绕组内所感应的电势 E_2 不超过几十伏。

为了减小电流互感器的尺寸、质量和造价，其铁芯截面积是按正常工作状态设计的。

（3）二次电路不容许开路。

运行中电流互感器如果二次回路开路，则二次去磁势 F_2 等于零，而一次磁势 F_1 仍保持不变，且全部用于励磁，此时合成磁势 F_0 等于 F_1，较正常状态的合成磁势增大了许多倍，使铁芯中的磁通急剧增加而达到饱和状态。铁芯饱和致使随时间变化的磁通波形变为平顶波，电流互感器二次侧开路时，I、Φ 和 E_2 变化曲线如图 3-18 所示，图中画出了

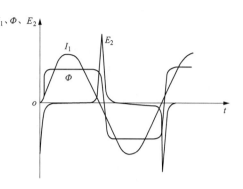

图 3-18　电流互感器二次侧开路时，
I_1、Φ 和 E_2 变化曲线

正常工作时的磁通 Φ_0 和开路后的磁通 Φ 及一次电流 I_1 之间的关系。由于感应电势正比于磁通的变化率，故在磁通急剧变化时，开路的副绕组内将感应出很高的电势 E_2，其峰值可达数千伏甚至更高，这对工作人员的安全，对仪表和继电器以及连接导线和电缆的绝缘都是极其危险的。同时，由于磁感应强度剧增，将使铁芯损耗增大，严重发热，会损坏绕组绝缘。

因此，对于正在工作的电流互感器的二次电路是不容许开路的，所以电流互感器二次侧不允许装接熔断器。在运行中，如果需要断开仪表或继电器时，必须先将电流互感器的副绕组短接后，再断开该仪表。

（二）电流互感器的误差

1. 电流误差

电流误差用电流互感器测出的电流值 $K_i I_2$ 和实际电流 I_1 之差对实际电流的百分值表示，即

$$\Delta I\% = \frac{K_i I_2 - I_1}{I_1} \times 100 \tag{3-3}$$

将关系式 $K_i = \dfrac{N_2}{N_1}$ 代入式（3-3），得电流误差为

$$\Delta I\% = \frac{I_2 N_2 - I_1 N_1}{I_1 N_1} \times 100 = \frac{F_2 - F_1}{F_0} \times 100 \tag{3-4}$$

电磁型电流互感器原理图如图 3-19 所示，从图 3-19（b）所示的简化向量图（取线段 ob≈F_1）可得出

$$F_1 + F_2 = -F_0 \sin(\psi + \alpha) \tag{3-5}$$

$$\Delta I\% \approx \frac{F_0 \sin(\psi + \alpha)}{F_1} \times 100 \tag{3-6}$$

2. 角误差

角误差是电流互感器的一次电流相量 $\dot{I}_1$ 与转过 180° 的二次电流相量 $\dot{I}_2$ 之间的夹角。从相量图可求得

$$\tan\delta \approx \frac{F_0 \cos(\psi + \alpha)}{F_1} \tag{3-7}$$

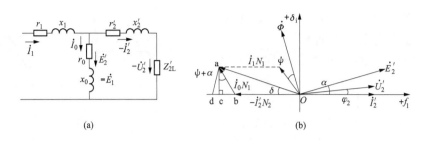

图 3-19　电磁型电流互感器原理图

(a) 等值电路图；(b) 简化向量图

因为角度 δ 的值很小，可取 $\tan\delta \approx \delta(\text{rad})$，则得

$$\delta = \tan\delta \approx \frac{F_0\cos(\psi+\alpha)}{F_1} \tag{3-8}$$

从相量图和式（3-6）、式（3-7）可看出，电流互感器的两种误差都与总磁势 F_0 相关，并随 F_0 的增大而增大，随着原边磁势 F_1 的增大，电流互感器的两种误差都减小。因而影响电流互感器的误差的因素如下：

（1）一次绕组的电流大小与匝数。

（2）电流互感器的铁芯质量、结构和尺寸。

（3）电流互感器二次回路及负载阻抗。

由此可见，增大 F_1，或减小铁芯的磁阻 r_m（可缩短磁路的长度 L，增大铁芯的横截面积 S 和采用高导磁率 μ 的电工钢，减小磁路中的空气间隙），或使二次阻抗 Z_2 或二次功率 S_2 在某一定范围内，才能大大减小误差。

3. 复合误差

复合误差 ε_c 是指在稳态时，一次电流瞬时值同二次电流瞬时值与额定电流比的乘积两个值之差的有效值。它通常以一次电流有效值的百分数表示，即

$$\varepsilon_c = \frac{100}{I_1}\sqrt{\frac{1}{T}\int_0^T (K_N i_2 - i_1)^2 \, dt} \tag{3-9}$$

式中　I_1——一次电流有效值；

　　　i_1——一次电流瞬时值；

　　　i_2——二次电流瞬时值；

　　　T——一个周波的时间；

　　　K_N——电流变比。

4. 电流互感器的误差特性

（1）测量用电流互感器的误差特性。电流互感器要想保证测量精确，就必须保证一定的准确度。电流互感器的准确度是以其准确度等级来表征的，不同的准确度等级有不同的误差要求，在规定使用条件下，误差均应在规定的限值以内。

测量用电流互感器的准确度等级有 0.1、0.2、0.5、1、3 和 5 级。电流互感器各准确度级的误差限值见表 3-2。从表 3-2 可见，测量用电流互感器的准确度是以额定电流下的最大允许电流误差的百分数标称的。

表 3-2   **电流互感器各准确度级的误差**

准确级	一次电流为额定一次电流的百分数（N）	误差限值		保证误差的二次负荷范围
		电流误差	相位差（'）	
0.1	5	±0.4%	±15	
	20	±0.2%	±8	
	100~120	±0.1%	±5	
0.2	5	±0.75%	±30	
	20	±0.35%	±15	
	100~120	±0.2%	±10	$(0.25\sim1.0)S_{2N}$
0.5	5	±1.5%	±90	
	20	±0.75%	±45	
	100~120	±0.5%	±30	
1	5	±3.0%	±180	
	20	±1.5%	±90	
	100~120	±1.5%	±60	
3	—50	±3%		
	120	±3%		$(0.5\sim1.0)S_{2N}$
5	50	±5%		
	120	±5%		

注 S_{2N}为电流互感器二次侧额定容量。

在电流互感器的使用中，要求测量用电流互感器在正常工作条件下误差很小，准确度很高，同时也希望在过电流情况下误差加大，使二次电流不再严格按一次电流的增长而正比增长，从而避免二次回路所接仪器、仪表等低压电器受到大电流的冲击，这就对测量用电流互感器提出了仪表保安系数的要求。

（2）保护用电流互感器的误差特性。电流互感器在过电压情况下工作时，由于电流波形畸变，不能用电流误差和相位差来规定其误差特性，而要用复合误差来规定其误差特性，故保护用电流互感器误差采用复合误差。另外，使用准确限值系数，以保证复合误差不超出规定值。准确限值系数是额定准确限值一次电流与额定一次电流之比，而额定准确限值一次电流是互感器能满足复合误差要求的最大一次电流。准确限值系数的标准值为5、10、15、20、30。

保护用电流互感器的准确度等级标称方法是以该准确度等级的额定准确限值一次电流下所规定的最大允许复合误差百分数标称，并在其后标上字母"P"以表示保护用。GB 16847—2016《保护用电流互感器暂态特性技术要求》规定稳态保护用电流互感器准确度等级有5P和10P两种。它们在额定频率和额定负荷下的误差限值见表3-3。

表 3-3   **保护用电流互感器的误差限值**

准确度等级	额定一次电流时的误差		额定准确限值一次电流时的复合误差
	电流误差	相位差（'）	
5P	±1%	±60	5%
10P	±3%	—	10%

保护用电流互感器的准确限值系数通常跟在准确度等级标称后写出，例如，电流互感器标有5P20，表示保护用电流互感器的复合误差限值为5％，准确限值系数为20。对保护用电流互感器的基本要求之一是在一定的过电流下，误差应在一定限值之内，以保证继电保护装置正确动作。根据电力系统要求切除短路故障和继电保护动作时间的快慢，对互感器保护误差的条件提出了不同的要求。

在电压比较低的电网中，继电保护装置动作的时间较长，可达500ms以上，而且决定短路电流中非周期性分量衰减速度的一次时间常数较小，短路电流很快达到稳态值，电流互感器也随之进入稳定工作状态，这时只需要用一般保护用电流互感器就能满足实用要求。

在超高压电网中，一般都装设有快速继电保护装置。当系统发生短路故障时，保护装置应在50ms之内动作，这时短路电流尚未达到稳态值，电流互感器还处在暂态工作状态，短路电流会有很大的直流分量，采用反应稳态短路电流的一般保护用电流互感器，将产生很大的误差，故不被使用。因此，超高压系统需要暂态误差特性良好的保护用电流互感器。

电流互感器的暂态误差是在一定条件下的误差，主要是按下述条件作出规定的：

1）一次时间常数 T_P，即系统短路回路时间常数。

2）一次电流为全偏移（又称直流分量100％），这是最严重的暂态短路。

3）额定一次对称短路电流 I_{psc}，或额定对称短路电流系数 K_{ssc}。K_{ssc} 为 I_{psc} 与互感器额定一次电流之比。

4）额定负荷及其功率因数。

5）工作循环和各段时间，分为单次和双次。

单次：C（故障）—t'—O（切除故障）

双次：C（故障）—t'—O（切除故障）—t_{fr}—O（切除故障）—t''—O（切除故障）

其中，t' 和 t'' 表示第一次和第二次故障电流通过时间，t_{fr} 为自动重合间形成的无电流间隔时间。

电流互感器的暂态误差以误差电流衡量，用额定对称短路电流峰值（$\sqrt{2}I_{mpsc}$）的百分数表示。误差电流在规定条件下随时间而变化，故取其最大值。以其交流分量最大值确定的误差称为峰值瞬时交流误差；以其交直流分量总和的最大值确定的误差，称为峰值瞬时误差。

根据对性能要求的不同，暂态保护级可分为 TPS、TPX、TPY、TPZ 4种暂态级。

TPS级：低漏磁电流互感器，其性能以二次励磁特性和匝数比误差限值确定，对剩磁不作限制。适用于采用高阻抗继电器。

TPX级：在规定条件下，峰值瞬时误差不超过10％，对剩磁不作限制。在额定电流下的误差不超过±0.5％和±30′。TPX级适用于采用高阻抗继电器。

TPY级：在规定条件下，峰值瞬时误差不超过10％，剩磁通不超过饱和磁通的10％。在额定电流下的误差不超过±1％和±60′。适用于继电保护需要直流分量的情况。

TPZ级：在规定的条件下，但工作循环为单次，且二次回路时间常数 T_s 为规定值时，峰值瞬时交流误差不超过10％。对直流分量误差无要求。剩磁通很小，实际上可以忽略。在额定电流下的误差不超过±1％和 $180'\pm18'$。TPZ级仅保证交流分量误差，直流分量误差很大，适用于对直流分量电流无须监测的情况和采用交流电流动作原理的继电器。

因此，在我国电流互感器的暂态保护级采用较多的是 TPY 级，其次是 TPZ 级。

（三）商洛电厂电流互感器

1. 330kV 电流互感器型号

252/363kV GIS 所配用的电流互感器为 BS 型电流互感器，它是 GIS 中的电气测量和保护元件。

2. 结构

BS 型电流互感器主要由电流互感器线圈、壳体、连接法兰、密封端子等组成；电流互感器是通过连接法兰与 GIS 进行连接；其二次绕组通过密封端子引出至端子箱，再和各类继电器、测量仪表连接。

3. 注意事项

电流互感器的二次回路不能开路。当二次绕组中流过电流时，如果二次绕组开路，则会在二次端子间产生异常高压。这一高压有可能破坏电流互感器二次线圈、引出端子、继电器或测量仪表的绝缘。

二、电压互感器

电压互感器是专门用作变换电压的特种变压器。电压互感器分为电磁式与电容式两大类。按用途可分为单相或三相电压互感器、双绕组或三绕组电压互感器；按绝缘介质不同可分为树脂浇注式、油浸式和 SF_6 气体绝缘式电压互感器。

（一）电磁型电压互感器

1. 电磁型电压互感器的工作原理

电磁型电压互感器（TV）的工作原理和结构与变压器相似，电压互感器的一、二次绕组额定电压之比，称为电压互感器的额定变比。额定变比计算式为

$$K_u = \frac{U_{N1}}{U_{N2}} \approx \frac{N_1}{N_2} \tag{3-10}$$

式中 N_1、N_2——电压互感器一、二次绕组匝数；

U_{N1}、U_{N2}——电压互感器一、二次额定电压。

电磁式电压互感器的特点如下：

（1）电压互感器的一次电压为电网电压，不受二次侧负荷的影响，一次侧应有足够的绝缘。

（2）二次侧的仪表和继电器的电压线圈的阻抗很大，电压互感器的二次侧正常工作状态近似开路工作，容量小。

（3）电压互感器的二次侧正常工作状态不允许短路，故必须安装熔断器或低压自动空气开关来保护。

2. 电压互感器的误差

由于存在励磁回路和二次阻抗，因此会引起电压互感器的误差，电压互感器的误差也分电压误差和相位误差。电压互感器的测量值与实际值之差称为相对误差，相位误差为旋转 180° 的二次电压向量 $-U_2$ 与一次电压向量 U_1 之间的夹角，并规定 $-U_2$ 超前 U_1 时相位误差为正。

电压互感器的准确度是以它的准确度等级来表示的。电压互感器的准确度等级是指

一次电压和二次负荷在变化范围内，负荷功率因数为额定值时，电压误差的最大值。电压互感器的测量准确度等级为 0.1、0.2、0.5、1、3。电压互感器的保护准确度等级为 3P、6P 两种，电压互感器、保护用电压互感器的准确度等级和误差限值分别见表 3-4、表 3-5。

表 3-4　　　　　　　　　　　　电压互感器准确度等级和误差限值

准确度等级	误差限值		一次电压变化范围	频率、功率因数及二次负荷变化范围
	电压误差	相位误差（′）		
0.1	±0.1%	±5		
0.2	±0.2%	±10		$(0.25\sim1)S_{N2}$
0.5	±0.5%	±20	$(0.8\sim1.2)U_{N2}$	$\cos\varphi_2=0.8$
1	±1%	±40		$f=f_N$
3	±3%	不规定		

表 3-5　　　　　　　　　　保护用电压互感器准确度等级和误差限值

准确度等级	误差限值		一次电压变化范围	频率、功率因数及二次负荷变化范围
	电压误差	相位误差（′）		
3P	±3%	±120		$(0.25\sim1)S_{N2}$
6P	±6%	±240	$(0.05\sim1)U_{N2}$	$\cos\varphi_2=0.8$ $f=f_N$

注　U_{N2} 为二次侧额定电压；S_{N2} 为二次侧额定容量；φ_2 为二次侧功率因数角；f 为实际频率；f_N 为额定频率。

电压互感器若用于电能计量，准确度等级不应低于 0.5 级；若用于电压测量，准确度等级不应低于 1 级；若用于继电保护，准确度等级不应低于 3 级。

3. 电压互感器的接线

在电力系统二次接线中，测量和保护通常需要相电压、线电压和零序电压，采用的接线有单相接线、V-V 接法、三相三柱式接线、三相五柱式接线和三个单相电压互感器接线。电压互感器接线如图 3-20 所示。

电压互感器和一次系统的连接：35kV 及以下电压等级采用熔断器和隔离开关串联形式，熔断器作为电压互感器一次侧和电压互感器本体的过电流保护，但不能保护二次侧故障。110kV 及以上电压等级由于配电装置的可靠性提高，电弧灭弧困难，再加上制造熔断器困难，一般不装设熔断器。

二次侧接线：电压互感器必须有一点可靠接地，所以，二次中性线、接地线不能加装熔断器；辅助三角形接成开口三角形，不装设熔断器；V 接线中，B 相接地，B 相不允许装设熔断器。

直接接地系统用电磁型电压互感器，当断路器并联均压电容器时，容易形成涌流，产生铁磁过电压。可以通过在电压互感器的二次侧并联一个电阻起阻尼的作用，以减小过电压的幅值，从而达到减小过电压的作用。

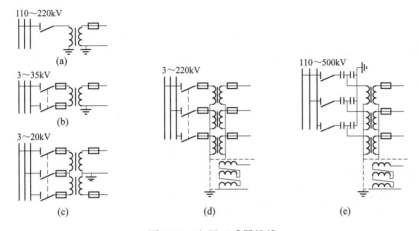

图 3-20　电压互感器接线

(a)、(b) 一台电压互感器接线；(c) 不完全星形接线；
(d) 三台单相电压互感器接线；(e) 电容式电压互感器接线

（二）电容式电压互感器

在 110kV 及以上电力系统中，大量使用的是电容式电压互感器，它除具有一般电磁式电压互感器的作用外，还可代替耦合电容器兼作高频载波用，电容式电压互感器结构原理示意图如图 3-21 所示。

由图 3-21 可见，电容式电压互感器包括电容分压器和电磁装置两部分。电容分压器又包括高压电容器 C1（主电容器）和串联电容器 C2（分压压电容器），电容分压器的作用就是

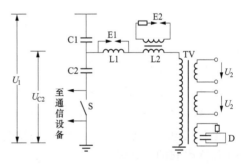

图 3-21　电容式电压互感器结构原理示意图

进行电容分压。电磁装置由互感器 TV 和电抗器 L1 和 L2 组成。在分压回路串入电感（电抗器）用以补偿电容器的内阻抗，可使电压稳定。分压电容器二次回路阻抗很低，不能作为输出端直接与测量仪表相接，要经过一个电磁式电压互感器降压后再接测量仪表。

另外，电容式电压互感器还设有保护装置和载波耦合装置。保护装置包括两个火花间隙 E1 和 E2，用来限制补偿电抗器和电磁式电压互感器与分压器的过电压；阻尼电阻 D 用来防止持续的铁磁谐振。载波耦合装置是一种能接收载波信号的线路元件，把它接到接地开关 S 两端，其阻抗在工频电压下很小，完全可以忽略，但在载波频率下其数值却很可观，若不接载波耦合装置时，接地开关 S 应上。

1. 电容式电压互感器的工作原理

电容式电压互感器采用电容分压原理，原理示意图如图 3-21 所示。

二次电压 U_2 为

$$U_2 = \frac{C_1}{C_1 + C_2} U_1 \qquad (3\text{-}11)$$

电容分压比为

$$K_u = \frac{C_1}{C_1 + C_2} \qquad (3\text{-}12)$$

当有负荷电流流过时，在内阻抗上将产生电压降，不仅在数值上而且在相位上有误差，负荷越大，误差越大。合理的解决措施是在电路中串联一个电感 L。电感 L 应按产生串联谐振的条件选择，即

$$2\pi f L = \frac{1}{2\pi f (C_1 + C_2)} \qquad (3\text{-}13)$$

$$L = \frac{1}{4\pi^2 f^2 (C_1 + C_2)} \qquad (3\text{-}14)$$

理想情况下，输出电压与负荷无关，误差最小。由于电容器有损耗，电感线圈也有电阻，$Z_2' \neq 0$，一次负荷变大，误差也将增加，而且将会出现谐振现象，谐振过电压将会造成严重的危害，应设法完全避免。

超高压电容式电压互感器应有良好的暂态特性，在电压互感器带 25%～100% 的额定负荷情况下，一次端子在额定电压下短路，主二次端子电压应在 20ms 内降到短路前峰值的 10% 以下。为了进一步减小负荷电流误差的影响，将测量仪表经中间电磁式电压互感器（TV）升压后与分压器相连。

2. 电容式电压互感器的基本结构

电容式电压互感器基本结构如图 3-21 所示。其主要元件有电容（C1、C2）、非线性电感（补偿电感线圈）L2、中间电磁式电压互感器 TV。为了减少杂散电容和电感的有害影响，增设一个高频阻断线圈 L1，它和 L2 及中间电压互感器一次绕组串联在一起，L1、L2 上并联放电间隙 E1、E2，以作过电压保护。

3. 电容式电压互感器的误差

电容式电压互感器的误差是由空载电流、负载电流以及阻尼器的电流流经互感器绕组产生压降引起的，其误差由空载误差 f_0 和 δ_0、负载误差 f_L 和 δ_L、阻尼器负载电流产生的误差 f_D 和 δ_D 等几部分组成。

$$f_U = f_0 + f_L + f_D \qquad (3\text{-}15)$$

$$\delta_U = \delta_0 + \delta_L + \delta_D \qquad (3\text{-}16)$$

以上两式中的各项误差，可仿照本节前述的方法求得。当采用谐振时自动投入阻尼器者，其 f_D 和 δ_D 可略而不计。

电容式电压互感器的误差除受一次电压、二次负荷和功率因数的影响外，还与电源频率有关。当系统频率与互感器设计的额定频率有偏差时，会产生附加误差。

电容式电压互感器具有结构简单、质量轻、体积小、占地少、成本低等优点，且电压越高效果越显著，分压电容还可兼作载波通信的耦合电容。因此，电容式电压互感器广泛应用于 110～500kV 中性点直接接地系统。

电容式电压互感器的缺点是输出容量较小、误差较大，暂态特性不如电磁式电压互感器，电容式电压互感器的开口三角形的不平衡电压较高，影响零序保护装置的灵敏度，当灵敏度不满足时，可要求制造部门装设高次滤波器。

4. 商洛发电厂 330kV 电压互感器

采用电容式电压互感器（CTV），其主要作用如下：

（1）用于电能计量和电压测量。

（2）用于继电保护、自动控制、同期检定。

（3）用于载波通信系统。

整套 CTV 由电容分压器和电磁装置两部分组成。电容分压器部分通常由耦合电容器和分压电容器叠加而成。电容器的瓷外壳内装有以优质薄膜与电容器纸复合材料为介质的许多相串联的电容器元件，并以优质绝缘油进行真空浸渍。电容器为全密封结构，装有油补偿装置，用于保持一定过剩压力。各电容器单元之间用螺栓连接。电磁装置由中间变压器、补偿电抗器和阻尼器等组成，并密封于一充油钢制箱体内，此箱体也作为分压电容器底座。电磁装置和下节分压电容器在产品出厂时已连接为一体，电磁装置中的绝缘油系统是完全隔离的。二次出线端子及载波端子通过油箱侧壁的二次引出线盒引出。

第七节　电　力　电　缆

一、电力电缆的作用

电力电缆是传输电能的一种特殊电线，被大量地应用于发电厂及变电站的接线中。它具有防潮、防腐和防损伤等特点，但价格昂贵，敷设、维护和检修较为复杂。由于电缆线路无须占地，在城市或厂区使用电缆可使市容和厂区整齐美观并增加出线走廊。

二、电力电缆的结构

电力电缆主要由电缆线芯、绝缘层、护套和保护层四部分组成。

1. 电缆线芯

电缆线芯由铜绞线或铝绞线组成，线芯可分为单芯、双芯、三芯和四芯几种，线芯截面形状有圆形、扇形、弓形等几种。

2. 绝缘层

绝缘层应具有良好的绝缘性能和一定的机械性能。它作为相间及对地的绝缘，绝缘材料有油浸纸、塑料、橡皮等。

3. 护套

护套起保护绝缘层的作用，可分为铅包、铝包、铜包、不锈钢包和综合护套等。

4. 保护层

保护层的作用是避免电缆受到机械损伤，防止绝缘受潮和绝缘油流出。聚氯乙烯绝缘电缆和交联聚乙烯电缆的保护层是用聚乙烯护套做成的。对油浸纸绝缘电力电缆，其保护层分为内保护和外保护层两种。

（1）内保护层：主要用于防止绝缘受潮和漏油，其保护层必须严格密封。

（2）外保护层：主要用于保护内保护层不受外界的机械损伤和化学腐蚀。

三、电力电缆的种类

电力电缆的种类较多，一般按照构成其绝缘材料的不同可分为油浸纸绝缘电力电缆和挤包绝缘电力电缆两类。

1. 油浸纸绝缘电力电缆

按照绝缘纸的浸渍情况，油浸纸绝缘电缆又可分为黏性浸渍电缆和不滴油电缆两类。前者油易滴流，不宜作高落差敷设；而后者不滴流，适宜高落差敷设。油浸纸绝缘电力电缆具有良好的绝缘性能和耐热性能，承受电压高，载流量大，使用年限长，因此被广泛采用，且是应用最广泛的一种电力电缆。缺点是电缆头制作密封技术复杂，适用于 35kV 及以下电力线路。

2. 挤包绝缘电力电缆

挤包绝缘电力电缆包括聚氯乙烯绝缘电力电缆、交联聚乙烯绝缘电力电缆、聚乙烯绝缘电力电缆、橡胶绝缘电力电缆、阻燃电力电缆、耐火电力电缆、架空绝缘电缆等。挤包绝缘电力电缆制造简单，质量轻，终端和中间接头制作容易，敷设简单，维护方便，并具有耐化学腐蚀和一定的耐水性能，适用于高落差和垂直敷设。

聚氯乙烯绝缘电力电缆、聚乙烯绝缘电力电缆一般用于 10kV 及以下的电缆线路中；交联聚乙烯绝缘电力电缆多用于 6kV 及以上乃至 110~220kV 的电缆线路中；橡胶绝缘电力电缆主要用于发电厂、变电站、工厂企业内部的连接线，应用最多的还是 0.6/1kV 级的产品。

四、电缆故障性质及处理

1. 电缆故障性质及原因

（1）短路性故障。两相或三相短路故障，多由制造过程中留下的隐患造成。

（2）接地性故障。电缆某一芯或数芯对地击穿，绝缘电阻低于 10kΩ 称为低阻接地，高于 10kΩ 称为高阻接地，大多由电缆腐蚀、铅皮裂纹、绝缘干枯、接头工艺和材料等问题造成。

（3）断线性故障。电缆某一芯或数芯全断或不完全断。电缆受机械损伤、地形变化的影响或发生过短路，都能造成断线情况。

（4）混合性故障。两类以上的故障。

电缆经常出事的地方是电缆头和中间接线盒，一方面可能是施工时质量不好，另一方面可能是受外力影响。例如，由于电缆头漏油使绝缘干枯，绝缘性能下降；由于中间接头受力线被拉断等。这些故障都是容易发现的，检修也比较方便，最大不过把电缆头切断，按工艺要求重新封断或作中间接线盒。但很大的一部分电缆故障属于高阻故障，寻找故障点就比较麻烦。

2. 电缆故障点的查找

电缆故障点的查找可以采用直流烧穿法或交流烧穿法使电缆故障点电阻降低，然后用低压电桥法、脉冲法或闪络测距法进行测距，最后用感应法或声测法确定故障点。

五、电缆接头及其要求

电缆接头是电缆终端头和电缆中间接头的总称。电缆终端头是电缆与其他电气设备相连接时，能满足一定的绝缘和密封要求的连接装置。电缆中间接头是将若干个电缆连接起来，使其构成一条电缆线路的中间连接装置。电缆接头是整个线路的薄弱环节。电缆事故的 70% 左右均发生在电缆接头上，因此，确保电缆接头的质量对电缆线路的安全运行的意义很大。对电缆接头制作的基本要求有以下几点。

1. 导体连接良好

对电缆终端头，要求电缆线芯和出线梗、接线端子有良好的连接。对中间接头，则要求电缆线芯与连接管之间有良好的连接。具体包括以下几个方面：

（1）连接点的电阻小而稳定。

（2）连接点应具有足够的机械强度。

（3）连接点应能耐腐蚀。

（4）连接点应能耐振动。

2. 电缆接头应绝缘可靠

其绝缘结构应能满足电缆线路在各种状态下长期安全运行的要求，并留有一定的裕度。

3. 电缆接头应密封良好

电缆接头应密封良好一方面可以保证外界的水分不浸入绝缘，另一方面要使绝缘剂不致流失。

4. 电缆接头应有足够的机械强度

除了以上三项基本要求外，电缆接头还应尽可能结构简单，体积小，质量轻，成本低，安装维修简便，并兼顾造型美观。

电缆接头的基本操作工艺不再介绍。

第八节 防 雷 设 备

一、概述

发电厂、变电站的雷害事故可来自两个方面：一是雷直击发电厂、变电站；二是雷击输电线路产生的雷电波沿线路侵入发电厂和变电站。

对直击雷的防护一般采用的措施是安装避雷针或避雷线。

由于线路落雷机会远比变电站多，所以沿线路侵入的雷电波是造成发电厂、变电站雷害事故的主要原因。对入侵波防护的主要措施是在发电厂、变电站内安装阀型避雷器或氧化锌避雷器以限制电气设备上的过电压幅值；同时在发电厂、变电站的进线段上采取相应措施，以限制流过避雷器的雷电流和降低侵入波的陡度，从而将发电厂、变电站电气设备上的过电压幅值限制在电气设备的雷电冲击耐受电压以下。对直接与架空线路相连的发电机（一般称为直配电机），除了在电机母线上装设避雷器外，还应装设电容器以降低侵入波陡度，使电机的匝间绝缘和中性点绝缘不受损坏。

二、避雷针和避雷线的保护范围

为了防止雷直击设备，通常采用避雷针或避雷线进行保护。当雷云先导通道接近地面时，雷电朝地面电场强度最大的方向发展，避雷针（线）正是利用这种特性制成的。

避雷针由接闪器、引下线和接地体三部分构成。

接闪器是避雷针的最高部分，用来接受雷电放电，可用直径（10～12)mm、长（1～2)m 的圆钢制成。

引下线的主要任务是将接闪器上的雷电流安全导入接地体，使之顺利入地。引下线可用镀锌钢绞线、圆钢、扁钢制成。因雷电流很大，所以引下线须有足够的截面积。

接地体的作用是使雷电流顺利入地，并且减小雷电流通过时产生的压降。一般由几根长 2.5m 的 $40\times40\times4$mm 的角钢打入地下再并联后与引下线可靠连接。

在一定高度的避雷针下面有一个安全区域，在这个区域中物体遭受雷击的概率很小（约 0.1%），这个安全区域称为避雷针的保护范围，保护范围由模拟试验和运行经验确定。

避雷针一般用于保护发电厂和变电站。

（一）避雷针的保护范围

1. 单只避雷针

单支避雷针的保护范围如图 3-22 所示，设避雷针的高度为 $h(\text{m})$，被保护物体的高度为 $h_x(\text{m})$，则避雷针的有效高度 $h_a = h - h_x$，在 h_x 高度上避雷针保护范围的半径 $r_x(\text{m})$ 可按下式计算。

$$当 h_x \geqslant \frac{h}{2} 时, \qquad r_x = (h - h_x)p \qquad\qquad (3\text{-}17)$$

$$当 h_x < \frac{h}{2} 时, \qquad r_x = (1.5h - 2h_x)p \qquad\qquad (3\text{-}18)$$

式中　p——高度影响系数。当 $h \leqslant 30\text{m}$ 时，$p = 1$；当 $30\text{m} < h \leqslant 120\text{m}$ 时，$p = \dfrac{5.5}{\sqrt{h}}$。

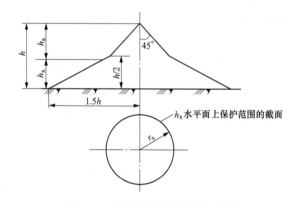

图 3-22　单支避雷针的保护范围

2. 两支等高避雷针

工程上多采用两支或多支避雷针以扩大保护范围，两支等高避雷针的联合保护范围如图 3-23 所示，联合保护范围比两支避雷针各自的保护范围的叠加要大一些。

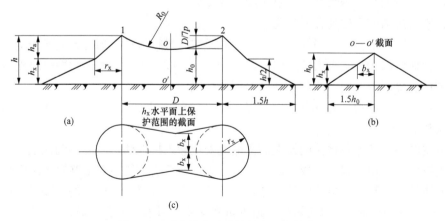

图 3-23　两支等高避雷针的联合保护范围
（a）主视图；（b）侧视图；（c）俯视图

两支避雷针外侧的保护范围可按单只避雷针的计算方法确定，两只避雷针之间的保护范围可由下式求得。

$$h_0 = h - \frac{D}{7p} \tag{3-19}$$

$$b_x = 1.5(h_0 - h_x) \tag{3-20}$$

式中　　h_0——两避雷针保护范围上部边缘最低点的高度，m；

　　　　D——两避雷针间的距离，m；

　　　　b_x——在高度 h_x 的水平面上，保护范围的最小宽度，m。

两避雷针间高度为 h_x 的水平面上的保护范围截面见图3-23（c），$o—o'$ 截面图中，两针中间地面上的保护宽度为 $1.5h_0$。

为了使两避雷针能构成联合保护，两避雷针间距离与针高之比 D/h 不宜大于5。

3. 两支不等高避雷针

两避雷针外侧的保护范围按单针的方法确定，两支不等高避雷针的保护范围如图3-24所示。

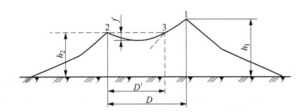

图 3-24　两支不等高避雷针的保护范围

先按单支避雷针的方法作出较高针1的保护范围，然后经较低针2的顶部作水平线与之相交于点3，由点3对地面做垂线，将此垂线看作一假想避雷针3，再按两支等高避雷针求出针2与针3的保护范围，即可得到总的保护范围。两避雷针保护范围上部边缘最低点的高度 h_0 为

$$h_0 = h - f = h - \frac{D'}{7p}$$

$$f = D'/7p \tag{3-21}$$

式中　　D'——较低避雷针与假想避雷针间的距离，m；

　　　　f——圆弧的弓高，m。

4. 多只避雷针的保护范围

三支和四支等高避雷针的保护范围如图3-25所示。三针联合保护范围的确定，可以两针两针地分别验算，如图3-25（a）所示。只要在三支等高避雷针所形成的三角形内被保护物最大高度 h_x 水平面上，各相邻避雷针间保护范围的一侧最小宽度 $b_x \geqslant 0$ 时，三针组成的三角形内部就可得到完全的保护。

四针及以上时，可以三针三针地分别验算，如图3-25（b）所示。

（二）避雷线的保护范围

避雷线也叫架空地线，它是悬挂在高空的接地导线，其作用和避雷针一样，起引雷作用。避雷线是输电线路防雷保护最基本的措施之一。

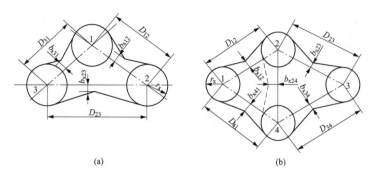

图 3-25 三支和四支等高避雷针的保护范围

(a) 三支等高避雷针；(b) 四支等高避雷针

1. 单根避雷线

单根避雷线的保护范围如图 3-26 所示。单根避雷线保护宽度的一半按下式确定。

$$当 h_x \geqslant \frac{h}{2} 时，\qquad r_x = 0.47(h - h_x)p \qquad (3-22)$$

$$当 h_x < \frac{h}{2} 时，\qquad r_x = (h - 1.53h_x)p \qquad (3-23)$$

2. 两根平行等高避雷线

两根平行等高避雷线的保护范围如图 3-27 所示，两根避雷线外侧的保护范围同单根，两线之间横截面的保护范围由通过两避雷线 1、2 点及保护上部边缘最低点 O 的圆弧确定。O 点的高度按式（3-24）计算。

$$h_0 = h - \frac{D}{4p} \qquad (3-24)$$

式中 h_0——两避雷线间保护范围上部边缘最低点高度，m；

D——两避雷线间距离，m；

h——避雷线的高度，m。

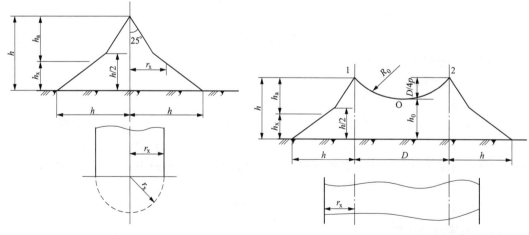

图 3-26 单根避雷线的保护范围   图 3-27 两根平行等高避雷线的保护范围

避雷线的保护范围是一个狭长的带状区域，所以适合用来保护输电线路，也可用来作为变电站的直击雷保护措施。用避雷线保护线路时，避雷线对外侧导线的屏蔽作用以保护角 α 表示。保护角是指避雷线和外侧导线的连线与避雷线的铅垂线之间的夹角，避雷线的保护角如图 3-28 所示。保护角越小，保护性能越好。当保护角过大时，雷可能绕过避雷线击在导线上（称为绕击），要使保护角减小，就要增加杆塔的高度，但同时会使线路造价增加，所以应根据线路的具体情况采用合适的保护角。

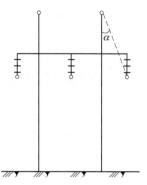

图 3-28　避雷线的保护角

三、避雷器

避雷器是用以限制沿线路侵入的雷电过电压或操作过电压的一种过电压保护装置。它实质上是一个放电器，与被保护的电气设备并联连接。当作用在避雷器上的电压超过避雷器的放电电压时，避雷器先放电，从而限制过电压的幅值，使与之并联的电气设备得到保护。

当避雷器动作（放电），将强大的雷电流引入大地之后，由于系统还有工频电压的作用，避雷器中将流过工频短路电流，此电流称为工频续流，通常以电弧放电的形式存在。若工频电弧不能很快熄灭，继电保护装置就会动作使供电中断。所以，避雷器应在过电压作用过后，能迅速切断工频续流，使电力系统恢复正常运行，避免供电中断。

避雷器主要有保护间隙、排气式避雷器、阀型避雷器和氧化锌避雷器四种类型。保护间隙和排气式避雷器主要用于发电厂、变电站的进线保护段、线路的绝缘弱点、交叉档或大跨越档杆塔的保护。阀型避雷器和氧化锌避雷器用于配电系统、发电厂、变电站的防过电压雷保护。

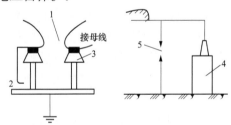

图 3-29　角型保护间隙结构示意图
1—主间隙；2—辅助间隙；3—绝缘子；
4—被保护设备；5—保护间隙

（一）保护间隙和排气式避雷器

1. 保护间隙

保护间隙是最简单最原始的避雷器，常用的是角形保护间隙，角型保护间隙结构示意图如图 3-29 所示。角形保护间隙由主间隙和辅助间隙串联而成。主间隙的两个电极做成角形，这样可以使工频续流电弧在电动力和热气流作用下上升被拉长而自行熄弧，但熄弧能力很小。辅助间隙是为防止主间隙被外物短路而装设的。

保护间隙的优点是结构简单、价廉；缺点是保护效果差，与被保护设备的伏秒特性不易配合，动作后产生截波，电弧不易熄灭，常用于 3～10kV 电网中，应与自动重合闸配合使用。

2. 排气式避雷器

排气式避雷器实质上是一支具有较强灭弧能力的保护间隙，排气式避雷器原理结构如图 3-30 所示，它由装在产气管中的内部间隙 S1（由棒型电极、环形电极构成）和外部间隙 S2 构成。S2 的作用是使产气管在正常情况下不承受电压，以防止产气管表面长时间流过泄漏电流而损坏。产气管由纤维、塑料或橡胶等产气材料制成。

排气式避雷器的工作原理如下：在雷电过电压的作用下，避雷器的内外间隙均被击穿，雷电流通过接地装置流入地中。之后在系统工频电压的作用下，间隙中流过工频短路

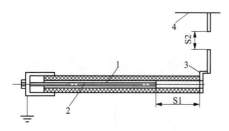

图 3-30 排气式避雷器原理结构
1—产气管;2—棒型电极;3—环形电极;
4—工作母线;S1—内间隙;S2—外间隙

电流。工频续流电弧的高温使产气管分解出大量气体。由于管内容积很小,管内压力升高,高压气体急速地从环形电极的开口孔猛烈喷出,对电弧产生纵吹作用,使工频续流在第一次过零时被切断,系统恢复正常工作。

为使工频续流电弧熄灭,排气式避雷器必须能产生足够的气体,而产生气体的多少与工频续流的大小以及电弧与产气管的接触面积有关。若续流过小,则产气不足,不能切断电弧;但若续流过大,产气过多,压力太大会使避雷器爆炸。因此,排气式避雷器有切断电流的上下限,避雷器安装地点的系统最大短路电流应小于排气式避雷器灭弧电流的上限,最小短路电流应大于排气式避雷器灭弧电流的下限。

排气式避雷器的主要缺点是伏秒特性陡,放电分散性大,与被保护设备的伏秒特性不易配合;避雷器动作后母线直接接地形成截波,对变压器的纵绝缘不利;此外放电特性受大气条件影响较大,故主要用于线路交叉档和大跨越档处以及变电站的进线段保护。

(二)阀型避雷器

阀型避雷器由多个火花间隙和非线性电阻盘(阀片)串联构成,装在瓷套里密封起来。由于采用电场较均匀的火花间隙,其伏秒特性较平坦,放电的分散性较小,能与伏秒特性较平的变压器的绝缘较好配合。

阀型避雷器工作原理:当系统正常工作时,间隙将阀片与工作母线隔离,以免由于工作电压在阀片中产生的电流使阀片烧坏。当系统中出现雷电过电压且其峰值超过间隙的放电电压时,火花间隙迅速击穿,雷电流通过阀片流入大地,从而使作用于设备上的电压幅值受到限制。当过电压消失后,间隙中将流过工频续流,由于受到阀片的非线性特性的限制,工频续流比冲击电流小得多,使间隙能在工频续流第一次经过零值时将电流切断,使系统恢复正常工作。

雷电流流过阀片时,在其上会产生一压降,此压降的最大值称为残压,残压会作用在与避雷器并联的被保护设备的绝缘上,所以应尽量限制残压。被保护设备的冲击耐压值必须高于避雷器的冲击放电电压和残压,其绝缘才不会被损坏。若能降低避雷器的冲击放电电压和残压,则设备的冲击耐压值也可相应下降。

阀型避雷器分为普通型和磁吹型两类。

1.普通阀型避雷器

普通阀型避雷器有配电型和电站型两类。普通阀型避雷器由火花间隙和阀片电阻组成。

(1)火花间隙。普通阀型避雷器的火花间隙由很多个短间隙串联而成,普通阀型避雷器单个火花间隙结构示意图如图 3-31 所示。间隙的电

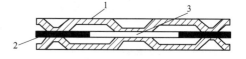

图 3-31 普通阀型避雷器单个火花间
隙结构示意图
1—黄铜电极;2—云母垫圈;3—工作间隙

极用黄铜材料做成,中间用厚约 0.5mm 的云母垫圈隔开。因间隙工作面处距离很小,间隙电场近似均匀。此外,过电压作用时,云母垫圈与电极之间的空气隙中先发生电晕,对间隙产生照射作用,从而缩短了间隙的放电时间,所以间隙具有比较平坦的伏秒特性,放

电的分散性也很小，其冲击系数近似等于 1。单个间隙的工频放电电压约为 2.7~3.0kV（有效值），在没有热电子发射的情况下，单个间隙的初始恢复强度可达 250V 左右，250V是工频续流为正弦波时的耐压值。由于阀型避雷器的阀片电阻是非线性的，其工频续流的波形为尖顶波，因此电流过零前的一段时间内电流很小，电流过零时弧隙中的游离状态已大为减弱，所以单个间隙的初始恢复强度可达 700V 左右。串联的间隙越多，总的恢复强度越大。所以根据需要，可将多个单个间隙串联起来，以得到很高的初始耐压值，防止工频续流过零后电弧重燃，达到切断续流的目的。

标准火花间隙组一般由几个单个火花间隙组成，标准火化间隙组结构示意图如图 3-32所示。根据需要把若干个标准火花间隙组串联在一起，就构成全部火花间隙。避雷器动作后，工频续流电弧被间隙的电极分割成许多个短弧，靠极板上复合与散热作用，去游离程度较高，更易于切断工频续流。

当多个间隙串联使用时，存在的问题就是电压分布不均匀和不稳定，即一些间隙上承受的电压高，而另一些间隙上的电压较低。这样，将使避雷器的灭弧能力降低、工频放电电压也下降和不稳定。引起电压分布不均匀的原因是多个短间隙串联后将形成一等值电容链，各个间隙的电极对地及对高压端有寄生电容存在，使得沿串联间隙上通过的电流不相等，因而沿串联间隙上的电压分布也不相等。为了解决这个问题，对电站型（FZ）系列避雷器可采用分路电阻使电压分布均匀，带分路电阻的阀型避雷器的接线示意图如图 3-33所示。

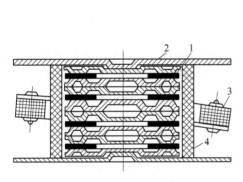

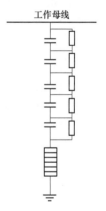

图 3-32　标准火化间隙组结构示意图
1—单个间隙；2—黄铜盖板；
3—分路电阻；4—瓷套筒；

图 3-33　带分路电阻的阀型避雷器的接线示意图

在工频电压作用下，由于间隙的等值容抗大于分路电阻，所以流过分路电阻中的电流比流过间隙中的电容电流大，电压分布主要取决于并联电阻，只要电阻选取合适，可使电压分布得以改善。在冲击电压作用下，由于其等值频率很高，间隙上的电压分布主要由电容决定，仍不均匀。因此，对多间隙的高压避雷器，其冲击放电电压反而会小于工频放电电压，其冲击系数 β 常小于 1。串联的间隙越多，冲击放电电压与工频放电电压之差越大。

采用分路电阻均压后，在系统工作电压作用下，分路电阻中将长期有电流流过。因此分路电阻应有足够大的阻值和热容量，通常采用以 SiC 为主要材料的非线性电阻。

（2）阀片电阻。为了有较好的保护效果，我们希望在一定幅值（普通阀型避雷器为

5kA)、一定波形（10/20μs）的雷电流流过阀片电阻时产生的最大压降（残压）越小越好，即电阻的阻值越小越好。另外，为可靠地熄弧，必须限制续流的大小，希望在工频电压作用下流过间隙及阀片的续流不超过规定值（FS 系列为 50A，FZ 系列为 80A），即此时电阻要有足够的数值。由此可见，只有电阻随电流大小而变化的非线性电阻才能同时满足上述两个要求。

避雷器中所用的非线性电阻通常称为阀片电阻，是由碳化硅（SiC）加黏合剂在 300～350℃ 的温度下烧制而成的圆饼形电阻片，将若干个阀片叠加起来就组成工作电阻。阀片电阻的阻值与流过电流的大小有关，呈非线性变化。电流越大时电阻越小；电流越小时电阻越大。阀片电阻的静态伏安特性如图 3-34 所示，其表达式为

$$U = CI^{\alpha} \tag{3-25}$$

式中 C——常数，等于阀片上流过 1A 电流时的压降，与阀片的材料和尺寸有关；

      α——阀片的非线性系数，$0 < \alpha < 1$，其值与阀片材料有关，α 越小非线性越好。

由于阀片的非线性，使间隙在冲击放电瞬间因通过的冲击电流较小而呈现较高的阻值，放电瞬间的压降较大，故减小了截断波电压。当电流增大时，阀片呈现较低的阻值，使避雷器上电压降低，增加了避雷器的保护效果。在工频电压作用下，阀片呈现极高的阻值，将续流限制得较小，从而使间隙能够在工频续流第一次过零时将电弧切断。

2. 磁吹避雷器

为进一步提高阀型避雷器的保护性能，在普通阀型避雷器的基础上发展了一种新的带磁吹间隙的阀型避雷器，简称磁吹避雷器。其结构和工作原理与普通阀型避雷器相似，主要区别在于其采用了灭弧能力较强的磁吹火花间隙和通流能力较大的高温阀片电阻。

磁吹避雷器的火花间隙利用磁场对电弧的电动力作用，使电弧拉长或旋转，以增强弧柱中的去游离作用，从而大大提高间隙的灭弧能力。

限流式磁吹间隙如图 3-35 所示，这种磁吹间隙能切断 450A 左右的工频续流。由于电弧被拉得很长，且处于去游离很强的灭弧栅中，故电弧电阻很大，可起到限制续流的作用，因而这种间隙又称为限流间隙。采用这种限流间隙，可减少阀片数目，使避雷器的残压降低。

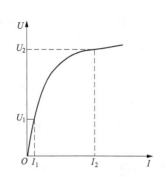

图 3-34   阀片电阻的静态伏安特性

I_1—工频续流；I_2—雷电流；

U_1—工频电压；U_2—残压

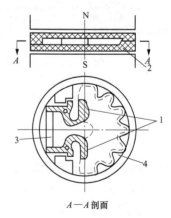

A—A 剖面

图 3-35   限流式磁吹间隙

1—角状电极；2—灭弧盒；

3—并联电阻；4—灭弧栅

磁吹避雷器的结构原理如图 3-36 所示。磁场由与主间隙串联的磁吹线圈产生，当雷电流通过磁吹线圈时，在线圈感抗上出现较大的压降，这样会增大避雷器的残压，使避雷器的保护性能变坏。为此，在磁吹线圈两端并联一辅助间隙，在冲击过电压作用下，线圈两端的压降会使辅助间隙击穿，则放电电流经过辅助间隙、主间隙和阀片流入大地，这样不致使避雷器的残压增大。而当工频续流流过时，磁吹线圈的压降较低，不足以维持辅助间隙放电，电流很快转入线圈中，并发挥磁吹作用。

磁吹避雷器所采用的阀片电阻也是以 SiC 为主要原料加黏合剂在 $1350 \sim 1390℃$ 的高温下焙烧的，所以称高温阀片。其通流容量较大，能通过 $20/40\mu s$、10kA 的冲击电流和 $2000\mu s$、$800 \sim 1000A$ 的方波各 20 次。不易受潮，但非线性系数较高（$\alpha \approx 0.24$）。

磁吹避雷器有保护旋转电机用的 FCD 型及电站用的 FCZ 型两种。

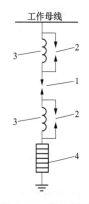

图 3-36　磁吹避雷器的结构原理

1—主间隙；2—辅助间隙；
3—磁吹线圈；4—阀片电阻

3. 阀型避雷器的电气参数

（1）额定电压。额定电压指正常运行时，加在避雷器上的工频工作电压，应与其安装地点的电力系统的电压等级相同。

（2）灭弧电压。灭弧电压指保证避雷器能够在工频续流第一次过零值时灭弧的条件下，允许加在避雷器上的最高工频电压。灭弧电压应大于避雷器安装地点可能出现的最大工频电压。

根据实际运行经验，系统可能出现已经存在单相接地故障而非故障相的避雷器又发生放电的情况。因此，单相接地故障时非故障相的电压升高，非故障相的电压就成为可能出现的最高工频电压，避雷器应保证在这种情况下可靠熄弧。在中性点直接接地系统中，发生单相接地故障时非故障相的电压可达系统最大工作线电压的 80%；在中性点不接地系统和经消弧线圈接地的系统分别可达系统最大工作线电压的 110% 和 100%。所以对 110kV及以上的中性点直接接地系统的避雷器，其灭弧电压规定为系统最大工作线电压的 80%，对 35kV 及以下的中性点不接地系统和经消弧线圈接地系统的避雷器，其灭弧电压分别取系统最大工作线电压的 110% 和 100%。

（3）工频放电电压。工频放电电压指在工频电压作用下，避雷器将发生放电的电压。由于间隙的击穿电压具有分散性，工频放电电压都是给出上限和下限值。作用在避雷器上的工频电压超过下限值时，避雷器将会击穿放电。由于普通阀型避雷器的灭弧能力和通流容量都是有限的，一般不允许它们在内过电压作用下动作，因此通常规定其工频放电电压的下限应不低于该系统可能出现的内过电压。

（4）冲击放电电压。冲击放电电压指在冲击电压作用下避雷器的放电电压（幅值），通常给出的是上限值。对额定电压为 220kV 及以下的避雷器，指的是在标准雷电冲击波下的放电电压（幅值）的上限。对 330kV 及以上的超高压避雷器，除了雷电冲击放电电压外，还包括在标准操作冲击波下的冲击放电电压。

（5）残压（峰值）。残压指雷电流通过避雷器时，在阀片电阻上产生的电压降（峰值）。由于残压的大小与通过的雷电流的幅值有关，我国标准规定：通过避雷器的额定雷电冲击电流，220kV 及以下系统取 5kA；330kV 及以上系统取 10kA，波形为 $8/20\mu s$。

避雷器的残压和冲击放电电压决定了避雷器的保护水平。为了降低被保护设备的冲击绝缘水平，必须同时降低避雷器的残压和冲击放电电压。

此外，还有以下几个常用来综合评价避雷器整体保护性能的技术指标。

1）冲击系数。避雷器冲击放电电压与工频放电电压幅值之比，该值与避雷器的结构有关。一般希望冲击系数接近于1，这样避雷器的伏秒特性就比较平坦，有利于绝缘配合。

2）切断比。避雷器的工频放电电压（下限）与灭弧电压之比。是表示间隙灭弧能力的一个技术指标。切断比越小，说明绝缘强度的恢复越快，灭弧能力越强。一般普通阀型避雷器的切断比为1.8，磁吹避雷器的切断比为1.4。

3）保护比。避雷器的残压与灭弧电压之比。保护比越小，说明残压越低或灭弧电压越高，因而保护性能越好。FS和FZ系列的保护比分别为2.5和2.3左右，FCZ系列为1.7～1.8。

（三）氧化锌避雷器

1. 氧化锌阀片和伏安特性

氧化锌避雷器是一种系统广泛采用的性能完善的避雷器，其核心元件是氧化锌阀片，它是以氧化锌（ZnO）为主要材料，掺以多种微量金属氧化物，如氧化铋（Bi_2O_2）、氧化钴（Co_2O_3）、氧化锰（MnO_2）、氧化锑（Sb_2O_3）、氧化铬（Cr_2O_3）等，经过成型、烧结、表面处理等工艺过程而制成。

氧化锌阀片的伏安特性可分为小电流区、非线性区和饱和区，氧化锌阀片的伏安特性如图3-37所示。电流在1mA以下的区域为小电流区，非线性系数 α 较高，约0.1～0.2；电流在1mA至3kA范围内时为非线性区，用关系式 $U = CI^a$ 表示，式中 α 为0.015～0.05；电流大于3kA，一般进入饱和区，电压增加时，电流增长不快，伏安特性曲线向上翘。

与碳化硅（SiC）阀片相比，ZnO阀片具有很理想的非线性伏安特性，图3-38所示是SiC避雷器与ZnO避雷器及理想避雷器的伏安特性曲线。图中假定ZnO、SiC阀片电阻在10kA电流下的残压相同，那么在额定电压下，SiC阀片中将流过100A左右的电流，而ZnO阀片中流过的电流为μA级，即在工作电压下，ZnO阀片实际上相当一绝缘体，所以可不用间隙与系统隔离。

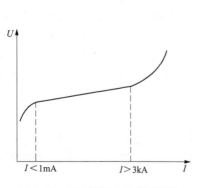

图3-37 氧化锌阀片的伏安特性

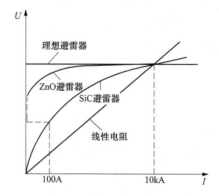

图3-38 ZnO避雷器与SiC避雷器及理想避雷器的伏安特性

与由SiC阀片和串联间隙构成的传统避雷器相比，氧化锌无间隙避雷器具有下述优点：

（1）保护性能优越。由于 ZnO 阀片具有优异的伏安特性，进一步降低其保护水平和被保护设备绝缘水平的潜力很大，特别是它没有火花间隙，所以不存在放电时延，具有很好的陡波响应特性。

（2）无续流，动作负载轻，耐重复动作能力强。在工作电压下流过的电流极小，为 μA 级，实际上可视为无续流。所以在雷击或操作过电压作用下，只需吸收过电流能量，不需吸收续流能量。氧化锌避雷器在大电流长时间重复动作的冲击作用下，特性稳定，所以具有耐受多重雷和重复动作的操作冲击过电压的能力。

（3）通流容量大。氧化锌阀片单位面积的通流能力为碳化硅阀片的 4 ~ 5 倍，而且很容易采用多柱阀片并联的办法进一步增大通流容量。通流容量大的优点使得氧化锌避雷器完全可以用来限制操作过电压，也可以耐受一定持续时间的暂时过电压。

（4）耐污性能好。由于没有串联间隙，因而可避免因瓷套表面不均匀污染使串联火花间隙放电电压不稳定的问题。所以易于制造防污型和带电清洗型避雷器。

（5）适于大批量生产，造价低廉。由于省去了串联火花间隙，所以结构简单，元件单一通用，特别适合大规模自动化生产。此外，还具有尺寸小，质量轻，造价低廉等优点。

2. 氧化锌避雷器的基本电气参数

氧化锌避雷器与碳化硅避雷器的技术特性有许多不同点，其参数及含义如下。

（1）额定电压。额定电压指避雷器两端之间允许施加的最大工频电压有效值。即在系统短时工频过电压直接加在氧化锌阀片上时，避雷器仍能正常地工作（允许吸收规定的雷电及操作过电压能量，特性基本不变，不发生热崩溃）。它相当于 SiC 避雷器的灭弧电压，但含义不同，它是与热负载有关的量，是决定避雷器各种特性的基准参数。

（2）最大持续运行电压。最大持续运行电压指允许持续加在避雷器两端的最大工频电压有效值。避雷器吸收过电压能量后温度升高，在此电压下能正常冷却，不发生热击穿。它一般应等于系统最大工作相电压。

（3）起始动作电压（或参考电压）。起始动作电压指避雷器通过 1mA 工频电流峰值或直流电流时，其两端之间的工频电压峰值或直流电压，通常用 U_{1mA} 表示。该电压大致位于 ZnO 阀片伏安特性曲线由小电流区上升部分进入非线性区平坦部分的转折处，所以也称为转折电压。从这一电压开始，认为避雷器已进入限制过电压的工作范围。

（4）残压。残压指放电电流通过 ZnO 阀片时，其两端之间出现的电压峰值。包括三种放电电流波形下的残压。

陡波冲击电流下的残压：电流波形为 1/5μs，放电电流峰值为 5kA、10kA、20kA；

雷电冲击电流下的残压：电流波形为 8/20μs，标称放电电流为 5kA、10kA、20kA；

操作冲击电流下的残压：电流波形为 30/60μs，电流峰值为 0.5kA（一般避雷器）、1kA（330kV 避雷器）、2kA（500kV 避雷器）。

3. 评价氧化锌避雷器性能优劣的指标

（1）保护水平。氧化锌避雷器的雷电保护水平为雷电冲击残压和陡波冲击残压除以两者中的较大者；操作冲击保护水平等于操作冲击残压。

（2）压比。指氧化锌避雷器通过波形为 8/20μs 的标称冲击放电电流时的残压与起始动作电压的比值，如 10kA 下的压比为 U_{10kA}/U_{1mA}。压比越小，表示非线性越好，通过冲击大电流时的残压越低，避雷器的保护性能越好。现有产品水平约为 1.6 ～ 2。

（3）荷电率。表征单位电阻片上的电压负荷，是氧化锌避雷器的持续运行电压峰值与起始动作电压之比。荷电率越高说明避雷器稳定性越好，越耐老化，能在靠近转折点处长期工作。荷电率一般采用 45% ～ 75% 或更大。在中性点不接地或经消弧线圈接地系统中，因单相接地时健全相电压升高较大，所以一般选用较低的荷电率。在中性点直接接地系统中，工频电压升高不突出，可采用较高的荷电率。

（4）保护比。氧化锌避雷器的保护比定义为标称放电电流下的残压与最大持续运行电压峰值的比值或压比与荷电率之比，即

$$保护比 = \frac{标称放电电流下的残压}{最大持续运行电压（峰值）} = \frac{压比}{荷电率}$$

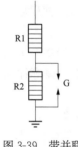

图 3-39 带并联间隙的氧化锌避雷器原理

因此，降低压比或提高荷电率可降低氧化锌避雷器的保护比。

氧化锌避雷器在电压等级较低时大部分采用无间隙的结构。对超高电压或需大幅度降低压比时，则采用并联或串联间隙的方法。为了降低大电流时的残压而又不加大阀片在正常运行中的电压负担，以减轻氧化锌阀片的老化，往往也采用并联或串联间隙的方法。带并联间隙的氧化锌避雷器原理如图 3-39 所示。在正常情况下，间隙 G 不击穿，由 R1 和 R2 共同承担工作电压，荷电率较低。当雷电或操作过电压作用时，流过 R1、R2 的电流将迅速增加，R1、R2 上的电压也随之增加；当 R2 上的电压达到一定值时，间隙 G 被击穿，R2 被短接，避雷器上的残压仅由 R1 决定，从而降低了残压，也降低了压比。

由于氧化锌避雷器有上述优点，因而发展潜力很大，是避雷器发展的主要方向，正在逐步取代传统的带间隙的碳化硅避雷器。

第九节 低 压 开 关

低压开关是指电压在 500V 以下电路上的控制电器，它在发电厂和变电站及其他的低压配电装置中应用广泛。低压电器种类繁多，这里仅介绍电力系统中常用的几种低压开关。

一、熔断器

熔断器是最简单的保护电器，它串联在电路中，在短路或过负荷时，靠熔件熔断保护电气设备免受损坏。在功率较小和对保护性能要求不高的地方，可以与隔离开关配合使用代替自动空气开关，与负荷开关配合使用代替高压断路器。

熔断器主要由金属熔件（也叫熔体）、支持熔件的载流部分（触头）和外壳构成。熔件是熔断器的核心。熔件用铅、铅锡合金、锌、铝、铜、银等金属制成。熔件熔化时间的长短，取决于流过电流的大小和熔件熔点的高低。熔件熔断时间与通过电流的关系称为熔断器的保护特性。此特性用 $t = f(I)$ 曲线表示，称为熔断器的保护特性曲线，由制造厂给出，熔断器的保护特性曲线如图 3-40 所示。

从图 3-40 可以看出：

（1）同一熔件，通过熔件的短路电流越大，熔断的时间就越短。

（2）不同熔件，当通过熔件的短路电流相同时，熔件的额定电流越小，熔断的时间就越短。

（3）当通过熔件的电流不大于其额定电流时，不论通过的时间有多长，熔件不应熔断。

熔断器的保护特性在工程上有着重要的意义，其意义如下：

（1）根据熔件熔断情况来判断故障性质，是过载还是短路故障。

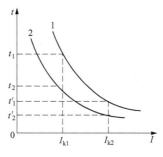

图 3-40　熔断器的保护特性曲线

（2）合理选择熔断器。

（3）上下级电路的熔断器要合理配合。一般情况下，上级熔断器的额定电流比下级额定电流要大 2～3 个电流级；其次，上级熔断器的熔断时间是下级熔断器的熔断时间 2 倍左右。

由于熔断器具有工作可靠，结构简单，使用和维护方便，尺寸小，质量轻，价格低等优点，因此被广泛应用在各种电压级的电路中。

二、隔离开关

隔离开关是一种简单的低压开关。其额定电流通常在 1500A 以下，它只能手动操作，所以，在应用隔离开关时，电路中必须串联接入熔断器，以便在短路或过负荷时自动切断电路。

根据构造可分为单极的、双极的和三极的；根据灭弧结构，隔离开关分为不带灭弧罩的和带灭弧罩的两种。不带灭弧罩的隔离开关不能断开大的负荷电流，因此一般用来隔离电源。带灭弧罩的隔离开关可用来切断较大的额定电流。

在隔离开关中还有一种新型组合式的开关电器-熔断式隔离开关（刀熔开关）。它是一种组合电器，用来代替低压配电装置中的隔离开关和熔断器。它具有熔断器和隔离开关的基本性能，不仅可以控制正常工作电路，而且可以切断故障电路。

三、接触器与磁力启动器

接触器适用于电压为 500V 以下的交直流电动机或其他操作频繁的电路中，作为远距离操纵或自动控制，但不能切断短路电流和过负荷电流，因此不能用它来保护电气设备。在电路中必须串联接入熔断器，以使在短路或过负荷时自动切断电路。

用接触器来控制鼠笼型电动机的线路有主电路和控制电路两个电路。由于接触器的线圈具有较大的阻抗，因此通过控制回路的电流较小，一般在 1A 以下。

三相交流接触器加装热继电器后便成为磁力启动器，也叫低压电磁开关。它主要供远距离控制三相异步电动机的启动、停止、正反向运转之用，并可兼作电动机的欠压和过载保护，磁力启动器不能保护短路，因此必须和熔断器串联。磁力启动器通常用按钮操纵。

在任何种类的磁力启动器中，接触器是主要组成部分，下面着重介绍用磁力启动器来控制鼠笼型电动机的线路的工作原理，磁力启动器电动机控制回路如图 3-41 所示。

在启动电动机前，先合上开关 Q，然后按下启动按钮 SB2 将控制回路接通，接触器线

143

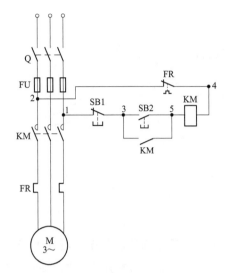

图 3-41 磁力启动器电动机控制回路

圈 KM 通电后，KM 主触头闭合接通主电路，电动机开始运转。与此同时，和启动按钮 SB2 并联的 KM 常开辅助触点也闭合，这样，当手松开按钮 SB2 后，虽然 SB2 被断开，但线圈 KM 并未断电，从而保证 KM 主触头处在闭合状态，使电动机继续运转，辅助触点所起的上述作用称为自保持。停机时，可按下停止按钮 SB1，使控制回路断电，接触器的主触头和辅助触点都打开，电动机即停止运行。

当线路过载时，热继电器 FR 动作，FR 常闭触点断开，KM 线圈失电。KM 常开辅助触点断开，电动机停运。热继电器 FR 不适合作短路保护，只能作过载保护。

当线路电压由于某种原因降低到额定电压的 85% 以下时，接触器的铁芯线圈产生的电磁吸力减小，磁力启动器能自动切断主电路，达到欠压保护的作用。

磁力启动器可对电动机实现短路、失压和过载保护，而 QC 系列启动器仅能对电动机实现失压和过载保护。

因此，发电厂和变电站中，广泛应用 QC₁ 型磁力启动器，控制 40kW 及以下的电动机。

四、低压断路器

低压断路器俗称自动空气开关，广泛地用于 500V 以下不频繁操作的低压配电线路或开关柜（箱）中。当电路内发生过负荷、短路、电压降低或失压时，自动空气开关能自动地切断电路。

低压断路器按灭弧介质可分为空气断路器和真空断路器；按用途可分为配电用断路器、保护电动机用断路器、照明用断路器、和漏电保护断路器等。

低压配电用断路器按结构型式可分塑料外壳式（又称装置式）和万能式（框架式）两大类。

（一）塑料外壳式低压断路器

塑料外壳式低压断路器的主要特征是采用由聚酯绝缘材料模压制而成的外壳，所有的部件都装在这个封闭的外壳中。塑料外壳式低压断路器常用于低压配电柜（箱）中，作为配电线路、电动机、照明线路及电热器等电源控制开关及保护。

塑料外壳式低压断路器种类繁多，国产型号有 DZX10、DZ15、DZ20 等，引进技术生产的有 H、T、NZM、C45N、NS、S 等型，以及智能型塑料外壳式断路器 DZ40 等型。

塑料外壳式低压断路器由触头系统、脱扣器、灭弧系统、绝缘外壳和操作机构五部分组成。操作机构具有弹簧储能，快速合、分的功能。触头系统由动触头、静触头组成。脱扣器有过载脱口器和短路脱口器两种，过载脱口器为双金属片式，受热弯曲推动牵引杆有反时限动作特性；短路脱口器采用电磁式结构。灭弧系统由灭弧室和绝缘封板、绝缘加板

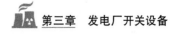

组成。绝缘外壳由绝缘底座、绝缘盖、进出线端的绝缘风板组成。

（二）万能式断路器

万能式断路器又称框架式断路器，一般有一个带绝缘衬垫的钢制框架，所有的部件安装在这个框架底座内。按安装方式可分为固定式和抽屉式两种，按操作方式可分为手动和电动两种。万能式断路器具有多段式保护特性，主要用于配电网络和保护。根据脱口器组合产生的不同保护特性，可分为有选择性或非选择性配电用断路器及有反时限动作特性的电动机保护用断路器。

万能式断路器常用的型号有 DW16、DW15、HH（多功能、高性能）、DW45（智能型），另外还有 ME、AE（高性能型和智能型）等系列。

第四章　电气主接线及厂用电接线

第一节　发电厂电气主接线

一、电气主接线的作用和基本要求

发电厂及变电站主接线又称一次接线，是电力系统传送、分配电能的电路。主要的组成设备有发电机、主变压器、母线、断路器、隔离开关、线路等。这些设备的连接方式对运行方式、安全性、灵活性、供电可靠性、检修方便性，以及造价、经济合理性起着决定性的作用。主接线选择的正确与否和电气设备选择、配电装置布置、继电保护的配置、自动装置和控制方式的拟定都有密切关系，对运行的可靠性和经济性等都有重大的影响。通常，发电厂和变电站的主接线应满足下列基本要求：

（1）根据系统和用户的要求，保证必要的供电可靠性和电能质量。

（2）主接线应具有一定的灵活性以适应电力系统及主要设备的各种运行状况的要求，此外还要便于检修。

（3）主接线应简单明了、运行方便，使主要元件投入或切除时所需要的操作步骤最少。在满足上述要求和条件下投资和运行费用最少。

（4）具有扩建的可能性。

主接线图是指用规定的设备文字和图形符号并按工作顺序排列，详细地表示电气主接线全部基本组成和连接关系的单线接线图。在绘制主接线图时，电气设备的文字和图形符号应当采用相关国家标准规定的符号。

二、电气主接线的基本形式

主接线的基本形式一般分为有汇流母线的接线形式和无汇流母线的接线形式两大类。

有汇流母线的接线形式有单母线接线和双母线接线。有汇流母线的接线形式是用母线作为电源和负荷出线之间汇集和分配电能的中间元件，采用母线作为中间环节，可使接线简单清晰，运行方便，有利于安装和扩建，用于进出线电源数较多的场合。但有母线后，配电装置占地面积较大，断路器等设备增多。

无汇流母线的接线形式有单元接线、桥式接线、角形接线。无汇流母线的接线形式占地面积小，断路器等设备少，不宜扩建，一般多用于进出线较少的变电站和土地面积紧张的水电厂。

三、单母线接线

（一）单母线不分段接线

只有一组母线的接线称为单母线接线，图 4-1 是典型的单母线接线图。这种接线的特点是电源和供电线路都连接在同一组母线上。为了便于投入或切除任何一条进、出线，在每条引线上都装有可以在各种运行状态下开断或接通电路的断路器（如图中的 QF_1、QF_2 等）。当需要检修断路器而又要保证其他电路正常供电时，则应使被检修的断路器和电源隔离。为此，又在每个断路器的两侧装设隔离开关（QS_1、QS_3 等），它的作用只是保证检修断路器时和其他带电部分明显隔离，而不能用来接通和切除线路。这种接线的缺点是若不设置隔离开关 QS_1 和 QS_3，在检修断路器 QF_2 时必须使母线完全停电。

单母线接线的主要优点是接线简单、设备少、操作方便、投资少，便于扩建；其主要缺点是当母线或母线隔离开关发生故障或检修时必须断开全部电源，造成整个配电装置停电。此外，当出线断路器检修时，必须在整个检修期间停止该回路的工作。由于上述缺点的存在，使得单母线接线无法满足对重要用户连续供电的需要。

（二）单母线分段接线

当引出线数目较多时，为提高供电可靠性，可用断路器将母线分段，成为单母线分段接线。单母线分段接线如图 4-2 所示。正常运行时，单母线分段接线有分段断路器闭合运行和分段断路器断开运行两种运行方式。

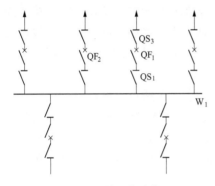

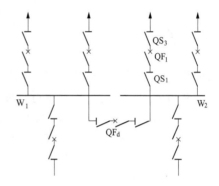

图 4-1　单母线接线　　　　　　　　图 4-2　单母线分段接线

1. 分段断路器闭合运行

正常运行时分段断路器（QF_d）闭合，两个电源分别接在两段母线上；两段母线上的负荷应均匀分配，以使两段母线上的电压均衡。运行中，当任一段母线发生故障时，继电保护装置动作跳开分段断路器和接至该母线段上的电源断路器，另一段则继续供电。

2. 分段断路器断开运行

正常运行时分段断路器（QF_d）断开，两段母线上的电压可能不相同。每个电源只向接至本段母线上的引出线供电。当任一电源故障时，该电源支路断路器自动跳开。为提高供电可靠性，可加装备用电源自动投入装置，当任一电源故障该电源支路断路器自动跳开后，由备用电源自动投入装置自动接通分段断路器，保证全部引出线继续供电。这种运行方式可能引起正常运行时两段母线电压不相等，若由两段母线向一个重要用户供电时，会给用户带来一些困难。分段运行的优点是可以限制短路电流。

3. 单母线分段接线的主要优缺点

（1）当母线发生故障时，仅故障母线段停止工作，另一段母线仍继续工作。

（2）对重要用户，可由不同段母线分别引出的两个回路供电，以保证供电可靠。

（3）当一段母线故障或检修时，必须断开接在该段母线上的所有支路，使之停止工作。

（4）任一支路断路器检修时，该支路必须停止工作。

（5）当出线为双回路时，会使架空线出现交叉跨越。

单母线分段接线较单母线接线提高了供电可靠性和灵活性。但是，当电源容量较大、出线数目较多时，其缺点更加明显。

四、双母线接线

（一）一般双母线接线

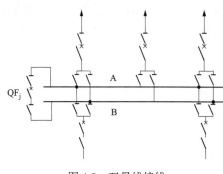

图 4-3 双母线接线

双母线接线如图 4-3 所示。这种接线有两组母线（A 和 B)，在两组母线之间通过母线联络断路器 QFⱼ（简称母联断路器）连接；每一条出线和电源支路都经一台断路器与两组母线隔离开关分别接至两组母线。

1. 双母线接线的运行方式

（1）一套工作、一套备用方式。正常运行时，所有电源和引出线与工作母线连接的隔离开关接通，所有电源和引出线与备用母线连接的隔离开关断开，母联断路器断开。备用母线不带电，需要时 A、B 两组母线的工作与备用状态可相互转换。

（2）双母线同时运行。正常运行时母联断路器闭合连接两组母线，一个电源和一部分引出线与 A 组母线连接，另一个电源和其他引出线与 B 组母线连接，两组母线功率均匀分配。双母线同时运行时，它具有单母线分段接线的特点，若一组母线出现故障，只会引起接至故障母线上的部分电源和引出线停电，经倒闸操作可迅速地将停电部分转移到另一组母线上，便可以恢复工作。

双母线同时运行，母联断路器闭合时称之为双母线并列运行，母联断路器断开时称之为双母线分列运行。

2. 双母线接线的特点

（1）检修母线时不影响正常供电。当采用一套工作、一套备用方式运行时，需要检修工作母线，可将工作母线转换为备用状态后，便可进行母线停电检修工作。在倒母线操作过程中，任一回路的工作均未受到影响。

（2）检修任一母线隔离开关时，只影响本支路供电。

（3）工作母线发生故障后，所有支路能迅速恢复供电。工作母线发生短路故障，各电源支路的断路器自动跳闸。随后拉开引出线支路断路器和工作母线侧隔离开关，合入各支路备用母线侧隔离开关，最后依次合入电源、引出线电路断路器，迅速恢复供电。

（4）利用母联断路器替代引出线断路器工作。

（5）双母线接线的设备较多，配电装置复杂，投资和占地面积较大，运行中需要用隔离开关切换电路，容易引起误操作。

鉴于双母线接线具有较高的可靠性和灵活性，这种接线在大、中型发电厂和变电站中得到广泛的应用，一般用于引出线和电源较多、输送和穿越功率较大，要求可取性和灵活性较高的场合。

（二）双母线三分段接线

双母线分段接线加图 4-4 所示，母线用分段断路器（QFd）分为两段，每段母线与 B 套母线之间分别通过母联断路器 QF₁、QF₂连接。这种接线较双母线接线具有更高的可靠性和更大的灵活性。当 A 套母线工作、B 套母线备用时，它具有单母线分段接线的特点。

任一分段母线检修时，将该段母线所连接的支路倒至备用母线上运行，仍能保持单母段分段运行的特点。当具有三个或三个以上电源时，可将电源分别接到I组母线分段I、分段II和III组母线上，用母联断路器连通三组母线与某一个分段母线，构成单母线分三段运行，可进一步提高供电可靠性。双母线分段接线主要适用于大容量进出线较多的装置，如 220kV 进出线为 10～14 回的装置。在 330～500kV 的装置中，也有采用双母线分四段的接线。

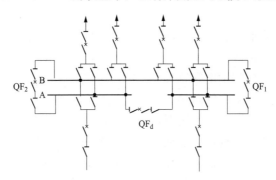

图 4-4　双母线分段接线

（三）双母线 3/2 断路器接线方式

在大型发电机的电厂，主接线广泛采用双母线 3/2 断路器接线方式，即一回进线、一回出线（或二回出线）共用三台断路器。双母线 3/2 断路器接线方式如图 4-5 所示，该图中有两个完全串（即三台断路器分别接一回出线、一回电源）。

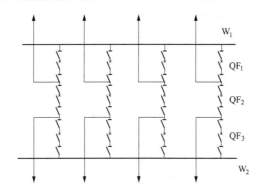

图 4-5　双母线 3/2 断路器接线方式

1. 双母线 3/2 断路器接线方式的特点

（1）能避免由于母线故障引起的大量线路停电及电源中断。对双母线带旁路的主接线方式，当任一母线故障，将切除母联断路器及故障母线上所有电源进线及出线的断路器，但当故障点在某些母差保护的动作死区（如母联断路器电流互感器）时将切除双母线上全部断路器，造成严重后果。

对双母线 3/2 断路器接线方式，当任一母线故障，母差保护动作，切除与该母线直接连接的各断路器，故障母线即从系统中切除，连接在该主接线中的所有电源进线及超高压出线仍可通过另一台断路器保持与系统相连，避免了因母线故障而引起的机组停用或超高压线路停电。

（2）运行方式灵活。双母线 3/2 断路器接线方式对每一串任一断路器检修或故障，不影响正常的发供电。

当进出线较多时，这种接线方式的优点更显突出。而对双母线带旁路（仅设一台断路器）的接线方式，每次仅限于一台断路器检修；当旁路断路器代路（旁路断路器代主断路器）或旁路断路器本身检修时，又发生一台断路器故障时，务必将该故障断路器所对应的进线或出线停用。

双母线 3/2 接线方式的运行方式灵活对大机组发电厂是十分突出和必要的。因为机组容量大，一旦停下对系统造成的冲击也会很大。大机组所连接的系统电压等级高，输送容量大，为了合理投资，相应的输电线路要少一些，输电线路的输送功率限额与发电机容量是相对应的。换句话说，当输电线路停用，发电机就有可能限出力。

为最大限度地满足发电、供电的需要，具有灵活的主接线运行方式更显必要，不希望发生因为某一断路器的故障或检修，造成电发、供电的中断或发电机限出力。

（3）隔绝操作简单方便。当任一断路器因检修或故障需从系统中隔绝时，仅需断开该断路器及其两侧的隔离开关。而对双母线带旁路的接线方式，为了避免供电的中断必须每次操作旁路断路器和相应的隔离开关；旁路断路器保护定值必须随代用断路器的要求而事先调整好，运行操作工作量大；由于该运行方式操作复杂、工作量大，随着运行的误操作、误整定、操作过电压对设备的损坏，操作过程中引起设备的机械损坏（如隔离开关支持绝缘子断裂等）等的概率也会增加。

（4）投资较高。对双母线 3/2 断路器接线方式，高压断路器设置的总数较之双母线带旁路接线的要多，但较双母线双断路器的要少。由于高压断路器是比较昂贵的设备，因此较双母线带旁路接线总的投资高。

综上分析，对大容量机组、超高压输电系统，无论什么原因，如断路器临时检修、母线故障、人员误操作等造成线路或电源进线停用或发电机限出力，均可能影响几十万千瓦电力的生产，对系统将造成较大冲击，造成的损失将是十分巨大。综合经济、技术等因素，双母线 3/2 断路器接线的运行方式灵活性、供电可靠性更显突出，因而在大容量机组电厂大量、广泛采用双母线 3/2 断路器接线方式。

尽管大型发电厂主接线采用双母线 3/2 断路器接线方式有上述优点，但也必须指出，从整个电网的角度来看，这种接线方式不能很好地满足形成一个合理而稳定电网结构的基本要求，表现为当其某一出线故障时，电厂与系统之间维持暂态、静态稳定的能力不如其他几种接线方式。因为一个合理的电网结构应该是外接电源适当分散，同时与受端系统的联系应加强，尤其是在事故情况下能对受端系统提供足够的电压支撑；能避免由于负荷大量转移至相邻线路后引起的静态稳定破坏或受端电压大幅下降而引起的电压崩溃。

因此，在远离负荷中心的大型发电厂，越来越多的人推荐采用发电机、变压器、线路单元接线方式或双母线双断路器、母线分开运行、机组和出线均衡配置的运行接线方式。这种将一个厂内的大电源分成几块的直接效果是当一组送出线路发生故障，在其后的系统暂态摇摆过程中，电厂内只有与该线路相连接的几台机组处于送电侧，而其余机组皆自动处于受电侧成为受电系统的电源，从而加强了对受端网络的支持。另外还有一点，随着机组容量的扩大、电网的扩容，从限制短路电流大小的角度出发，一些大容量电厂和枢纽变电站母线也将解列运行。

　　基于上述理由，随着电网规模进一步扩大、远距离电厂单机容量及总装机容量增加，将来也许会有相当数量的电厂不再采用双母线 3/2 断路器接线方式。

　　2. 进、出线布置的特点

　　以两回进线及两回出线的电厂为例，两个完全串中电源、出线交叉排列，即一回出线靠近 A 母线，另一回出线靠近 B 母线，两个电源进线也相应变换了位置。这样的排列特点能最大限度地缩小故障范围，确保电厂和系统的稳定运行。有些特殊故障，如当任一母线故障，并发生与故障母线相连的两台断路器均拒动时，除了由母差保护切除连接故障母线的各断路器外，并由拒动的断路器启动相应的失灵保护，跳开该串的中间两台断路器，这样仅切除一回电源进线及一回出线，而不至于切除相同两个的电源进线或两回出线。

　　3. 保护装置跳闸逻辑电路的设计要与一次接线方式相适应

　　对双母线 3/2 断路器接线方式，任一进线电源或任一出线均通过两台断路器与系统或母线连接，在设计保护装置跳闸逻辑电路时，要充分考虑该接线方式的特点。当一回电源进线或一回出线故障需从系统中切除时，必须将该电源或出线与系统相连接的两个断路器全部切除，因此设计保护装置跳闸逻辑电路时，需充分考虑这一情况。

　　对发电机变压器组保护，当保护动作作用于跳闸时，应断开与该发电机-变压器组（简称发变组）直接连接的两台断路器保护。在设计线路重合闸装置时，对一条线路可设计一套重合闸装置。对与该线路直接相连的两台断路器，通过程序重合闸回路依次合闸。

　　对断路器失灵保护，则按断路器在主接线中的位置及该断路器连接的设备（进、出线）选择不同的扩大的跳闸逻辑电路。如连接于某一母线的任一断路器失灵时，将切除与该母线直接相连的各断路器及与该失灵断路器毗邻相连的另一台断路器；当连接出线的断路器失灵时，除切除与其毗邻相连的一台断路器外，还通过远方跳闸逻辑电路将线路对侧的各有关断路器切除（如对侧也为双母线 3/2 断路器接线方式，则应断开两台断路器）。

　　五、发变组单元接线

　　600MW 大机组的发电厂，广泛采用发变组组单元接线，发变组单元接线如图 4-6 所示。

　　该接线方式仅在变压器高压侧装设断路器，具体原因如下：

　　（1）大容量发电机发出的电能主要是通过双绕组主变压器升压，以一种电压方式送入超高压电力系统。在发电机出口侧仅支持厂用总变压器和励磁变压器，不设置发电机电压的其他任何出线。由于未设三绕组变压器而是以两种电压方式接入电力系统，从满足不同运行方式角度来考虑，不设发电机出口断路器是可行的。

　　（2）对 300MW 及以上机组，当发电机内部或出口侧短路时，需发电机出口断路器切断故障电流。制造成本高，经济性差。

　　（3）当发电机内部、支持厂用总变压器、发电机出口侧故障时，将通过相应的继电保护装置断开主变压器高压侧的各有关断路器（对双母线 3/2 断路器接线方式，则断开与该发变组相连的 2 只断路器）及发电机励磁开关，将故障点从系统中切除并灭磁。

　　（4）采用发变组单元接线，有利于实现机、炉、电集中控制，接线简单、清晰，维

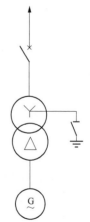

图 4-6　发变组单元接线

护、运行管理方便，从而提高运行可靠性。

（5）大容量发电机的厂用电动机容量达数千千瓦（如电动给水泵电动机达7500kW，引风机达3700kW，送风机、一次风机均达1800kW），如发电机出口回路无断路器，机组启动时采用由系统经主变压器送至厂用高压变压器来满足启动电泵、启动风机、磨煤机等已不可能。

绝大多数600MW机组采用的发变组单元接线方式是在与系统联系的高压母线上增设一启动变压器，该变压器同时兼作公共、备用变压器，即机组启动时，供厂用负荷（电泵、风机、磨煤机等），机组正常运行时带电厂的公用负荷，如输煤、卸煤、除灰、检修电源并作为常用厂用母线的备用电源。国外也有设计生产20～30kA的发电机出口用断路器，因而可能从系统经主变压器倒送至厂用高压变压器来实现机组启动，然后再通过发电机出口断路器实现发电机与系统并列，这样可省去价值昂贵的超高压启动变压器，但厂用备用电源需另外设计，这种启动方式尚未得到广泛应用。

大机组采用发变组单元接线（发电机不设出口断路器）方式在下列情况下会对机组的安全很不利。

1）当主变压器或厂用高压变压器发生故障时，除了跳主变压器高压侧出口断路器外，还需跳发电机磁场开关，由于大型发电机的时间常数较大，因而即使磁场开关跳闸后，一段时间内通过发变组的故障电流仍很大。若发生不对称故障，这时I_t^2t较大，对发电机尤其不利；若励磁开关拒跳，后果更为严重。

2）发电机定子绕组本身故障时，若变压器高压侧一只断路器失灵拒跳（在一般升压站采用3/2接线，出口有两只断路器），则只能通过失灵保护出口母差保护或发远方跳闸信号使线路对侧断路器跳闸；若因通道原因远方跳闸信号失效，则只能由对侧后备保护来切除故障，这样故障切除时间大大延长，会使发电机、主变压器严重损坏。

3）发电机故障跳闸时，将失去厂用工作电源，而这种情况下备用电源的快速切除极有可能。

发电机出口采用封闭母线，发电机出口至主变压器及分支厂用总变压器的距离较短，采用每相封闭的母线连接是提高大机组安全运行可靠性的有效而又比较经济的常用措施。由于采用了分相封闭母线，发电机与主变压器之间以及发电机与支接厂用总变压器之间，几乎没有出现相间短路的可能性。同时，也极少有可能发生由于外界原因引起的单相接地故障。封闭母线内的支持绝缘子工作在防尘、防潮的封闭外壳内，有较为良好的工作环境，再加以定期维护和合理周期的预防性试验，其工作可靠性应该是较高的。

600MW发电机出口封闭母线，如能考虑在封闭母线内部充压缩空气正压运行，这将为内部绝缘子创造更为有利的工作环境，进一步提高封闭母线的运行可靠性。此时，对封闭母线的设计、制造及安装工艺有更为严格的要求。

六、限制短路电流的方法

随着系统中大容量发电机组的出现，当发电机出口发生短路时，其短路电流为几万甚至几十万安，这将使母线、断路器等一次设备遭受到严重的冲击力，甚至会因短路电流太大而无法选到合适的断路器。因此，应当采取限制短路电流的措施。限制短路电流的措施有以下几种方法。

1. 发变组采用单元接线

发电机和升压变压器采用单元接线，将减少短路的短路电流。

2. 环形电网开环运行

在环形电网某一穿越功率最小处开环运行，或将发电厂高压母线分裂用来并联运行的两大部分分开运行时，会使短路时的电抗增大，短路电流变小。

3. 变压器分列运行

多数降压变电站中装有两台变压器，其低压侧母线常采用单母线分段运行，断路器断开时，会使短路电流大为减少。为保证供电可靠性，分段断路器用电源自动投入装置。

4. 采用低压分裂绕组变压器

采用低压绕组分裂变压器，低压绕组变压器为三绕组变压器，有一个高压绕组和两个一样的低压绕组。低压分裂绕组变压器接线和等值电路如图 4-7 所示。

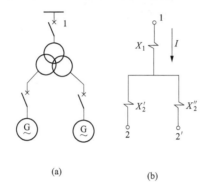

图 4-7　低压分裂绕组变压器接线和等值电路

(a) 变压器接线；(b) 等值电路

低压分裂绕组变压器正常运行时，压降只有相同普通变压器压降的一半，但限制短路电流的能力相同。用一台变压器可以替代两台双绕组变压器，减少变压器台数，减小占地面积和投资。

七、商洛发电厂 660MW 机组主接线

商洛发电厂 660MW 机组主接线如图 4-8 所示。1 号、2 号机组均为 660MW 凝汽式汽轮发电机组。每台发电机（660MW、22kV）经离相封闭母线分别与 2 台 750MVA 三相主变压器相连，两台发电机组经断路器接入双母线接线，母线设置专用母联开关，另有一台 36MVA 启动/备用变压器接入母线。厂用高压变压器经封闭母线从主变压器低压侧引接，每台机组设一台高压工作厂用变压器，即 1 号、2 号高压厂用变压器，10kV 低压侧接入四段工作母线（1A、2A、1B、2B）供给本机组高压厂用负荷。

330kV 配电装置包括断路器、隔离开关、电流互感器、电压互感器、避雷器、架空母线等，为敞开式电器，户外布置。外绝缘爬距 3.1kV/cm，满足 e 级污区的配置要求。

1 号、2 号机组共用 1 台启动/备用变压器（有载调压），为 0 号启动备/用变压器。通过一组 330kV 断路器接至 330kV 母线，低压侧经共箱封闭母线分别接到各机组 10kV 四段工作母线，作为工作母线的备用电源。

主变压器中性点采用避雷器 Y1.5W5-207/440 保护变压器中性点绝缘，主变压器中性点接地电抗器的阻抗为主变压器零序阻抗的 1/3，其额定电流是 330kV 系统单相接地电流的 1/25。

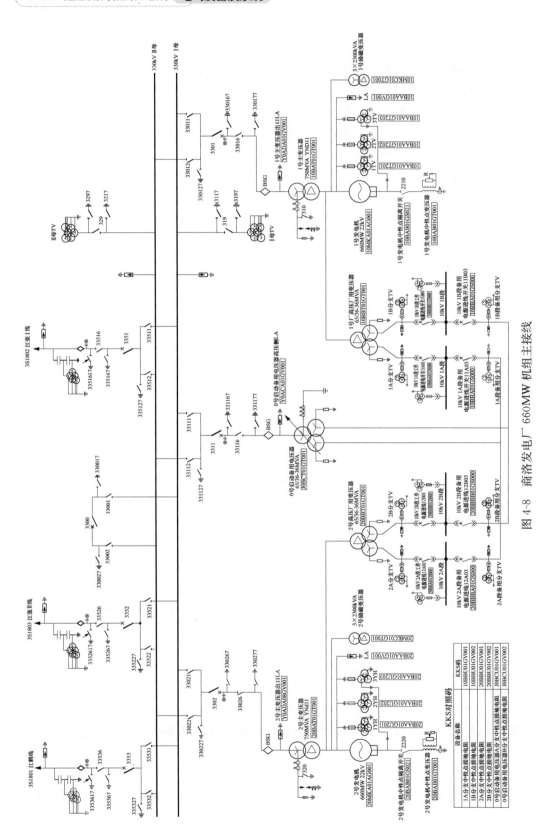

图 4-8 商洛发电厂 660MW 机组主接线

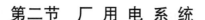

第二节 厂 用 电 系 统

一、概述

厂用电率是机炉发电和供热所需的自用电能消耗量分别与同一时期对应机组发电量和供热量的比值，是发电厂主要运行经济指标之一。一般凝汽式电厂厂用电率为 3%～6%、热电厂为 8%～10%、水电厂为 0.3%～2.0%，降低厂用电率可以降低电能成本，同时还可以相应地增大电厂对系统的供电量。

厂用电负荷根据用电设备在生产中的作用及突然供电中断时造成危害的程度，可分为五类。

（1）Ⅰ类负荷。指短时（一般指手动切换恢复供电所需的时间）停电将影响人身或设备安全，使机组运转停顿或发电量大幅度下降的负荷，如给水泵、凝结水泵、送风机、吸风机等。接有Ⅰ类负荷的高、低压厂用母线，应设置备用电源。当一个电源断电后，另一个电源就立即自动投入。

（2）Ⅱ类负荷。指允许短时停电（几秒至几分钟），但较长时间停电可能损坏设备或影响机组正常运转的负荷，如输煤设备、工业水泵、疏水泵等。对接有Ⅱ类负荷的厂用母线，应由两个独立电源供电，一般采用手动切换。

（3）Ⅲ类负荷。指长时间停电不会直接影响生产的负荷，如试验室和中央修配厂的用电设备等。对接有Ⅲ类负荷的厂用母线，一般由一个电源供电。

（4）事故保安负荷。停机过程中及停机后一段时间内应保证供电的负荷。这类负荷停电将引起主要设备损坏，重要的自动控制失灵或推迟恢复供电。根据对电源的不同要求，事故保安负荷分为两种：①直流保安负荷（0Ⅱ），由蓄电池组供电，如汽轮机的直流油泵等；②交流保安负荷（0Ⅲ），平时由交流厂用电供电，失去厂用电源时，交流保安电源应自动投入供电，交流保安电源一般采用快速自启动的柴油发电机组，如 200MW 及以上机组的盘车电动机。

（5）不间断供电负荷（0Ⅰ）。在机组启动、运行和停机过程中，甚至停机以后的一段时间内，需要连续供电并具有恒频恒压特性的负荷，如实时控制用电子计算机。不间断供电装置一般采用蓄电池组供电的电动发电机组或配备静态开关的静态逆变装置。

二、厂用电接线的基本要求

厂用电系统的接线是否合理，对保证厂用负荷的连续供电和发电厂安全经济运行至关重要。由于厂用电负荷多、分布广、工作环境差和操作频繁等原因，厂用电事故在电厂事故中占有很大的比例。因为厂用电接线的过渡和设备的异动比主系统频繁，如若考虑不周，也常常会埋下事故的隐患。此外，由于人们对厂用电往往不如对主系统那么重视，这就很容易发生事故。统计表明，不少全厂停电事故是由厂用电事故引起的。因此，必须把厂用系统的合理设计及安全运行提到应有的高度来认识。

对 600MW 汽轮发电机组厂用电接线的要求包括以下几个方面。

（1）机组的厂用电系统应是独立的。厂用电接线在任何运行方式下，一台机组故障停减，其辅机的电气故障不应影响另外几台机组的运行，并要求受厂用电故障影响而停运的机组应能在短期内恢复本机组的运行。

（2）全厂性公用负荷应分散到不同机组的厂用母线或公用负荷母线。在厂用电系统接线中，不应存在可能导致发电厂切断多于一个单元机组的故障点，更不应存在导致全厂停电的可能性。

（3）用电的工作电源及备用电源接线应能保证各单元机组和全厂的安全运行。高压厂用电系统应设有启动/备用电源，该电源设置方式根据机组容量大小和它在系统中的重要性而异，但必须可靠，并且与正常的工作电源能短时并列运行，以满足机组在启动和停运过程中的供电要求。

（4）应充分考虑厂用电系统的运行方式。充分考虑电厂分期建设和连续施工过程中厂用电系统的运行方式，特别要注意对公用负荷供电的影响，要便于过渡，尽量减少改变接线和更换设备的可能。

（5）设置足够的交流事故保安电源。当全厂停电时，可以快速启动和自动投入向保安负荷供电。另外，还要设计符合电能质量指标的交流不间断电源，以保证不允许间断供电的热工负荷和计算机的用电。

三、厂用电系统电压等级

发电厂厂用电系统电压等级是根据发电机额定电压、厂用电动机的电压和厂用电网络的可靠运行等因素，经过经济、技术综合比较后确定的。

发电厂各种厂用机械设备的电动机容量相差很大，从几瓦到几千千瓦，而电动机的电压和容量有关。因此，只有一种电压等级是不能满足要求的。必须根据所拖动设备的功率以及电动机的制造情况来进行电压选择。通常在满足技术要求的前提下，应优先选用较低电压等级的电动机，以获得较高的经济效益，因为高压电动机制造容量大、绝缘等级高、磁路较长、尺寸较大、价格高、空载和负载损耗均较大，效率较低，所以应优先考虑较低电压级。但是，若综合考虑供电系统，则电压较高时，可选择截面积较小的电细导线，不仅节省有色金属，还能降低供电网络的投资。

发电厂中一般采用的供电网络的电压：低压供电网络为 0.4kV（380/220V）；高压供电网络有 3、6、10kV 等。为了简化厂用电接线，且使运行维护方便，电压等级不宜过多。为了正确选择高压供电网络电压，必须进行技术经济论证。

10kV 电压作为厂用电系统电压，只用于 300MW 以上大容量机组，其作为单一厂用电压，因为不能满足全厂所有高压电动机的要求，所以在经济与技术上均欠佳。

发电厂可采用 3、6、10kV 作为高压厂用电的电压。容量 600MW 及以下的机组，发电机电压为 10.5kV 时，可采用 3kV（10kV）作为厂用高压电压；发电机电压为 6.3kV 时，可采用 6kV 作为厂用高压电压；当容量为 125～300MW 时，宜选用 6kV 作为厂用高压电压；容量为 600MW 及以上的机组，可根据工程条件采用 6kV 和 3kV，10kV 两级厂用电压。

我国 600MW 机组厂用电电压等级，广泛使用以下两种方案：

（1）采用 3kV，10kV 两级厂用电压。2000kW 及以上的电动机采用 10kV，200～2000kW 电动机采用 3kV 电压，75～200kW 电动机接于 400V 动力中心配电，75kW 以下由电动机控制中心配电。早期进口机组的电厂采用较多。

（2）采用 6kV 厂用电压等级。200kW 及以上的电动机由 6kV 供电，200kW 及以下电动机由 400V 供电。国内新建 600MW 机组电厂基本上采用 6kV 厂用电压等级。

四、厂用电源及引接

（一）工作电源及其引接

发电厂的厂用工作电源是保证正常运行的基本电源，不仅要求供电可靠，而且能正常满足各级厂用电压负荷容量的要求。通常，工作电源应不少于 2 个。发电机一般都投入系统并联运行，因此，从发电机电压回路通过厂用高压变压器或电抗器取得厂用高压工作电源已足够可靠，即使发电机组全部停止运行，仍可从电力系统倒送电能供给厂用电源。这种引接方式操作简单、调度方便、投资和运行费都比较低，常被广泛采用。

高压厂用工作电源可采用下列引接方式：

（1）当有发电机电压母线时，由各段母线引接，供给接在该段母线上的机组的厂用负荷。

（2）当发电机与主变压器为单元连接时，由主变压器低压侧引接，供给该机组的厂用负荷。

300MW 及以上容量发电机机组均采用此接线，厂用工作电源的引接线如图 4-9 所示。发电机出口采用分相封闭母线以减小大电流导体发热，减小电动力和发生故障的概率，提高单元机组的运行可靠性。采用分相封闭母线时发电机组出口一般不装设断路器或负荷开关，如图 4-9（a）所示。不装设断路器的原因如下：①发电机出口短路，短路电流较大要求断路器的开断电流很大，断路器较难选择，少数公司可以制造，但价格昂贵；②发电机出口采用分相封闭母线，发生故障的概率很小，但应

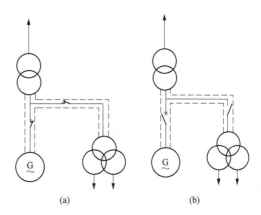

图 4-9　厂用工作电源的引接线
(a) 发电机出口不设断路器；(b) 发电机出口设断路器

有可拆连接片，方便发电机的检修、试验。如采用发电机组出口装设断路器的接线方式，如 4-9（b）所示。当发电机启动和停机时，只要断开发电机出口断路器，厂用负荷可以从系统经主变压器直接取得电源，这样可以减小当发电机启动和停机时大量的厂用系统的倒闸操作；设计上也可以考虑省略启动变压器。另外，在国家将逐步推行"厂网分开，竞价上网"政策的情况下，电源的引接点应考虑有关电力部门"是否对该备用电源按一般工业用户收取基本电费与电度电费"的因素，并进行技术经济论证。

为了减小两段厂用母线之间电动机提供的反馈短路电流，高压厂用工作电源宜采用分裂变压器的两个分裂绕组分别供给两段厂用母线的电源，不能采用两台双绕组变压器提供两段母线电源，这样使投资加大，运行费用提高，布置上占地面积增加。

每台 600MW 发电机组不管高压厂用电压为一种电压或两种电压，大多采用两台分裂绕组变压器作为高压厂用电源，具有四段高压厂用母线，提高了厂用电源的工作可靠性。为了提高单元机组的运行可靠性，其出口引接的高压厂用工作变压器不采用有载调压变压器。

（二）备用电源和启动电源的引接

厂用备用电源主要用于事故情况失去工作电源时起后备作用，又称事故备用电源。而启动电源是指在厂用工作电源完全消失情况下，为保证机组快速启动，向必要的辅助设备供电的电源，这些辅助设备在正常运行时由工作电源供电，只有当工作电源消失后，才自动切换到启动电源供电。因此，启动电源实质上也是一个备用电源。为了确保机组安全和厂用电的可靠，我国对200MW以上大型机组才设置厂用启动电源，且以启动电源兼作事故备用电源，统称启动（备用）电源。

备用电源的引接应保证其独立性，从与厂用电源相对独立的系统引接，并且具有足够的供电容量，最好能与电力系统紧密联系，在全厂停电情况下仍能尽快从系统获得厂用电源。

为保证电压质量，当启动/备用变压器的阻抗百分数大于10.5%或系统电压波动超过5%时，应考虑采用有载调压变压器。

1. 启动/备用电源的引接方式

高压厂用备用或启动/备用电源，可采用下列引接方式：

（1）当无发电机电压母线时，由高压母线中电源可靠的最低一级电压母线或由联络变压器的第三（低压）绕组引接，并应保证在全厂停电的情况下，能从外部电力系统取得足够的电源（包括三绕组变压器的中压侧从高压侧取得电源）。

（2）当有发电机电压母线时，由该母线引接1个备用电源。

（3）当技术经济合理时，可由外部电网引接专用线路供给。

（4）全厂需要2个及以上高压厂用备用或启动/备用电源时，应引自两个相对独立的电源。

（5）从220kV及以上中性点直接接地的电力系统中引接的高压厂用备用或启动/备用变压器，其中性点的接地线上不应装设隔离开关。

火电厂中一般均装设专门的备用电源，称为明备用。此类备用电源正常时不工作或只带很小负荷，而当某一工作电源失去时，它就能自动投入完全代替工作电源工作。但在小型火电厂和水电厂中也有不另设专用备用电源，而由两个厂用工作电源相互作为备用，称为暗备用。

2. 启动/备用电源设置的数量

（1）在单机容量达200～300MW时，每两台同型机组可设一个启动/备用电源。

（2）当单机容量达600MW及以上时，一般每两台机组设一个高压启动/备用电源。为安全起见，在有关的设计技术规程中要求：在发电机出口不装设断路器或负荷开关时，应考虑一台高压用启动/备用变压器检修时，不影响任一台机组的启停。因此，国内设计的600MW机组每一启动/备用电源都由两台较小容量的启动/备用变压器组成，以满足一台高压厂用启动/备用变压器检修时，另一台启动/备用变压器仍能满足机组启停的要求。

3. 启动/备用电源间的连接

在小机组电厂中，两个启动/备用电源的二次侧（变压器、电抗器或直接从母线引接时的厂用电源断路器）往往相互连接，以便在其中一个电源故障时能互为备用。

在大中型机组中，这种互为备用的连接方式就显得力不从心了，这主要是因为互相连线两侧的断路器与正常工作的启动/备用电源的断路器间的连锁太烦琐，以致使各元件的连锁要求互相抵触。而为解决此问题设置的复杂的二次回路，反过来又增加了回路的故障率。考虑到大中型机组中启动/备用电源本来便是备用元件，其运行可靠性相对较高，再设置备用的备用意义不大，故在大中型机组中一般不设置两个启动/备用电源间的再次互为备用。

五、高压厂用电系统接线

高压负荷一般都比较重要，大多设有备用设备，当工作设备故障时，备用设备会自启动接替工作。为使工作与备用设备不会因母线故障而全部停运，设计中将母线分为两段，把互为备用的设备接于不同段上，以达到上述目的。

随机组及高压厂用变压器容量的不断增长，高压厂用电系统中的短路电流也在加大。为限制短路电流水平，除适当加大厂用变压器的阻抗外，还采用了低压为分裂绕组的分裂变压器，并将一台机组的两段高压母线接于不同绕组上。这种分裂变压器因为两个低压绕组间的分裂电抗很大，在短路时可有效地阻止另一绕组的电动机反馈电流的流入，与双绕组变压器相比降低了短路电流水平，同时也能极大地减少故障绕组对非故障绕组母线电压的影响，使在另一段母线上运行的高压负荷能较正常地运行。分裂变压器一般用于200MW 及以上容量的机组。

（一）200～300MW 机组的高压厂用电接线

一般来讲，200～300MW 机组的高压厂用电接线方式基本相同，仅是厂用变压器的容量有所改变而已。200～300MW 机组高压厂用电接线（设公用段）如图 4-10 所示。由图可见，高压厂用电源由发电机的出口引接，经一台分裂变压器降压后，分别向两段高压厂用母线供电，两段母线间无联络开关。

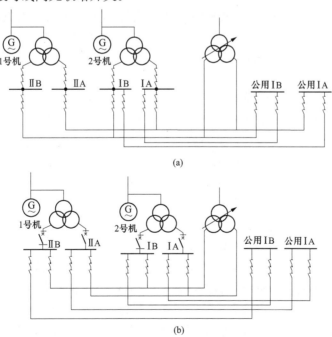

图 4-10　200～300MW 机组高压厂用电接线（设公用段）

高压厂用母线的启动/备用电源来自高压启动/备用变压器，与厂用变压器一样，高压启动/备用变压器也采用分裂变压器，两个低压绕组分别向两个厂用母线供给启动/备用电源。不同的是由于系统电压变动范围较大，一般高压启动/备用变压器多采用有载调压器，而发电机的出口电压稳定，高压厂用变压器多采用无载调压变压器。另设的两段高压公用段，其工作电源及备用电源的引接，有如下两个常用的方案。

（1）从高压启动/备用变压器引接正常工作电源，而其备用电源自1号机的高压厂用段引接，如图4-10（a）所示。这是较常见的接线方式，其优点是公用段随1号机一次建成后便不受其他扩建机组的影响。

（2）正常电源及备用电源分别自1、2号机的高压厂用段引接，如图4-10（b）所示。其优点是接于高压厂用段上的启动/备用电源可使公用段又得到一个安全运行的保障。遗憾的是这种接线方式不能随1号机一次建成，因此在2号机未投运前，公用段的另一电源得先暂由高压启动/备用变压器过渡引接，待2号机正常投运后，再将接线改接过来。实际中极少使用。

也有一些电厂不设高压厂用公用段，将公用负荷分散在各台机组的高压厂用段上，急用的先投，以后再投的接于后几台机组上。但是一旦有一台机组停运，就必然影响公用负荷的正常运行，这对正在运行的机组是很不安全的。

（二）600MW机组的高压厂用电接线

当机组容量增大至600MW及以上等级时（包括500MW），对高压厂用变压器的设置有以下两种方式。

1. 采用一台大容量分裂变压器

这种方式是采用一台大容量的分裂变压器，由于变压器供给的短路电流也大，需将厂用系统的断路器开断电流提高到50kA及以上，两个分裂低压绕组的电压按设计需要可以相同，也可不同。这种接线大多见于由国外引进的机组，如元宝山电厂由法国引进的600MW机组，采用了一台63/35-35MVA的分裂变压器作为高压厂用变压器，其阻抗百分数为14%（以高压侧容量为基准）。

2. 采用两台较小相同容量的分裂变压器

国产600MW机组的厂用变压器设置都采用的是较小的两台同容量分裂变压器并列运行的方式。这既可降低厂用电系统的短路电流水平以及每个低压绕组出口断路器的额定电流，提高厂用电源的运行可靠性，又与高压厂用启动/备用电源的设置相衔接。由于每台600MW机组使用了两台高压厂用分裂变压器并列运行，因此高压厂用段也分成了四段，其所需四个备用电源分别从两台启动/备用变压器四个分裂低压绕组引接。

国内600MW机组的高压厂用电压等级有10～3kV及6kV两个方案，600MW机组高压厂用电系统接线方案如图4-11所示。

图4-11（a）、（b）两种方案的电压等级均为10～3kV。

图4-11（a）方案的10kV、3kV系统分别由独立的厂用变压器供电，为保证在一台备用变压器检修时不影响任一机组的启停，高压启动/备用变压器采用两台低压侧为10kV、3kV的三绕组变压器。这种接线方式的厂用变压器总容量小，投资较小。但任一台厂用变压器因事故停运时都必须投入两台启动/备用变压器，并将另一台厂用变压器也停下来。

图4-11（b）方案厂用变压器采用两台相同容量的三绕组变压器。这种方式虽然投资

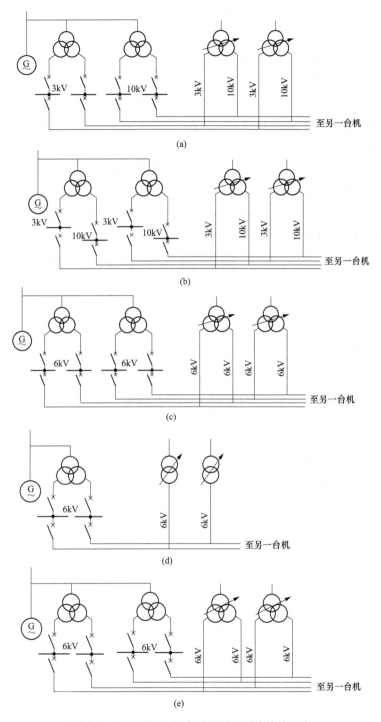

图 4-11　600MW 机组高压厂用电系统接线方案
(a)、(b) 电压等级 10～3kV；(c) ～ (e) 电压等级 6kV

较高，但启动/备用变压器与厂用变压器为一对一的接线方式。任一厂用变压器事故停运时只投入相应的启动/备用变压器即可。

161

图 4-11 (c) 方案将互为备用的负荷分开接入两台厂用变压器的低压侧，使高压绕组的容量增大，投资增加。但它可与启动/备用变压器形成一对一的接线方式，任一台厂用变压器停运，只要投入相应的启动/备用变压器即可。

图 4-11 (d)、(e) 方案的电压等级均为 6kV，而 (d)、(e) 两方案的不同仅在于备用负荷的引接。图 4-11 (e) 方案将互为备用的高压负荷接于同一台厂用变压器的两个低压分裂绕组上，在计算其高压侧容量时可只计算工作负荷，所以厂用变压器的高压绕组相应减少，能降低投资。但出于与图 4-11 (a) 方案同样的理由，两台启动/备用变压器不能与厂用变压器形成一对一的备用，而是交叉接入，因此在任一台厂用变压器故障停运时都必须将两台启动/备用变压器投入。

图 4-11 (d) 方案，每台机组设置两台双绕组变压器作为一组厂用变压器，启动/备用变压器也同样处理。这种接线方式更清晰，操作也方便。但由于事故时每段上的电动机反馈电流几乎增加一倍，所以需采用 50kA 开断电流的断路器，但价格较为昂贵。

图 4-11 (e) 方案采用了一台厂用变压器，但为满足"一台启动/备用变压器检修而不影响任一机组的启停"的要求，启动/备用变压器为两台，分别对厂用变压器的两个分裂绕组作备用。此方案的高压厂用系统短路电流很大，一般应采用 50kA 等级的断路器，致使投资加大。但此方案接线清晰，运行操作方便。当启动/备用变压器也仅采用一台时，便是在国外大机组厂用电中采用较多的方案。

无论以上哪个方案，高压公用段仍只有两段，其两个电源的连接与 200～300MW 机组公用段的引接基本一样。

六、低压厂用电系统接线

（一）低压厂用电基本接线方式

在 300～600MW 机组中采用范围最广的一种低压厂用接线是动力中心—电动机控制中心（power central-motor control central，PC-MCC）接线，PC-MCC 接线的特点是使用简单的接线，以可靠的设备保证供电的可靠性。低压厂用动力中心—电动机控制中心接线（PC-MCC 接线）如图 4-12 所示。

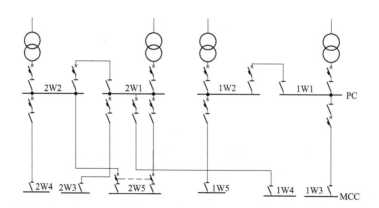

图 4-12 低压厂用动力中心—电动机控制中心接线（PC-MCC 接线）

由图 4-12 可见，每一套 PC-MCC 的电源由互为备用的两台变压器构成。虽然还是单母线分段接线方式，但使用了分段断路器，互为备用的负荷分接于不同的半段上。分段断路器与两台变压器的进线断路器形成连锁回路，正常运行时分段断路器断开，两半段动力中心（power central，PC）母线分别由各自的电源变压器供电。只有当其中一个电源断路器因变压器停运或其他原因断开时，分段断路器才会合闸，由另一台变压器负担全部 PC 母线的负荷。

每段电动机控制中心（motor control central，MCC）也分为两个半段，互为备用的负荷分别接于不同半段上，但 MCC 两个半段间不设分段断路器。大型机组的 MCC 两个半段的电源可分别来自两个不同的 PC 母线，也可自同一个 PC 的两个不同的半段上引接，如图 4-12 所示。PC-MCC 接线应使用抽屉开关柜，每一种规格的断路器至少应设 1 个备用抽屉，并要求抽屉柜的互换性很好。一旦某个回路发生电源部分的故障，应能用备用抽屉更换故障部分，迅速恢复供电。

鉴于 PC-MCC 接线方式的供电可靠性较高，故不再将不同类负荷接于不同段上，而是简单地以容量划分。我国相关标准规定，75kW 及以上的负荷及 MCC 的馈电回路接于 PC，75kW 以下负荷接于 MCC。这就要求抽屉式开关柜所采用的断路设备参数应满足回路要求，保护应该齐全，抽屉的互换性应很好等。

PC-MCC 接线中，如机组中还有单台 I 类负荷，则可以设置一个有两个电源进线的 MCC，两个电源互为备用，互相连锁。

（二）低压厂用负荷的供电方式

低压厂用电系统在一个单元中采用若干个动力中心（PC）、由动力中心供电的电动机控制中心（MCC）和由电动机控制中心供电的车间就地配电屏，主厂房内照明电和动力电分开供电。

发电厂常设有除灰、输煤、化水、汽轮机、电除尘、锅炉、公用、事故保安动力中心等。低压厂用基本接线如图 4-13 所示，该接线方式也为动力中心（PC）常用的接线。每个 400V 动力中心分为 A、B 两段，分别由两段高压母线供电。两段动力中心之间设置联络开关连接。低压厂用变压器互为备用方式，变压器容量均按两段动力中心的负荷容量选择。正常运行时两段动力中心的联络开关断开；当任意一台变压器检修或故障时，联络开关须手动投入。在两个变压器进线开关之间设置电气闭锁使两台变压器不能并列运行。

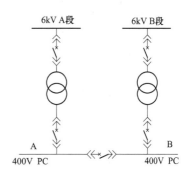

图 4-13 低压厂用基本接线

电动机控制中心（MCC）一般根据负荷情况分散成对配置。互为备用及成对出现的负荷分别由对应的两段 MCC 供电，每段均采用单电源供电方式，由动力中心供电。

1. 厂用电负荷的连接原则

（1）每炉有 2 段厂用母线时，应将双套辅机分接在 2 段母线上。对工艺上有连锁要求的一类高低压电动机，应接于同一条电源通道上。

（2）当无公用母线段时，全厂公用负荷应根据负荷容量和对供电可靠性的要求，分别接在各段厂用母线上，但应适当集中。当有公用母线段时，相同的一类公用电动机不应全部接在同一公用母线段上。对 200MW 及以上机组，公用负荷也可由启动/备用变压器供电。

（3）无汽动给水泵的 200MW 以上机组，每台机组为 2 台电动给水泵时，2 台给水泵应接在本机组 2 段工作母线上；每台机组为 3 台电动给水泵时，其中 1 台给水泵应跨接在本机组的 2 段工作母线上。

（4）锅炉和汽轮发电机组用的电动机应分别连接到与其相应的高压和低压厂用母线段上。对 600MW 及以下的机组，互为备用的重要设备（如凝结水泵）也可采用交叉供电方式。

有汽动给水泵的 300、600MW 机组，其备用电动给水泵可直接接在本机组的工作母线上，也可接在启动/备用变压器供电的公用母线上；当 600MW 机组接在启动/备用变压器供电的且有 2 段公用母线时，宜用跨接方式。

主厂房附近的高压厂用电动机和低压厂用变压器宜由主厂房内的母线单独供电。在经济上合理时，可以采用组合供电方式。即在负荷中心设立 2 段公用母线段，其电源可分别从第 1、第 2 台机组的厂用工作母线段上引接，也可由启动/备用变压器供电。

（5）对远离主厂房的高压电动机，当单元机组单独使用时，应接自本机组的高压厂用工作母线段；如 2 台及以上机组公用时，经技术经济比较，可采用下列接线方式：

1）在负荷中心设置配电装置，从不同机组的高压厂用工作母线段或从带公用负荷的高压厂用启动/备用变压器引接 2 回或 2 回以上线路作为工作电源和备用电源。备用电源也可由外部电网引接。

2）在负荷中心设置变电站，从不同机组的高压厂用工作母线段或从带公用负荷的并由高压启动/备用变压器供电的母线段经升压变压器引接 2 回线路；或从发电厂内 110kV 以下配电装置的不同母线段引接 2 回线路作为工作电源和备用电源。

2. 主厂房低压厂用电供电方式

主厂房内低压电动机的供电方式可采用明（专用）备用动力中心和电动机控制中心（MCC）的供电方式，也可采用暗（互为）备用动力中心（PC）和电动机控制中心（MCC）的供电方式。

（1）明备用动力中心（PC）和电动机控制中心（MCC）的供电方式。

1）Ⅰ类电动机和 75kW 及以上的Ⅱ、Ⅲ类电动机，宜由动力中心直接供电。

2）容量为 75kW 以下的Ⅱ、Ⅲ类电动机，宜由电动机控制中心供电。

3）容量为 5.5kW 及以下的Ⅰ类电动机，如有 2 台且互为备用时。可由动力中心不同母线段上供电的电动机控制中心供电。

4）电动机控制中心上接有Ⅱ类负荷时，应采用双电源供电（手动切换）；当仅接有Ⅲ类负荷时，可采用单电源供电。

（2）暗备用动力中心（PC）和电动机控制中心（MCC）的供电方式。

1）低压厂用变压器、动力中心和电动机控制中心宜成对设置，建立双路电源通道。2 台低压厂用变压器间（互为）暗备用，宜采用手动切换。

2）成对的电动机控制中心由对应的动力中心单电源供电。成对的电动机分别由对应的动力中心和电动机控制中心供电。

3）容量为 75kW 及以上的电动机宜由动力中心供电，75kW 以下的电动机宜由电动机控制中心供电。

4）对于单台的Ⅰ、Ⅱ类电动机应单独设立 1 个双电源供电的电动机控制中心，双电源应从不同的动力中心引接；对接有Ⅰ类负荷的电动机控制中心，双电源应自动切换；对接有Ⅱ类负荷的电动机控制中心，双电源可手动切换。

容量为 200MW 及以上的机组，主厂房的低压厂用电系统应采用动力电和照明电分开供电的方式，动力电宜采用 380V。

某 600MW 机组低压厂用电电压采用 400V，容量为 75～200kW 的电动机以及 150～650kW 的静止负荷由低压动力中心（PC）供电，75kW 以下的电动机及 150kW 以下的静止负荷由电动机控制中心（MCC）供电。400V 低压厂用电系统中，主厂房机、炉工作变压器和公用变压器采用中性点直接接地的接地方式，以减少单相接地时切除馈线的概率和电动机两相运行烧毁事故，提高供电的可靠性和安全性。主厂房内低压照明、检修变压器及辅助厂房变压器均采用中性点直接接地的接地方式。

（3）主厂房低压厂用电采用动力与照明、检修分开的供电方式。每台机组分别设置两台低压汽机工作变压器、两台低压锅炉工作变压器，以及相应的四段 400V 工作母线段（两段汽机、两段锅炉），每两台变压器互为备用。每台机组成对出现的低压机炉负荷分接在汽机或锅炉的两段（A、B）工作母线上。每两段工作母线之间设有分段联络开关，正常时为分列运行；当一台变压器事故时，由另一台变压器带全部负荷。分段开关为手动投入。四台汽机和锅炉工作变压器分别接在每台机组的四个 10kV 工作段上。

每台机组设置 400V 保安 A、B 两段，正常时分别由 400V 汽机工作 A、B 段供电，事故时由快速启动的柴油发电机组供电。

两台机组设置两台低压公用变压器及相应的两段 400V 公用母线段，两台变压器互为备用。两台机组在主厂房内及主厂房附近的低压公用负荷均由这两段公用母线供电。两段公用母线之间设有分段联络开关，正常时为分列运行，当一台变压器事故时，由另一台变压器带全部负荷。分段开关为手动投入。两台公用变压器分别由两台机组的一段 10kV 工作母线供电。

每台机组分别设置低压照明变压器（带真空型有载调压装置）和检修变压器各一台。两台机组的照明变压器互为备用，两台机组的检修变压器互为备用。照明变压器和检修变压器分别由各机组的两个 10kV 工作母线段供电。

3. 辅助厂房低压厂用电接线

辅助厂房采用动力与照明、检修分开供电方式。对远离主厂房的辅助厂房 400V 低压负荷按区域分片，在负荷中心成对设置低压变压器对本区域的负荷进行供电。

商洛 660MW 机组辅助厂房变压器设置如下：

（1）每台炉电除尘设置三台低压变压器，电源分别接至每台机组的两个 10kV 工作母线段上。三台电除尘变压器中两台工作，一台备用，工作变压器与备用变压器之间采用自动切换。备用电除尘变压器还同时兼作本机组低压脱硫工作段的备用电源。除灰水泵房和除灰渣脱水仓区域为每炉设一套除灰除渣系统，但由于其低压负荷容量较小，故在该区域设置两台低压除灰渣变压器，向两台炉的低压除灰除渣负荷供电。两台变压器互为备用，手动切换。

（2）在化水区域、综合水泵房和污水处理站区域，以及输煤综合楼各设置两台低压变压器，分别向各自区域内的低压负荷供电。两台变压器互为备用，手动切换，其电源分别由两台机组的各个10kV工作母线段引接。

（3）对化水变压器和综合水泵房内的供水变压器，考虑其重要性，在2号机组未投运前，其两台变压器均考虑从1号机组供电的过渡方案。在2号炉烟气脱硫设施区域设置一台低压脱硫变压器，向2号炉的低压烟气脱硫负荷供电。低压脱硫变电源引自2号炉10kV脱硫段。400V低压脱硫段的备用电源来自本机组的低压电除尘备用变压器，其工作电源与备用电源之间采用自动切换。

（4）在厂前区设置两台低压变压器，向生产行政综合楼、招待所和夜班休息楼、热交换站，以及其他厂前区内的低压负荷供电。两台变压器互为备用，手动切换，其电源分别由两台机组的两个10kV工作母线段引接。

4．主厂房以外低压电动机的供电方式

（1）对输煤、除灰、化学水处理、油泵房和电气除尘等车间，当其负荷中心离主厂房较远且容量较大时，宜单独装设变压器供电，并根据负荷的重要性，装设备用电源的自动或手动投入装置。当容量不大且离主厂房较近时，可由主厂房内动力中心（PC）或电动机控制中心（MCC）直接供电。

（2）对380V井水泵电动机群，宜采用变压器电动机组支接在高压专用架空线路上的方式供电。

5．中央水泵房的供电方式

中央水泵房的供电方式应经技术经济比较决定。常用的供电方式如下：

（1）单元制机组独用的各电动机直接由主厂房内各机组厂用母线段单独供电。

（2）当全厂只有1个水泵房时，在水泵房设置2段专用母线，循环水泵电动机分别接于2段母线上，由主厂房内不同机组的厂用母线段引接2回工作电源和1回备用电源。备用电源也可由带有公用负荷的高压启动/备用变压器或外部电网引接。

（3）当水泵房数量在2个及以上，且各泵房供水量相差不大时，可在每个泵房设置2段专用母线，分别从主厂房内不同机组的厂用母线段接工作电源和备用电源。备用电源也可由带有公用负荷的高压启动/备用变压器或外部电网引接。

（4）当水泵房远离主厂房、且负荷较大时，也可就地设置变电站，从主厂房内不同机组的高压厂用母线段或带有公用负荷的并由高压启动/备用变压器供电的母线段经升压变压器或从发电厂内110kV以下配电装置的不同母线段引接2回或2回以上线路作为工作电源和备用电源。

七、商洛660MW机组厂用电系统接线

厂用电的接线应保证厂用供电的连续性，使发电厂能安全满发，并满足运行安全可靠，灵活方便等要求。660MW机组采用单元设置，各单元的厂用电系统必须是独立的，采用四段单母线供电。商洛660MW机组电厂高压厂用电系统接线如图4-14所示。厂用高压系统采用10kV电压。引接点取自发电机变压器单元接线变压器的低压侧，采用高压分相封闭母线和低压分相封闭母线，厂用电高压母线分四段，分别经两台相同三相铜绕组油浸式低损耗无载调压分裂变压器引接。

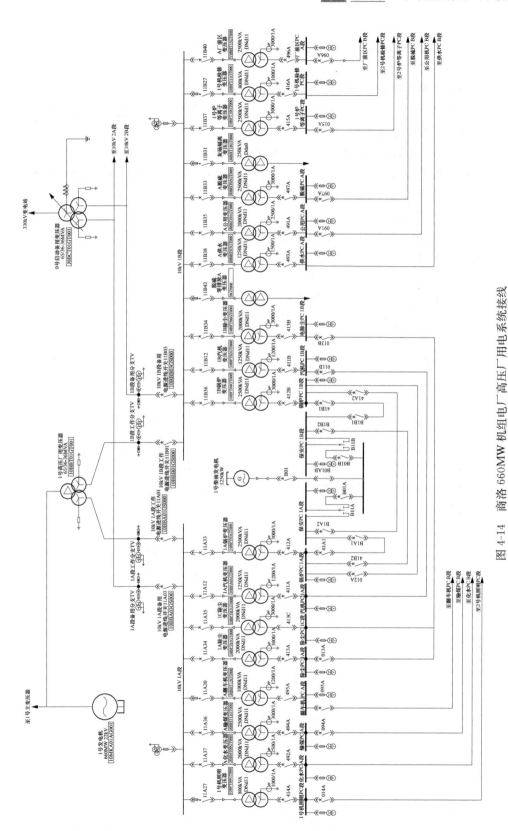

图 4-14 商洛 660MW 机组电厂高压厂用电系统接线

第三节　发电厂的中性点接地方式

一、高压厂用电系统的中性点接地方式

高压厂用电系统中性点最常见的接地方式包括：①不接地；②经消弧线圈接地；③经高电阻接地；④经中电阻接地。

我国有关厂用电设计规定中指出，当单相接地故障电流大于5A时，应装设单相接地保护；单相接地电流为10A及以上时，应动作于回路断路器跳闸；单相接地电流为10A以下时，保护装置可动作于跳闸，也可动作于信号。

（一）高压厂用电系统中性点不接地

中性点不接地在我国电厂中采用得最为广泛，200MW以下大部分机组的高压厂用电系统均为这种接地方式。

1. 中性点不接地系统的接地电流

在中性点不接地系统中，当发生单相金属性接地故障时，零序电流不能通过变压器流通，系统的零序阻抗主要是对地容抗，则单相接地电流按式（4-1）计算，即

$$I_e = 3\omega C_0 U \times 10^{-3} \tag{4-1}$$

式中　　I_e——单相接地电流，A；

　　　　U——故障相相电压，kV；

　　　　C_0——电网每相对地电容，F。

当I_e在3～5A以下时，接地电弧非常不稳定，由于接地电流较小，一般能自动灭弧，而不致发生电弧多次重燃；当I_e上升至5～30A时，在中性点不接地系统中将产生非稳定性电弧，容易发生电弧多次反复重燃，并伴随间歇性电弧接地过电压；只有当I_e增大到30A以上时，在中性点不接地系统中才能形成稳定电弧，此时非故障相过电压接近于完全接地时的数值即等于电网运行线电压。

在大机组高压厂用电系统中，如中性点不接地运行，其单相接地电容电流有可能达到5～10A。当超过10A以上时，可能在单相接地状况下产生异常过电压，有时可达3.5倍的相电压，且持续时间较长，遍及全厂高压厂用电系统，从而将影响到电缆和电气设备的绝缘，降低使用寿命。同时，由于一相接地产生异常过电压，可能导致非故障相又击穿接地，造成两相接地短路，扩大事故范围。所以，在中性点不接地系统中，单相接地时将产生较高过电压，这是该接线的主要缺点之一。

由于200MW及以下机组的高压厂用电系统中，电容电流一般不会大于5～10A，所以传统上一直采用不接地系统。由于这种接地方式较简单，接线也方便。在I_e小于10A时还可以短时带故障运行，给运行人员处理事故创造了条件。不少设计和运行部门在300MW及以上容量的机组高压厂用电中，也多采用这类接线。由于大机组中的单相接地电流可能会增大，从而影响厂用电的安全运行，所以有必要采取限制单相接地电流的措施。

2. 限制单相接地电流的措施

在中性点不接地系统中，单相接地电流主要是由电缆电容电流形成的，只有绝少部分才由变压器和其他电气设备的对地电容产生。因此，可采取以下措施限制单相接地电流：

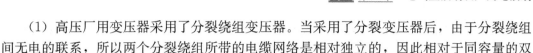

（1）高压厂用变压器采用了分裂绕组变压器。当采用了分裂变压器后，由于分裂绕组间无电的联系，所以两个分裂绕组所带的电缆网络是相对独立的，因此相对于同容量的双绕组变压器来讲，其供电系统的电容电流基本可减少近半。

600MW 机组的高压厂用变压器分裂绕组容量与 300MW 机组相比并未增加，仅是高压厂用变压器的数量多了一台，所以在限制电容电流的措施上，两类机组没有太大差别。

（2）采用共相封闭母线向厂用配电装置供电。电缆网络的电容电流中，大多数的电容电流来自高压厂用变压器向高压厂用配电装置供电的电源电缆束。

一台 40/25-25MW 厂用变压器，其每个分裂绕组的额定电流为 2400A，在考虑电缆并列敷设降流系数后，需采用十多根 $3 \times 185 mm^2$ 电缆，当厂用变压器与高压厂用配电装置间的距离较长时，所产生的电容电流是相当可观的。如采用单芯电缆，那么其对地电容则更大。所以，在厂用变压器供电回路中使用对地电容要小得多的共相封闭母线，是限制电容电流的好办法。大部分 600MW 机组及 300MW 机组的主厂房布置也是适合使用共相封闭母线的。

（3）启动/备用变压器的电源引入方法。由于不少电厂的高压启动/备用变压器安装的位置离主厂房较远，从而使配电装置电源电缆的电容量大大增加，启动/备用变压器一旦投入，便使厂用网络中的电容电流超出规定要求。大部分电厂在正常运行状态（厂用变压器供电）时电容电流都小于 5A，但一旦投入启动/备用变压器，6.3kV 系统的电容电流将上升到近 10A，甚至超过 10A。

300～600MW 机组均为 2 台高压厂用变压器设 1 台（组）启动/备用变压器，常将这台启动/备用变压器布置于两台机组之间。但有不少电厂的设计中，为使第二台机组的施工方便，将该启动/备用变压器布置在 1 号机附近。由于 300～600MW 机组长度比中小机组长，所以电源电缆所产生的电容电流还是相当可观的。

大型机组出线电压往往只有一级且较高，从技术方面考虑，启动/备用变压器电源可由最高电压的系统引接并布置于该配电装置附近。因为最高电压的高压配电装置位置较近，所以在备用电源投入时电容电流能小些。

综上所述，在中性点不接地系统中，为限制电容电流，以免在各回路中加设单相接地保护，尽可能采用共相封闭母线向厂用配电装置供电。当启动/备用变压器的高压电源位置确实很远时，可考虑采用高压电缆将电源送入仍布置在厂用配电装置附近的启动/备用变压器的高压侧，启动/备用变压器至厂用配电装置间采用共箱对同母线，以减少电容电流。

（二）高压厂用电系统中性点经消弧线圈接地

高压厂用电系统的中性点也可经消弧线圈接地。这样，在单相接地时，流过故障点的单相接地电容电流，将被一个相位相差 $180°$ 的电感电流所补偿，使电容电流趋近于零。这时，单相对地闪络所引起的接地故障容易自动消除，并迅速恢复电网的正常运行。对间歇性电弧接地，消弧线圈可使故障相电压恢复速度减慢，这就降低了电弧重燃的可能性，也抑制了间歇性电弧接地过电压的幅值。这种接线方式在有电缆直配线的小容量发电机中采用较广。

采用消弧线圈接地时，根据消弧线圈产生的电感电流对系统电容的补偿程度，可以将补偿方式分为欠补偿、过补偿和全补偿三种。

在正常运行时，由消弧线圈和电网对地电容组成的串联回路，可能会发生串联谐振并产生基波谐振过电压。对有架空线路的高压厂用电系统，各相参数可能出现不对称，当不对称度为 0.015，阻尼率取 0.5 时，如采用全补偿运行，系统中性点位移电压最大值可达相电压的 30%，已超出规定的 15%。这时除了采用过补偿可以弥补外，也可采用架空线路换位的方式来减少不对称度。当不对称度小到 0.007 5 时，系统中性点电压位移最大值将在 0.15 倍相电压以下。

在实际运行中，采用过补偿相对较好。采用消弧线圈过补偿接地时，过补偿控制为 5%~10% 较合适，电网间歇性电弧接地过电压可以限制在 2.4~2.5 倍相电压以下。

当然，对欠补偿而言，当厂用电系统中的部分回路停运使电容电流减少时，很有可能出现上述的全补偿现象，所以一般不采用这种补偿方式。

（三）高压厂用电系统中性点经高电阻接地

为了降低高压厂用电中性点不接地系统中可能出现的异常过电压，近年来国内一些大机组电厂的 6.3kV 厂用电系统中性点采用了经高电阻接地的方式，高压厂用电系统中性点经高电阻接地方式如图 4-15 所示。

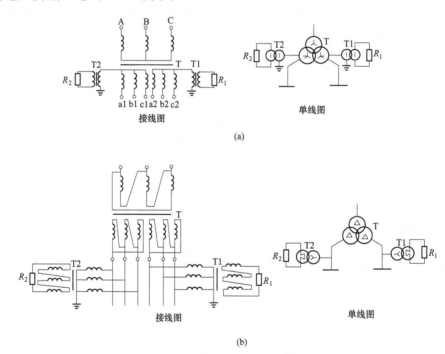

图 4-15　高压厂用电系统中性点经高电阻接地方式
（a）厂用变压器中性点可引出时的接线方式；（b）厂用变压器中性点不可引出时的接线方式

电网在单相接地以后之所以产生弧光过电压，是由于故障点接地电弧反复重燃，使系统中能量积聚。当系统中性点接入一个对地的泄漏电阻时，就可大大降低故障相恢复电压的上升速度，减少电弧重燃的可能性，并可使电弧的重燃不致引起高幅度的过电压。

在高压厂用电系统的中性点经一高电阻接地后，相当于在电网集中对地容抗中并联了一个等值电阻，它能够有效地限制单相接地时因电弧重燃而使变压器中性点出现的积累性电压升高，从而降低电弧接地过电压。当按流过电阻的有功电流 I_R 不小于系统单相接地

电容电流 I_C 来选择电阻时，非故障相的过电压可限制在 2.6 倍相电压及以下。但单相接地电流 I_e 却增大了。这样，很有可能使回路的单相接地电流增大到 10A 以上，从而使每个回路都加装单相接地跳闸保护。

要注意的是，如果通过稍微减少流过变压器中性点电阻的有功电流的方式，便可使回路单相接地电流保持在 10A 以内，而此时厂用电系统的过电压水平又不太高时，应尽量避免单相接地电流超出 10A，以免在单相短路时造成设备的较大损坏。

对高压厂用电系统的中性点经高电阻接地方式，以通过单相配电变压器接电阻较好。

（四）高压厂用系统中性点经中电阻接地

当高压厂用电系统的单相接地电容电流大于 10A，而又因各种原因不能采用消弧线圈时，也可以采用中性点经中电阻接地的方式，以便将单相短路电流提高到数百安（一般为 400～1500A），以增加保护的灵敏度。厂用电系统一旦故障，便能立即动作跳闸，同时，也能进一步遏制系统的过电压水平。由于该电阻的阻值较低，允许流过的电流较大，可直接接入变压器的中性点，而不用像与高电阻接地那样通过单相变压器接入电阻，但此方式在国内电厂中应用较少。

（五）高压厂用系统的中性点接地方式的应用

国内在大机组高压厂用电系统中，大多还是采用常规的中性点不接地方式或高电阻接地方式。同时，按我国有关规定要求，当接地电流大于 5A 时，装设单相接地保护；单相接地电流为 10A 以下时，保护装置可动作于跳闸，也可动作于信号；当单相接地电流在 10A 及以上时，保护装置动作于跳闸。当单相接地电流小于 5A 时，则在母线上装设一套接地报警装置，允许短时带接地故障运行。

在电厂中这几种接地方式都有应用，但具体采用哪种方式还要视电厂的实际情况而定。当电容电流较大时，可考虑采用消弧线圈接地，以减少事故损失，并可带故障运行一段时间，以查找并消除故障。采用这种接地方式时，最好是过补偿运行，过补偿度约为 5%～10%。

二、厂用低压系统中性点接线方式

20 世纪 80 年代以前，国内电厂低压厂用电系统的中性点一般均采用直接接地方式。自引进国外的设计技术后，出现了中性点不接地或经高电阻接地的运行方式。

采用了低压厂用电系统中性点不接地方式后，使用低压厂用电系统极不方便，如所有采用 220V 的设备和分散的附属建筑照明都需另设单独的 380/220V 中性点接地的隔离变压器。同时，由于负荷分散，每处负荷较小，各隔离变压器的容量也很小，短路阻抗相对较大，设备运行便满载，设备停运便空载，电压波动很大。因此，GB 50049—2011《小型火力发电厂设计规范》及 GB 50660—2011《大中型火力发电厂设计规范》强调，在主厂房内的低压厂用电系统宜采用高电阻接地方式，也可采用中性点直接接地方式。

低压厂用电系统中性点不接地或经高电阻接地方式如图 4-16 所示。两种接地方式均属中性点不接地范畴，以下简称不接地系统。

中性点不接地系统的供电网络的优点主要如下：

（1）馈电电缆发生单相接地时，允许继续运行一段时间，给运行人员较多的处理事故时间。

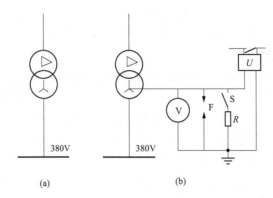

图 4-16　低压厂用电系统中性点不接地或经高电阻接地方式
(a) 中性点不接地；(b) 中性点经高电阻接地及保护接线

(2) 单相接地故障时不要求回路熔断器动作，可以避免在中性点接地系统中所存在的因单相接地电流太小而不能使熔断器动作的问题。

在中性点直接接地系统中，当在较长的电缆末端发生单相接地故障时，由于电缆的阻抗大而造成短路电流太小，无法满足熔断器动作灵敏度的要求。尤其是在大容量远距离电动机供电回路中，单相短路电流与电动机额定电流相差无几，为使熔断器在电缆末端单相接地时仍能动作，除了尽量采用大截面电缆外，还需使用四芯电缆，以降低回路的零序阻抗，使单相短路电流尽可能地大，来满足回路熔断器动作灵敏度的要求。但是，在大型发电厂中电缆长度达到 180m 及以上是很常见的，因此无论是加大电缆截面积，还是采用四芯电缆，都无法满足熔断器动作灵敏度的要求；采用低压中性点不接地系统后，由于单相接地时仅为电容电流，不用要求保护立即断开回路，所以上述问题可以得到一定程度的缓解。

(3) 中性点不接地系统的单相接地电流很小，在由小容量变压器供电的系统中，可以相对减少发生人身触电事故时造成的烧伤及生命危险。

(4) 由于单相接地时回路保护的熔断器不用动作，可以相对减少因两相运行烧毁电动机的故障率。

在中性点接地系统中由熔断器保护的电动机回路上，一旦发生单相短路，单相短路电流熔断了接地相熔断器后，电动机即转入两相运行。由于两相运行故障电流一般并不太大，不能使熔断器剩下的两相再动作，此时只有用热继电器来跳开回路接触器以断开电源。但是在负荷率仅 55%～78% 的三角形接线电动机上，如发生两相运行状态，则可能出现在电动机内部有一相绕组过负荷但热继电器又未到动作值而不能断开电源的情况，时间一长便烧毁电动机绕组；另外，对星形接线的电动机，在断相运行中剩余两相熔断器不动作时，也会发生烧坏电动机的事故。

(5) 可以防止在低压母线上乱接民用负荷，以减少低压厂用电系统的故障率。

采用中性点不接地系统，需设置许多 380/220V 干式变压器，这不仅使投资升高，而且也使接线复杂，增加了低压供电网络的故障率。即使在主厂房内将照明等主要 220V 电源以单独系统独立出来，但高压开关及电动机的加热器等所需电源仍不能解决。

从上述分析中可知，低压厂用电中性点无论接地或不接地，都有其优缺点。正如在电厂这两者都在广泛使用一样，在实际中也应视情况而定。

主厂房常采用中性点经高阻接地，使发生故障时可运行，提高了运行可靠性，避免单相熔断器熔断引起电动机两相运行。接地时，电阻电容电流为3～5A。高阻接地要求装设绝缘监察装置和区分故障支路的信号。

中小型电厂及大型电厂辅助厂房均采用动力、照明公用的三相四线制中性点直接接地系统，大型电厂主厂房设置专用照明检修变压器。

第四节　厂　用　电　动　机

一、厂用电动机机械特性

厂用电动机机械特性可分为恒转矩负载特性和非线性升的负载机械特性。对恒转矩负载特性，负载转矩与转速无关，该特性呈一水平直线，火电厂的磨煤机、碎煤机等属于这类机械。负载特性曲线如图 4-17 所示，图中 M 是以机械设备在额定转速时的负载特性为基准值的标幺值。对非线性上升的负载机械特性，负载转矩与转速的二次方或高次方成比例，风机、油泵均属于这类机械 。

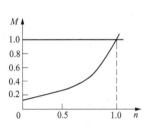

图 4-17　负载特性曲线

厂用电系统使用的电动机一般有异步电动机、同步电动机和直流电动机三大类。

二、厂用电动机的型式选择

型式的选择应综合考虑以下几点：

（1）厂用电动机宜采用高效、节能的交流电动机。当厂用交流电源消失时仍要求连续工作的设备可采用直流电动机。

（2）厂用交流电动机宜采用鼠笼式，启动力矩要求大的设备应采用深槽式或双鼠笼式。

（3）对重载启动的Ⅰ类电动机（如直吹式制粉系统中的中速磨煤机），应与工艺专业协调电动机容量与轴功率之间的配合裕度，或采用特殊高启动转矩的电动机，以满足自启动的要求。

（4）对反复、重载启动或需要在小范围内调速的机械（如吊车、抓斗机等），可采用绕线式电动机。

（5）对 200MW 及以上机组的大容量辅机，为了提高运行的经济性，可采用双速电动机或其他调速措施。

（6）电动机的外壳防护等级和冷却方式应与周围环境条件相适应。在潮湿、多灰尘的车间（如锅炉房、煤场等），外壳防护等级要达到 IP54 级要求，其他一般场所可采用不低于 IP23 级，对有爆炸危险的场所应采用防爆型电机。电动机用于特殊环境（如高原、热带和户外等）时应选用相应的专用电机。

三、厂用电动机的电压选择

厂用电动机的电压可按容量选择，其选择原则如下：

（1）当高压厂用电电压为 10kV 及 3kV 两级时，1800kW 以上的电动机宜采用 10kV；200～1800kW 电动机宜采用 3kV；200kW 以下的电动机宜采用 380V。200kW 及 1800kW

左右的电动机可按工程的具体情况确定。

（2）当高压厂用电压为 6kV 级时，200kW 以上的电动机可采用 6kV；200kW 以下宜采用 380V。200kW 左右的电动机可按工程的具体情况确定。

（3）当高压厂用电压为 3kV（或 10kV）级时，100kW（或 200kW）以上的电动机采用 3kV（或 10kV）；100kW（或 200kW）以下者采用 380V。100kW（或 200kW）左右的电动机可按工程的具体情况确定。

四、启动厂用母线电压要求

（一）电动机正常启动时的电压

最大容量的电动机正常启动时，厂用母线的电压应不低于额定电压的 80%。容易启动的电动机启动时，电动机的端电压应不低于额定电压的 70%；对启动特别困难的电动机，当制造厂有明确合理的启动电压要求时，应满足制造厂的要求。

当电动机的功率（单位为 kW）为电源容量（单位为 kVA）的 20% 以上时，应验算正常启动时的电压水平；但对 2MW 及以下的 6kV 电动机，可不必校验。

（二）厂用电动机自启动时厂用母线电压的校验

厂用电系统运行中的电动机，当失去电源或电压下降时，电动机的转速就会下降，直至停止运行，这一过程称为电动机的惰行。当电动机的惰行尚未结束时，电动机的电压恢复使电动机的转速又回到额定值的过程称电动机的自启动。若参加自启动的电动机数量多、容量大、启动电流大可能使厂用母线电压下降很大，启动时间长，从而引起电动机发热量大。为了厂用系统的稳定性和电动机的寿命与安全，必须进行电动机自启动校验。

厂用电动机自启动有以下三种方式：

（1）空载自启动：备用电源空载状态自动投入失去电源的工作段时形成的自启动。

（2）失压自启动：运行中突然出现事故低电压，当事故消除、电压恢复时形成的自启动。

（3）带负荷自启动：备用电源已带一部分负荷，又自动投入失去电源的工作段时形成的自启动。

厂用工作电源可只考虑失压自启动，而厂用备用或启动备用电源应考虑空载、失压及带负荷自启动三种方式。为了保证Ⅰ类电动机的自启动，应对成组电动机自启动时的厂用母线电压进行校验。自启动要求的最低母线电压见表 4-1，自启动时，厂用母线电压应不低于表 4-1 的规定。

表 4-1 自启动要求的最低母线电压

名称	自启动方式	自启动电压
高压厂用母线	—	65%～70%
低压厂用母线	低压母线单独自启动	60%
	低压母线与高压母线串接自启动	55%

对低压厂用变压器还需校验高、低压厂用母线串接自启动的工况。

当同时参加自启动电动机的容量超过允许值时，为了保证重要厂用电动机的自启动，通常采用以下措施：

（1）限制参加自启动电动机的数量，对不重要设备的电动机加装低电压保护装置，延时断开，不参加自启动。

（2）对负载转矩为定值的重要电动机，因为该电动机只能在接近额定电压下启动，也不要参加自启动，可采用低电压保护和自动重合闸装置。即当厂用母线的电压低于临界值时，该设备从母线上断开，而在母线电压恢复后自动投入。这样，不仅能保证该部分电动机的逐级自启动，而且改善了其他未曾断开电动机的自启动条件。

（3）对重要的机械设备，应选用具有高启动转矩和允许过载倍数较大的电动机。

（4）在不得已的情况下，增大厂用电动机的容量。

第五节　直　流　系　统

发电厂直流系统通常采用蓄电池组作为直流电源向控制负荷和动力负荷以及直流事故照明负荷供电。蓄电池组是一种独立可靠的电源，它在发电厂内发生任何事故，甚至在全厂交流电源全停电的情况下，仍能保证直流系统供电的厂用设备可靠而连续地工作。

一、直流电源系统

（一）直流系统负荷分类

发电厂的直流系统负荷分以下两类：

（1）直流控制负荷。包含电气和热工控制、信号设备、继电保护及自动装置等供电负荷。

（2）直流动力负荷。如直流润滑油泵、事故照明和交流不停电电源等保安负荷。

（二）直流系统额定电压规定

直流系统的额定电压规定如下：

（1）控制负荷专用的蓄电池组（对网控可包括事故照明负荷）的电压采用110V。

（2）动力负荷和直流事故照明负荷专用的蓄电池组的电压采用220V。

（3）控制负荷、动力负荷和直流事故照明共用的蓄电池组的电压采用220V或110V。

（4）当采用弱电控制或信号时，设置较低电压的蓄电池组。

（三）蓄电池组为无端电池设置方式

蓄电池组为无端电池设置方式，也就是不用设置端电压调节器，采用浮充电方式运行。多年运行经验证明，无端电池的直流系统接线简单、运行维护工作量较小，能满足可靠性要求。对无端电池的蓄电池组，其蓄电池的个数规定：若为铅酸蓄电池组，110V直流系统蓄电池个数一般为52～53个，220V直流系统蓄电池个数一般为104～106个。

（四）直流电源系统组成及配置

直流电源系统由蓄电池组和充电用整流器等设备组成。大机组的电厂中设有多个彼此独立的直流系统，其中包括主厂房单元控制室直流系统，网络继电器室直流系统（又称升压站直流系统），脱硫直流系统，离主厂房较远的辅助车间（如输煤集控室）直流系统。

1. 主厂房单元控制室直流系统

每台机组装设两组蓄电池，其中一组220V蓄电池组，一组110V蓄电池组。110V直流系统供控制、保护、测量及其他控制负荷。220V直流系统供事故照明，动力负荷和不间断电源（uninterruptible power supply，UPS）等。

110V直流系统采用单母线接线，110V直流系统接线图如图4-18所示。110V蓄电池组采用阀控式免维护铅酸蓄电池（型号为 GFM-800Ah），每组 52 只 。每段直流母线各设一台直流监控装置，110V 直流系统安装电压与绝缘监察装置。

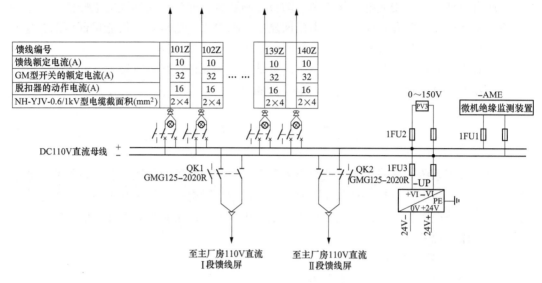

图 4-18　110V 直流系统接线图

　　每台机组的两组 110V 蓄电池组正常以浮充电方式运行（浮充电压 2.23V，均衡充电电压 2.23V），220V 直流系统采用单母线接线，蓄电池每组 103 只。

　　两台机组共设两组 220V 蓄电池组，两组蓄电池组经过电缆相互联络，220V 直流系统接线图如图 4-19 所示。蓄电池组正常以浮充电方式运行（浮充电压 2.23V，均衡充电电压 2.23V）。

　　2. 升压站直流系统

　　随着电力技术的发展，发电机组用直流电源系统与发电厂升压站用直流电源系统必须相互独立。接线的 110V 直流系统，作为升压站设备的控制和保护用电源。设两组蓄电池（GFM-600Ah，每组 52 只），蓄电池设置高频开关整流装置作为充电电源，整流模块为 $N+2$ 冗余配置。

　　二、蓄电池

　　（一）阀控式免维护铅酸蓄电池

　　发电厂中广泛使用的是防酸隔爆式固定铅酸蓄电池（如 GF 型、GGF 型、GGM 型、消氢式 GM 型、消氢式 GGM 型等），其容器缸体加盖密封，盖上装有防酸雾帽或防爆排气装置，这种蓄电池只能算是半密封式蓄电池。

　　新建电厂使用较多的是一种全密封阀控式铅酸蓄电池，它的主要优点：在充电时正极板上产生的氧气，通过再化合反应在负极板上还原成水，使水的消耗现象不再发生，使用时在规定浮充寿命期内不必加水维护。阀控式铅酸蓄电池在出厂时已加满电解液（其密度一般为 $1.25g/cm^3$ 或 $1.30g/cm^3$），常以充好电的方式向用户提供，用户不用再管理电解液，故又常称其为少维护或免维护蓄电池。在正常浮充电运行状态下，阀控铅酸蓄电池处于密封状态，装设有能自动开启和关闭的安全阀。安全阀上有滤酸装置，不会排出酸雾等有害气体，也不会发生电解液泄漏。因此，蓄电池组可安装在蓄电池室内，也可布置在直

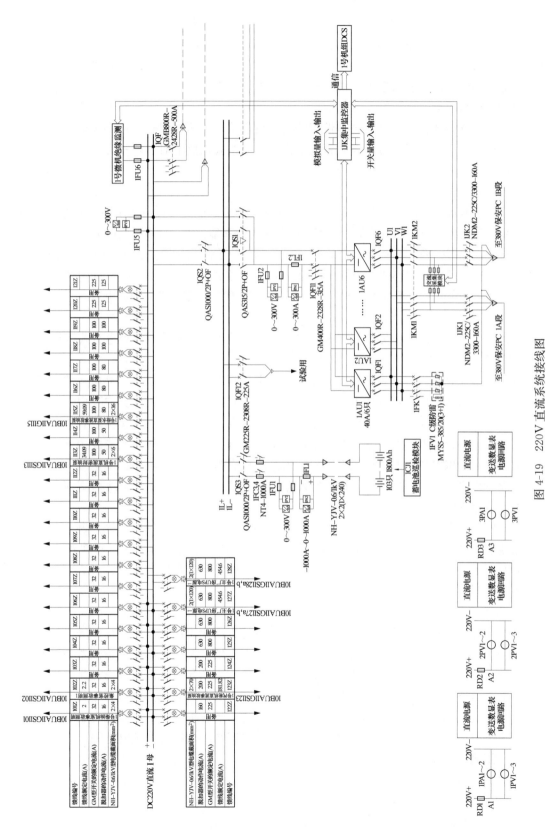

图 4-19 220V 直流系统接线图

流屏内。正常使用寿命在 10 年以上。在正常浮充电条件下运行，一般可以不进行均衡充电。随着运行时间的增长，出现落后蓄电池（2.2V/单格及以下）时，为保证蓄电池组的可靠性应进行均衡充电。一般选用 10h 率电流，2.35V 电压，具体按厂家要求。

蓄电池外壳不能用有机溶剂清洗。灭火时不能使用二氧化碳灭火器，可使用四氯化碳或干燥沙子进行灭火。

运行中的阀控式密封铅酸蓄电池性能的监测只能从端电压、浮充电流和蓄电池的外壳温度做大概了解，真实考核容量需对蓄电池进行放电试验，放电时严格按照厂家说明书中的规定进行。

（二）镉镍蓄电池

镉镍蓄电池具有体积小、寿命长、产生腐蚀性气体少等优点。按所能承受的放电电流的能力，镉镍蓄电池可分为中倍率型、高倍率型和超高倍率型三种。放电持续时间为 0.5s 的冲击负载电流，中倍率型的不小于 0.5C5A～3.5C5A，高倍率型的不小于 7C5A，超高倍率型的大于 7C5A。超高倍率型钢镍蓄电池的内阻小，瞬时放电倍率高达 20～30。某些电厂的离主厂房较远辅助车间直流系统中使用的镉镍蓄电池，一般为中倍率型钢镍蓄电池。

（三）蓄电池组的充电方式

运行时蓄电池组的充电方式有多种，电厂中的蓄电池组普遍采用浮充电方式运行。

1. 浮充电运行方式

蓄电池组浮充电运行方式的特点：充电器经常与蓄电池组并列运行，充电器除供给经常性的直流负荷外，还以较小的电流，即浮充电电流向蓄电池组进行浮充电，以补偿蓄电池的自放电损耗，使蓄电池经常处于完全充足电的状态。当出现短时大负荷时，如当断路器合闸时、许多断路器同时跳闸、直流电动机事故、直流事故照明等，则主要由蓄电池组以大电流放电来供电的，而硅整流充电器一般只能提供略大于其额定输出的电流（由其自身的限流特性决定）。在充电器的交流电源消失时，充电器便停止工作，所有直流负荷完全由蓄电池组供电。

为了便于掌握蓄电池的浮充电状态，通常以测量单个蓄电池的端电压来判断。如对铅酸蓄电池，若其单个的电压在 2.15～2.2V，则为正常浮充电状态；若其单个的电压在 2.25V 及以上，则为过充电；若其单个的电压在 2.1V 以下，则为放电状态。因此，实际中的浮充电就采用恒压充电。

2. 蓄电池的均衡充电

均衡充电是对蓄电池的特殊充电方式。在蓄电池长期使用期间，可能由于充电装置调整不合理产生低浮充电电压或使用表盘电压表读数不正确（偏高）等原因造成蓄电池自放电未得到充分补偿，也可能由于各个蓄电池的自放电率不同和电解液密度有差别使它们的内阻和端电压不一致，这些都将影响蓄电池的效率和寿命。为此，必须进行均衡充电（也称过充电），使全部蓄电池恢复到完全充电状态。均衡充电通常采用恒压充电，就是用较正常浮充电电压更高的电压进行充电，充电的持续时间与采用的均衡充电有关。

三、整流充电设备

（一）设备配置

1. 主厂房内直流系统电压等级

主厂房内直流系统有如下两个电压等级：

（1）每台机组 110V 直流系统单母线分段接线，两组 110V 蓄电池组，设置两套容量完全相同的高频电源开关整流充电装置，其中一套作为两组蓄电池的公用备用充电装置，型号为 GFM-800Ah，整流装置的充电模块按 $N+2$ 冗余配置。

（2）每台机组 220V 直流系统设一组 220V 蓄电池组，两台机组共设两组 220V 蓄电池组，两组蓄电池组经过电缆相互联络，设置三套容量完全相同的高频电源开关整流充电装置，型号为 GFM-1800Ah。其中一套作为两组蓄电池的公用备用充电装置。整流装置的充电模块按 $N+2$ 冗余配置。

2. 升压站网控直流系统

升压站 110V 直流系统为单母线分段接线，升压站 110V 直流系统如图 4-20 所示，设两组蓄电池（GFM-600Ah，每组 52 只），两组蓄电池设置两组容量完全相同的高频开关整流装置（TEP-M20/110V）作为充电电源，整流模块为 $N+2$ 冗余配置。

（二）智能高频开关整流充电设备

现代发电厂的直流电源-高频开关整流充电设备已向微机型智能化发展，下面简单介绍该类产品具有的功能特点。

1. 充电设备功能

（1）具有微机管理功能，且控制方式具有自动和手动两套独立单元。能全面满足阀控铅酸免维护蓄电池稳压或稳流充电、浮充电、均衡充电运行状态，并能自动管理。且要求具备无级限流、电池温度补偿、电池监测、直流电源系统异常运行时异常情况处理等功能，能与单个整流模块、数据采集单元、蓄电池管理装置、绝缘检测装置和远方计算机进行通信。

（2）直流充电装置采用高频开关电源模块结构的 $N+1$ 冗余并联方式，整流模块为风冷型，模块采用独特的全隔离防尘风道设计，使带有灰尘的空气只能通过散热器，具有稳压、稳流及限流性能。应为定电流、恒电压型充电设备。能适应上述多种充电方式的要求。充电装置应为长期连续工作制。

充电装置的工作方式：① 补充充电；② 浮充电；③均衡充电、浮充电自动转换；④具有手动与自动两种调节方式。手动调节方式在输出电压调节范围内连续可调；自动调节方式在交流失电又恢复供电后自动可使整流设备自动投入工作，并根据蓄电池状态自动选择充电工作状态。

（3）具有系统告警和故障回叫功能。当下级设备如充电柜、馈线柜、充电模块等产生告警信息，监控模块根据所存储的设置数据进行告警级别识别，发出告警信息。所有的告警均可由键盘设置成告警或不告警。

1）系统具有交流过电压、欠压告警功能，电压在 AC 380V±20％ 以外均告警。

2）系统具有直流母线过电压、欠压告警功能，电压在 DC 110(220)V±10％ 以外时，发出灯光、音响报警信号。

3）系统具有绝缘电阻过低告警，绝缘电阻设置为 $2\sim9k\Omega$。

（4）直流系统具有与单个整流模块、数据采集单元、绝缘检测装置和综合自动化系统通信功能。屏柜除自含电压表、电流表、屏幕中文显示屏显示数字量和信息量外，还应与全厂计算机系统通信。屏内安装监测、监控设备及信号采集等通信接口，使直流屏具有"四遥"功能。

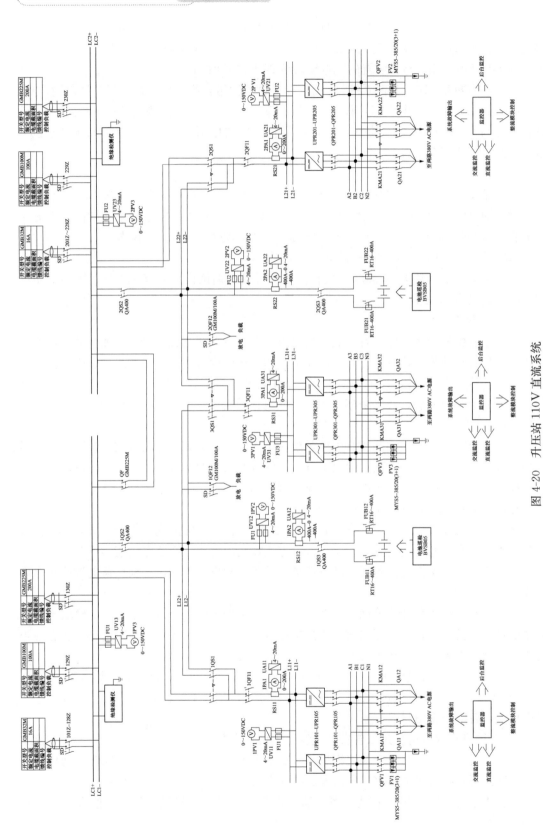

图 4-20　升压站 110V 直流系统

1）遥信：系统告警；回路断路器位置状态；交流电源断路器位置状态。

2）遥测：交流输入电压；母线直流电压、电流；蓄电池组电压、充/放电电流，浮充电流。

3）遥控：模块开/停机、均衡充电/浮充电转换。

4）遥调：模块输出电压、电流。

（5）监控系统具有自检功能。

2. 监控模块功能

（1）显示功能。监控模块可实时显示各个下级设备的各种信息，包括采集数据、设置数据等。通过监控模块的键盘和液晶屏（LCD），可以随时查看系统的运行状况，如系统电压、系统电流、电池的浮充状态等。

（2）设置功能。系统的设置分为用户级和维护级两个级别。用户级在监控模块运行中，可更改一些常用的参数，修改系统设置，并能立刻生效。维护级设置重要的参数，除维护专人外不能擅自更改。在修改维护级参数后，必须复位监控模块才能生效。用户级和维护级设置都有密码保护功能。

（3）控制功能。监控模块对所收集的数据处理和综合、判断，对下级设备执行相应的动作，如微调充电模块的输出电压、控制充电模块的限流点、控制充电模块的开关机等。除监控模块自动进行控制外，用户通过密码检查也可在键盘上手动执行。

（4）历史记录。能将系统运行过程中一些重要的状态和数据，根据时间等条件存储起来，以备后查。最大存储量为 100 条，每一条包括告警类型、起始时间和结束时间，并保证断电后不会消失，用户可在 LCD 上随时浏览。

（5）通信功能。通过通信接口功能，确保在最短的时间内系统获取所有的实时数据和告警信息等，并实现数据上报。满足全厂自动化系统通信要求。

第六节 厂用事故保安电源和不停电交流电源

一、厂用事故保安电源

容量为 200MW 及以上的机组，应设置交流保安电源。交流保安电源供给事故保安负荷，使发电机组安全停机。事故保安负荷分为两种：①直流保安负荷（0Ⅱ），由蓄电池组供电，如发电机的直流润滑油泵等；②交流保安负荷（0Ⅲ），平时由交流厂用电供电，失去厂用电源时，交流保安电源（一般采用快速自启动的柴油发电机组）应自动投入供电，如 200MW 及以上机组的盘车电动机的供电。另外，交流事故保安负荷又可分为允许短时间断供电的负荷和不允许间断供电的负荷两类。允许短时间断供电的负荷，如汽机盘车电动机和顶轴油泵。一般在机组停机后 20min 启动，若为 300MW 及以上机组，甚至需要连续运行 1～2 天。不允许间断供电的负荷，如交流氢密封油泵等。

交流事故保安电源是专门供电给交流事故保安负荷的电源系统，通常采用快速自启动的专用柴油发电机组作为交流事故保安电源。

（1）自动快速启动的柴油发电机组。按允许加负荷的程序，分批投入保安负荷。失电后第一次自启动恢复供电的时间可取 15～20s；机组应具有时刻准备自启动工作并能自启动三次成功投入的性能。每两台 200MW 机组宜设置 1 台柴油发电机组，每台 300MW 或 600MW 机组宜设置一台柴油发电机组。

（2）蓄电池组。蓄电池组是一种广泛使用的保安电源，在事故情况下，给直流保安负荷的供电通过逆变器将直流变为交流，给交流事故保安负荷供电，但蓄电池组的缺点是容量小，不能带大量的保安负荷。

（3）外接电源。从系统引接或从相邻的发电机组引接保安电源，作为第三备用电源。

（一）自动快速启动柴油发电机组的特点

（1）柴油发电机组的运行不受电力系统运行的影响，是独立的可靠电源。它启动迅速，国产柴油发电机组启动时间约为 15s，能满足发电厂中允许短时间断供电的交流事故保安负荷的要求。

（2）柴油发电机组的制造容量有许多等级，可根据需要选择和配置合适的设备容量。

（3）柴油发电机组可长期运行，满足长时间事故停电的供电要求。

（4）柴油发电机结构紧凑，辅助设备较为简单，热效率较高，因此经济性较好。

（二）交流事故保安电源的电气接线原则

（1）柴油发电机组与汽轮发电机组成对应性配置。一般 200MW 机组，两台机组配置一套柴油发电机组；300MW 及以上机组，每台机组配置一套柴油发电机组。

（2）交流事故保安电源的电压及中性点接地方式与低压厂用工作电源系统一致。一般每台机组设置一个事故保安母线段，单母线接线。当事故保安负荷具有互为备用的Ⅰ类电动机时，保安段应采用与低压厂用工作母线相应的接线方式，这样一般 300MW 及以上机组每台机组设置两个事故保安母线段 WA、WB 段，每台机组的交流事故保安负荷应由本机组的保安母线段集中供电。

（3）交流事故保安母线段除了由柴油发电机组取得电源外，必须由厂用电取得正常工作电源，以供给机组正常运行情况下接在事故保安母线段上的负荷用电。

（4）在机组发生事故停机时，接线应具有能尽快从正常厂用电源切换到柴油发电机供电的装置。

（5）柴油发电机组的电气接线应能保证机组在紧急事故状态下快速自动启动，并能适应无人值班的运行方式。

（三）交流事故保安电源系统的基本接线方式

商洛电厂交流事故保安电源系统接线图如图 4-21 所示，一台机组配一套柴油发电机组，适用于 300MW 及以上机组，其单元性强、可靠性高、事故保安段母线采用两段单母线是为了与厂用工作母线的接线相对应。

关于柴油发电机组的容量，根据事故保安负荷统计情况及国内现有的用于应急电源的柴油发电机组的制造情况，大致推荐机组配套情况如下：①300MW 机组，一机配一套 500kW 柴油发电机组；②600MW 机组，一机配一套 800～1200kW 柴油发电机组。上述两种配套方案均满足相应机组交流事故保安电源容量的要求。

交流保安电源的电压和中性点的接地方式宜与低压厂用电系统一致。交流保安母线段应采用单母线接线，按机组分段分别供给本机组的交流保安负荷。正常运行时保安母线段应由本机组的低压明备用或暗备用动力中心供电，当确认本机组动力中心真正失电后应能切换到交流保安电源供电。

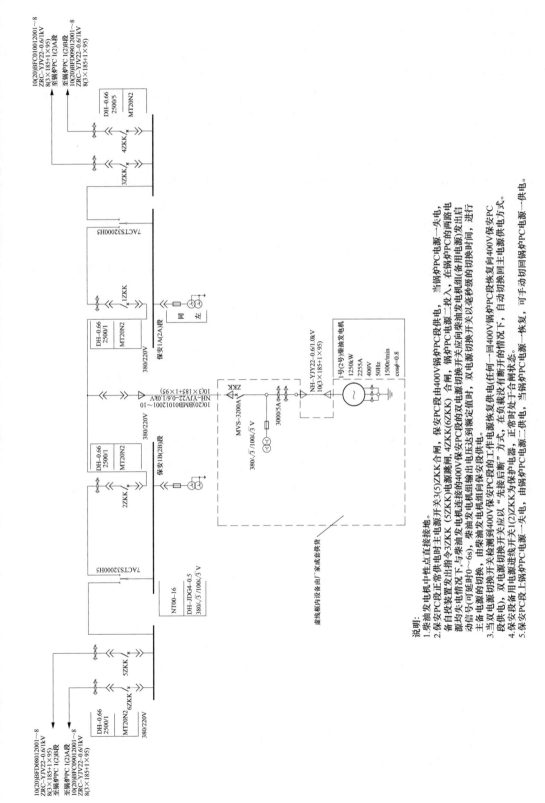

图 4-21　商洛电厂交流事故保安电源系统接线图

二、交流不停电电源

随着机组容量的增大和自动化控制程度日益提高，电厂中的计算机系统、各种热工、电气自动化装置等不允许停电负荷容量不断增大，交流不停电电源的要求都很高，一般的厂用供电系统的交流电难以满足。例如，计算机系统要求电源电压的变化率应不超过额定值的 $\pm2\%$，频率变化率应不超过额定值的 $\pm1\%$，总谐波有效值应不大于 5%，断电时间小于 5ms；很多热工、电气自动化装置断电几十毫秒后，各种控制系统将处于失控状态，往往造成一系列严重后果。因此必须设置不停电交流电源。

（一）对交流不停电电源系统的基本要求

（1）保证在发电厂正常运行和事故状态下，为不允许间断供电的交流负荷提供不间断电源。在全厂停电情况下，这种电源系统满负荷连续供电的时间不得少于 0.5h。

（2）输出的交流电源质量要求：电压稳定度为 $5\%\sim10\%$；频率稳定度稳态时不大于 $\pm1\%$，暂态时不大于 $\pm2\%$，总的波形失真度相对于标准正弦波不大于 5%。

（3）交流不停电电源系统切换过程中供电中断时间小于 5ms。这样快的切换时间只有静态开关才能做到。

（4）交流不停电电源系统还必须有各种保护措施，保证其安全可靠运行。

（二）交流不停电电源系统的接线及运行方式

商洛 660MW 机组采用晶闸管逆变器的不停电电源系统，本节以商洛电厂的不停电电源系统为例做简单介绍。商洛电厂不停电电源系统接线示意图如图 4-22 所示，这种接线具有两路交流、一路直流输入。两路交流电源输入分别来自不同的厂用 380V 事故保安电源 A 段和 B 段。一路直流输入来自发电厂的 220V 蓄电池直流系统。

（1）正常运行情况下，不停电电源系统由厂用交流 380V 事故保安电源 B 段供电，经专用可调整流器将交流变成直流，再经逆变器将直流变成符合要求的高质量的 220V 交流电，通过静态切换开关及手动旁路开关至不停电电源主配电盘。因专用可调整流器的输出直流电压略高于蓄电池直流系统电压，起逆止作用的二极管不导通，因此电厂直流系统故障不影响正常运行。

（2）当厂用保安电源 B 段或专用整流器故障使整流器输出电压消失或降低到低于蓄电池直流系统电压时，单相逆变器就自动改从蓄电池直流系统供电。当整流器输出电压恢复到足够高时，逆变器仍由整流器正常供电。

（3）当逆变器故障或过负荷时，由厂用 380V 事故保安电源 A 段引接的电源作为备用电源通过静态切换开关自动切换到旁路系统向交流不停电负荷供电。

（4）当静态切换开关需要检修时，可手动操作旁路开关将其退出，并将不停电电源主母线切换到旁路交流电源系统供电。

（三）商洛 660MW 机组不停电电源装置主要组成及功能

每套静态不停电交流电源装置应包括整流器、逆变器、静态高速切换开关、闭锁二极管和蓄电池直流馈电线、手控旁路切换开关、旁路变压器以及配电屏、屏间联系电缆等。每套不停电电源有正常交流输入端、旁路交流输入端、蓄电池馈线的直流输入端三路电源输入。

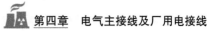

第四章 电气主接线及厂用电接线

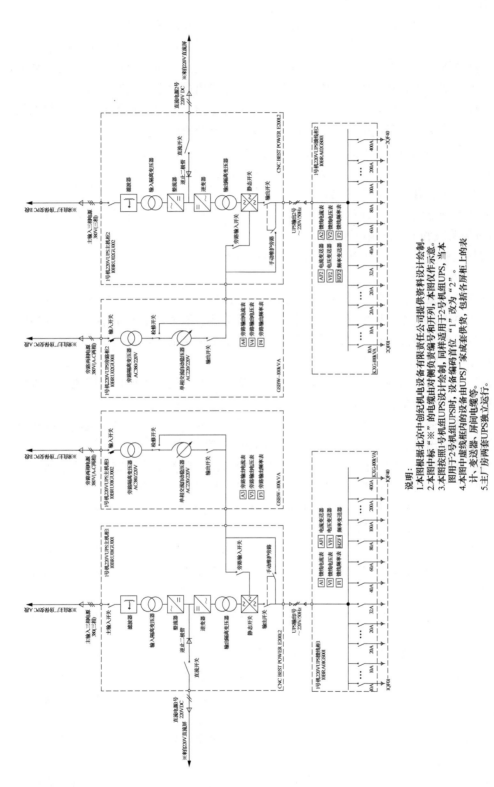

图 4-22 商洛电厂不停电电源系统接线示意图

185

1. 不停电电源系统的基本功能要求

（1）不停电电源的正常交流输入端、旁路交流输入端、蓄电池馈线的输入端，逆变器的输入端和输出端以及不停电电源输出端应装设具有热、磁脱扣器的自动开关进行保护。

（2）旁路电源和逆变器输出应通过高速静态切换开关接至交流不停电电源母线。如果旁路交流电源的变化在所规定的范围内，而此时逆变器输出的暂态响应时间超出了要求的调节范围，或当逆变器输出电压降低，或当输出频率变化超出规定的范围时，高速静态切换开关应能自动将交流不停电电源母线的供电电源切换至旁路电源。

（3）应设置手动先通后断开关，以便将旁路电源分支切换到交流不停电电源母线，检修静态开关。

（4）电源调压应有自动和手动两种方式。

（5）交流不停电电源系统应配备必要的变送器和报警总信号，与机组分布式控制系统（DCS）通过硬接线和 RS485 串行口通信。

（6）对整流系统，在额定工况下应满足长期运行不过热。

2. 交流不停电电源系统组件及功能

（1）整流器。整流器应包括隔离输入变压器、可控整流桥、控制板。整流器输入变压器由三相输入供电。整流器提供逆变器一个恒压直流电源，取最高电压不小于 1.125 倍的直流母线额定电压。整流器输入电压的允许变化率不小于额定输入电压 ±20%，允许频率变化率不小于额定输入频率的 ±5%。

整流器应具有全自动限流特性，以防止输出电流超过安全的最大值，当限流元件故障时，其后备保护应能使整流器跳闸。

（2）逆变器。逆变器的输入由整流器直流输出及带闭锁二极管的蓄电池直流馈线并联供电。当整流器输出电源消失时，无切换地由蓄电池直流馈线供电。

当整流器输入电压和频率在允许的规定值范围内变化，或蓄电池组直流母线电压变化率为额定值的 ±12.5% 时，逆变器在各种工况运行时，其输出电压的变化率应不超过额定值的 ±1%，频率变化率应不超过额定值的 ±0.01%，逆变器的总谐波有效值应不大于 5%，任何单一谐波有效值应不大于 2%。

逆变器应具有全自动限流特性。过载或出口短路时，应将输出电流限制在安全范围内。当短路切除后能自动恢复正常运行。限流元件故障时，后备保护应能将逆变器跳闸，并发出报警信号。

逆变器在功率因数 0.7~0.9 运行时，最大冲击负荷为额定值的 1.5 倍时，承受时间应能达 60s。

（3）旁路变压器。旁路变压器由隔离变压器和调压变压器串联组成。隔离变压器二次输出应屏蔽并接地，隔离变压器输出侧设 ±5% 的抽头。旁路变压器应为 500V 级干式绝缘，变比为 380/220V，隔离变压器在过载 20% 情况下可长期运行，满负荷且周围气温 40℃时能长期可靠运行。

（4）闭锁二极管。闭锁二极管的额定电流应能长期承受逆变器的最大输入电流。闭锁二极管的反向峰值电压应不小于 1500V。

（5）静态高速切换开关。在逆变器输出电压消失、受到过度冲击、过负荷或交流不停电电源负载回路短路时，静态高速切换开关应自动将配电柜负载切换到旁路交流电源。从逆变器输出电流消失到切换到旁路电源，总的切换时间应不大于 5ms。

当电源切至旁路时经延时发信号。当逆变器恢复正常运行时，静态高速切换开关应能经适当延时自动将负荷切至逆变器输出，也能手控解除静态切换开关的自动反向切换。

（6）手动旁路切换开关。手动旁路切换开关应有接通、中间、断开三位置，以便当逆变器和静态切换开关退出运行进行维修时，不致使负荷停电。手动旁路切换开关在接通位置时，将静态高速切换开关切换至旁路的同时，应切断逆变器的同步信号。手动旁路切换开关在中间位置时，应在线接入同步信号，以便将配电屏接至逆变器之前试验逆变器的同步。

设置逆变器输出与旁路电源的同步控制装置，以保证逆变器输出与旁路电源同步。如果电厂的电源频率偏离限定值，逆变器应保持其输出频率在限定值之内。当电厂的电源频率恢复正常时，逆变器应以 1Hz/s 或更小的频差与电厂电源自动同步。同步闭锁装置应能防止不同步时手动将负载由逆变器切换至旁路。交流不停电电源控制屏上应设有同步指示。手动切换时，逆变器输出应和旁路同步。逆变器故障或外部短路由静态切换开关自动切换时则不受此条件的限制。

交流不停电电源装置柜有各种必要的监视仪表和报警信号，配备微机检测装置可对交流不停电电源运行状态进行全面的监测报警和显示；配备必要的变送器和报警信号与计算机接口。

3. 交流不停电电源系统的保护和控制装置

（1）交流不停电电源系统应装有防止直流和交流回路的暂态过电压保护，该保护装置应装设在内部，不需与任何外部设备的配线相连接。

（2）带热保护、满足交流不停电电源整流器交流输入要求的开关应在仪表盘上有输入信号指示灯，带热保护的旁路开关也应装设指示灯。

（3）逆变器输入端应装设监视直流输出的低电压继电器，继电器动作经延时发出报警信号。

（4）整流器输出端应装设过电压继电器。如有必要，过电压继电器动作时，跳开工作回路直流电源，以保护逆变器，并发出信号。

（5）设置强迫风冷系统故障指示灯或其他报警信号。

（四）某 660MW 机组电厂交流不停电电源的设置及技术参数

1. 主厂房交流不停电电源

每台机组设置一套交流不停电电源系统，容量 100kVA。相关技术参数如下：

（1）交流输入电压：三相三线 380V±25%。

（2）交流输出电压：220/230/240V±1%。

（3）切换时间：1ms（逆变模式切旁路模式）。

2. 网控交流不停电电源

在网控继电器室装设一套交流不停电电源系统，容量为 20kVA。相关技术参数如下：

（1）交流不停电电源主机柜：E2001.2(20kVA)。

（2）旁路柜：GSBW-20(10)，旁路隔离稳压。

（3）馈线柜：KXG-20(10)。

第七节　发电厂照明系统

一、概述

照明系统应满足工作照明、事故照明、障碍物照明等的需要及满足工作人员的视觉功能。人的视觉功能用对比灵敏度、视觉敏锐度、视觉感受速度三个因素来评价，人的视觉器官所产生的颜色感觉为衍射视觉。

（一）对比灵敏度

眼睛能够辨别背景上的任一物体，必须使物体与背景具有不同的颜色，或者物体与背景在亮度上有明显的差别。前者为颜色对比，后者为亮度对比。眼睛的对比灵敏度是随着照明条件和眼睛的适应情况而变化的。为了提高对比灵敏度，必须增加背景的亮度。随着背景亮度的增加，对比灵敏度也将增加。

（二）视觉敏锐度

视觉敏锐度也和背景亮度以及物体与背景的颜色和亮度对比有关。为了提高视觉敏锐度，必须提高背景亮度或照度。彩色照明对视觉敏锐度也有影响，当背景亮度低时，绿色和蓝色灯光要比红色灯光照明有较高的视觉敏锐度。一般来说，单色光照明要比白色光照明更能提高视觉敏锐度。

（三）视觉感受速度

视觉感受速度与背景亮度和物体的对比有关，视觉感受速度随着背景亮度的增加而增加。视觉感受速度还与被观察物的视角有关。

由此可见，视觉能力与背景的亮度水平或照明水平有关。

（四）颜色视觉

颜色的基本特征可用色调、亮度和饱和度来表征。一切颜色都可以按照这三个基本特征的不同而加以区别。

色调是辐射的波长标志，即一定波长的光在视觉上的表现。各种颜色，不论其反射光光谱成分如何，在视觉上总是表现为与某一种光谱色相同或相似，这便是颜色的色调。

亮度反映了反射的强度（功率）。强度越大则亮度越大。亮度越大越接近白色，亮度越小则越接近黑色。色调相同的颜色随亮度不同而有所区别。

饱和度是指某种颜色与同样亮度的灰色之间的差别，它表示辐射波长的纯洁性。光谱的各种颜色是比较纯洁的，即饱和度大。如果在光谱的某一种颜色中加入白色，颜色就会淡薄起来，即颜色的饱和度减小了。

人们在亮度较高的条件下，利用眼睛能够分辨各种颜色。

二、照明的方式和分类

（一）照明的方式

（1）一般照明。照明效果基本均匀的照明方式，主要用于办公室、车间、体育馆等地方。

（2）局部照明。用于工作的局部照明或移动照明，局部需要高亮度的照明。

（3）混合照明。一般照明和局部照明的共同组合。

（二）照明分类

按需求，照明可分为正常照明、事故照明、值班照明、警卫照明、障碍物照明、疏散照明等。

三、光源的种类和选择

光源主要有热辐射光源和气体放电光源两种。常用光源有白炽灯、卤钨灯、荧光灯、钠灯等。

（1）白炽灯。白炽灯是使用较多的光源，依靠电流通过灯丝产生热发光。由于灯丝的温度很高，采用钨等材料制成，灯泡内抽成真空，然后充入惰性气体抑制灯丝的蒸发。灯丝的温度随电压的变化而变化。电压对灯的寿命影响最大，当电压升高5%，寿命缩短一半；电压降低5%，寿命增加一倍。但温度越高，发光效率越高。

（2）卤钨灯。为了提高灯的寿命，在灯泡内充入卤族元素制成卤钨灯。卤钨灯工作时，高温灯丝蒸发的金属钨，在灯壁附近温度较低的区域和卤族元素合成卤化物。当卤化物向灯丝扩散时，又分解成卤族元素和钨，在灯丝周围形成一层钨蒸气，并以沉淀的方式回到灯丝上，有效地抑制钨的蒸发，延长了寿命。卤钨灯比白炽灯的寿命长，显色性好，体积小。广泛用于室外照明，使用时注意不能采用人工冷却的措施，安装时要求保持水平。

（3）荧光灯。荧光灯具有结构简单、制造容易、发光效率高、寿命长、价格便宜等优点，使用也很广泛。使用荧光灯时需注意镇流器必须和荧光灯相匹配，否则会引起灯光损坏或启动困难。不要频繁启动，否则会影响荧光灯的寿命。

（4）钠灯。钠灯利用钠蒸汽放电发光，根据压力可分为低压钠灯和高压钠灯两种。

低压钠灯启动要求电压高，启动时间长，不致熄灭的最大容许电源中断时间为6～15s，热态灯在1min内可在启动。低压钠灯发光效率很高，但发出近似黄色的单色光，显色性差，适用于厂区、道路照明，有较好的穿雾性能。高压钠灯相比低压钠灯，不用提高供电电压（220V）寿命可达20 000h以上。

另外，在灯管内充入氙气，发电时可产生很强的白光，接近连续的光谱，又称"小太阳"。氙灯需要专门的启动电路，氙灯的紫外线较强，为防止对人体造成危害，在灯体外加装滤光玻璃，并规定悬挂高度不低于20m。

四、电厂照明的供电

（一）供电电压和电压质量

照明网络电压分为交流和直流两种。交流照明网络电压为380/220V；直流由蓄电池供电，根据容量的大小、电源的条件、具体情况等因素，工厂可分别采用220、36、24、12V，安装较低或移动式照明采用36V或12V。一般直流供电只有在事故情况下投入。

（二）主厂房正常照明的供电方式

（1）当低压厂用电的中性点为直接接地系统，两机组容量为125MW及以下时，正常照明宜由动力和照明网络共用的低压厂用变压器供电。

（2）当低压厂用电的中性点为非直接接地系统或机组容量为200MW及以上时，正常照明由高压或低压厂用电系统引接的照明变压器（二次侧应为380/220V中性点直接接地）供电。从低压厂用电系统引接的照明变压器也可采用分散设置的方式。

（三）工作照明、检修网络供电方式

主厂房采用照明、检修与动力分开供电的方式。每台机组设一段正常照明动力配电中心和一段检修动力配电中心，每段动力中心分别由一台变压器供电，两台机组设两台照明变压器和两台检修变压器，两台照明变压器及两台检修变压器之间互为备用。辅助厂房采用照明、检修与动力合并供电方式，由其附近的 380/220V 电动机控制中心供电。

（四）事故照明

事故照明供电方式：事故照明采用交流事故照明为主、直流事故照明为辅的方式，直流事故照明仅在单元控制室和柴油发电机室设置。

交流事故照明主厂房及其附近重要车间的事故照明采用交流事故照明，交流事故照明由保安电源动力中心供电，交流事故照明参与电厂的一般照明。每台机组在主厂房设置一段交流事故照明配电中心，交流事故照明负荷占全厂照明负荷的 15%～20%。

直流事故照明在电厂正常运行时是不点燃的，不参与电厂的一般照明（单元控制室、柴油发电机室的几个长明灯除外）。当电厂交流事故照明电源消失时，才自动切换至直流，由蓄电池供电。远离主厂房的重要车间的事故照明采用应急灯。

第五章 配 电 装 置

第一节 概　　述

一、配电装置的设计原则和要求

（一）配电装置及其分类

配电装置是发电厂和变电站用来接收和分配电能的重要组成部分。它是根据电气主接线的接线方式，由开关设备、母线装置、保护和测量电器及必要的辅助设备构成的一种电工建筑物。

配电装置的型式除与电气主接线及电气设备有密切关系外，还与周围环境、地形、地貌以及施工、检修条件、运行经验和习惯有关。随着新设备和新技术的采用，运行、检修经验的不断丰富，配电装置的结构和型式将会不断地更新。

配电装置按电气设备安装地点的不同，可分为屋内和屋外配电装置。按其组装方式，又可分为装配式配电装置、成套配电装置以及 SF_6 全封闭式组合电器。电气设备在现场组装的称为装配式配电装置；在制造厂预先将开关电器、互感器等安装成套，然后运至安装地点的配电装置称为成套配电装置。

（二）配电装置基本要求

配电装置应满足以下基本要求：

（1）符合国家基本建设方针和技术经济条件。

（2）保证运行可靠，设备选择合理，布置整齐、清晰，并保证有足够的安全距离。

（3）巡视、操作和检修方便。

（4）占地面积小，造价低，节省材料。

（5）施工、安装和扩建方便。

二、屋内、屋外配电装置的最小安全净距

为了满足配电装置运行和检修的需要，各带电设备应相隔一定的距离。在各种间隔距离中，最基本的是带电部分至接地部分之间的空间最小安全净距（A_1）和不同相的带电部分之间的空间最小安全净距（A_2）。在空间最小安全净距下，无论是在正常最高工作电压还是在出现内、外过电压时，都不致使空气间隙击穿。安全净距（A）取决于电极的形状、过电压的水平、防雷保护、绝缘等级等因素，可根据电气设备标准试验电压和相应电压与最小放电距离试验曲线确定。屋内、屋外配电装置的安全净距分别见表 5-1、表 5-2。

表 5-1　　　　　　　　　　　　屋内配电装置的安全净距　　　　　　　　　　　　mm

符号	适用范围	额定电压（kV）									
		3	6	10	15	20	35	60	110J	110	220J
A_1	（1）带电部分至接地部分之间； （2）网状和板状遮栏向上延伸线距地 2.3m，与遮栏上方带电部分之间	75	100	125	150	180	300	550	850	950	1800

续表

符号	适用范围	额定电压（kV）									
		3	6	10	15	20	35	60	110J	110	220J
A_2	（1）不同相的带电部分之间； （2）断路器和隔离开关的断口两侧带电部分之间	75	100	125	150	180	300	550	900	1000	2000
B_1	（1）栅状遮栏至带电部分之间； （2）交叉的不同时停电检修的无遮栏带电部分之间	825	850	875	900	930	1050	1300	1600	1700	2550
B_2	网状遮栏至带电部分之间	175	200	225	250	280	400	650	950	1050	1900
C	无遮栏裸导线至地面之间	2375	2400	2425	2450	2480	2600	2850	3150	3250	4100
D	平行的不同时停电检修的无遮栏裸导线之间	1875	1900	1925	1950	1980	2100	2350	2650	2750	3600
E	通向屋外的出线套管至屋外通道的路面	4000	4000	4000	4000	4000	4000	4500	4500	5000	5500

表 5-2 屋外配电装置的安全净距 mm

符号	适用范围	额定电压（kV）								
		3～10	15～20	35	60	110J	110	220J	330J	500J
A_1	（1）带电部分至接地部分之间； （2）网状和板状遮栏向上延伸线距地2.5m，与遮栏上方带电部分之间	200	300	400	650	900	1000	1800	2500	3800
A_2	（1）不同相的带电部分之间； （2）断路器和隔离开关的断口两侧带电部分之间	200	300	400	650	1000	1100	2000	2800	4300
B_1	（1）栅状遮栏至带电部分之间； （2）交叉的不同时停电检修的无遮栏带电部分之间； （3）设备运输时，其外廓至无遮栏带电部分之间； （4）带电作业时的带电部分至接地部分之间	950	1050	1150	1400	1650	1750	2550	3250	4550
B_2	网状遮栏至带电部分之间	300	400	500	750	1000	1100	1900	2600	3900
C	（1）无遮栏裸导线至地面之间； （2）无遮栏裸导线至建筑物、构筑物顶部之间	2700	2800	2900	3100	3400	3500	4300	5000	7500
D	（1）平行的不同时停电检修的无遮栏裸导线之间； （2）带电部分与建筑物、构筑物的边沿部分之间	2200	2300	2400	2600	2900	3000	3800	4500	5800

注 J表示中性点接地系统。

一般来说，影响安全净距的因素包括：①220kV以下电压级的配电装置，大气过电压起主要作用；②330kV及以上电压级的配电装置，内过电压起主要作用。采用残压较低的避雷器时，A_1 和 A_2 可减小。

在设计配电装置确定带电导体之间和导体对接地构架的距离时，还要考虑减少相间短路的可能性及减少电动力。例如：软绞线在短路电动力、风摆、温度等因素作用下，使相间及对地距离减小；隔离开关开断允许电流时，不致发生相间和接地故障；减小大电流导体附近的铁磁物质的发热。对110kV及以上电压等级的配电装置，还要考虑减少电晕损失、带电检修等因素，故工程上采用的安全净距通常大于表5-1、表5-2规定的数值。屋内、屋外配电装置各安全净距示意图分别如图5-1、图5-2所示。

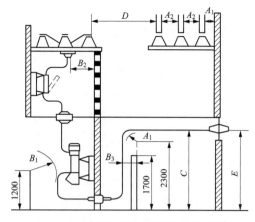

图 5-1 屋内配电装置安全净距示意图

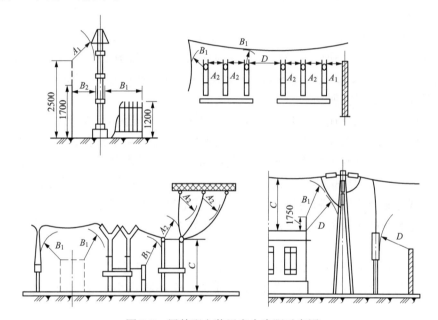

图 5-2 屋外配电装置安全净距示意图

第二节 屋内配电装置

一、屋内配电装置的特点

屋内配电装置是将电气设备安装在屋内，其特点如下：

（1）允许安全净距小，可以分层布置，占地面积小。

（2）维修、巡视和操作在室内进行，比较方便，且不受气候的影响。

（3）外界污染空气对电气设备的影响小，可以减少维护工作量。

（4）适宜于一些非标准设备的安装，如大电流母线等。

（5）房屋建筑投资大，但又可采用价格较低的户内型电气设备，以减少总投资。

大、中型发电厂和变电站中，35kV 及以下电压等级的配电装置多采用屋内配电装置。但 110kV 装置有特殊要求（如变电站深入城市中心）和处于严重污秽地区（如海边和化工区）时，经过技术比较，也可以采用屋内配电装置。

二、配电装置的布置

（一）屋内配电装置的分类

发电厂和变电站中的屋内配电装置，按其布置形式的不同，可以分为两层式和单层式。两层式是将所有电气设备依其轻重分别布置在各层中。单层式是把所有的设备都布置在一层中。

（二）屋内配电装置的布置基本原则

（1）同一回路的电器和导体布置在一个间隔内，以满足检修安全和限制故障范围。

（2）尽量将电源布置在每段母线的中部，使母线通过较小的电流。

（3）较重设备（如电抗器、断路器）布置在下层，以减轻楼板的荷重并便于安装。

（4）充分利用间隔的位置。

（5）布置对称，对同一用途的同类设备布置在同一标高，便于操作。

（6）各回路的相序排列尽量一致，一般为面对出线电流流出方向自左至右、由远到近、从上到下按 A、B、C 相顺序排列；对硬导体涂色，色别为 A 相黄色、B 相绿色、C 相红色。对绞线一般只标明相别。

（7）为保证检修人员在检修电器及母线时的安全，电压为 63kV 及以上的配电装置，对断路器两侧的隔离开关和线路隔离开关的线路侧，宜配置接地开关；每段母线上宜装设接地开关或接地器，其装设数量主要按作用在母线上的电磁感应电压确定。在一般情况下，每段母线宜装设两组接地开关或接地器，其中包括母线电压互感器隔离开关的接地开关在内。母线电磁感应电压和接地开关或接地器安装间隔距离需经计算确定。

（8）配电装置的布置为便于设备操作、检修和搬运，设置了维护通道、操作通道、防爆通道。

凡用来维护和搬运各种电器的通道，称为维护通道；如通道内设有断路器（或隔离开关）的操动机构、就地控制屏等，称为操作通道；仅和防爆小室相通的通道，称为防爆通道。

（9）配电装置室可以开窗采光和通风，但应采取防止雨雪、风沙、污秽和小动物进入室内的措施。配电装置室应满足事故排烟要求，装设足够的事故通风装置。

200～600MW 机组电厂，厂用 3～10kV 屋内配电装置一般采用成套配电装置。

第三节　屋外配电装置

一、屋外配电装置的特点

屋外配电装置是将电气设备安装在露天场地基础、支架或构架上，其特点如下：

（1）土建工程量和费用较小，建设周期短。

（2）扩建比较方便。

（3）相邻设备之间距离较大，便于带电作业。

（4）占地面积大。

（5）受外界空气影响，设备运行条件较差，需加强绝缘。

（6）外界气象变化对设备维修和操作有影响。

110kV 及以上电压等级一般多采用屋外配电装置。

二、屋外配电装置的类型

根据电气设备和母线布置的高度，屋外配电装置可分为中型、半高型和高型等。

中型配电装置的所有电器都安装在同一水平面内，并装在一定高度的基础上，使带电部分对地保持必要的高度，以便工作人员能在地面安全活动。中型配电装置母线所在的水平面稍高于电器所在的水平面。这种布置比较清晰，不易误操作，运行可靠，施工维护方便，投资少，是我国屋外配电装置普遍采用的一种方式。

高型和半高型配电装置的母线和电器分别装在几个不同高度的水平面上。凡是将一组母线与另一组母线重叠布置的，称为高型配电装置。如果仅将母线与断路器、电流互感器等重叠布置，则称为半高型配电装置。高型与半高型配电装置耗用钢材较多、投资大、操作和维护条件较差，但是，可大量节省占地面积，因此，近年来，110kV 和 220kV 高型配电装置和半高型配电装置得到了广泛的应用。

三、屋外配电装置布置的基本原则

（一）母线及构架

屋外配电装置的母线有软母线和硬母线两种。

软母线为钢芯铝绞线或软管母线，三相呈水平布置，用悬式绝缘子悬挂在母线构架上。软母线可选用较大的档距（一般不超过三个间隔宽度），但档距越大，导线弧垂也越大，因而，导线相间及对地距离就要增加，母线及跨越线构架的宽度和高度均需增加。

常用的硬母线有矩形和管型两种，前者用于 35kV 及以下的配电装置中，后者用于 110kV 及以上的配电装置中。管型硬母线一般采用支柱式绝缘子安装在支柱上，由于硬母线没有弧垂和拉力，因而不需另设高大的构架；管型硬母线不会摇摆，相间距离可以缩小，与剪刀式隔离开关配合，可以节省占地面积，但抗震能力较差。由于强度关系，硬母线档距不能太大，一般不能上人检修。

屋外配电装置的构架可由钢或钢筋混凝土制成。钢构架经久耐用，机械强度大，可以按任何负荷和尺寸制造，便于固定设备，抗震能力强，运输方便。但钢构架的金属消耗量大，且为了防锈需要经常维护，因此，全钢构架使用较少。

钢筋混凝土构架可以节约大量钢材，也可满足各种强度和尺寸的要求，经久耐用，维护简单。钢筋混凝土环形杆可以在工厂成批生产，并可分段制造，运输和安装都比较方便，是我国配电装置构架的主要形式。以钢筋混凝土环形杆和镀锌钢梁组成的构架兼顾了二者的优点，已在我国各类配电装置中广泛采用。

（二）电力变压器

电力变压器外壳不带电，故采用落地布置，安装在铺有铁轨的双梁形钢筋混凝土基础上，轨距中心等于变压器的滚轮中心。为了防止变压器事故时发生燃油事故使事故扩大，单个油箱油量超过 1000kg 以上的变压器，按照防火要求，在设备下面设置储油池或挡抽墙，其尺寸应比设备的外廊大 1m，并在池内铺设厚度不小于 0.25m 的卵石层。

主变压器与建筑物的距离，不应小于 1.25m，且距变压器 5m 以内的建筑物，在变压器总高度以下及外廊两侧各 3m 范围内，不应有门窗和通风孔。当变压器油重超过 2500kg

以上时，两台变压器之间的防火净距不应小于10m，如布置有困难，应设防火墙。

（三）断路器

断路器有低式和高式两种布置方式。低式布置的断路器放在0.5～1m的混凝土基础上。低式布置的优点是检修比较方便，抗震性能较好。但必须设置围栏，因而影响通道的畅通。一般中型配电装置的断路器采用高式布置，即把断路器安装在约高2m的混凝土基础上。断路器的操动机构须装在相应的基础上。

按照断路器在配电装置中所占据的位置，可分为单列布置和双列布置。当断路器布置在主母线两侧时，称为双列布置；如将断路器集中布置在主母线的一侧，则称为单列布置。单列、双列布置的确定，必须根据主接线、场地地形条件、总体布置和出线方向等多种因素合理选择。

（四）隔离开关和互感器

隔离开关和互感器均采用高式布置，其要求与断路器相同。隔离开关的手动操动机构装在其靠边一相基础的一定高度上。为了保证电器和母线检修安全，每段母线应装设1～2组接地开关；断路器的两侧的隔离开关和线路隔离开关的线路侧，应装设接地开关。接地开关应满足动、热稳定。

（五）避雷器

避雷器也有高式和低式两种布置。110kV及以上的阀型避雷器由于本身细长，如安装在2m高的支架上，其上面的引线离地面已达5.9m，在进行试验时，拆装引线很不方便，稳定度也很差。因此，此种避雷器多采用落地布置，即低式布置，安装在0.4m的基础上，四周加围栏。磁吹避雷器及35kV的阀型避雷器形体矮小，稳定度较好，一般采用高式布置。

（六）电缆沟

屋外配电装置中电缆沟的布置，应使电缆所走的路径最短。电缆沟按其布置方向，可分为纵向和横向电缆沟。一般横向电缆沟布置在断路器和隔离开关之间；大型变电站的纵向电缆沟因电缆数量较多，一般分为两路。

（七）道路

屋外环行道路应考虑扩建、运输大型设备的情况，以及变压器和消防需要等设备的起吊，应在主要设备附近铺设行车道路。大、中型变电站内一般均应设置3m的环型道路，还应设置宽0.8～1m的巡视小道，以便运行人员巡视电气设备，电缆沟盖板可作为部分巡视小道。运输设备和屋外电气设备外绝缘体最低部分距地小于2.5m，应设固定遮栏。

（八）其他

带电设备的上、下方不能有照明、通信和信号线路跨越和穿过。

四、超高压配电装置

超高压输电系统安全运行直接关系到整个电力系统的安全、可靠、经济、稳定运行。由于超高压配电装置电压等级高、绝缘距离大、设备高大、笨重、占地面积大，因此静电感应、电晕及无线电干扰和噪声问题更加突出。

根据以上特点，对超高压配电装置有以下要求：

（1）按绝缘配合的要求，合理选择配电装置的绝缘水平和过电压保护设备，并以此作为设计配电装置的基础。

（2）节约土地。要重视母线和隔离开关的选型和布置方式，为了节约土地常采用中型配电装置。若土地比较紧张，可考虑采用 SF_6 全封闭组合电器。

（3）内过电压在绝缘配合中起决定作用。220kV 及以下电网的绝缘配合主要由大气过电压决定，大气过电压可以采用避雷器限制。而超高压电网的内过电压（包括工频过电压及操作过电压）很高，设备的绝缘水平和配电装置的空气间隙主要由内过电压决定，因此要采取措施限制操作过电压不超过规定水平（330kV 系统不超过最高工作电压的 2.75 倍，500kV 系统不超过最高工作电压的 2.0～2.3 倍）。

（4）内过电压及静电感应对安全净距（A、B、C、D）的确定有重要影响。超高压配电装置电气安全净距 A、B、C、D 的确定，要特别注意内过电压的影响和防止静电感应问题。对此，我国为满足超高压输、变电工程设计的需要，暂规定了最小安全净距的试行值。330kV 配电装置最小安全净距试行值见表 5-3。

表 5-3　　　　　　　　　330kV 配电装饰最小安全净距试行值　　　　　　　　　m

符号	安全净距	符号	安全净距	符号	安全净距
A_1	2.6	B_1	3.35	C	5.1
A_2	2.8	B_2	2.7	D	4.6

（5）必须考虑静电感应对人体危害的防护措施。在高压输电线路或配电装置的母线下和电气设备附近有对地绝缘的导电物体时，由于电容的耦合感应而产生电压。当上述被感应物体接地时，就产生感应电流，这种感应称静电感应。当人站在地上与地绝缘不好时，就会有感应电流流过，如感应电流较大，人就有麻电感觉。

我国 220kV 及以下电压级的高压配电装置的最小安全净距都是按绝缘配合的要求决定的。但从运行经验来看，自 220kV 电压级开始，静电感应的影响逐步增大。因此，在设计 330～750kV 超高压配电装置时，除了要满足绝缘配合的要求外，还应做静电感应的测定并考虑防护措施。

国内外的设计和运行经验指出，地面场强在 5kV/m 以下为无影响区，10kV/m 是安全水平，最高允许场强在线路下定为 15kV/m，走廊边沿为 3～5kV/m。多数国家认为配电装置允许的电场强度为 7～10kV/m。在场强不超过允许值的超高压配电装置中，静电感应不会对人体发生病理影响。但需要指出的是在高电场下，静电感应电击与低电压下的交流稳态电击感觉界限不同。对于静电感应放电在未完全接触时已有感觉，所以感觉电流即使是 100～200μA，亦会有针刺感，不注意时会发生受惊而造成事故，故在检修工作中应特别注意。

场强的分布具有一定的规律性：对母线，中间相场强较低，边相外侧场强较高，同名相对场强有增强作用，两组三相导线交叉时，同名相导线交叉下场强大；对设备，在隔离开关及其引线处，以及断路器、电流互感器旁的场强较大，落地布置的设备附近的场强较装在支架上的高。

限制配电装置的静电感应可以在以下两方面采取措施：

1）人体的防护措施。在登高检修时，在感应电压较高的部位，可以考虑穿导电鞋及屏蔽服，以防止检修人员受到静电感应的影响而引起事故；在检修设备时，可考虑设置活动的金属网将高场强处隔开；在变电站内，应划定安全的巡视及检修攀登路径；也可参考国外办法，规定各种场强下允许的停留时间。

2）配电装置布置上的措施。尽量避免电气设备上方出现软导线，以防止在检修设备时受静电感应的影响，在电场强度大于 $10kV/m$ 的设备旁可设置简单的屏蔽措施，使场强降低；为了限制地面场强，导线对地面的安全净距（C）除满足过电压要求外，尚需满足静电感应的要求，故 C 应适当提高。

（6）要满足电晕和无线电干扰允许标准的要求。超高压电力系统由于电压高、导线表面场强比较大（场强随导线外径不同而变化），故在导线周围空间产生电晕放电。在每一个电晕放电点将不断地发射出不同频率的无线电干扰电磁波，这些干扰电磁波大到一定程度，将会影响近旁的无线电广播、通信、电视及发生噪声。因此，在超高压配电装置中所用导线除应满足允许载流量要求外，还需要满足电晕无线电干扰允许标准的要求。从限制无线电干扰出发，变电站应尽量避免出现可见电晕，以可见电晕作为验算导线截面积的条件。

各国都规定了变电站综合干扰允许标准值及电气设备电晕无线电干扰允许值。对配电装置产生的无线电干扰允许值，我国暂定为离配电装置围墙外 20m 处（距出线边相导线投影的横向距离 20m 外）的 1MHz 无线电干扰不大于 50dB。

为了防止超高压电气设备产生的电晕干扰影响无线电通信装置和接收装置的工作，要求在 1.1 倍最高工作电压下的晴天夜晚，电气设备上应没有可见电晕，1MHz 时的无线电干扰电压不大于 $2500\mu V$。

（7）超高压配电装置中的导线和母线。由于超高压电流量大，为防止电晕无线电干扰，超高压配电装置中的导线和母线需要采用扩径空芯导线、多分裂导线、大直径或组合铝管。

（8）噪声的允许标准及限制噪声。配电装置须考虑防噪声措施。配电装置中的主要噪声源是主变压器、电抗器及电晕放电。变压器噪声最大，由于变压器等电气设备的容量加大和电压级的提高，噪声问题日益突出，因此更要注意控制室、通信楼等建筑物和主变压器的距离。最高允许连续噪声级见表 5-4。

表 5-4 　　　　　　　　　　　　　最高允许连续噪声级　　　　　　　　　　　　　　dB

工作场合	一般值	最大值
控制室、通信楼	55	65
办公室	60	70
有人值班的生产建筑	85	90

在变电站和发电厂设计中合理地选择设备和布置总平面就能使变电站和发电厂的噪声得到限制。采取限制噪声的措施后，噪声水平不应超过规定数值。根据相关标准规定，控制室、通信室的最高连续噪声级不大于 65dB，一般应低于 55dB；对职工宿舍，职工睡眠时的噪声理想值是 35dB，极大值为 50dB。受噪声影响人的居住或工作建筑物外 1m 处的噪声级，白天不大于 65dB，晚上不大于 55dB。

五、屋外配电装置举例

商洛电厂变压器进线断面图如图 5-3 所示，它的优点是供电可靠性大，可以轮流检修母线而不使供电中断，当一组母线故障时，只要将故障母线上的回路倒换到另一组母线，就可迅速恢复供电，另外还具有调度、扩建、检修方便的优点。

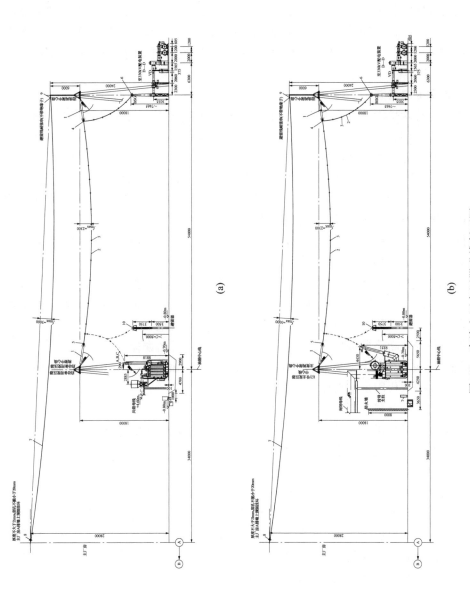

(a)

(b)

图 5-3 商洛电厂变压器进线断面图

(a) 启动备用变压器进线断面图；(b) 1 号/2 号主变压器进线断面图

1—耐张绝缘子串；2—双分裂铝合金钢绞线；3—双分裂导号线间隔棒；4—耐张线夹；5—耐张线夹；6—双号线 45°设备线夹；
7—镀锌钢绞线；8—避雷线耐张（带绝缘子）串；9—避雷线耐张（无绝缘子）串；10—双号线 45°设备线夹

第四节　成套配电装置

成套配电装置可分成低压成套配电装置、高压成套配电装置（也称高压开关柜）、SF_6全封闭式组合电器配电装置三类。

成套配电装置按安装地点可分为屋内式和屋外式两种。低压成套配电装置做成屋内式，高压开关柜有屋内式和屋外式。由于屋外式有防水、防锈、受环境影响等问题，故大量使用的是屋内式。SF_6全封闭式组合电器也因屋外气候条件较差，大部分都布置在屋内。

一、低压成套配电装置

低压成套配电装置是指电压为1000V及以下的成套配电装置。有固定式低压配电屏和抽屉式低压开关柜两种。

（一）GGD型固定式低压配电屏

GGD型固定式低压配电屏的构架用冷变型钢局部焊接而成。正面上部装有测量仪表，双面开门。三相母线布置在屏顶，隔离开关、熔断器、空气断路器、互感器和电缆端头依次布置在屏内，继电器、二次端子排也装设在屏内。

固定式低压配电屏结构简单、价格低，维护、操作方便，广泛应用于低压配电装置。

（二）GCS抽屉式开关柜

GCS抽屉式开关柜为密封式结构，GGD固定式低压配电屏分为功能单元室、母线室和电缆室。电缆室内为二次线和端子排。功能室由抽屉组成，主要低压设备均安装在抽屉内。若回路发生故障时，可立即换上备用的抽屉，迅速恢复供电，开关柜前面的门上装有仪表、控制按钮和空气断路器操作手柄。抽屉有联锁机构，可防误操作。

GCS抽屉式开关柜的特点是密封性能好，可靠性高，占地面积小，但钢材消耗较多，价格较高，它将逐步取代固定式低压配电屏。

二、高压成套配电装置

高压成套配电装置是指3～35kV的成套配电装置。发电厂和变电站中常用的高压成套配电装置有手车式开关柜和固定式开关柜两种。

（一）XGN2-10型固定式开关柜

XGN2-10型固定式开关柜为金属封闭箱式结构，屏体由钢板和角铁焊成。XGN2-10型固定式开关柜由断路器室、母线室、电缆室和仪表室等部分构成。断路器室在柜体的下部，断路器由拉杆与操动机构连接。断路器下引接与电流互感器相连，电流互感器和隔离开关连接。断路器室有压力释放通道，以使电弧燃烧产生的气体压力得以安全释放。母线室在柜体后上部，为减小柜体高度，母线呈"品"字形排列。电缆室在柜体下部的后方，电缆固定在支架上。仪表室在柜体前上部，便于运行人员观察。断路器操动机构装在面板左边位置，其上方为隔离开关的操作及联锁机构。

（二）GZSI-10型手车式开关柜

GZSI-10型手车式开关柜是由柜体和中置式可抽出部分（即手车）两大部分组成。开关柜由母线室、断路器手车室、电缆室和继电器仪表室组成。手车室及手车是开关柜的主体部分。手车在柜体内有断开位置、试验位置和工作位置三个状态。开关设备内装有安全可靠的联锁装置，完全满足五防［防止误分、误合断路器；防止带负荷拉、合隔离开关或手车触头；防止带电挂（合）接地线（接地刀闸）；防止带接地线（接地刀闸）合断路器（隔离开关）；防止误入带电间隔］的要求，手车采用中置式形式，小车体积小，检修维护方便。母线室封闭于开关室后上部，不易落入灰尘和引起短路，出现电弧时，能有效将事故限制在隔室内而不向其他柜蔓延。由于开关设备采用中置式，电缆室空间较大。电流互感器、接地开关装在隔室后壁上，避雷器装设在隔室后下部。继电器仪表室内装设继电保护元件、仪表、带电检查指示器，以及特殊要求的二次设备。

三、SF_6 全封闭组合电器配电装置

（一）气体全封闭组合电器的发展状况及特点

1. 国内外气体全封闭组合电器的发展状况

气体全封闭组合电器（GIS）是以 SF_6 气体作为绝缘和灭弧介质，以优质的环氧树脂绝缘子作为支撑元件的成套高压电器。这些组合电器，根据电气主接线的要求将断路器、隔离开关、快速或慢速接地开关、电流互感器、电压互感器、避雷器、母线、电缆终端盒及这些元器件的封闭外壳、伸缩节和出线套管等组成一个整体，内充一定压力的气体，作为 GIS 的绝缘和灭弧介质。我们俗称的 GIS 是指充 SF_6 气体的全封闭组合电器。

2. GIS 的主要特点

GIS 的主要特点是占地面积小、占用空间少、运行维护工作量小、检修周期长、不受外界环境条件的影响、金属外壳接地，有屏蔽作用，能消除无线电干扰、静电感应和噪声等；设备高度和重心低，使用脆性绝缘子少，故抗震性能好。但加工精度和装配工艺要求高，金属消耗量大，造价高。实践表明 GIS 主要用于大城市和工业密集区的中心变电站，地势险峻的山区水电厂，重污染、高海拔、多地震地区，高层建筑物内部或地下室以及超（特）高压输电和其他特殊场所，具有很大的优越性。

GIS 在 110kV 较低电压等级的发展方向是三相共筒化结构。三相共筒化结构是将主回路元件的三相装在公共的接地外壳内，通过环氧树脂浇注的绝缘子支撑和隔离。三相共筒式 GIS 结构紧凑，一般可缩小占地面积 40％以上。由于外壳数量减少，故可大大节省材料，又由于密封点数和密封长度减小，故降低了漏气量。此外，还可以减少涡流损失和现场安装维修工作量。这种结构的 GIS 已成为 110～330kV 电压等级的主要产品。三相共筒式 GIS 现已做到 330kV 等级全三相共筒化，而 500kV 等级做到母线三相共筒化。

（二）其他全封闭组合电器的分类及基本结构

1. GIS 的分类

（1）按结构形式分。根据充气外壳的结构形状，GIS 可以分为圆筒形和柜形两大类。圆筒形依据主回路配置方式还可分为单相一壳型（即分相型）、部分三相一壳型（又称主母线三相共筒型）、全三相一壳型和复合三相一壳型四种；柜形又称 C-GIS，俗称充气柜，依据柜体结构和元件间是否隔离可分为箱型和铝装型两种。

（2）按绝缘介质分。可以分为全 SF_6 气体绝缘型（F-GIS）和部分气体绝缘型（H-GIS）两类。前者是全封闭的，而后者则有两种情况：一种是除母线外，其他元件均采用气体绝缘，并构成以断路器为主体的复合电器；另一种则相反，只有母线采用气体绝缘的封闭母线，其他元件均为常规的敞开式电器。

（3）按主接线方式分。常用的有单母线、双母线、一台半断路器、桥形和角形等多种接线方式。

（4）按安装场所分。有户内型和户外型两种。

2. GIS 的典型主接线

GIS 的主接线取决于工程需要，在实际工程中，作为输、配电用的圆筒形 GIS 常用的主接线方式主要有单母线、双母线、一台半断路器、桥形、角形等。圆筒形 GIS 不仅电动力大，而且存在三相短路的可能性。另一种是单相母线筒 GIS，即每相母线封闭在一个筒内，它的主要优点是杜绝三相短路的可能性，圆筒直径较同级电压的三相母线小，但存在着占地面积较大、加工量大和温度损耗大等缺点。

3. GIS 中气室的划分

在设计 GIS 时，一般根据用户提供的主接线将 GIS 分为若干个间隔。一个间隔是一个具有完整的供电、送电和其他功能（控制计量、保护等）的一组元器件。每个间隔可再划分为若干气室或气隔。气室划分应考虑以下因素：

（1）不同额定气压的元件必须分开。如断路器的额定气压高于其他元件，应将它和其他气室分开。

（2）要便于运行、维护和检修。当发生故障需要检修时，应尽可能将停电范围限制在一组母线和一回线的区域，且须注意以下几点：

1）主母线和备用母线气室应分开。

2）主母线和主母线侧的隔离开关气室应分开，以便于检修主母线。

3）考虑当主母线发生故障时，能尽可能缩小波及范围和作业时间，当间隔数较多时，应将主母线分为若干个气室。

4）为了防止电压互感器、避雷器发生故障时波及其他元件，以及为了现场试验和安装作业方便，通常将电压互感器和避雷器单独设气室。

5）由于电力电缆和 GIS 的安装时间常不一致，经常需要对电缆终端 SF_6 气体进行单独处理，所以电缆终端应单独设立气室，但可通过阀门与其他元件相连，以便根据需要灵活控制。

（3）要合理确定气室的容积。一般气室容积的上限是由气体回收装置的容量决定的，即要求在设备安装或检修时，能在规定的时间内完成气室中的气体处理；下限则主要取决于内部电弧故障时的压力升高，不能造成外壳爆炸。

（4）有电弧分解物产生的元件与不产生电弧分解物的元件分开。

4. GIS 总体结构

全封闭组合器由各个独立的标准元件组成，各标准元件制成独立气室，再辅以一些过渡元件，便可适应不同形式主接线的要求，组成成套配电装置，SF_6 全封闭组合电器总体结构如图 5-4 所示。

一般情况下，断路器和母线筒的结构型式对布置影响最大。对室内全封闭组合电器，若选用水平布置的断路器，则将母线筒布置在下面，断路器布置最上面；若断路器选用垂直断口时，则断路器一般落地布置在侧面。对室外 SF_6 全封闭组合电器，断路器一般布置在下部，母线布置在上部，用支架托起。

GIS 外壳可用钢板或铝板制成，形成封闭外壳，有三相共箱和三相分箱式两种。其功

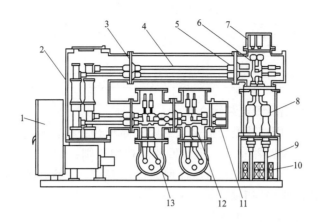

图 5-4　SF_6 封闭组合电器总体结构

1—操作装置；2—断路器；3—绝缘隔板；4—导体；5—插入实指形触头；6、12—隔离开关；

7、11—接地开关；8—电缆接线端头；9—电缆；10—电流互感器；13—母线

能有以下三点：①容纳 SF_6 气体，气体压力一般为 0.2～0.5MPa；②保护活动部件不受外界物质侵蚀；③可作为接地体。

（三）GIS 中 SF_6 气体的监控

GIS 中对 SF_6 气体的监控，主要包括气体压力式密度监视、气体检漏、水分监测与控制等方面内容。设置方式有集中安装和分散安装两种。集中安装是将各气室用的压力表、密度控制器和各种控制阀门等都集中装在箱中，通过气管与气室相连；分散安装是将监视装置直接装在各个气室的外壳上。

1. SF_6 气体的压力或密度监控

一般每一个气室均设置单独的 SF_6 气体监控箱（gas monitoring box, GMB）。GMB 中包含下述元件：

（1）SF_6 压力表。可直观地监视气体压力的变化。由于 SF_6 压力随环境温度而变，故必须对照 SF_6 的压力-温度曲线才能正确判断气室中压力，从而判断气室是否有气体泄漏。如 GIS 不装压力表，可减少漏气点，但运行中需定期检测。

（2）SF_6 密度继电器（或称温度补偿压力开关）。同 GCB 一样，当气体泄漏时，先发出补气告警信号，如不及时地对气室进行补气，导致气体继续泄漏，则进一步对开关进行分闸闭锁，并发出闭锁信号。一般密度继电器分为机械式和非机械式两种。对断路器气室用的密度继电器必须有报警压力和闭锁压力两组控制触点，GIS 其他气室用的密度继电器一般只需有报警信号触点。

（3）充气及取样口。既可供充、补 SF_6 气体之用，亦可供测定水分含量时取样之用。

2. GIS 的检漏

根据相关标准规定进行。具体检漏方式分为定性检漏和定量检漏两种。其中，定性检漏又分为抽真空检漏、肥皂检漏、检漏仪检漏；定量检漏又分为挂瓶法、扣罩法、局部包扎法。

3. SF_6 气体的水分监测与控制

GIS 产品中 SF_6 气体所含的水分会直接影响产品的安全运行，必须严格控制，GIS 产品中 SF_6 参数见表 5-5。

表 5-5　　　　　　　　　　　　　GIS 产品中 SF₆ 参数

部　位	产生分解气体的元件（断路器）	不产生分解气体的元件（隔离开关、母线等）
管理值（μL/L）	150～200	500
允许值（μL/L）	300～400	1000

四、商洛电厂厂用高压配电装置介绍

10kV 高压开关柜采用铠装型交流金属封闭式高压开关柜。柜内设备选用真空断路器和 F-C 混装方案。真空断路器和 F-C 混装回路的选用原则：1250kVA 及以上变压器回路选用真空断路器，1250kVA 及以下变压器回路选用 F-C；Ⅰ类电动机回路选用真空断路器，Ⅱ、Ⅲ类电动机回路选用 F-C。

（一）PIX 铠装式金属封闭开关柜

1. PIX 铠装式金属封闭开关柜的特点

PIX 铠装式金属封闭开关设备（简称 PIX 开关柜）是户内配电装置。额定电压为 3.6～12kV，具有五防功能。

2. PIX 装式金属封闭开关柜的基本结构

开关柜是由固定的柜体和真空断路器手车组成，PIX 开关柜结构如图 5-5 所示，图中标注了开关柜及安装的电器元件。开关柜各部分介绍如下：

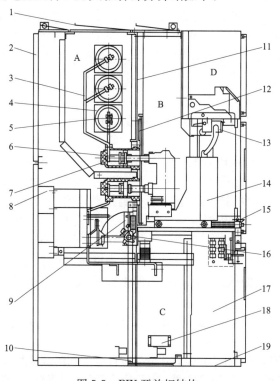

图 5-5　PIX 开关柜结构

A：母线室；B：断路器室；C：电缆室；D：低压室

1—泄压装置；2—外壳；3—分支小母线；4—母线套管；5—主母线；6—静触头装置；7—静触头；
8—电流互感器；9—接地开关；10—接地主母线；11—装卸式隔板；12—隔板（活门）；13—二次插头；
14—断路器手车；15—可抽出式水平隔板；16—接地开关操动机构；17—电缆室护板；18—加热装置；19—底板

(1) 外壳和隔板。开关柜外壳和隔板由覆铝锌钢板制成，具有很强的抗氧化、耐腐蚀功能，且刚度和机械强度比普通低碳钢板高。高压室的顶部都装有压力释放板。水平隔板将断路器室和电缆室隔开，即使断路器手车移开，也能防止操作者触及母线室和电缆室内的带电部分。卸下紧固螺栓就可移开水平隔板，便于电缆密封终端的安装。开关柜的门板和终端侧板，经净化和防腐处理后，涂有高质量的烘干后特别抗冲击、抗腐蚀的颜色编号为 RAL7035（或商定的其他颜色）的色漆。

(2) 开关柜内的小室。

1) 断路器室。断路器手车装在有导轨的断路器室内，可在运行、试验/隔离两个不同位置之间移动。当手车从运行位置向试验/隔离位置移动时活门会自动盖住装在母线室和电缆室的漏斗形绝缘套筒内的静触头，反向运行则打开。手车能在开关柜门关闭的情况下操作，通过门上的观察窗可以看到手车的位置、手车上的 ON（断路器合闸）/OFF（断路器分闸）按钮、合分闸状态指示器和储能/释能状况指示器。

2) 断路器手车。断路器手车可采用手动或电动机构（若有设备）进行移动。框架均由合金钢板拼装而成，上面装断路器和其他设备。具有弹簧触头系统的触臂装在断路器的极柱上，当手车插入到运动位置时起电气连接作用。手车与开关柜之间的信号、保护控制线用一个控制插头来连接。手车插入开关柜咬合在试验/隔离位置的同时也可靠地连接到开关柜的接地系统。手车的所在位置，能通过观察窗或装在低压室面板上的手车电气位置指示器看到。断路器面板上还装有操动机构手动控制按钮和指示器。除真空断路器外，手车也可配 SF$_6$ 断路器、真空接触器、隔离装置和计量设备等。

3) 母线室。母线从一个开关柜引至另外一个开关柜，通过分支母线和套管固定。负荷电流不大时，用单根母线，否则用两根。矩形的分支母线直接用螺栓接到单母线上，不需任何连接夹。所有母线的连接螺栓一般由绝缘罩罩住。套管板和套管将柜与柜之间的母线隔离起来，并有支撑作用。

4) 电缆室。电流互感器、电压互感器和接地开关（配有手动或电动机构，可以任意选择）装在电缆室后部。电缆室也可以安装避雷器。当手车和水平隔板移开后，有足够的空间供施工人员从正面进入柜内安装电缆。盖在电缆入口处的底板为非导磁性的不锈钢板（不许用导磁的其他金属板代替），是开缝的、可拆卸的，便于现场施工。底板中穿越一、二次电缆的变径密封开孔与所装电缆相适应，以防止小动物进入。

对湿度较大的电缆沟，建议用防火泥、环氧树脂将开关柜进行密封。

5) 低压室。开关柜的二次元件装在低压室内及门上。控制线线槽空间宽裕，并有盖板。左侧线槽用来引入和引出柜间连线，右侧线槽用来敷设开关柜内部连线。低压室侧板上有控制线穿越孔，以便控制电缆的联结。

(3) 防止误操作的联锁/保护。具备一系列的联锁装置，从根本上防止出现危险局面和可能引起严重后果的误操作，因此有效地保护了操作人员和开关柜。联锁装置的功能如下：

1) 断路器和隔离开关在分闸位置时，手车能从试验/隔离位置移动到运行位置。在这种分闸状态下，反向移动也行（机械联锁）。

2) 手车已完全咬合，在试验或运行位置时，断路器才能合闸（机械联锁）。

3) 手车在试验或运行位置而没有控制电压时，断路器不能合闸，仅能手动分闸（机械电气联锁)。

4) 手车在运行位置时,控制线插头被锁定,不能拔出。

5) 手车在试验/隔离位置或移开时,接地开关才能合闸(机械联锁)。

6) 接地开关关合时,手车不能从试验/隔离位置移向运行位置(机械联锁)。

7) 可在手车或接地开关操动机构上安装附加的联锁装置,如闭锁电磁铁。用户在订货时应提出要求。

8) 当手车移开后,我们可用挂锁锁定。

9) 为进步满足某些用户的要求,可加装钥匙锁或挂锁,开关柜电缆室门可加装带电强制闭锁装置。

(二) F-C 回路

F-C 回路就是由限流式熔断器、真空接触器、集成化的多功能综合保护继电装置及操作过电压吸收装置所组成的具有各种保护功能的新型配电装置。

1. 采用 F-C 回路优点

(1) 缩短故障作用时间,减小故障对电网的影响。采用 F-C 回路时,F-C 回路的速断保护由高压限流熔断器来实现。熔断器作为保护元件后减少了保护的动作时间、断路器的固有分闸时间等中间环节,熔断器断开电流的时间将大大缩短,而且电流越大,断开电路的时间就越短。因此,采用 F-C 回路对电动机及电缆的保护将更为有利。其快速动作特性将减少故障对电网的影响。

(2) 大大节省占地面积。随着国内应用科学技术的不断进步,熔断器加接触器的组合元件越来越趋于小型化,在一个与少油断路器柜同样大小的柜内可以放置两个回路。在一台 300MW 机组 6kV 的 70 个回路中,有 47 个回路可以采用 F-C 回路开关柜,那么,实际占地面积只相当于采用少油断路器柜 47 个回路的占地面积。同样,一台 600MW 机组的 92 个回路中,有 55 个回路可以采用 F-C 回路开关柜,那么,实际占地面积只相当于采用少油断路器柜 55 个回路的占地面积。可见,采用 F-C 回路后可以大大缩小厂用配电装置在主厂房的占地面积。

(3) 采用 F-C 回路从技术经济考虑是合理的。在高压厂用系统中,一般都是采用高压断路器开关柜向厂用电动机、变压器供电的。从断路器的作用来看,断路器是身兼控制和保护两种功能的。在正常情况下,作为控制元件,接通和断开故障电流是偶尔出现的,然而由于断路器的控制与保护功能无法分开,因此,其接通和断开电流必须按很少出现的最严重的故障情况来选择,这样显然是不经济的。

采用 F-C 回路后,从本质上讲就是把断路器身兼的控制和保护两种功能分开,大量控制由接触器来完成,即接通或断开电动机的启动电流和变压器的空载电流、负荷电流;少量的保护功能由熔断器来完成,即在故障情况下断开回路的故障电流。F-C 回路使各个元件真正做到了物尽其用,大大地降低了成本。

(4) 采用 F-C 回路具有较好的经济效益。采用 F-C 回路后,由于 F-C 回路中的熔断器为限流熔断器,使得配电装置的整体造价大大降低。

(5) 具有完善的防误功能,可有效避免设备及人身事故的发生。

2. F-C 回路的特性

F-C 回路具有保护和控制高压中型电动机和变压器的功能。

（1）用于 3～6kV 级 1250kW 以下各系列三相异步电动机保护的 F-C 回路具有的功能：①速断保护；②过载保护；③电动机的堵转保护；④零序电流保护；⑤一次过电压保护。

（2）用于变压器保护的 F-C 回路所具有的功能：①电流速断保护；②过电流保护；③单向接地保护；④一次过电压保护。

3. F-C 回路的使用范围

广泛适应于发电厂、冶金、化工等其他部门 6kV、120kW 及以下电动机及 1600kVA 以下变压器的控制和保护。

第五节　防雷接地装置

埋入地下、与土壤有良好接触的金属导体称为接地体，连接接地体和电气装置接地部分的导线称为接地线。接地装置是接地体和接地线的总称，其作用是减小接地电阻，以降低雷电流通过时避雷针（线）或避雷器上的过电压。输配电系统出于正常运行和人身安全等考虑，也要求装设接地装置以减小接地电阻。本章主要介绍防雷接地装置。

一、接地和接地电阻的基本概念

电位的高低是相对而言的，工程上需要零电位参考点。考虑到大地是个导体，当其中没有电流流过时是等电位的，所以通常认为大地具有零电位，把它取作电位的参考点。如果地面上的金属物体与大地牢固连接，在没有电流流过时，金属物体与大地之间没有电位差，该物体就具有了大地的电位-零电位，这就是接地的含义，即接地就是指将地面上的金属物体或电气回路中的某一节点通过导体与大地相连，使该物体或节点与大地保持等电位。

实际上，大地并不是理想导体，它具有一定的电阻率，有电流流过时，大地则不再保持等电位。从地面上被强制流进大地的电流总是从一点注入的，但进入大地以后则以电流场的形式向四周扩散，在大地中呈现相应的电场分布。接地装置原理图如图 5-6 所示，设土壤电阻率为 ρ，地中某点电流密度为 δ，则该点电场强度 $E = \rho\delta$。离电流注入点越远，地中电流密度越小，电场强度越弱。因此可以认为在相当远（或者叫无穷远）处，地中电流密度 δ 已接近零，电场强度 E 也接近零，该处仍保持零电位。由此可见，当接地点有电流流入大地时，该点相对于远处的零电位来说，具有确定的电位升高。图 5-6 中 $U = f(r)$ 表示地表面的电位分布情况。

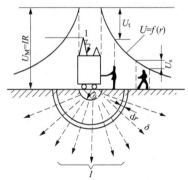

图 5-6　接地装置原理图

U_M—接地点电位；I—接地电流；
U_t—接触电压；U_s—跨步电压；
$U = f(r)$—大地表面的地位分布曲线；
δ—地中电流密度

接地装置的接地电阻 R 等于接地点处的电位 U_M 与接地电流 I 的比值。当接地电流 I 为定值时，接地电阻越小，则电位 U_M 越低；反之越高。此时地面上的接地物体也具有了电位 U_M，可能会危及电气设备的绝缘以及人身安全。所以应尽可能地减小接地电阻。

二、接地装置的类型

电力系统中各种电气设备的接地可分为工作接地、保护接地、防雷接地三种。

(一) 工作接地

为了保证电力系统正常运行所需要的接地。例如系统中性点的接地，其作用是稳定电网的对地电位，以降低电气设备的绝缘水平。工作接地的接地电阻一般为 $0.5 \sim 5\Omega$。

(二) 保护接地

为了保证人身安全，防止因绝缘损坏引发触电事故而采取的将高压电气设备的金属外壳接地。其作用是保证金属外壳经常固定为地电位，当设备绝缘损坏而使外壳带电时，不致有危险的电位升高造成人员触电事故。不过还要防止接触电压和跨步电压引起的触电事故。在正常情况下，接地点没有电流入地，金属外壳保持地电位，但当设备发生接地故障有电流通过接地体流入大地时，与接地点相连的设备金属外壳和附近地面的电位都会升高，有可能威胁人身的安全。

接触电压 U_t 是指人所站立的地点与接地设备之间的电位差。人的两脚着地点之间的电位差称为跨步电压 U_s（取跨距为 0.8m）。这些都有可能使通过人体的电流超过危险值（一般规定为 10mA），减小接地电阻或改进接地装置的结构形状可以降低接触电压和跨步电压，高压设备要求保护接地电阻约为 $1 \sim 10\Omega$。

(三) 防雷接地

针对防雷保护装置的需要而设置的接地，其作用是使雷电流顺利入地，减小雷电流通过时的电位升高。

对工作接地和保护接地来说，接地电阻是指工频或直流电流流过时的接地电阻，称为工频（或直流）接地电阻；当接地装置上流过雷电冲击电流时，所呈现的电阻称为冲击接地电阻（指接地体上的冲击电压幅值与冲击电流幅值之比）。雷电冲击电流与工频接地短路电流相比，具有幅值大、等值频率高的特点。

雷电流的幅值大，会使地中电流密度 δ 增大，因而提高了地中的电场强度（$E = \rho\delta$），当 E 超过一定值时，接地体周围的土壤中会发生局部火花放电。火花放电使土壤电导增大，接地装置周围像被良好导电物质包围，相当于接地电极的尺寸加大，于是使接地电阻减小。当 ρ、δ 越大时，E 也越大，土壤中火花放电也越强烈，冲击接地电阻降低的也越多，这一现象称为火花效应。

此外，雷电流的等值频率高，会使接地体本身呈现明显的电感作用，阻碍雷电流流向接地体的远端，结果使接地体不能被充分利用，则冲击接地电阻大于工频接地电阻，这一现象称为电感效应。对伸长接地体，这种效应更显著。

由于上述原因，同一接地装置在冲击电流和工频电流作用下，将具有不同的电阻。两者之间的关系用冲击系数 α 表示，即

$$\alpha = \frac{R_i}{R_g} \tag{5-1}$$

式中　R_g——工频接地电阻；

　　　R_i——冲击接地电阻。

冲击系数 α 与雷电流幅值、土壤电阻率 ρ 及接地体的几何尺寸等因素有关，一般依靠

实验确定，也可参考接地装置的冲击系数确定，接地装置的冲击系数如图 5-7 所示。一般情况下，火花效应的影响大于电感效应的影响，故 $\alpha < 1$；但对伸长接地体来说，其电感效应更明显，则 α 可能大于 1。

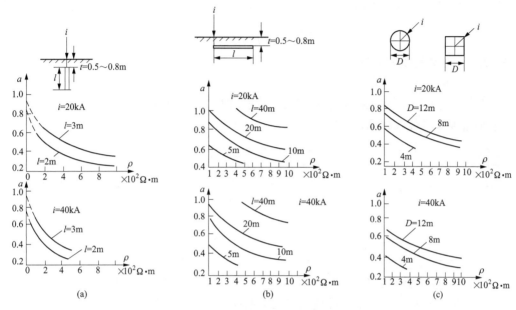

图 5-7　接地装置的冲击系数

（a）直接地；（b）水平接地；（c）接地网

三、工程实用的接地装置

工程实用的接地体主要由扁钢、圆钢、角钢或钢管组成，埋于地表面下 $0.5 \sim 1 \text{m}$ 处。水平接地体多用扁钢，宽度一般为 $20 \sim 40 \text{mm}$，厚度不小于 4mm；或者用直径不小于 6mm 的圆钢。垂直接地体一般用 $20 \times 20 \times 3 \sim 50 \times 50 \times 5 \text{mm}^3$ 的角钢或钢管，钢管长度约取 2.5m。根据敷设地点不同，又分为输电线路接地和发电厂及变电站接地。

1. 典型接地体的接地电阻

（1）垂直接地体。其接地电阻按照式（5-2）计算，即

$$R = \frac{\rho}{2\pi l} \ln \frac{4l}{d} \qquad (5-2)$$

式中　　l ——接地体长度，m；

　　　　d ——接地体直径，m。

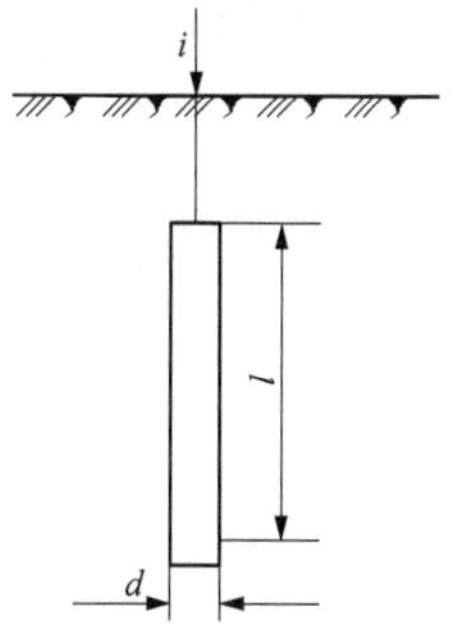

单根垂直接地体如图 5-8 所示。当采用扁钢时 $d = b/2$，b 是扁钢宽度；当采用角钢时，$d = 0.84b$，b 是角钢每边的宽度。

为了得到较小的接地电阻，接地装置往往由多个单一接地体并联组成，称为复式接地装置。在复式接地装置中，由于各接地体之

图 5-8　单根垂直接地体

间相互屏蔽的效应，以及各接地体与连接用的水平电极之间相互屏蔽的影响，使接地体的利用情况恶化。故总的接地电阻 R_Σ 要比 R/n 略大，R_Σ 可由式（5-3）计算，即

$$R_\Sigma = \frac{R}{\eta n} \qquad (5-3)$$

式中　n——接地体并联支路数；

　　　η——利用系数，表示由于电流相互屏蔽而使接地体不能充分利用的程度。一般 η 为 $0.65\sim0.8$，η 与流经接地体的电流是工频或是冲击电流有关。

（2）水平接地体。其电阻按照式（5-4）计算，即

$$R=\frac{\rho}{2\pi L}\left(\ln\frac{L^2}{dh}+A\right)\ (\Omega) \tag{5-4}$$

式中　L——接地体的总长度，m；

　　　h——接地体埋设深度，m；

　　　A——受屏蔽影响使接地电阻增加的系数，即水平接地体屏蔽系数。

水平接地体屏蔽系数见表 5-6。

表 5-6 　　　　　　　　　　　水平接地体屏蔽系数

序号	1	2	3	4	5	6	7	8
接地体形式	—	∟	人	○	＋	□	✳	✳
屏蔽系数 A	0	0.38	0.48	0.87	1.69	2.14	5.27	8.81

式（5-4）计算出的是工频电流下的接地电阻（称为工频接地电阻）。当流过雷电冲击电流时，其冲击接地电阻与工频接地电阻的关系通常用冲击系数 α 表示。

2. 输电线路的防雷接地

高压输电线路在每一级杆塔下都设有接地体，并通过引线与避雷线相连，其目的是使雷电流通过较低的接地电阻入地。

高压线路杆塔都有混凝土基础，它也起着接地体的作用（称为自然接地体）。一般情况下，自然接地电阻是不能满足要求的，需要装设人工接地装置。装有避雷线的线路杆塔工频接地电阻（上限）见表 5-7。

表 5-7 　　　　　　装有避雷线的线路杆塔工频接地电阻（上限）

土壤电阻率 $\rho(\Omega\cdot m)$	工频接地电阻（Ω）
100 及以下	10
100 以上至 500	15
500 以上至 1000	20
1000 以上至 2000	25
2000 以上	30，或敷设 6～8 根总长不超过 500m 的放射线，或用两根连续伸长接地线，阻值不做规定

3. 发电厂和变电站的接地

发电厂和变电站内有大量的重要设备，因此需要良好的接地装置，以满足工作、安全和防雷的要求。一般的做法是根据安全和工作接地的要求敷设一个统一的接地网，然后再在避雷针和避雷器安装处增加辅助接地体以满足防雷接地的要求。

接地网由扁钢水平连接，埋入地下 0.6～0.8m 处，其面积大体与发电厂和变电站的面积相同。接地网一般做成网孔形，接地网示意图如图 5-9 所示，其目的主要在于均压，

接地网中的两水平接地带的间距为 $3 \sim 10m$，应按接触电压和跨步电压的要求确定。

接地网的总接地电阻 R 可按式（5-5）估算，即

$$R = \frac{0.44\rho}{\sqrt{S}} + \frac{\rho}{L} \approx 0.5\frac{\rho}{\sqrt{S}} \qquad (5\text{-}5)$$

式中　L——接地体（包括水平接地体与垂直接地体）的总长度，m；

ρ——土壤电阻率，$\Omega \cdot m$；

S——接地网的总面积，m^2。

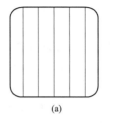

图 5-9　接地网示意图

（a）长孔；（b）方孔

发电厂和变电站的工频接地电阻一般为 $0.5 \sim 5\Omega$，这主要是为了满足工作接地及安全接地的要求。关于防雷接地的要求，在变电站防雷保护时还要说明。

第六章 继 电 保 护

第一节 继电保护基础知识

一、电力系统故障后果及故障状态的基本特征

（一）电力系统故障的后果及继电保护的任务

电力工业对我国社会主义建设、工农业生产和人民生活的影响都很大。因此，提高电力系统运行的可靠性和保证安全发电、供电是从事电力事业人员的重要任务。为了提高电力系统运行的可靠性，在电力系统的设计与运行中，都必须考虑到系统有发生故障和不正常工作情况的可能性。因为发生这些情况时，会引起电流增大、电压和频率降低或升高，致使电气设备和电能用户的正常工作遭到破坏。

在电力系统中，最常见和最危险的故障是短路，其中包括三相短路、两相短路、两相接地短路、单相接地短路以及发电机和变压器一相绕组上的匝间短路等。除此以外，输电线路还有可能发生一相或两相断线故障以及上述几种故障同时发生的复杂故障。

1. 电力系统故障的后果

电力系统短路可能引起下列严重后果：

（1）数值很大的短路电流通过短路点将燃起电弧，使故障设备烧坏甚至烧毁。

（2）短路电流通过故障设备和非故障设备时，产生热效应和电动力的作用，致使其绝缘遭到损坏或使设备使用寿命缩短。

（3）电力系统中电压大幅度下降，使用户的正常工作遭到破坏或生产出废品。

（4）破坏电力系统各发电厂之间并列运行的稳定性，而使事故扩大，甚至造成整个电力系统瓦解，造成大面积停电的恶性事故。

所谓不正常工作状态是指电力系统的正常工作受到干扰，使运行参数偏离正常值。最常见的不正常工作情况是过负荷。长时间过负荷会使载流设备和绝缘材料的温度升高，从而使绝缘加速老化或设备遭受损坏，甚至引起故障。此外，由于电力系统有功功率缺额而引起的频率降低，水轮发电机突然甩负荷所引起的过电压等也都是不正常工作情况。

无论电力系统发生故障或处于不正常工作状态，都应及时、正确地处理，否则都可能导致对用户少送电，或电能质量指标超出允许范围，甚至发生人身伤亡及设备损坏事故。电力系统继电保护装置就是装设在电气设备上，用来反映设备发生的故障和不正常运行状态，从而动作于断路器跳闸或发出信号的一种反应事故的自动装置。

2. 继电保护的任务

电力系统继电保护的基本任务如下：

（1）反应电力系统故障。有选择性地将故障元件从系统中快速、自动地切除，使其损坏程度减至最轻，并保证系统其他无故障部分的继续运行。

（2）反应系统的不正常工作状态。在有人值班的情况下，一般发出报警信号，提醒值班人员进行处理；在无人值班情况下，继电保护装置可视设备承受能力作用于减负荷或延

时跳闸。

由此可见，继电保护是电力系统中的一种有效的反事故自动装置，它在电力系统中的地位是十分重要的。

（二）电力系统故障状态的基本特征

电力系统发生短路时，工频电气量将发生下列变化：

（1）电流增大。在短路点与电源间直接联系的电气设备上的电流会增大。

（2）电压降低。系统故障相的相电压或相间电压会下降，而且离故障点越近，电压下降越多，甚至降为零。

（3）电流与电压间的相位角会发生变化。例如，正常运行时，同相的电流与电压间的相位约为 $20°$，三相短路时电流与电压间的相位角则为线路阻抗角，对架空线路，电流与电压的相位角是 $60°\sim85°$。在架空线路正向三相短路时，电流与电压间的相位角为 $60°\sim85°$；而在反方向三相短路时，电流与电压之间的相位角则是 $180°+（60°\sim85°）$。

（4）不对称短路时，会出现负序分量。任何不对称短路时，都会有负序分量产生，只有接地短路时才会有零序分量出现。

利用短路时这些电气量的变化可以构成各种作用原理的继电保护。例如，利用电流增大的特点可以构成过电流保护；利用电压降低的特点可以构成低电压保护；利用电流增大和电压降低的特点可以构成阻抗保护；利用电流增大和电流电压间相位角的变化可以构成方向电流保护等。这些保护将在以后各节分别加以讨论。

二、继电保护配置

（一）电力系统对继电保护配置的基本要求

电力系统对继电保护的配置有以下几点要求：

（1）继电保护是电力系统的重要组成部分，电力系统中所有的线路、母线等电力设备都不允许在无继电保护状态下运行，所配置的继电保护必须符合 GB/T 14285—2006《继电保护和安全自动装置技术规程》，符合可靠性（可信赖性和安全性）、选择性、灵敏性和速动性的要求。当这些电力设备发生各种类型故障时，所配置的继电保护应以可能最短的时限、在可能最小的区间内将故障设备从电网中断开，以保证电力系统的安全运行和减轻故障设备的损害程度。

（2）继电保护的配置方式要满足电力网结构、厂站主接线的要求，并考虑电力网和厂站运行方式的灵活性。但是，应限制使用导致继电保护和安全自动装置不能保证电力系统安全运行的电力网接线方式、变压器接线和运行方式。例如，不宜在大型电厂向电力网送电的主干线上接入分支线；尽量避免出现短线路成串成环的接线方式；应避免和消除严重影响电网安全稳定运行的不同电压等级的电磁环网，发电厂不宜装设构成电磁环网的联络变压器等。

（3）被保护线路在各种运行方式下（线路空载、轻载、满载等）发生各种类型的金属性短路故障时，保护应能可靠地快速动作；当发生非金属性接地故障或相间短路时，应保证有保护装置能可靠动作，切除故障线路，非故障线路的保护保证不会误动作。

（4）继电保护性能应能适应自动重合闸的要求，在单相接地故障时，只跳开故障相，对瞬间性故障，应重合成功；对重合于永久性故障或重合闸过程中又发生故障，应能瞬间断开三相，切除故障。

（5）被保护线路在各种运行条件下进行各种正常倒闸操作时，保护不得误动作。在系统发生振荡的全过程中线路未发生故障时，保护不会非计划性误断开被保护线路；而在振荡过程中线路发生故障时，能有选择性地切除故障。在发生暂态稳定破坏时，非故障线路的保护不会由于失去稳定而非计划误发跳闸命令。

（6）按照超高压电力网运行稳定的要求，继电保护（主保护）的整组动作的时间对 330～500kV 线路，近端故障的动作时间不大于 20ms，远端故障的动作时间不大于 30ms。

（7）连接到保护装置的交、直流二次回路故障与二次回路干扰以及纵联保护的通道发生故障或异常情况时，均不会引起继电保护误动作。

（二）影响电力网继电保护配置的主要因素

电力网继电保护配置方案应满足电力系统对继电保护四性的要求，其中可靠性是四性的前提。

整个电力系统是非常复杂的有机联系的整体，任一个电力设备和线路的故障如不能及时切除，都将影响电力系统的安全运行，影响的程度主要视电力设备和线路在电力系统中所处地位而定。因此，不同电压等级的电力网中，各电力设备和线路对继电保护的四性要求，特别是可靠性与速动性的要求是有区别的，这是影响电力网继电保护配置水平的主要因素。在确定电力网继电保护配置时，一般要考虑以下问题。

1. 电力网电压等级

一定的电压等级一般对应着一定的电力网容量，供电负荷大小与供电范围电压等级是电力网重要性的主要标志之一，同时，不同的电压等级的电力网具有不同的机电和电磁特征。例如，330kV 以上的电力网，输送功率大、稳定问题突出、系统暂态过程严重，因此要求保护装置的可靠性高、动作快。而 110kV 及以下电力网，这类问题一般影响不大。

2. 中性点接地方式

中性点接地方式影响电力网中接地保护的选型与配置。中性点直接接地电力网的接地保护，反应单相接地电流与电压，动作于跳闸；中性点非直接接地电力网的接地保护，一般反应单相接地电容电流或暂态电流，通常作用于信号。

3. 电力网结构型式

在电力网电压、中性点接地方式确定后，电力网结构型式是影响继电保护配置方式的主要因素。由于技术或经济原因，继电保护还不能保证对任何结构形式的电力网都可满足四性的要求。因此，要求进行电力网规划及安排运行方式时，要同时考虑使继电保护简单可靠、协调配合。下列一些电力网的接线方式一般会严重恶化继电保护运行性能，设计及运行中均宜适当限制：

（1）成串或成环的短线路。

（2）主干线上"T"接分支线或在大型电厂出口附近"π"接变电站。

（3）在超高压电力网中，不适当地选用全星型变压器或过多使用自耦变压器。

（4）同杆并架双（多）回线及架空和电缆混合线路等。

4. 选择性切除故障时间

电力网切除故障时间主要由系统稳定性、发电厂厂用电或重要用户供电电压及电力网保护配合的要求等许多因素决定。主保护瞬时动作时间一般要求：110kV 线路，为 0.1～0.5s；220～330kV 线路，为 0.04～0.1s；500kV 线路，为 0.02～0.04s。主保护瞬时动作时间涉及保护选型及配置。

5. 故障类型及概率

在拟定保护装置和设计保护配置方案时，对电力网中常见运行方式及故障类型，继电保护应保证能快速可靠动作，并具有选择性。对稀有故障，可根据对电力网影响程度或后果，采取相应措施，使保护能正确动作。对两种稀有故障同时出现的情况可不考虑。但不允许电力网内任一运行元件在无继电保护状态下工作。

6. 电力网内事故教训和运行经验

应强调采用国内和国外的具有成熟运行经验的保护装置，特别对 500kV 及以上超高压电力网，在其发展初期一般比较薄弱，应当配置能满足系统要求的、成熟的继电保护装置。

7. 其他因素

保护配置应具有灵活性，以适应运行方式的变化及电力网的发展，保护装置的产品性能、工艺水平及供货条件等也是影响电力网继电保护配置水平的因素。

（三）主保护、后备保护、辅助保护

电力系统中电力设备和输电线路，应装设能反映短路故障和异常运行的保护装置。电力设备和线路短路故障的保护应有主保护和后备保护，必要时可再增设辅助保护。

1. 主保护

主保护是指在被保护元件内部发生各种短路故障时，预定优先切除故障或结束异常情况的保护装置，只切除距故障点最近的断路器。从动作时限上划分，主保护有全线瞬时动作及按阶梯时间动作两类。根据电力系统暂态稳定或发电厂安全运行要求，必须对被保护线路全线任何地点及任何故障形态均能瞬时有选择地切除，应采用具有选择性保护各种类型的短路的继电保护装置做主保护，这主要由各类性能完善的纵联保护担任，从而构成具有绝对选择性的主保护系统。

对 110kV 及以下一些不太重要线路，当电力系统允许线路一侧由保护第一或第二段切除时，则可以采用有阶梯时限特性的电流、距离或零序保护第一、二段做主保护。

2. 后备保护

后备保护是指当主保护或断路器拒绝动作时起作用的保护，具有相对选择性，按其构成分为远后备及近后备两种。

（1）远后备。当被保护元件内部故障时，依靠相邻线路对此故障有一定灵敏度的后备保护装置动作切除故障，其后备范围广，当相邻变电站直流消失保护与断路器均不能动作时也起后备作用。但动作时间长，在复杂电力网中往往因灵敏度或选择性不足而不能采用，故多用于 110kV 及以下输电线路。

（2）近后备。当被保护元件内部故障时，依靠本厂站保护实现后备保护。一种是断路器后备方式，当故障线路保护动作而断路器拒动时，由故障线路的断路器失灵保护经延时切除同一母线上相邻线路的断路器；另一种是继电器后备方式，由相邻线路近故障侧的保护切除故障，或由本侧另一组保护起后备作用。这种后备方式动作相对速度快，灵敏度及选择性均较好，主要用于 200kV 及以上线路。

3. 辅助保护

辅助保护是为补充主保护和后备保护的性能或当主保护和后备保护退出运行而增设的

简单保护，例如，对 220kV 线路除主保护之外，在正常运行方式下，保护安装处短路时，电流速断保护的灵敏度在 1.2 以上时，可以安装电流速断保护作为辅助保护。

原则上来说，电力设备和线路短路故障的保护应有主保护和后备保护，这是满足电力系统中所有线路、母线等电力设备都不允许在无继电保护状态下运行的基本要求。任何电网侧电力设备和线路在运行中，都具有两套完全独立的继电保护装置（发电变压器非电量除外，单套配置），分别控制两台（或两台以上）断路器实现保护。完全独立是为了可靠地实现备用，当任一台保护装置或任一台断路器拒绝动作时，能够由另一台保护装置或另一台断路器动作切除故障。

对于 110kV 及以下电力网，基本上实现的是远后备，即当最邻近故障元件的断路器上配置的保护或断路器拒动时，可以由电源侧上一级断路器处的继电保护动作切除故障。实现完整意义上的后备。

对于 220kV 及以上电压的复杂电力网，因为电源侧上一级断路器配置的继电保护装置，往往不能对相邻故障元件实现有效的保护，因而，只能实现近后备，即每一个电力元件或线路都配置两套独立的继电保护，各自完全实现对本电力元件或线路的保护，其中一套继电保护因故拒绝动作，由另一套继电保护动作切除故障。如果断路器拒绝动作，则由断路器失灵保护动作，断开同一母线上其他带电源的所有线路、变压器的断路器，以最终断开故障。所以保护双重化和断路器失灵保护是实现近后备的必要条件。

三、微机保护基础知识

（一）微机保护装置的典型结构

微机型保护装置实质上是一种依靠单片微机智能地实现保护功能的工业控制装置。一般典型的微机保护结构是由信号输入电路、单片微机系统、人机接口部分、输出通道及电源五个部分构成的，微机保护结构图如图 6-1 所示。

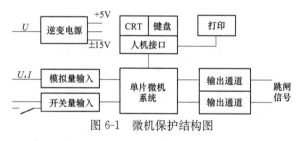

图 6-1　微机保护结构图

1. 信号输入电路

微机保护装置输入信号主要有开关量和模拟量信号两类。信号输入电路能妥善处理这两类信号，完成单片微机系统输入信号接口功能。

2. 单片微机系统

微机保护装置的核心是单片微机系统，它是由单片微机和扩展芯片构成的一台小型工业控制微机系统，除了这些硬件之外，还包含存储在存储器里的软件系统，这些硬件和软件构成整个单片微机系统。单排微机系统的主要任务是完成数值测量、计算、逻辑运算及控制和记录等智能化任务。除此之外，现代的微机保护还应具有各种远方功能，包括发送保护信息并上传给变电站微机监控系统，接收集控站、调度所的控制和管理信息。

这种单片微机系统可以是单 CPU 系统，也可以是多 CPU 系统。一般为了提高保护装置的容错水平，大多数保护装置采用多 CPU 系统，尤其是较复杂的保护装置，其主保护和后备保护都是相互独立的微机保护系统，它们的 CPU 是相互独立的，任何一个保护 CPU 或芯片损坏均不影响其他保护。除此之外，各保护的 CPU 总线均不引出，输入及输出的回路均经光隔离处理，各保护具有自检与互检功能，能将故障定位到插件或芯片，从而大大地提高了保护装置运行的可靠性。但是对比较简单的微机保护，由于保护功能较少，为了简化保护结构，多数还是采用单 CPU 系统。

3. 人机接口部分

在许多情况下，单片微机系统必须接受操作人员的干预，如整定值的输入、工作方式的变更，对单片微机系统状态的检查等都需要人机对话。人机接口部分工作在 CPU 控制之下，通常可以通过键盘、液晶显示系统打印及信号灯、音响或语言告警等来实现人机对话。

4. 输出通道

输出通道是对控制对象（例如断路器）实现控制操作的出口通道。通常这种通道的主要任务是将小信号转换为大功率输出，满足驱动输出的功率要求。在出口通道里还要防止控制对象对微机系统的反馈干扰。因此出口通道也需要光隔离。总的说来输出通道仍然是一种被控对象与微机系统之间的接口电路。

5. 电源

微机保护系统对电源要求较高，通常这种电源是逆变电源，即将直流逆变为交流，再把交流整流为微机系统所需的直流电压。它把变电站的强电系统的直流电源与微机的弱电系统电源完全隔离开。通过逆变后的直流电源具有极强的抗干扰水平，可以完全消除掉来自变电站中断路器跳合闸等原因产生的强干扰。

微机保护装置均按模块化设计，也就是说成套的微机保护、各种线路和元件的保护，都是用上述五个部分的模块化电路组成的。所不同的是软件系统及硬件系统模块化的组合与数量不同。不同的保护用不同的软件来实现，不同的使用场所会按不同的模块化组合方式构成。这样的成套微机保护装置，为设计、运行及维护、调试人员带来了极大的便利。

（二）微机保护装置各组成部分的工作原理

1. 开关量输入部分

通常输入的开关量信号不能满足单片微机的输入电平要求，因此需要进行信号电平转换。为了提高保护装置的抗干扰性能，通常还需要经整形、延时、光电隔离等处理。

微机保护装置的开关量输入可分为两类，一种是安装在装置面板上的接点，包括在装置调试时用的或运行中定期检查装置用的键盘接点以及切换装置工作方式用的转换开关等，这一类接点可直接接至微机的并行接口，装置面板上的接点与微机接口连接图如图 6-2 所示。另一种是从装置外部经过端子排引

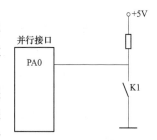

图 6-2　装置面板上的接点
与微机接口连接图

入装置的接点，如需要由运行人员不打开装置外盖而在运行中切换的各种连接片、转换开关以及其他保护装置和继电器的接点等，对这类接点，一般需经过光电隔离后，再接至微机的并行接口，装置外部接点与微机接口连接图如图 6-3 所示。第二类接点的连接方法会使可能带有电磁干扰的外部接线回路和微机的电路部分之间无电的联系，而光电耦合器件的两个互相隔离部分间的分布电容仅仅是几微法，因而可大大削弱干扰。

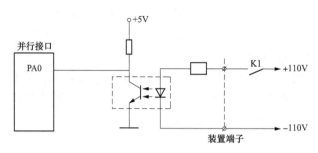

图 6-3　装置外部接点与微机接口连接图

2. 模拟量输入部分

由于输入的电压和电流信号是模拟量信号，而计算机是一种数字电路设备，只能接受数字脉冲信号，所以就需要将这一类模拟信号转换为计算机能接受的数字脉冲信号。

模拟量输入部分亦称为数据采集系统，它的主要任务是对输入到微机保护装置的模拟信号进行预处理，将这些在时间和数值上均连续的模拟量转换为在时间和数值上均离散的、能够为 CPU 直接进行处理的数字量。模拟量输入系统示意图如图 6-4 所示。

图 6-4　模拟量输入系统示意图

（1）电压形成回路。电压形成回路的作用，一是将从电流互感器、电压互感器或其他变送器上获得的模拟量转换成与微机电平相匹配的电压；二是在系统的一次与二次设备之间实现屏蔽与隔离，以提高装置的抗干扰能力。

交流电流的变换一般采用电流变换器并在其二次侧并联电阻以取得所需电压，也可直接采用电抗变压器，两者各有优缺点。

电流变换器的优点：只要铁芯不饱和，则其二次电流及并联电阻上的电压波形可基本保持与一次电流波形相同且同相，可以不失真地传递信号；其主要缺点：在非周期分量的作用下易饱和，线性度较差，动态范围也较小。

电抗变压器的优点：线性范围较大，铁芯不易饱和，有一定的移相和抑制非周期分量的作用；其缺点：有阻止直流、放大高频分量的作用，因此当一次侧流过非正弦电流时，其二次电压波形将发生较严重的畸变。在设计和使用中，可根据实际情况选择。对交流电压信号，一般通过电压变换器获得所需的电平。

在电压形成回路的设计过程中，应十分注意与模数转换（A/D 转换）部件的配合。由于电压形成回路的输入信号在系统由正常运行状态过渡到故障状态时，会呈现很大的动态范围，因此，在设计时必须保证其在正常状态下有足够的精度，又要在可能发生的最严重故障时有充分的裕度，即不应使 A/D 转换发生溢出或变换器出现饱和。

（2）采样保持电路。

1）采样保持电路的作用和工作原理。采样保持（S/H）电路的作用是把采样时刻得到的模拟输入量的瞬时值记录下来，并在 A/D（模拟/数字）转换的过程中保持其输出不变。通过采样保持可将连续时间信号变换成离散的时间信号，即完成了信号在时间上离散化的任务。采样保持电路的工作原理如图 6-5 所示。

采样保持电路由一个电子模拟开关 AS、电容 C_h 和两个阻抗变换器组成。AS 受逻辑输入端电平控制，在高电平时 AS 闭合，此时电路处于采样状态，C_h 迅速充电或放电到 U_i 在采样时刻的电压。AS 打开时，C_h 上保持住 AS 打开瞬间的电压，电路处于保持状态。两个阻抗变换器在输入端呈现高阻抗，而输出阻抗很低。采样和保持过程如图 6-6 所示。

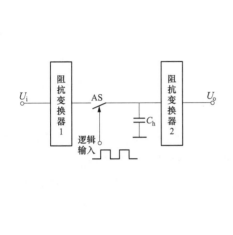

图 6-5 采样保持电路的工作原理

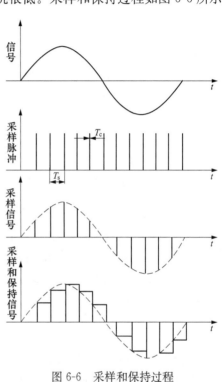

图 6-6 采样和保持过程

2）采样定理。在一个数据采集系统中，如果被采样信号中所含最高频率成分的频率为 f_{max}，则采样频率 f_s 必须大于 f_{max} 的两倍，否则将造成频率混叠，这就是采样定理。

（3）模拟低通滤波器。由于采样是按一定的频率进行的，为了能真实地反映被采样信号的特征，根据采样定理，必须使采样频率大于输入信号最高频率的两倍。如果输入信号中包含了大于 $f_s/2$ 的谐波，而这些谐波又是没用的，则应在信号被引入之前装设一个模拟低通滤波器，将高次谐波滤去，以避免频率混叠现象的发生。

微机保护装置中采用的模拟低通滤波器可分为无源低通滤波器和有源低通滤波器两种。前者主要是由 RLC 元件组成，后者主要由集成运算放大器和 RC 等元件组成。无源低通滤波器常用的方案是由电阻 R 和电容 C 组成滤波电路，其优点是结构简单、能承受较大的过载和浪涌冲击；缺点是频率特性呈单调衰减，很难做到通带平坦和过渡带陡峭。高阶有源滤波器的频率响应具有十分平坦的通带和陡峭的过渡带，可得到良好的滤波特性。但这种滤波器会增加装置的复杂性和时滞。图 6-7 示为一种有源低通滤波器的原理电路图。

（4）模拟量多路转换开关。多路转换开关由选择接通路数的二进制译码电路和由它控制的各路电子开关组成，他们被集成在一个集成芯片中。以微机保护常用的多路转换开关芯片 AD7506 为例，AD7506 内部电路组成如图 6-8 所示。CPU 通过并行接口芯片或其他硬件电路给 $A_0 \sim A_3$ 四个路数选择线赋以不同的二进制码，选通 $AS_1 \sim AS_{16}$ 中相应的一路电子开关，将被选中的某一路接通至公共的输出端供给 A/D 转换器。E_N 端为芯片选择线，只有 E_N 端为高电平时多路开关才工作。

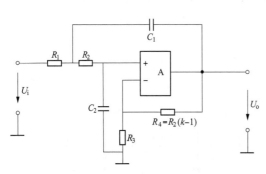

图 6-7 有源低通滤波器的原理电路图

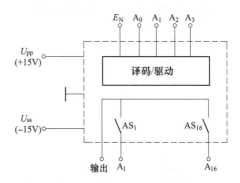

图 6-8 AD7506 内部电路组成

（5）模数转换器。

1）A/D 转换的一般原理。由于计算机只能对数字量进行运算，而电力系统中的电流、电压信号均为模拟量，因此必须采用模数转换器将连续的模拟量变为离散的数字量。

模数转换器可认为是一编码电路。它将输入的模拟量 U_A 相对于模拟参考量 U_R 经编码电路转换成数字量 D 输出。一个理想的 A/D 转换器，其输出与输入的关系式为

$$D = \left[\frac{U_A}{U_R} \right] \tag{6-1}$$

式中 D——小于 1 的二进制数。

对单极性的模拟量，小数点在最高位前，即要求输入 U_A 必须小于 U_R，D 可表示为

$$D = B_1 \times 2^{-1} + B_2 \times 2^{-2} + \cdots + B_n \times 2^{-n} \tag{6-2}$$

式中 B_1——最高位，常用 MSB 表示；

B_n——最低位，常用 LSB 表示。

$B_1 \sim B_n$ 均为二进制码，其值只能是 0 或 1。因而式（6-2）又可写为

$$U_A \approx U_R (B_1 \times 2^{-1} + B_2 \times 2^{-2} + \cdots + B_n \times 2^{-n}) \tag{6-3}$$

式（6-3）即为 A/D 转换器中模拟量信号量化的表示式。

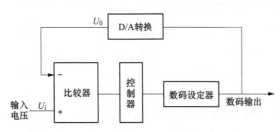

图 6-9 逐次逼近法 A/D 转换器的基本原理

由于编码电路的位数总是有限的，例如上式中有 n 位，而实际的模拟量公式 U_A/U_R 却可能为任意值，因而，对连续的模拟量用有限长位数的二进制数表示时不可避免地要舍去比较低位更小的数，从而引入一定的误差。显然这种量化误差的绝对值最大不会超过和 LSB 相当的值。因而模数转换编码的位数越多，即数值分得越细，所引入的量化误差就越小，即分辨率就越高。

2）逐次逼近法 A/D 转换器的基本原理。逐次逼近法 A/D 转换器的基本原理如图 6-9

所示,转换一开始,控制器即首先在数码设定器中设置一个数码,并经 D/A 转换为模拟电压 U_o,反馈到输入侧,与待转换的输入模拟电压 U_i 相比较,控制器根据上述比较器的输出结果重新给出数码设定器的输出,再反馈输入侧与 U_i 进行比较,并根据比较结果重复上述做法,直到所设定的数码总值转换成的反馈电压 U_o 与 U_i 尽可能地接近,使其误差小于所设定数码中可改变的最小值(一个单位的量化刻度),此时数码设定器中的数码值即为转换结果。

逐次逼近法是指数码设定方式是从最高位到低位逐次设定每位的数码位 0 或 1,并逐次将所设定的数码转换为基准电压(反馈电压)U_o 与待转换电压 U_i 相比较,从而确定各位数码应该是 1 还是 0。这种转换方式的工作过程:转换器启动后,首先将最高位(MSB)数码设定为 1,即置数码位 100…00,若 $U_o < U_i$,则该位设定的 1 保留,如果 $U_o > U_i$,则将 1 换成 0;接着将第二高位置 1,若此时的 $U_o < U_i$,则该位所设定的 =1 保留,若 $U_o > U_i$,则将 1 换成 0;以此类推,直到最低位(LSB)为止。

3)双斜坡 A/D 转换器。双斜坡 A/D 转换器的基本原理是将一段时间内的模拟电压进行积分,在积分器的电容上充有与输入电压成正比的电压。然后以此电压为起点,按固定的斜率进行第二次积分。当积分器的输出电压回到零时,计数器测出这段时间间隔内的时钟脉冲数目,即可得到被测电压的数值。

4)电压-频率模/数转换器。电压-频率模/数转换器(VFC)是将被转换的电压变换成与之成正比的脉冲频率,然后在固定的时间间隔内对此频率脉冲进行计数。

3. CPU 主系统

保护 CPU 模块是保护装置的智能核心部分,具体任务是完成数据采集、保护逻辑判断、保护故障巡检、开关量输入与输出及人机接口的串行通信等任务。

CPU 主系统一般包括微处理器、只读存储器 EPROM、随机存储器 RAM 和定时器等。EPROM 一般存放反应保护特性的程序,输入待处理的信息、中间结果等存放在 RAM 中,定时器用于继电保护的定时功能。

在 CPU 的选择问题上首先考虑的是能否在两个相邻采样间隔内完成它必须完成的工作,即 CPU 的速度问题。衡量速度的一个重要指标就是字长,很明显字长越长,它一次所能处理的数据位数越多,即处理速度越快。其次考虑 CPU 的主工作频率,CPU 的速度与 CPU 所采用的主工作频率有关,主工作频率越高,CPU 的速度越快。另外还应注意 CPU 与微机保护其他各子系统之间的配合。

为了提高微机保护的可靠性,高压及超高压变电站微机保护都采用多 CPU 的结构方式。所谓多 CPU 的结构方式就是在一套微机保护装置中,按功能配置有多 CPU 模块,分别完成不同保护原理的多重主保护和后备保护等功能。显然这种多 CPU 结构方式的保护装置中,如有任何一个模块损坏均不影响其他模块保护的正常工作,有效地提高了保护装置的容错水平,防止了一般性硬件损坏而闭锁整套保护。多 CPU 结构的保护装置还提供了采用三取二保护启动方式的可能性,大大提高了保护装置启动的可靠性。多 CPU 结构的保护装置硬件框图如图 6-10 所示,这是我国第二代微机保护装置 WXB-11 的典型结构框图。

该套保护装置由四个硬件完全相同的保护 CPU 模块构成,分别完成高频保护、距离保护、零序电流保护以及综合重合闸等保护功能。另外还配置了一块带 CPU 的接口模

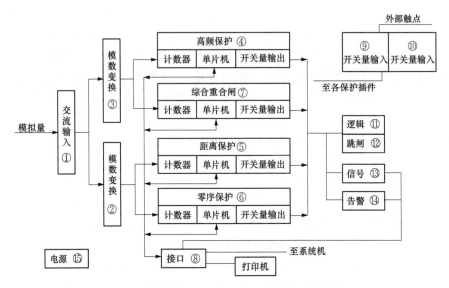

图 6-10　多 CPU 结构的保护装置硬件框图

板（MONITOR），完成对保护（CPU）模块巡检、人机对话和与监控系统通信联络等功能。

从图 6-10 可见，整套保护装置仍然由信号输入电路（模拟量输入）、单片微机系统、人机接口部分及输出通道（开关量输入、开关量输出回路）、电源等组成。模拟量输入回路由交流输入①、模数变换②、③组成；单片微机系统，即保护 CPU 模块由高频保护④、距离保护⑤、零序保护⑥、综合重合闸⑦等保护组成；人机接口部分由接口⑧和打印机构成；开关量输入由⑨⑩组成，开关量输出通道由逻辑⑪、跳闸⑫、信号机⑬、告警⑭组成。此外还有逆变电源⑮。

多 CPU 结构中某一种保护的工作原理同单 CPU 结构的保护原理基本相同。模拟量输入部分的作用是完成模拟量信号的强弱电变换、隔离、VFC 模数变换等任务。输入的交流信号是三相电压和三相电流、$3U_0$、$3I_0$ 及重合闸鉴定同期的线路抽取电压 U_L 等 9 个模拟量。单片微机保护部分由 4 个独立的保护 CPU 模块组成，其中高频保护和综合重合闸保护共用③号模数变换插件板，距离保护和零序电流保护共用②号模数变换插件板。这样的接线方式增加了保护的冗余量，从而进一步提高了保护的可靠性，但相对增加了保护的复杂性。

多 CPU 结构的保护装置中，每个保护 CPU 插件都可以独立工作。各保护之间不存在依赖关系，如高频保护是由高频距离保护和高频零序方向保护 2 个主保护组成，其中距离元件和零序方向元件都是独立的，不依赖于距离保护 CPU 和零序保护 CPU 插件中的距离元件及零序方向元件。保护 CPU 的完整性和独立性又大大提高了保护可靠性。

人机接口的媒介是键盘、液晶（数码管）显示器、打印机、信号灯。工作人员通过命令和数值键入完成对各保护插件定值的输入、控制方式字的输入，以及对系统各部分的检查；计算机将系统自检结果及各部分运行状况数据通过液晶数码管、显示器或打印机输出，完成人机对话。人机接口部分的任务还包括对各 CPU 保护插件的集中管理、巡检等。

多 CPU 结构的保护装置，实质上是主从分布式的微机工控系统。人机接口部分是主机，完成集中管理及人机对话的任务。而单片机保护部分是四个智能从机，它们分别独立完成部分智能保护任务。这种保护综合完成一条高压输电线路的全部保护，即输电线路各类相间和接地故障的主保护和后备保护，并能各自独立完成综合重合闸功能。

4. 开关量输出回路

开关量输出主要包括跳闸出口、重合闸出口，以及就地和中央信号出口等。一般都采用并行接口的输出口来控制有触点继电器的方法，但为提高抗干扰能力，最好也经过一级光电隔离，开关量输出回路原理如图 6-11 所示。只要通过软件使并行口的 PB0 输出为 0，PB1 输出为 1，便可使与非门 H1 输出低电平，光

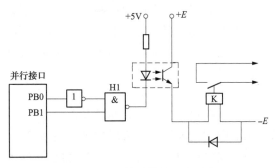

图 6-11 开关量输出回路原理

敏三极管导通，继电器 K 吸合。初始化或继电器返回时，应使 PB0 输出为 1，PB1 输出为 0。

发光二极管与并行口之间设置反相器和与非门的原因有两个：一是并行口带负载能力有限，不足以驱动发光二极管；另一方面是因为采用与非门后要满足两个条件才能使 K 动作，增强了抗干扰能力。

第二节　发电机保护

一、概述

（一）发电机故障和异常运行状态

电力系统中，同步发电机是十分重要和贵重的电气设备，它的安全运行对电力系统的正常工作、用户的不间断供电、保证电能的质量等方面都起着极其重要的作用。

发电机作为长期连续运转的设备，它既有静止不动的定子部分，又有旋转的转子部分，同时它既有机械运动，又要承受电流、电压的冲击，这就造成同步发电机在运行中，定子绕组和转子励磁回路都有可能产生危险的、类型复杂的故障和不正常的运行情况。此外，一般大容量机组广泛采用直接冷却技术，使得其体积和质量并不随着容量成比例增大，这就造成大型机组的故障和不正常运行状态与中小型机组有较大差异，给保护带来了复杂性。

1. 常见的发电机故障

一般说来，发电机的内部故障主要由定子绕组及转子绕组绝缘损坏引起，常见的发电机故障如下：

（1）定子绕组相间短路。定子绕组相间短路是对发电机危害最大的一种故障形式。由于相间短路电流大，故障点产生的电弧将会破坏绝缘，烧损铁芯和绕组，甚至损坏机组。

（2）定子绕组的匝间短路。定子绕组匝间短路时，将产生很大的环流，引起故障处温度升高，破坏绝缘，并可能转变成单相接地短路或相间短路。

（3）定子绕组单相接地。定子绕组单相接地时，发电机电压网络的电流或经消弧线圈补偿后的电流将流过定子铁芯，当电流较大或持续时间较长时，会使铁芯局部融化，给维

修工作带来很大困难。

(4)失磁。由于励磁回路故障出现的励磁电流异常下降或消失,此时对系统及发电机的安全运行有较大影响。

(5)励磁回路一点接地或两点接地。励磁回路一点接地短路时,由于没有电流通路,所以发电机并无危害,但若不及时处理,就有可能导致两点接地故障。两点接地故障可能使转子绕组和铁芯烧坏,并因转子磁通的对称性遭到破坏,将引起发电机产生强烈的机械振动。

2. 发电机异常运行状态

(1)出现负序电流。220kV及以上高压电网非全相运行或非全相重合闸时出现负序电流,从而引起发电机转子表层过热及振动等。

(2)发电机逆功率运行。在汽轮机的发电机组上,由于各种原因误将主汽门关闭,则在发电机断路器跳闸之前,发电机将迅速转为电动机运行,即逆功率运行。

(3)频率异常。汽轮机的叶片都有一个自然振荡频率,如果发电机运行频率升高或者降低,以至于接近或等于叶片自振频率时,将导致共振,使材料疲劳。

(4)定子绕组过电压。大型汽轮发电机出现危及绝缘安全的过电压是比较常见的现象。

(5)发电机与系统之间失步。对大型发电机(特别是汽轮发电机),发电机与系统之间失步时,机端电压大幅度波动,厂用机械难以稳定运行。

(6)定子电流超过额定值的定子绕组过负荷。

(7)外部短路或系统振荡引起的发电机定子绕组对称过电流。

(8)励磁回路过负荷。

(9)过励磁。当电压升高或频率降低时,铁芯的工作磁密过高,铁芯饱和,铁损增加,使铁芯温度上升。

(二)发电机的保护配置

根据GB/T 50062—2008《电力装置的继电保护和自动装置设计规范》规定,电压在3kV以上、容量在600MW及以下的发电机对上述的故障及异常运行方式应装设相应的保护装置,具体的保护装置如下:

(1)定子绕组相间短路保护。

(2)定子绕组匝间短路保护。

(3)定子绕组单相接地保护。

(4)失磁保护。

(5)励磁回路一点及两点接地保护。

(6)转子表层(负序)过负荷保护(又称不对称过负荷保护)。

(7)发电机逆功率保护。

(8)频率异常保护。

(9)定子绕组过电压保护。

(10)失步保护。

(11)定子绕组对称过负荷保护。

(12)外部相间短路保护。

（13）励磁绕组过负荷保护。

（14）定子铁芯过励磁保护。

（15）其他故障及异常运行保护，如误上电保护、断路器闪络保护、启停机保护、零功率保护等。

（三）发电机保护动作方式

根据故障及异常运行方式的性质，保护可动作方式分类如下：

（1）全停。断开发电机断路器，灭磁，厂用切换，关闭汽轮机主汽门，启动失灵保护（非电量保护不启动失灵保护）。

（2）解列并灭磁。断开发电机断路器，灭磁，原动机甩负荷。

（3）解列。断开发电机断路器，原动机甩负荷。

（4）减出力。将原动机负荷减到给定值。

（5）缩小故障影响范围。如双母线系统断开母线断路器等。

（6）发出声光信号。

（7）程序跳闸。首先关闭原动机主汽门，待逆功率继电器动作后，再断开断路器并灭磁。

二、发电机的纵联差动保护

（一）纵联差动保护的基本原理

纵联差动保护（简称纵差保护）是发电机相间短路的主保护，因而要求其能正确区别发电机内、外故障，并且能无延时地切除内部故障。

纵（联）差（动）保护是比较被保护设备各引出端电气量（如电流）大小和相位的一种保护。纵联差动保护原理示意图如图 6-12 所示。设被保护设备有 n 个引出端，各个端子的电流相量如图所示，定义流入为电流正向，则在理想情况下，当被保护设备没有短路时恒有 $\sum_{i=1}^{n} \dot{I}_i = 0$；当被保护设备本身发生短路时，则有 $\sum_{i=1}^{n} \dot{I}_i = \dot{I}_{k.in}$（$\dot{I}_{k.in}$ 为短路电流）。可见，在正常运行或被保护设备外部发生短路时，流入被保护设备的电流和理论上为零，保护可靠不误动；当被保护设备本身发生短路时，短路电流全部输入继电器，保护灵敏动作。

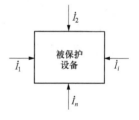

图 6-12　纵联差动保护原理示意图

在理想情况下，外部故障时电流和为零，但实际上，在发生外部故障时，受到电流互感器、保护装置本身等因素的影响，电流和总有一定数值，这个电流我们称之为不平衡电流。对发电机而言，在中性点侧装设一组电流互感器；在机端引出线靠近断路器处装设另一组电流互感器，所以它的保护范围是定子绕组及其引出线。由于发电机差动保护两侧可选用同一电压级、同型号、同变比及特性尽可能一致的电流互感器，因此其不平衡电流比变压器差动保护的不平衡电流小。

但正是由于不平衡电流的影响，只采用简单的电流和的原理来区分内、外部故障往往灵敏度不够，为此，实际使用中常以纵差保护的基本原理为基础加以改进。发电机纵差保护是发电机相间短路的主保护。根据接入发电机中性点电流的份额（即接入全部中性点电

225

流或只取一部分电流接入），可分为完全纵差保护和不完全纵差保护。另外，根据算法不同，可以构成比率制动式纵差保护和标积制动式纵差保护。

不完全纵差保护适用于每相定子绕组为多分支的大型发电机，它除了能反应发电机相间短路故障，还能反应发电机匝间短路故障。

（二）保护动作原理

发电机纵差保护按比较发电机中性点 TA 与机端 TA 二次同名相电流的大小及相位构成。以一相差动为例，并设两侧电流的正方向指向发电机内部。发电机纵差保护电流示意图如图 6-13 所示，图 6-13（a）为发电机完全纵差保护的交流接入回路示意图；图 6-13（b）为发电机定子绕组每相两分支的不完全纵差保护的交流接入回路示意图。

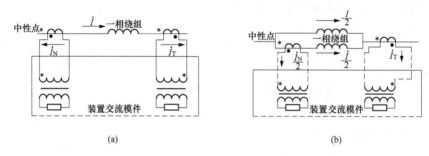

图 6-13　发电机纵差保护电流示意图

（a）发电机完全纵差保护交流接入回路示意图；（b）发电机不完全纵差保护交流接入回路示意图

所谓比率制动式纵差保护是在纵差保护基本原理的基础上，利用制动电流，以提高保护的灵敏度。设发电机每相首末两端电流各为 $\dot{I}_1$ 和 $\dot{I}_2$，定义流入发电机为电流正向。如图 6-13 所示。则有如下动作方程：

$$\begin{cases} I_d > I_q & ; I_z < I_g \\ I_d > K_z(I_z - I_g) + I_q & ; I_z > I_g \\ I_d > I_s & ; I_d > I_s \end{cases} \tag{6-4}$$

式中　I_d——动作电流（即差流）；

　　　I_z——制动电流。

完全纵差时，则有

$$I_d = |\dot{I}_T + \dot{I}_N| \tag{6-5}$$

不完全纵差时，则有

$$I_d = |\dot{I}_T + K\dot{I}_{NF}| \tag{6-6}$$

比率制动特性的完全纵差时，有

$$I_z = \frac{|\dot{I}_T - \dot{I}_N|}{2} \tag{6-7}$$

比率制动特性的不完全纵差时，有

$$I_z = \frac{|\dot{I}_T - \dot{I}_{NF}|}{2} \tag{6-8}$$

标积制动式完全差动时，有

$$I_z=\sqrt{I_N I_T \cos(180^\circ-\varphi)} \tag{6-9}$$

标积制动式不完全差动时，有

$$I_z=\sqrt{KI_{NF} I_T \cos(180^\circ-\varphi)} \tag{6-10}$$

式中　I_T、I_N、I_{NF}——发电机机端 TA、中性点 TA 及中性点分支 TA 二次电流；

K——分支系数，发电机中性点全电流与流经不完全纵差 TA 一次电流之比，在图 6-13 中，如果两组 TA 变比相同，则 $K=2$；

φ——发电机机端电流与中性点反向电流之间的相位差，当 $90^\circ<\varphi<180^\circ$，标积制动 I_z 取实际值；$\varphi<90^\circ$，I_z 取 0。

（三）动作特性

比率制动式纵差保护动作特性如图 6-14 所示，从图可以看出，上述各种类型的发电机纵差保护，其动作特性均由无制动部分和比率制动部分 2 部分组成。这种动作特性的优点是在区内故障电流小时，它具有较高的动作灵敏度；而在区外故障时，它具有较强的躲过暂态不平衡差流的能力。

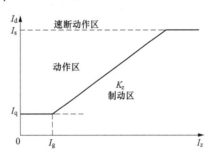

图 6-14　比率制动式纵差保护动作特性

（四）保护动作逻辑

纵差保护并不是满足动作方程式就动作的，为了防止 TA 断线引起保护的误动。还需要加一些其他的逻辑判据。比较常见的判别 TA 断线的逻辑出口方式有循环闭锁方式、单相差动方式。

1. 循环闭锁方式

由于大型机组发电机中性点一般为经高阻接地，因此不存在单相差动动作的问题，循环闭锁式的工作原理正是根据这一特点构成的。当两相或三相差动同时动作时，即可判断为发电机内部发生相间短路；同时为了防止一点在区内、另外一点在区外的两点接地故障的发生，当有一相差动动作且同时有负序电压时也出口跳闸。循环闭锁出口方式发电机纵差保护逻辑如图 6-15 所示。此时若仅一相差动动作，而无负序电压时，即认为 TA 断线。而若负序电压长时间存在，而同时无差动电流时，则为 TV 断线。

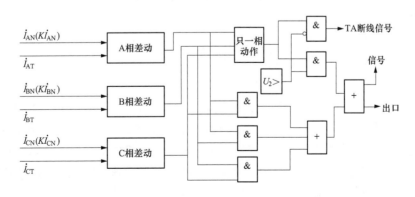

图 6-15　循环闭锁出口方式发电机纵差保护逻辑

227

2. 单相差动方式

单相差动方式的工作原理是任一相差动保护动作即出口跳闸。这种方式另外配有 TA 断线检测功能。当 TA 断线闭锁投入后，在 TA 断线时，瞬时闭锁差动保护，且延时发 TA 断线信号。单相差动出口方式发电机差动保护逻辑如图 6-16 所示。TA 断线的判别：当任一相差动电流大于 $0.1I_N$ 时，启动 TA 断线判别程序，满足下列条件时就认为是 TA 断线：

（1）本侧三相电流中一相无电流。

（2）其他两相电流与启动前电流相等。

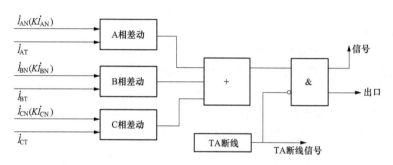

图 6-16　单相差动出口方式发电机差动保护逻辑

三 、发电机定子绕组匝间短路保护

（一）发电机定子绕组匝间短路特点

定子绕组发生匝间短路时有如下的特点：

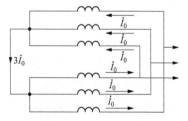

图 6-17　并联分支间的零序电流

（1）发电机定子绕组一相匝间短路时，在短路电流中有正序、负序和零序分量，且各序电流相等，同时短路初瞬也出现非周期分量。

（2）现代的同步发电机，定子绕组有的每相只有一个绕组，但单机容量比较大的机组，每相都有两个或两个以上绕组并联。定子回路中的零序电流将在并联分支绕组的两个中性点之间的连接线上形成环流 $3\dot{I}_0$。并联分支间的零序电流如图 6-17 所示。

（3）在转子回路中将产生二次及其他次谐波的电流分量。

（4）短路环流的大小与短路匝数大致成反比关系。

（二）负序功率方向匝间短路保护

对大型发电机组而言，其中性点侧往往没有六个引出端子，而当发生匝间短路时必然会产生负序电压和负序电流，因此可同时利用负序电压和负序电流的负序功率方向保护来反映匝间短路。当负序功率由发电机流向系统时表示发电机内部发生了故障（包括相间和匝间短路，因为发电机内部的相间短路绝不可能是三相对称短路）；反之，若负序功率由系统流向发电机，则表示发电机本身完好，系统存在不对称故障。

该保护在短路匝数很小的情况下，即 α 很小时，发电机的负序电抗基本没有改变，负序功率很小，保护存在死区。这种保护对电流互感器和电压互感器没有特殊要求，装置简单，不需附设其他闭锁元件。缺点是只能适用于正常运行时负序电流较小的发电机，特别是在发电机启动过程中或在并网前这种保护将失效。

对正常运行负序电流大的发电机，可采用负序功率的故障分量来构成保护，保护的动作与故障前的负序功率大小和方向均无关，这样保护的灵敏度可以得到较大的提高。这一点微机保护能方便地实现。

（三）负序功率方向闭锁的定子纵向零序电压保护

对中性点侧没有六个引出端子的发电机，定子匝间短路保护的另一种方案是利用零序电压 $3\dot{U}_0$。零序电压匝间短路保护专用电压互感器的接法及动作逻辑如图 6-18 所示，$3\dot{U}_0$ 取自机端专用电压互感器 YH_3 的第三绕组（开口三角接线）。由于 YH_3 一次侧的中性点必须与发电机中性点直接连接，因而不能再直接接地。正因为 YH_3 的一次侧中性点不接地，因此 YH_3 的一次绕组必须是全绝缘的，而且它不能被利用来测量相对地的电压。

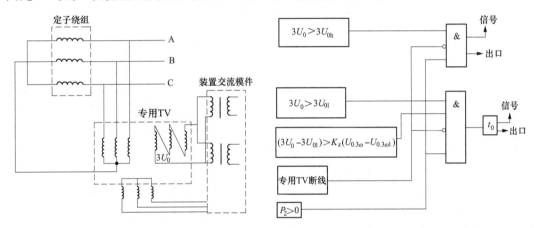

图 6-18 零序电压匝间短路保护专用电压互感器的接法及动作逻辑

当发电机正常运行和外部相间短路时，理论上说，YH_3 的第三绕组没有输出电压，$3U_0 = 0$。当发电机内部或外部发生单相接地故障时，虽然一次系统出现了零序电压，中性点电位升高，使得 YH_3 一次侧中性点电位随之升高，三相对中性点的电压仍然完全对称，这样第三绕组输出电压 $3U_0$ 当然等于零。

只有当发电机内部发生匝间短路或者发生对中性点不对称的各种相间短路时，即 $3\dot{U} \neq 0$，使零序电压匝间短路保护正确动作。由此可知，利用零序电压原理的构成保护不仅可以反映匝间短路，还可以在一定程度上反映发电机的相间短路故障。

当发电机外部短路电流较大时，由于磁场饱和程度加深，电枢反应磁通的波形产生畸变，出现较大的三次谐波，往往经过三次谐波滤波器后还有相当高的值。为此，可采用负序功率方向闭锁方式，在外部短路时，使保护退出工作，从而进一步提高了保护灵敏度。除此还装设有 TV 断线闭锁元件，以防止专用电压互感器因断线在开口三角绕组侧出现很大的零序电压而造成保护误动。

（四）三次谐波闭锁定子纵向零序电压保护

利用纵向零序电压可实现匝间短路保护，除了采用负序功率方向保护来提高灵敏度外，为准确、灵敏地反映内部匝间故障，同时防止外部短路时保护误动，还可以以纵向零序电压中三次谐波特征量的变化来区分内部和外部故障。为防止专用电压互感器断线时保护误动作，三次谐波闭锁定子纵向零序电压保护采用了可靠的电压平衡继电器作为互感器断线闭锁环节。三次谐波闭锁定子纵向零序电压保护出口逻辑如图 6-19 所示。

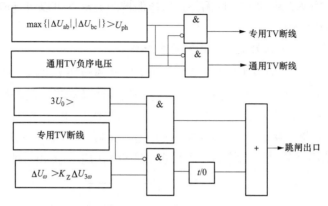

图 6-19　三次谐波闭锁定子纵向零序电压保护出口逻辑

三次谐波闭锁定子纵向零序电压保护能在一定负荷下反应双 Y 接线的定子绕组分支开焊故障。该保护一般由 I、II 两段构成：I 段为次灵敏段，动作值必须躲过任何外部故障时可能出现的基波不平衡量，保护瞬时出口；II 段为灵敏段，动作值可靠躲过正常运行时出现的最大基波不平衡量，并利用零序电压中三次谐波不平衡量的变化来进行制动。保护可带 0.1～0.5s 延时出口以保证可靠性。

随着机组容量的增大，同时鉴于同槽上下层线棒之间有两层绝缘，其间还有一层 4～6mm 的层间绝缘，使得发生匝间短路的可能性很小；同时随着发电机设计技术的改进，通向同槽的绕组越来越少，发生匝间短路的概率进一步减少，因而有些发电机不再配置匝间短路保护。

四、发电机定子绕组单相接地保护

（一）发电机定子绕组单相接地

1. 发电机定子绕组单相接地的特点

定子绕组的单相接地是发电机最常见的故障之一，主要是由于定子绕组与铁芯间的绝缘被破坏所致。由于发电机的中性点一般为不接地或经高阻抗接地的，所以定子绕组发生单相接地短路时没有大的故障电流，但往往会进一步引发相间短路或匝间短路。发电机发生定子绕组单相接地时，有如下特点：

（1）在发电机中性点和机端均会产生零序基波电压，其大小与发电机电压、对地电容、中性点接地电阻以及接地故障位置有关。

（2）零序电压与 α 成正比，故障点离中性点越远，零序电压越高；当 $\alpha=1$ 即机端接地时，$\dot{U}_0=-\dot{E}$，而当 $\alpha=0$ 即中性点处接地时，$\dot{U}=0$。

（3）机端三次谐波电压与中性点三次谐波电压的比值与 α 有关。

2. 发电机定子单相接地电流及保护性能要求

对大型发电机，由于它在系统中地位重要，造价昂贵，而且结构复杂、检修困难，所以对其定子单相接地电流的大小和保护性能提出了严格的要求。要求如下：

（1）单机容量为 100MW 及以上的发电机，要求装设保护区为 100% 的定子接地保护。

（2）保护区内发生带过渡电阻接地故障时，保护应有足够高的灵敏系数。

（3）暂态过电压小，不威胁发电机的安全运行。

3. 接地故障处理方式

根据故障接地电流的大小，发生接地故障后可能有不同的处理方式：

（1）当接地电流小于安全电流时，保护可只发信号，经转移负荷后平稳停机，以避免突然停机对发电机组与系统造成冲击。我国某电力科学试验研究所进行了定子铁芯在单相接地故障电容电流下的烧伤试验，得出来了安全电流值，安全电流值见表 6-1。

表 6-1   安全电流值

发电机额定电压	接地电流允许值
6.3kV 及以下	4A
10.5kV	3A
13.8～15.75kV	2A（氢内冷发电机为 2.5A）
18kV 及以上	1A

（2）当接地电流较大时，为保障发电机的安全，应当立即跳闸停机。

设计大型发电机单相接地保护时，规定接地保护应能动作于跳闸，并可根据运行要求打开跳闸压板，使接地保护仅动作于信号。

（二）零序电压定子绕组接地保护

在发电机与升压变压器单元连接（即发电机变压器组）的发电机上，通常在机端装设反应基波零序电压的定子接地保护，零序电压保护电压继电器的整定值，躲开正常运行时的不平衡电压及三次谐波电压。而故障点离中性点越近，零序电压越低。当零序电压小于电压继电器的动作电压时，保护不动作，因此该保护存在死区。一般保护动作电压为 5～10V，即动作区为 90%～95%。若进一步考虑过渡电阻的影响，则实际动作区将大大缩小。零序电压定子绕组接地保护逻辑如图 6-20 所示。

同时也可利用中性点的零序电压与机端零序电压共同构成综合式 $3U_0$ 定子接地保护。此时中性点的零序电压可用于判别 TV 断线。

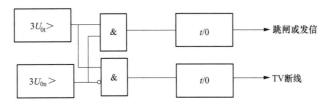

图 6-20 零序电压定子绕组接地保护逻辑

（三）三次谐波电压型定子接地保护

上述反应基波零序电压的定子接地保护在中性点附近有死区。为了实现 100% 保护区，就要采取措施消除基波零序电压保护的死区。对发电机端三次谐波电压 $\dot{U}_{S0}$ 和中性点三次

谐波电压 $\dot{U}_{N0}$ 组合而成的三次谐波电压进行比较而构成的接地保护，可较灵敏地反映中性点附近的单相接地故障。它与基波零序电压定子接地保护共同组成100%保护区的定子接地保护，常称为双频式定子接地保护。

1. 三次谐波电势的特点

由于发电机气隙磁通密度分布不可能完全是正弦形，加之定子铁芯槽口产生一定量的高次谐波以及磁饱和的影响，使发电机定子绕组感生的电动势中，除基波电动势之外，还有百分之几的高次谐波，其中主要是三次谐波电动势，三次谐波的百分比约为2%～10%。

(1) 正常运行时发电机机端及中性点的三次谐波电压。对中性点不接地的发电机，在正常运行情况时，发电机中性点的三次谐波电压 $\dot{U}_{N0}$ 总是大于发电机机端的三次谐波电压 $\dot{U}_{S0}$；而对发电机中性点经配电变压器高阻接地时，其三次谐波电压的分布将受高阻的影响，$\dot{U}_{S0}$ 与 $\dot{U}_{N0}$ 之间存在下述关系：

1) 幅值上呈现 $|\dot{U}_{S0}| > |\dot{U}_{N0}|$ 的"反常"现象，影响保护灵敏度。

2) 相位上不再相同。

(2) 单相接地故障时发电机机端及中性点的三次谐波电压。发生发电机定子接地故障时，相应的 $\dot{U}_{S0}$ 和 $\dot{U}_{N0}$ 发生变化，当靠近中性点附近发生接地故障时，$\dot{U}_{N0}$ 减小，$\dot{U}_{S0}$ 增大。故障点越靠近中性点，$\dot{U}_{N0}$ 减小得越多，而 $\dot{U}_{S0}$ 增大得越多，因而使得当金属性接地点位于靠近中性点的半个绕组（$\alpha \leqslant 0.5$）区域内时 $U_{S0} > U_{N0}$；而若计及过渡电阻的影响时，接地故障点只要更靠近中性点，依然会有 $U_{S0} > U_{N0}$。因此，利用三次谐波电压 $\dot{U}_{N0}$ 与 $\dot{U}_{S0}$ 相对变化的特征可以有效地消除中性点附近的保护死区。

(3) 三次谐波电势随发电机运行工况的改变而不断变化，使 $\dot{U}_{N0}$ 和 $\dot{U}_{S0}$ 也发生变化。实际上当发电机输出的有功功率和无功功率改变时，均会引起三次谐波电压的变化，并且与有功和无功功率为非线性关系。因此单独根据 $\dot{U}_{N0}$ 或 $\dot{U}_{S0}$ 其中一个量的改变并不能作为发生接地故障的特征，需要利用 $\dot{U}_{N0}$ 和 $\dot{U}_{S0}$ 的相对变化来实现定子绕组三次谐波电压的单相接地保护。

2. 三次谐波电压型定子绕组单相接地保护方案

(1) $|\dot{U}_S|/|\dot{U}_N| > (|\dot{U}_{S0}|/|\dot{U}_{N0}|)_{max} = c$ 或 d。实际上是以 $|\dot{U}_{S0}|$ 为动作量，以 $|\dot{U}_{S0}|$ 为制动量的电压差动保护，对发电机中性点不接地时，取 $|\dot{U}_S|/|\dot{U}_N| > (|\dot{U}_{S0}|/|\dot{U}_{N0}|)_{max} = c \leqslant 1.0$，而当发电机经高阻接地时，这时保护的动作判据改为 $|\dot{U}_S|/|\dot{U}_N| > (|\dot{U}_{S0}|/|\dot{U}_{N0}|)_{max} = d > 1.0$。因而，此方案对发电机中性点经配电变压器高阻接地时，灵敏度较低。

(2) $|\dot{U}_S - \dot{K}_P\dot{U}_N|/\beta|\dot{U}_N| > 1.0$。仅利用 $|\dot{U}_{S0}|$ 与 $|\dot{U}_{N0}|$ 的比值，其灵敏度较低，不适于发电机中性点经高阻接地的情况，主要是因为制动量 $|\dot{U}_{N0}|$ 大，但这是由于受正常运行时动作量 $|\dot{U}_{S0}|$ 所制约。因此要想减小制动量，首先应减小发电机正常运行时保护的动作量，将动作量改为 $|\dot{U}_S - \dot{K}_P\dot{U}_N|$，在机组正常运行时，调整系数 $\dot{K}_P$，使 $\dot{U}_S -$

$K_P \dot{U}_N \approx 0$，动作量非常小，此时可减小制动量，即以 $\beta|\dot{U}_N|$ 为新的制动量。β 理论上可以取得很小，β 实际可取 $0.2 \sim 0.3$，以确保安全。

当发电机发生单相接地时，故障点在中性点附近时，$|\dot{U}_S|$ 增大而 $|\dot{U}_N|$ 减小，其结果总是使动作量 $|\dot{U}_S - K_P \dot{U}_N|$ 显著增加，而此时制动量 $\beta|\dot{U}_N|$ 却比较小，灵敏度大为提高。

3. 三次谐波电压型发电机接地保护在使用中应注意的问题

运行情况调研结果表明，我国这类保护误动较多，因此在使用中应注意以下问题：

（1）注意对中性点 TV0 投入后二次电压的监视。中性点侧 TV0 因各种原因未与发电机中性点连接。有时 TV0 虽推入箱柜，但触头未接通；有的一次隔离开关未合上。不管哪种原理的三次谐波保护均用中性点三次谐波电压 $|\dot{U}_N|$ 作为制动量，$|\dot{U}_N|$ 丢失，保护必然误动。

（2）$(|\dot{U}_{S0}|/|\dot{U}_{N0}|)_{max}$ 或 K_P、β 选取不当。

（3）保证各电压互感器变比的正确选择，特别是中性点单相 TV0 变比应为 $\dfrac{U_n}{\sqrt{3}}\Big/100$（$U_n$ 为发电机额定线电压）。

（4）三次谐波电压型单相接地保护不能在机端共母线的发电机上应用。

（5）要计及升压变压器铁芯饱和引起高压侧三次谐波电动势对发电机 $\dot{U}_S$ 和 $\dot{U}_N$ 的干扰。

五、低励失磁保护

（一）发电机失磁原因及危害

失磁保护有时也称为低励失磁保护，低励失磁是指发电机部分或全部失去励磁。低励失磁是发电机常见的故障形式之一。特别对于大型机组，由于其励磁系统的环节比较多，因此发生低励和失磁的概率会相对增加。

1. 发电机低励失磁原因

造成同步发电机低励失磁的原因很多，归纳起来有如下几种：

（1）励磁回路开路，励磁绕组断线，灭磁开关误动作，励磁调节装置的自动开关误动，可控硅励磁装置中部分元件损坏。

（2）励磁绕组由于长期发热，绝缘老化或损坏引起短路。

（3）运行人员误调整等。

2. 发电机低励失磁危害

发电机失磁后，它的各种电气量和机械量都会发生变化，转子出现转差，定子电流增大，定子电压下降，有功功率下降，发电机从电网中吸收无功功率，这将危及发电机和系统的安全，其危害主要表现在以下几个方面：

（1）对电力系统来说，低励或失磁的发电机，从电力系统中吸取无功，若电力系统中无功功率储备不足，将使电力系统中邻近的某些点的电压低于允许值，进而可能导致电力系统因电压崩溃而瓦解。发电机的额定容量越大，在低励或失磁时，引起的无功功率缺额越大。电力系统的容量越小，则补偿这一无功功率缺额的能力越小。因此，发电机的单机容量与电力系统总容量之比越大时，对电力系统的不利影响就越严重。

（2）对电力系统中的其他发电机而言，在自动调整励磁装置的作用下，当一台发电机发生低励或失磁后，由于电压下降，将增加其无功输出，从而使某些发电机、变压器或线路过电流，其后备保护可能因过电流而动作，使故障的波及范围扩大。

（3）对发电机本身来说，低励和失磁产生的不利影响，主要表现在以下几个方面：

1）由于出现转差，转子回路中产生差频电流，将使转子过热。特别是对600MW的大型机组，其热容量裕度相对降低，转子更容易过热。

2）低励或失磁的发电机进入异步运行之后，发电机的等效电抗降低，从电力系统中吸收的无功功率增加。在重负荷下失磁后，由于过电流，将使发电机定子过热。

3）对大型汽轮发电机，其平均异步转矩的最大值较小，惯性常数也相对降低，转子在纵轴和横轴方面，也呈现较明显的不对称。因此在重负荷下失磁后，这种发电机的转矩、有功功率要发生剧烈的周期性摆动，转差也作周期性变化，发电机出现周期性的严重超速，进而威胁着机组的安全。

4）低励或失磁运行时，定子端部漏磁增强，将使端部的部件和边端铁芯过热。由于发电机低励或失磁会对电力系统和发电机本身造成上述危害，根据GB/T 14285—2006《继电保护和安全自动装置技术规程》规定，100MW以下但失磁对电力系统有重大影响的发电机和100MW以上的发电机，应装设专用的失磁保护；对600MW的发电机可装设双重化的失磁保护。

由于失磁后对电力系统和发机本身的危害并不像发电机内部短路那么直接，对大型汽轮发电机而言，突然跳闸可能会给机组本身及其辅机以及电力系统造成很大的冲击。因此失磁后可根据监视母线电压的情况确定动作时间，当电压低于允许值时，为防止电压崩溃，应迅速将发电机切除；当电压高于允许值时，允许机组短时运行，此时首先切换励磁电源、迅速降低原动机出力，并检查造成失磁的原因，若能予以消除，则迅速消除故障使机组恢复正常运行，以减少不必要的事故停机。如果在发电机允许的时间内，不能消除造成失磁的原因，则再由保护装置或人为操作停机。运行实践证明，这是一种合理的方法，在当前我国的电力系统中，100~300MW的大型机组，有多次在失磁之后采用上述方法而避免了切机的成功事例。若是低励，则应当在保护装置动作后，迅速将灭磁开关跳闸，这是因为低励产生的危害比失磁更为严重。

（二）失磁发电机机端测量阻抗的变化轨迹

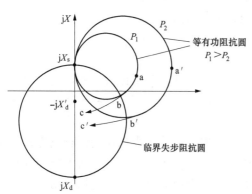

图6-21 失磁后的发电机机端测量阻抗的变化

发电机失磁后，其机端测量阻抗的变化情况如图6-21所示。发电机正常运行时，其机端测量阻抗位于阻抗复平面第一象限的a或a′点。失磁后，功角δ逐渐增大，当功角δ＜90°时，其机端测量阻抗沿等有功阻抗圆向第四象限变化，如图6-21中的ab段。当功角δ＝90°时，为临界失步点，此时阻抗为临界失步阻抗圆（又称等无功阻抗圆或静稳边界圆）上的b点。随即进入等无功阻抗圆内，稳定在c点附近。总之失磁发电机的机端测量阻抗的轨迹，最终都是向第四象限移动，而且在一般情况下，失步后的阻抗轨迹，最终将稳定在第四象限内的异步边界阻抗圆内。通常，失磁前，发电机带的有功功率越大，失磁异步运行的滑差就越大，测量阻抗进入第四象限的速度就越快。

（三）发电机失磁保护的判据

1. 失磁保护判据

失磁保护由发电机机端测量阻抗判据、转子低电压判据、定子过电流判据、变压器高压侧低电压判据等构成。

（1）阻抗整定边界常为静稳边界圆或异步边界圆，但也可以为其他形状。

（2）为防止因电压严重下降而使系统失去稳定，还需监视高压侧母线电压，以防止母线电压降到不能维持系统稳定运行的水平。

（3）转子低电压判据可以较早地发现发电机是否失磁，从而在发电机尚未失去稳定之前及早地采取措施以防止事故扩大。同时利用励磁电压的下降，可以区分外部短路、系统振荡以及发电机失磁。当发电机失磁时，励磁电压及励磁电流均要下降。但是，在外部短路、系统振荡过程中，励磁电压及电流不但不会下降，反而会因强励作用而上升。

（4）定子过电流判据用以判断失磁后机组运行是否安全。

2. 辅助判据

除以上判据外，为了进一步防止系统振荡及外部故障可能引起的保护误动，还可以引入以下辅助判据：

（1）不出现负序分量。发生失磁故障时，三相定子回路仍然是对称的，不会出现负序分量。但是，在短路或由短路引起的振荡过程中，总会短时地或在整个过程中出现负序分量。因此可用负序分量作为辅助判据，以鉴别失磁故障与短路或伴随短路的振荡过程。

（2）用延时躲过振荡。在系统振荡过程中，由机端测得的振荡阻抗的轨迹可能只是短时穿过失磁保护阻抗测量元件的动作区，而不会长期停留在动作区内。这是与失磁过程不同的特点，因此可用延时躲过振荡。

（3）当供电给失磁保护的电压互感器一次侧或二次侧发生断线时，失磁保护的阻抗测量元件、低电压元件均会误动作。因此，应设置电压回路断线闭锁元件。当电压回路发生断线时将保护装置解除工作。

（四）失磁保护构成方案

发电机失磁保护出口逻辑如图 6-22 所示，以静稳边界圆判据为例来说明失磁保护的原理构成。

对无功储备不足的系统，当发电机失磁后，有可能在发电机失去静态稳定之前，高压侧电压就达到了系统崩溃值。所以，转子低电压判据满足并且高压侧低电压判据满足时，说明发电机的失磁已造成了对电力系统安全运行的威胁，经"&2"电路延时（$t_3 = 0.25$s）发出跳闸命令，迅速切除发电机。设置 t_3 的目的：部分失磁且失步之后，由于仍有同步功率，故有功功率周期性波动较大，电压也可能周期性波动，从而低于高压侧低电压整定值，此时电压并未真正降到崩溃电压，不应跳闸。

转子低电压判据满足并且静稳边界判据满足，经"&3"电路发出失稳信号。此信号表明发电机由于失磁导致失去了静态稳定。当转子低电压判据在失磁中拒动（如转子电压检测点到转子绕组之间发生开路时），失稳信号由静稳边界判据产生。在系统振荡时，阻

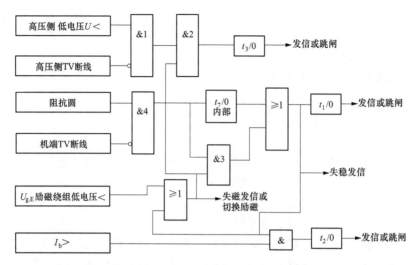

图 6-22　发电机失磁保护出口逻辑

抗轨迹可能进入保护动作区，但是是断续性的，持续时间一般在 1s 以内，故设置 t_7 延时，通常整定为 1～1.5s，目的是躲开振荡的影响，同时也可避开外部短路可能引起的误动作。

汽轮机在失磁时允许异步运行一段时间，此间通过过电流判据监测汽轮机的有功功率。若定子电流超过 1.05 倍额定电流，表明平均异步功率超过 0.5 倍额定功率，发出命令，减小发电机的功率，使汽轮机继续稳定异步运行。稳定异步运行一般允许 2～15min（t_1），所以经过 t_1 之后再发跳闸命令。在 t_1 期间运行人员可有足够的时间去排除故障，重新恢复励磁，这样就避免了跳闸，这对经济运行具有很大意义。如果功率在 t_2 内不能减小，而过电流判据又一直满足，则发跳闸命令以保证发电机本身的安全。

失磁保护方案体现了这样一个原则：发电机失磁后，电力系统或发电机本身的安全运行遭到威胁时，将故障的发电机切除，以防止故障扩大。在发电机失磁而对电力系统或发电机的安全不构成威胁时（短期内），则尽可能推迟切机，运行人员可及时排除故障，避免切机。

六、励磁回路接地保护

（一）励磁回路接地故障

发电机励磁回路的故障除了失磁故障外，还包括转子绕组的一点接地和两点接地故障。

发电机转子一点接地故障是发电机比较常见的故障。由于正常运行时，励磁回路与地之间有一定的绝缘电阻，转子发生一点接地故障时，不会形成故障电流的通路，对发电机不会产生直接危害。但是，当一点接地之后，若再发生第二点接地时，即形成了短路电流的通路，这时，不仅可能把励磁绕组和转子烧坏，还可能引起机组强烈振动，将严重威胁发电机的安全。

对汽轮发电机，转子一点接地后，若不出现第二点接地，则不会有直接的危险。但要考虑出现第二点接地的可能性。实际上励磁回路发生一点接地故障后，继发第二点接地的可能性较大，因为在一点接地后，转子绕组已确立了地电位基准点，当系统发生各种扰动时，定子绕组的暂态过程必在转子绕组中感应暂态电压，使转子绕组对地电压可能出现较大值,从而引发第二点接地故障,所以大型汽轮发电机没有必要在发生一点接地后继续维持运行,因此大型机组也可不装设两点接地保护。进口大型发电机组一般不装两点接地保护。

(二) 发电机励磁回路一点接地保护

励磁回路的一点接地保护要求简单、可靠,除此还要求能够反映在励磁回路中任一点发生的接地故障,并有足够高的灵敏度。大型汽轮发电机的励磁回路一点接地故障无直接危害,可不要求动作于跳闸,以避免毫无必要的大机组突然跳闸。一点接地保护动作于信号,不是为了长期带一点接地故障运行,在发出一点接地信号之后,应当转移负荷,尽快安排机组停机。因为若继而引发励磁回路两点接地故障,则会造成严重后果。

在评价励磁回路一点接地保护的灵敏度时,是用故障点对地之间的过渡电阻大小来定义的。若过渡电阻为 R_f,保护装置处于动作边界上,则称保护装置在该点的灵敏度为 $R_f(\Omega)$。

励磁回路一点接地保护原理有很多种,这里主要介绍两种原理。

1. 叠加直流方法

采用新型的叠加直流方法,叠加源电压为 50V,内阻大于 50kΩ。利用微机智能化测量,克服了传统保护中绕组正负极灵敏度不均匀的缺点,能准确地计算出转子对地的绝缘电阻,范围可达 200kΩ,如DGT801 数字发电机变压器保护便采用此种原理。转子分布电容对测量无影响。发电机启动过程中,转子无电压时,保护并不失去作用。保护引入转子负极与大轴接地线。发电机转子一点接地测量原理如图 6-23所示。

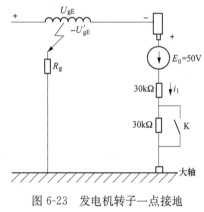

图 6-23 发电机转子一点接地
测量原理

K 接通时,电流为

$$i_1 = \frac{U'_{gE} + 50}{R_g + 30} \qquad (6-11)$$

K 断开时,电流为

$$i_2 = \frac{U'_{gE} + 50}{R_g + 60} \qquad (6-12)$$

解上两式得 $R_g = \dfrac{60i_2 - 30i_1}{i_1 - i_2}$,由 i_1、i_2 可计算的转子接地电阻 R_g。

发电机转子一点接地保护出口逻辑如图 6-24 所示。

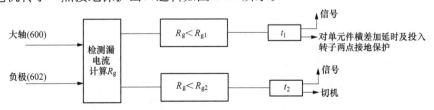

图 6-24 发电机转子一点接地保护出口逻辑

动作电阻 R_{g1} 及 R_{g2} 的整定：R_{g1} 为高定值，当转子对地绝缘电阻大幅度降低时，发出信号，R_{g1} 取 $8\sim10k\Omega$；R_{g2} 为低定值，动作后作用于切机。考虑转子两点接地的危害，R_{g2} 取 $0.5\sim1k\Omega$，动作时间 t_1、t_2 可取 $6\sim9s$。

2. 切换采样式一点接地保护

切换采取式一点接地保护原理如图 6-25 所示，其中 RC 网络的接线如图 6-26 所示。

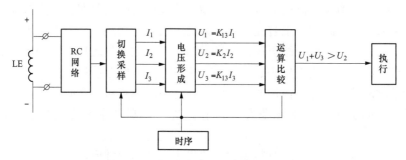

图 6-25　切换采样式一点接地保护原理

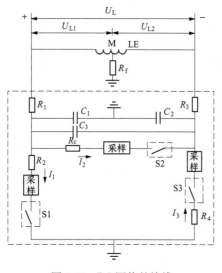

图 6-26　RC 网络的接线

图 6-26 中 R_f 表示励磁绕组 LE 一点接地的过渡电阻，电容 C_1、C_2、C_3 用来滤去谐波电流和干扰信号对保护装置的影响，$R_1\sim R_4$ 以及 R_c 组成采样网络，用切换开关 S1~S3 来改变该网络的接线。由于存在 LE 的对地电容以及 $C_1\sim C_3$，在分别接通 S1、S2 和 S3 时，必有较大的暂态电流，因此在分别接通 S1、S2 或 S3 时，不能立即测定电流 I_1、I_2 或 I_3，这些电流的测定应在 S1、S2 或 S3 断开前瞬间（暂态已近衰减完毕）进行。当 $R_1=R_3=R_a$ 及 $R_2=R_4=R_b$ 时，有

$$I_1=\frac{U_{L1}}{R_a+R_b+R_f} \tag{6-13}$$

$$I_2=\frac{U_L}{2R_a+R_c} \tag{6-14}$$

由于 $U_1=K_{13}I_1$、$U_2=K_2I_2$、$U_3=K_{13}I_3$，当未发生接地故障时，R_f 很大或趋于无穷大，所以有 $U_1+U_3<U_2$，当发生接地故障时，$R_f=0$ 或很小。设定继电器在式（6-6）的条件下动作有 $U_1+U_3\geqslant U_2$。

由以上整理可得，继电器的动作条件为

$$R_f\leqslant\frac{K_{13}}{K_2}(2R_a+R_c)-(R_a+R_b) \tag{6-15}$$

以上的两种原理的讨论都不考虑电子开关切换过程中 R_f 的变化，即 R_f 为常数。

七、反时限负序电流保护及后备保护

发电机在不对称负荷状态下运行，外部不对称短路或内部故障时，定子绕组将流过负序电流，它所产生的旋转磁场的方向与转子运动方向相反，以两倍同步转速切割转子，在转子本体、槽楔及励磁绕组中感生倍频电流，引起额外的损耗和发热；另外，由负序磁场

产生的两倍频交变电磁转矩，使机组产生 100Hz 振动，引起金属疲劳和机械损伤。

汽轮发电机机组承受负序电流的能力主要由转子表层发热情况来确定。特别是大型发电机，由于其设计的热容量裕度较低，承受负序电流的能力有限，因此必须装设与其承受负序电流能力相匹配的负序电流保护，又称为转子表层过热保护。

1. 转子发热特点

大型发电机要求转子表层过热保护与发电机承受负序电流的能力相适应，因此在选择负序电流保护判据时需要首先了解由转子表层发热状况所规定的发电机承受负序电流的能力，这个能力通常按时间长短进行划分，即短时和长期承受负序电流的能力。

（1）发电机长期承受负序电流的能力。发电机正常运行时，发电机所带负荷总有一些不对称，此时转子虽有发热，但如果负序电流不大，由于转子的散热效应，其温升未超过允许值，即发电机长期运行时可以承受负序电流的能力。发电机长期承受负序电流的能力与发电机结构有关，应根据具体发电机确定。根据我国有关规定，在额定负荷下，汽轮发电机持续负序电流 $I_2 \leqslant (6\% \sim 8\%)I_N$，对大型直接冷却式发电机其值更低。

（2）发电机短时承受负序电流的能力。在异常运行或系统发生不对称故障时，I_2 将大大超过长期运行所允许的负序电流。发电机短时间内允许负序电流 I_2 的大小与电流持续时间有关。转子中发热量的大小通常与流经发电机的负序电流 I_2 的平方及所持续的时间成正比。发电机动作特性曲线如图 6-27 所示。

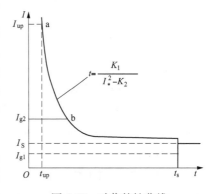

图 6-27 动作特性曲线

若机组运行在曲线 abc 以下部分，则此时的发热量对机组没有危害，反之则可能因为过热而威胁到机组的安全。若假定发电机转子为绝热体（即短时内不考虑向周围散热的情况），则发电机允许负序电流与允许持续时间的关系可用式（6-16）来表示。

$$I_{*.2}^2 t = A \tag{6-16}$$

式中　$I_{*.2}$——以发电机额定电流 I_N 为基准的负序电流标幺值；

　　　A——与发电机型式及冷却方式有关的常数；

　　　t——允许时间。

A 反映发电机承受负序电流的能力，A 越大说明发电机承受负序电流的能力越强。一般来说，发电机容量越大，相对裕度越小，A 也越小。对发电机的 A 的规定并不统一，对直接冷却式大型汽轮发电机 A 的大致范围是 $A \leqslant 6 \sim 8$。

2. 反时限负序电流保护方案

转子表层过热保护方案原理如图 6-28 所示。负序电流保护由两个定时限部分和一个反时限部分构成，其动作特性如图 6-27 所示。上限定时限特性应与发变组高压侧两相短路相配合，其动作时间 t_u 应与高压出线快速保护相配合，可在 0.5～3s 范围内整定。保护作用于跳闸解列。

下限定时限特性则依据发电机长期允许承受的负序电流值来确定启动门槛值，并应在外部不对称短路切除后返回，故动作电流门槛值整定为

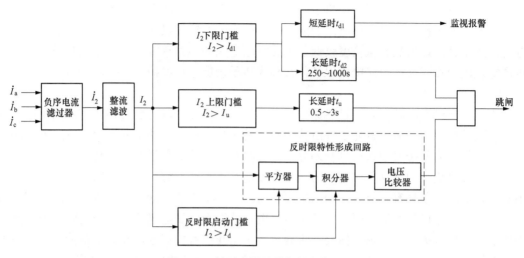

图 6-28 转子表层过热保护方案原理

$$I_{*\cdot\text{d}1}=\frac{K_{\text{rel}}}{K_{\text{re}}}I_{*\cdot2\cdot\infty} \tag{6-17}$$

式中 K_{rel} ——可靠系数；

　　　　K_{re} ——返回系数。

动作时间分为两个，一个是短延时 $t_{\text{d}1}$ ，其作用于告警信号，以便运行人员采取措施，$t_{\text{d}1}$ 一般整定为 $5\sim10\text{s}$ ；另一个是长延时 $t_{\text{d}2}$ ，其作用于跳闸解列，其动作时间在 $250\sim1000\text{s}$ 范围内整定。

反时限特性作用于跳闸解列，反时限元件的启动门槛值 I_{d} 需要与长延时综合考虑。为了保证长延时精度，往往对最大延时有一定限制，一般取为 1000s ，也可按下限动作特性的延时 $t_{\text{d}2}$ 选取（但不超过 1000s ），然后按式（6-9）计算出 I_{d} 即可。最后还需校验 I_{d} ，应不小于 $I_{\text{d}1}$ ， 由此得整定计算式如下：

$$\left.\begin{array}{l}I_{*\cdot\text{d}}=\sqrt{\dfrac{A}{t_{\text{d}}}+K_0I^2_{*\cdot2\cdot\infty}}\\[2mm] I_{*\cdot\text{d}}\geqslant I_{*\cdot\text{d}1}\end{array}\right\} \tag{6-18}$$

3. 相间后备保护

对发电机变压器组的接线方式而言，相间后备保护一般按发电机变压器组统一考虑。尽管发电机变压器组装有双重化主保护，但由于大型发变组价格昂贵、地位重要，仍需装设可靠的后备保护作为发电机、变压器及其有关引线短路故障的后备。常见的相间后备保护有过电流保护、低电压启动过电流保护、复合电压启动过电流保护、负序电流和单相式低电压启动的过电流保护构成的复合过电流保护、低阻抗保护等。不管是发电机或变压器，其后备保护的选型总是首先采用电流、电压型保护，大型机组的后备保护常采用后三种保护方式。

（1）复合电压过电流保护。复合电压启动的过电流保护适用于 1MW 以下的发电机和升压变压器、系统联络变压器和过电流保护不能满足灵敏度要求的降压变压器。该保护反映被保护设备的电压、负序电压和电流大小，由电压元件和电流元件两部分构成，两者构成与门关系。电流电压一般取自变压器的同一侧 TA 和 TV。发变组 TA 取自发电机中性点侧。

其中电压元件由负序电压元件和反映相间电压的低电压元件两部分构成。负序电压元件主要针对不对称故障，提高了反应不对称故障的保护的灵敏度；而低电压元件主要反映对称故障，灵敏度较高，两者构成或门关系。复合电压过电流保护出口逻辑如图 6-29 所示。

对自并励发电机而言，当发电机外部发生相间短路时，机端电压下降，励磁电流随之减小，短路电流也随之衰减，在达到整定时间之前，电流元件可能已返回，使保护无法动作。为了解决后备保护延时与衰减电流之间的矛盾，可采用加记忆元件或利用低电压自保持，以防止保护装置中途返回。图 6-29 所示为加装了记忆元件，可发信或跳闸。

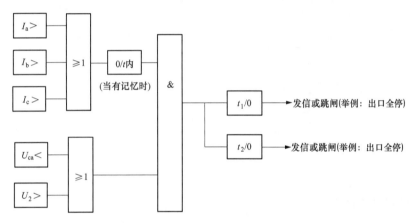

图 6-29　复合电压过电流保护出口逻辑

（2）负序电流和单相式低电压启动的过电流保护。负序电流和单相式低电压启动的过电流保护通常用于 50MW 以上发电机和 63MVA 及以上升压变压器。此保护由负序电流元件和单相式低电压启动的过电流保护构成。其中负序电流元件用来反映不对称故障，而单相式低电压启动的过电流保护主要反映对称故障，这样有效地提高了保护的灵敏度。负序电流和单相式低电压启动的过电流保护逻辑如图 6-30 所示，可发信或跳闸。

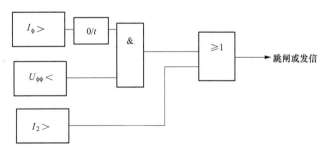

图 6-30　负序电流和单相式低电压启动的过电流保护逻辑

（3）低阻抗保护。为保证后备保护有足够的灵敏度，大型发变组的相间故障后备保护可采用阻抗保护。阻抗保护通常用于 330～500kV 大型升压及降压变压器，作为变压器引线、母线、相邻线路相间故障后备保护。

阻抗保护一般不能胜任变压器或发电机绕组内部短路的后备保护作用，只能作为发电机或变压器引线、母线和相邻线路的相间短路后备保护。

低阻抗保护不设振荡闭锁装置，以其固有延时避免振荡误动。但必须有电压断线闭锁装置，以免多次发生的电压断线阻抗保护误动作。此外还必须设电流启动元件。低阻抗保护出口逻辑如图 6-31 所示，三只低阻抗元件 Z_{ab}、Z_{bc}、Z_{ca} 组成或门，再和过电流元件、TV 断线闭锁组成与门后，启动时间 t_1、t_2 而出口，可发信或跳闸。

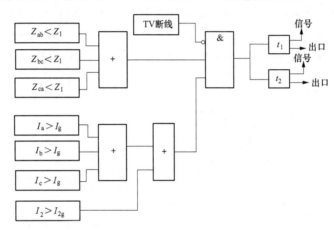

图 6-31   低阻抗保护出口逻辑

八、发电机其他保护

（一）定子绕组对称过负荷保护

发电机对称过负荷通常是由系统中切除电源、生产过程出现短时冲击性负荷、大型电动机自启动、发电机强行励磁、失磁运行、同期操作及振荡等原因引起的。对大型机组，由于其材料利用率高，绕组热容量与铜损比值减小，因而发热时间常数较低，因而相对过负荷能力较低。为了避免绕组温升过高，影响机组正常寿命，必须装设较完善的定子绕组对称过负荷保护，以限制发电机的过负荷量。

定子过负荷保护的设计取决于发电机在一定过负荷倍数下允许过负荷时间，而这一点是与具体发电机的结构及冷却方式有关的。汽轮发电机的允许过负荷倍数与允许时间有一定的关系，其中过负荷倍数用过电流倍数表示。

发电机允许的过负荷能力与短时允许承受负序电流能力类似。允许时间随过电流倍数呈反时限特性。同理，大型发电机定子绕组的过负荷保护，即发电机对称过负荷保护，一般也是由定时限和反时限两部分组成。保护装置的构成形式与负序过电流保护相似。

发电机对称过负荷反时限保护动作特性如图 6-32 所示，定时限部分的动作电流，按在发电机长期允许的负荷电流下能可靠返回的条件整定，经延时动作于减功率。反时限部分在启动时即报警，然后按反时限特性动作于跳闸。另外在反时限元件中，通常还包括一个报警信号门槛，在过负荷 5% 时经短延时（<10s）动作于报警信号，以便运行人员采取措施。当发电机电流大于上限整定值时，则按上限定时限动作；如果电流超过下限整定值，且不足以使反时限部分动作时，则按下限定时限动作；电流在此之间则按反时限规律

动作。发电机对称过负荷反时限保护出口逻辑如图 6-33 所示。

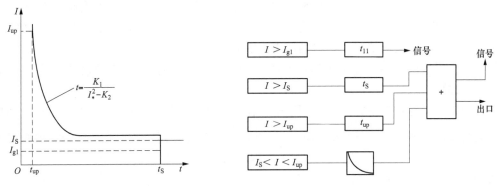

图 6-32 发电机对称过负荷反时限保护动作特性　　图 6-33 发电机对称过负荷反时限保护出口逻辑

（二）定子绕组过电压保护

对 200MW 以上大型汽轮发电机，定子电压等级较高，相对绝缘裕度较低，并且在运行实践中表明，大型汽轮发电机出现危及绝缘安全的过电压是比较常见的故障，因此要求其装设过电压保护。

（1）发电机定子绕组产生过电压的原因及保护的原理。若发电机在满负荷下突然甩去全部负荷，由于调速系统和自动励磁调节装置有一定惯性，转速将上升，励磁电流不能突变，发电机电压在较短时间内升高，其值可能达到 1.3~1.5 倍额定电压，持续时间可能达到几秒。若调速系统或自动励磁调节装置故障或退出运行，过电压持续时间会更长。发电机主绝缘耐压水平，按通常试验标准为 1.3 倍额定电压持续 60s，实际过电压和持续时间有可能超过试验标准，对发电机主绝缘构成直接威胁。

发电机实际运行承受过电压的能力随具体机组不同而不同。

相关规程规定 200MW 及以上汽轮发电机宜装设过电压保护，其定值一般取为 $U_{op}=1.3U_n$，$t=0.5s$，动作于解列灭磁。

（2）保护方案构成。我国通常采用简单的一段式或两段式定时限过电压保护，其原因之一是大型发电机变压器组已装有较完善的反时限过励磁保护，该保护在工频下能够反映过电

图 6-34 发电机过电压保护出口逻辑

压。发电机过电压保护出口逻辑如图 6-34 所示，可分两段发信或跳闸，但一般第 Ⅰ 段时间 t_1 发信，第 Ⅱ 段时间 t_2 跳闸。

过电压保护的动作电压，应根据发电机类型、励磁方式、允许过电压的能力及定子绕组的绝缘状况来决定。对 200MW 及以上的汽轮发电机，$U_g=(1.3 \sim 1.35)U_e$；对水轮发电机，$U_g=1.5U_e$；对具有可控硅励磁的水轮发电机，$U_g=(1.3 \sim 1.4)U_e$。动作延时 t 可取 0.3~0.5s。

（3）发电机逆功率保护。正常运行时，发电机向系统输送有功功率，若由于各种原因误将主汽门关闭，则在发电机断路器跳闸之前，发电机将迅速转为电动机运行，出现系统向发电机倒送有功功率，即发电机逆功率运行。逆功率运行对发电机并无直接危害，但残留在汽轮机尾部的蒸汽与长叶片摩擦，会使叶片过热，因此一般规定逆功率运行不得超过 3min。对

大型汽轮发电机,规定装设逆功率保护,发电机逆功率保护主要用于保护汽轮机。

逆功率的大小取决于发电机和汽轮机的有功功率损耗,一般最大不超过额定有功功率的10%,最小仅为1%。在发生逆功率时,往往无功功率很大,故要求在视在功率(主要是无功功率)很大的情况下,检测出很小的有功功率方向,并且要求在无功功率很大的变化范围内保持继电器的有功功率动作值基本稳定不变,因此需要专门设计逆功率继电器来满足上述要求。

为了检测有功功率方向,采用以电压作为参考量计算机端电流半周平均值的方法。设机端电压瞬时值表达为 $u = U\sin\omega t$,当以 $\dot{U}$ 为参考相量时,同名相电流瞬时值则可表为

$$i = I\sin(\omega t - \varphi) \tag{6-19}$$

式中 φ ——功率因数角。

设定 $-90° \leqslant \varphi \leqslant 90°$ 时,有功功率由发电机送至系统,当 $0 \leqslant \varphi \leqslant 90°$ 时为滞相运行,$-90° \leqslant \varphi \leqslant 0$ 为进相运行;而当 $90° \leqslant \varphi \leqslant 270°$ 时,发电机呈逆功率运行状态。注意这里是以电压 u 为参考量,求取 i 的半周平均值,即按 u 的相邻过零点作为区间,求取 i 的半周平均值。当 $0 \leqslant \omega t \leqslant \pi$ 时,u 为正,而当 $\pi \leqslant \omega t \leqslant 2\pi$ 时,u 为负,在半周波内 i 的平均值 $\bar{I}$ 可由式(6-20)表示。

$$\bar{I} = \frac{1}{\pi}\int_0^\pi I\sin(\omega t - \varphi)\mathrm{d}(\omega t) = \frac{1}{\pi}\int_\pi^{2\pi} -I\sin(\omega t - \varphi)\mathrm{d}(\omega t)$$
$$= \frac{2}{\pi}I\cos\varphi \tag{6-20}$$

因 $P = 3U_\phi I\cos\varphi = \frac{\pi}{2}3U_\phi\bar{I}$,所以 $\bar{I} \propto P$,且 $\bar{I}$ 能反映 P 的方向,实际上 $\bar{I}$ 所反映的是有功电流。显然,当 $90° \leqslant \varphi \leqslant 270°$ 时,$\bar{I}$ 与 P 为负,表示逆功率运行状态,于是建立判据,判据见式(6-11)。

$$\left.\begin{array}{l}\bar{I} \geqslant 0,\text{正常运行} \\ \bar{I} < 0,\text{逆功率运行}\end{array}\right\} \tag{6-21}$$

逆功率保护主要由逆功率继电器组成。逆功率继电器用于程序跳闸方式,或用来构成逆功率保护。

1)程序跳闸逆功率。程序逆功率主要用于程序跳闸方式,即当过负荷保护、过励磁保护、低励失磁保护等出口于程序跳闸的保护动作后,应首先关闭主汽门,等到出现逆功率状态,同时有主汽门关闭信号时,程序逆功率保护动作,跳开主断路器,这种程序跳闸就可避免因主汽门未关而断路器先断开引起灾难性"飞车"事故。其定值一般为 $P_{op} = (1\% \sim 3\%)P_n$ 。发电机程序跳闸逆功率出口逻辑如图6-35所示。

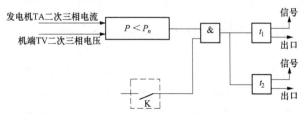

图6-35 发电机程序跳闸逆功率出口逻辑

2）逆功率保护。当发电机处于逆功率运行时逆功率保护动作。我国要求在 200MW 及以上汽轮发电机组上装设逆功率保护，燃气轮发电机组也应装设此保护。对其他发电机组，有关继电保护技术的规程尚未做出装设逆功率保护的规定。发电机逆功率保护出口逻辑如图 6-36 所示。汽轮发电机组在主汽门关闭后，发电机变成电动机运行，有功损耗为 $(1\% \sim 1.5\%)P_n$；汽轮机有功损耗为 $(3\% \sim 4\%)P_n$，所以总的逆功率为 $(4\% \sim 5.5\%)P_n$。考虑到主汽门虽已关闭但尚有一些泄漏时，由系统倒送的逆功率就可能小于 1% P_n。汽轮发电机逆功率保护的动作功率一般可取为 $P_{1.\text{set}} = (0.5\% \sim 1.0\%)P_n(\cos\varphi = 1.0$ 时)。

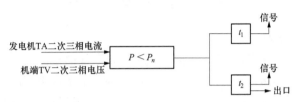

图 6-36　发电机逆功率保护出口逻辑

其延时分两段，短延时 1.0～1.5s 动作于信号，长延时 2～3min 动作于跳闸。

（三）发电机低频保护

频率异常包括频率的降低和升高。汽轮机的叶片有一个自然振荡频率，如果发电机运行频率升高或者降低，以致接近叶片自振频率时，将导致共振，使材料疲劳。材料的疲劳是一个不可逆的积累过程，若达到材料所不允许的限度时，叶片就有可能断裂，造成严重事故。

严格地说，频率升高与降低均会给汽轮机的安全带来危险，但通常频率升高时，控制措施相对完善；而低频率异常运行多发生在重负荷下，对汽轮机的威胁更为严重。另外，对于极端低频工况，还将威胁厂用电的安全。因此，发电机一般只装设低频异常运行保护（简称低频保护），发电机低频保护主要用于保护汽轮机。

低频保护分段数及每段的整定值（包括该段频率启动值和相应累计允许时间）是根据机组要求来确定的。一般发电机运行频率及相应的允许时间见表 6-2。

表 6-2　　　　　　　　　　一般发电机运行频率及相应的允许时间

运行频率 f/f_N	1～0.99	0.99～0.975	0.975～0.935	<0.935
允许时间（min）	长期	60	10	0

低频保护不仅能监视当前频率状况，还能在发生低频工况时，根据预先划分的频率段自动累计各段异常运行的时间，无论达到哪一频率段相应的规定累计运行时间，保护均动作于声光信号告警。发电机低频保护通常由以下几部分组成：

（1）高精度频率测量回路。多采用测量机端电压的频率实现。

（2）频率分段启动回路。可根据发电机的要求整定各段启动频率门槛。

（3）低频运行时间累计回路。分段累计低频运行时间，并能显示各段累计时间。

（4）分段允许时间整定及出口回路。在每段累计低频运行时间超过该段允许运行时间时，经出口回路发出信号。

发电机低频保护出口逻辑如图 6-37 所示，可发信或跳闸。

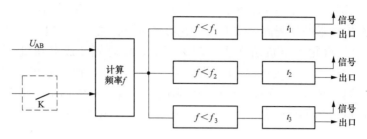

图 6-37　发电机低频保护出口逻辑

（四）发电机失步保护

当电力系统发生诸如负荷突变、短路等破坏能量平衡的事故时，往往会引起不稳定振荡，使一台或多台同步发电机失去同步，进而使电网中两个或更多的部分不再运行于同步状态，这就是所谓的失步。失步就是同步发电机的励磁仍维持着非同步运行。

1．发电机失步的原因及危害

在实际运行中，造成失步的原因主要有以下 4 个方面：

（1）系统发生短路故障。

（2）发电机励磁系统故障引起发电机失磁，使发电机电动势剧降。

（3）发电机电动势过低或功率因数过高。

（4）系统电压过低。

发电机与系统发生失步时，将出现发电机的机械量和电气量与系统之间的振荡。失步振荡电流与三相短路电流可比拟，但振荡电流在较长时间内反复出现，使发电机组遭受力和热的损伤，特别是周期性作用在旋转轴系上的振荡扭矩，可能使大轴扭伤或缩短运行寿命。中小型发电机组的失步故障一般由运行值班人员处理，不装失步保护。

对大型发电机（特别是汽轮发电机），其电抗参数较大，而与之相连的系统电抗总是较小。当发生系统振荡时，振荡中心往往落在发变组内部，使机端电压随振荡大幅度波动，厂用机械难以稳定运行，甚至处于制动状态，可能造成停机停炉、炉管过热或炉膛爆炸，所以大型发电机组失步后果严重，必须有相应保护，使振荡次数或时间受到严格限制，这也是发电机失步保护应完成的任务。

2．发电机失步保护的基本技术要求

（1）能正确区分短路与振荡、稳定振荡和失步振荡，失步保护只在失步振荡时动作。

（2）失步保护动作后的行为应由系统安全稳定运行的要求决定，不应立即动作于跳闸，而应在振荡次数或持续时间达到规定时动作。

（3）应能选择切断电流较小的时刻使发电机跳闸。

3．发电机失步保护基本原理

发生失步振荡时，功角 δ 的变化是周期性的，如加速失步时，测量阻抗 Z 在复平面上从右至左穿过复平面之后，还将继续沿圆弧运动，若不采取任何措施，Z 的终端轨迹将再次从右至左穿过复平面，持续重复上述动作。Z 的轨迹每穿过一次复平面表示失步发电机的转子磁极相对系统同步旋转磁场的磁极运动了 360°电角度，此过程称为一次滑极。实际运行往往根据发电机与系统具体情况允许几次滑极。因此保护要求能记录滑极次数，以在达到规定值时动作跳闸。

失步保护反应电机机端测量阻抗的变化轨迹，失步阻抗轨迹与失步保护整定图如图 6-38 所示。

图 6-38 中整定部分忽略了线路电阻，R_1、R_2、R_3、R_4 将阻抗平面分为 0～Ⅳ 共 5 个区，X_t 为阻抗元件动作电抗，在测量阻抗 $X_K \leqslant X_t$ 时，加速失步时测量阻抗轨迹从 $+R$ 向 $-R$ 方向变化，0～Ⅳ 区依次从右到左排列；减速失步时测量阻抗轨迹从 $-R$ 向 $+R$ 方向变化，0～Ⅳ 区依次从左到右排列。当测量阻抗从右向左穿过 R_1 时判断为加速；当测量阻抗从左向右穿过 R_4 时判

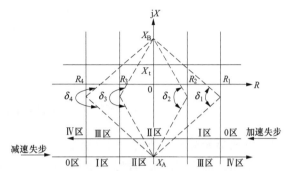

图 6-38 失步阻抗轨迹与失步保护整定图

定为减速。然后，当测量阻抗穿过Ⅰ区进入Ⅱ区，并在Ⅰ区及Ⅱ区停留的时间分别大于 t_1 和 t_2 后，则对加速过程发加速失步信号，对减速过程发减速失步信号。加速失步信号或减速失步信号作用于降低或提高原动机功率。若在加速或减速信号发出后，没能使振荡平息，测量阻抗继续穿过Ⅲ区进入Ⅳ区，并在Ⅲ区及Ⅳ区停留的时间分别大于 t_3 和 t_4 后，进行滑极计数。

无论在加速过程还是在减速过程，测量阻抗在任一区（Ⅰ～Ⅳ区）内停留的时间小于对应的延时时间（$t_1 \sim t_4$）就进入下一区，则判定为短路。

当测量阻抗轨迹部分穿越这些区域后以相反的方向返回，则判断为可恢复的振荡（或称稳定振荡）。

4. 失步保护构成方案

发生失磁故障时也会引起发电机失步，对于这种特殊的失步现象，因为已有完善的失磁保护，为明确职责，便于分析事故，故不希望由失步保护动作，为此失步保护还需引入失磁闭锁信号，即当失磁保护动作时闭锁失步保护。

另外，因在 $\delta = 180°$ 时，振荡电流最大，所以保护动作于跳闸的时机应避开 $\delta = 180°$ 附近的一段时间，最简单的方法是采用低电流动作元件或过电流闭锁元件。当失步保护已判断为必须跳闸之后，若电流过大，则由电流元件闭锁，直到电流低于某定值时，开放出口。

综合以上各点，就可以构成较为完善的失步保护。

阻抗元件电压取自发电机机端 TV，电流取自发电机机端或中性点 TA。发电机失步保护出口逻辑如图 6-39 所示。发加速失步信号时相应降低功率；发减速失步信号时相应提高功率；当滑极累计达到整定值 N_0 即出口跳闸。

（五）励磁回路过负荷保护

励磁回路过负荷主要是指发电机励磁绕组过负荷（过电流）。当励磁机或者整流装置发生故障时，或者励磁绕组内部发生部分绕组短路故障时以及在强励过程中，都会发生励磁绕组过负荷（过电流）。励磁绕组过负荷同样会引起过热，损伤励磁绕组。另外，励磁主回路的其他部分也可能发生异常或故障。因此大型机组规定装设完善的励磁绕组过负荷

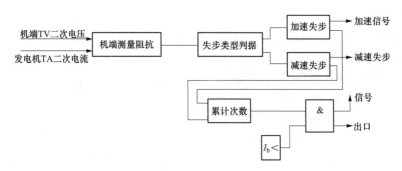

图 6-39　发电机失步保护出口逻辑

保护，并希望能对整个励磁主回路提供后备保护。

发电机励磁绕组过负荷保护可以配置在直流侧，也可配置在交流侧，但前者往往需要比较复杂的直流变换设备（直流电流互感器或分流器）。为了简化保护输入设备，并使励磁绕组过负荷保护能兼作交流励磁机、整流装置及其引出线的短路保护，常把励磁回路过负荷保护配置在交流励磁发电机的中性点侧，不过这时装置的动作电流要计及整流系数，并换算到交流侧。

（六）发电机过励磁保护

由于发电机或变压器发生过励磁故障时并非每次都造成设备的明显破坏，所以往往容易被忽视，但是多次反复过励磁，将因过热而使绝缘老化，降低设备的使用寿命。我国继电保护规程规定，对频率降低和电压升高引起的铁芯工作磁密过高，300MW 及以上发电机和 500kV 变压器应装设过励磁保护。

1. 产生过励磁的原因

发电机和变压器都是由铁芯绕组组成，设绕组外加电压为 $U(V)$，匝数为 W，铁芯截面积为 $S(m^2)$，磁密为 $B(T)$，则有

$$U = 4.44 fWBS \tag{6-22}$$

式中　f——电压频率。

由于 W、S 均为常数，式（6-22）可写成

$$B = K \frac{U}{f} \tag{6-23}$$

$$K = 1/4.44 WS \tag{6-24}$$

对每一特定的变压器，K 为常数。产生过励磁的原因主要有电压的升高或频率的降低。通过测量电压 U 和频率 f 就能确定励磁情况。

对系统中的发电机和变压器，可能导致过励磁的原因有以下几种：

（1）在发电机启动或停止过程中，当转速偏低而电压仍维持为额定值时，将由低频引起过励磁（发变组接线方式）。

（2）甩负荷时，发电机如不及时减磁，将产生过电压；在发变组方式时，即使机端电压能维持先前的值，但因变压器已为空载，也会产生过电压。

（3）超高压远距离输电线突然丢失负荷而发生过电压。

（4）事故时随着切除故障而将补偿设备同时被切，使充电功率过剩导致过电压；补偿设备本身故障而被切除时也引发过电压。

（5）如丢失负荷发生在变电站内，一次电压太高，通常的调压手段又不足以控制过电压发生时导致的过励磁。

（6）事故解列后的局部分割区域中，若电压维持额定值，由功率缺额造成频率大幅度降低。

（7）电网解、合环考虑不周或操作不当，引起局部地区出现过电压或低频率运行。

（8）铁磁谐振或 L-C 谐振引起过电压。

（9）各种调节设备的失控或误动。

（10）发电机自励现象。

（11）变压器调压分接头连接不正确。

2. 过励磁保护的动作特性

过励磁保护的动作特性应与被保护设备的过励磁倍数曲线相配合，但是各发电机或变压器的过励磁倍数曲线很不一致，而且每一曲线的形状复杂，要使保护特性与之配合实非易事。发电机过励磁保护出口逻辑如图 6-40 所示。

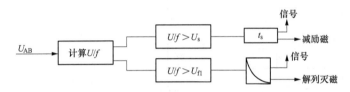

图 6-40 发电机过励磁保护出口逻辑

（1）两段式定时限过励磁保护。过励磁定时限保护动作特性如图 6-41 所示，该图为发电机和变压器的过励磁允许曲线，两者均以发电机额定电压为基准。两段式定时限过励磁保护的动作特性如虚线所示，其中第一段过励磁倍数整定值为 $1.18\sim1.20$，延时 $2\sim6s$；第二段过励磁倍数整定值为 1.10，延时 $45\sim60s$。

过励磁倍数 $n>1.10$ 时，过励磁保护动作太提前，偏于安全保守；$n\leq1.10$ 且 $t>600s$ 时，保护不动作，不利于被保护设备的安全。这是定时限保护的固有缺点。

（2）过励磁反时限保护。过励磁反时限保护动作特性如图 6-42 所示。选取不同的 n_{op} 和 K_t，以使过励磁反时限保护的动作特性与被保护设备的过励磁能力相匹配，反时限动作特性与图 6-42 的定时限动作特性相比大有改善。

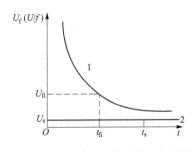

图 6-41 过励磁定时限保护动作特性

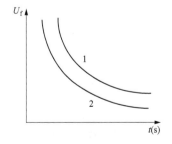

图 6-42 过励磁反时限保护动作特性

（七）发电机误上电保护

容量在 600MW 及以上的发电机组，要求装设误上电保护，以防止发电机启停机期间的误操作。当发电机盘车或转子静止发生误合闸操作时，定子的电流（正序电流）在气隙产生的旋转磁场能在转子本体中感应工频或接近工频的电流，从而引起转子过热而损伤。另外突然合闸引起的转子的加速，也可能使轴瓦损伤。同时，330kV 以上的系统中广泛采用的 3/2 断路器接线增加了误上电的概率。为了大型机组的安全，有必要装设误上电保护。

误上电保护原理多种多样。这里介绍一种原理。误上电保护出口逻辑如图 6-43 所示，它将启停机过程分为两个阶段。第一阶段：开机→合磁场开关，在这期间，由于无励磁，发电机不可能进行并网操作，因此只要发电机断路器合闸和定子有电流，则必然为误上电，瞬时跳闸。

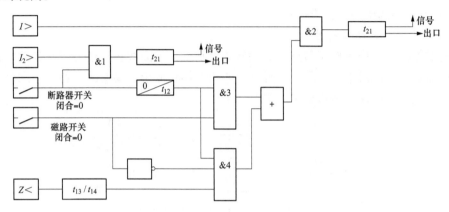

图 6-43 误上电保护出口逻辑

第二阶段：合磁场开关→并网，在这期间，用阻抗元件来区分并网和误上电，并且误上电情况越严重，跳闸也越快。

误上电保护在发电机并网后自动退出运行，解列后自动投入运行。

如果断路器未合闸而发电机定子有电流，则认为断路器发生闪络。

（八）发电机启/停机保护

在发电机不与系统并网的启动或停机过程中，频率大幅度偏离额定值，许多继电保护装置将在低频条件下拒动或误动，特别是对频率敏感的继电器，如谐波制动式变压器差动保护、三次谐波式定子接地保护、负序电流或负序电压继电器等。

一般情况下，发电机从启动到并网不加励磁，三相电压接近于零。但是为了预热转子或者使双轴发电机组在低转速下进行并列，需要加上励磁。对在低速旋转状态下加励磁的大型机组，要求装设在低频下能工作的定子绕组接地保护，这就是启/停机保护。启/停机保护逻辑如图 6-44 所示。

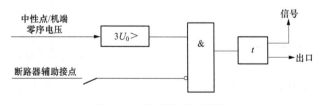

图 6-44 启/停机保护逻辑

国外专用于大型发变组的启/停机保护通常配置基波零序电压式定子接地保护。基波零序电压式定子接地保护不要求三次谐波滤波，整定值在 10V 以下。它在正常运行时可能因三次谐波电压较大而误动。

启/停机保护有时也装纵差保护，不用比率制动和谐波制的特性，而采用最简单的差动电流继电器，动作电流按额定频率下满负荷时差动不平衡电流整定。在正常额定频率下外部短路时将误动。

综上所述，启/停机保护只在发变组启、停机的低频过程中投入运行，在正常工频条件下必须退出。为此这些启/停机保护的出口电路应受断路器辅助触点或频率继电器触点控制。

(九) 发电机零功率保护

当发电机组特别是大容量机组满载情况下因非自身继电保护动作发生正向功率突降为 0 时，高压侧电压迅速升高，机组转速迅速上升，锅炉水位急剧波动。由于发电机没有灭磁、锅炉没有灭火，机组从超压、超频演变为低频过程，甚至可能出现频率摆动过程，对叶片也有伤害。因此，大机组应装设零功率保护，动作于快速切换厂用电并对发电机灭磁，同时作用于锅炉灭火 (main fuel trip, MFT) 和汽机紧急跳闸 (emergency trip system, ETS)。发电机失步、逆功率、系统故障、正常停机时零功率保护不应误动作。

发电机零功率保护利用正向功率突降为零过程中的电压突增、有功功率突降、电流突降等电气特性，采集电压和电流构成逻辑判据。动作判据由低功率元件、电流突降元件和低电流元件构成；闭锁判据由正序电压元件、负序电压元件及主汽门闭锁构成。发电机零功率逻辑如图 6-45 所示。

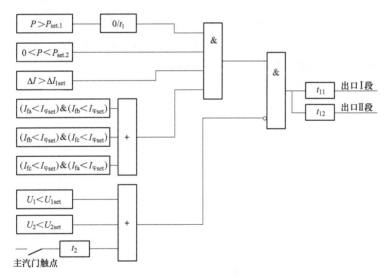

图 6-45 发电机零功率逻辑

P—正向功率；I_{1set}—正序电流突变量；I_{fa}、I_{fb}、I_{fc}—机端或主变高压侧三相电流；
U_1—正序电压；U_2—负序电压；t_1、t_2、t_{11}、t_{12}—出口延时整定值

1. 过功率判据

判别正常运行时的功率是否大于 $P_{set.1}$。如果机组所带的负荷比较小 (功率小)，即使发生功率突降也不会对机组的热力设备构成威胁。为过功率判据增加延时的目的是对功率

突降前的过功率动作进行记忆。

2. 机组功率判据

正向功率突变时，一次功率突降为零，考虑到二次功率并不突降为0，故保护设 $0<P<P_{set.2}$ 判据。

3. 正序电流突变量判据

正向功率突降时，高压侧一次三相电流突降为0，考虑到二次电流并不突降为0，采用正序电流突变量可比较灵敏地反映一次电流突降为0的情况。

4. 相电流小于定值判据

正向功率突变时，至少两相电流小于定值，可采用此判据反映这一过程。

5. 闭锁逻辑

当正向功率突降时，电压对称升高（即使考虑励磁调节器的作用，电压也不会降低）。而在TV断线、振荡（振荡中心在发变组内部）或短路故障时，电压会明显降低。而在主汽门关闭时，零功率。

九、发电机保护接线及出口

以商洛电厂为例来说明大型发电机组的保护配置。对大型机组保护装置多采用静态型继电器、微机保护装置。保护配置采用了主保护双重化，后备保护也实现了双重化，出口及电源部分相互独立、互不干扰，其电压、电流分别取自不同的TV、TA二次绕组，针对大型机组专门设置了失步保护、低频保护、过励磁保护、逆功率保护，相间后备保护采用了灵敏度较高的低阻抗保护。

主保护出口包括全停Ⅰ、全停Ⅱ分别跳高压开关，厂用切换，跳灭磁开关，启动失灵保护，关闭主汽门。对一些反应异常状态，保护出口方式为程序跳闸，即先关闭主汽门使发电机出现逆功率，再由程序逆功率保护实现切机。

商洛电厂发电机保护配置见表6-3。

表 6-3　　　　　　　　　　　　　商洛电厂发电机保护配置

序号	保护名称	出口方式	采样信号
1	发电机纵差保护	全停	发电机出口及中性点 TA
2	100%定子绕组单相接地保护	t_0发信，t_1全停	TV 断线闭锁，中性点配电变压器 TV 及发电机出口 TV
3	低励失磁保护	t_0发信，t_1减功率及厂用切换，t_2经阻抗元件全停或程序跳闸，t_3经系统低电压元件全停或程序跳闸	发电机机端 TA，励磁电压，高压母线 c 相电压，发电机出口 TV 及 TV 断线闭锁
4	转子回路一点接地保护	R_{f1}发信，R_{f2}全停	励磁电压、大轴信号
5	不对称过负荷保护（负序过电流保护）	t_0发信，反时限程序跳闸	发电机中性点 TA
6	程序逆功率保护	t_0发信，t_1全停	发电机机端 TA，出口 TV
7	逆功率保护	t_1全停	发电机机端 TA，出口 TV
8	低频保护	t_1发信	发电机出口 TV 的 a、b 相电压及断路器辅助触点

序号	保护名称	出口方式	采样信号
9	定子绕组过电压保护	t_1全停	发电机出口 TV 的 a、c 相电压
10	失步保护	t_0发信，t_1全停	发电机端口 TV，发电机机端 TA 及断线闭锁
11	定子绕组对称过负荷保护	t_0发信、反时限程序跳闸	发电机中性点 TA
12	励磁绕组对称过负荷	t_0发信、反时限全停	励磁变低压侧 TA
13	过励磁保护	t_1发信、减励磁，t_2反时限程序跳闸	发电机端口 TV 的 a、b 相电压
14	误上电保护	全停	断路器辅助触点，灭磁开关，发电机机端 TA 及发电机端口 TV 的相间电压
15	启停机保护	t_1跳灭磁开关，t_2跳灭磁开关	发电机中性点 TA 及发电机中性点配电变压器 TV
16	零功率保护	全停	发电机出口 TV，发电机机端 TA
17	断水保护	t_0发信，t_1程序跳闸或全停	信号自热控来
18	发电机定子匝间保护	全停	发电机机端 TA，发电机端口匝间专用 TV

其中低频保护利用断路器辅助触点在并网前将保护闭锁，并网后保护才投入。而启/停机保护及误上电保护利用断路器辅助触点在并网后将保护闭锁，在启/停机时保护才投入。

第三节 主变压器保护

一、概述

(一) 变压器故障、异常运行状态及保护方式

根据我国的实际情况，变压器和发电机与高压输电线路元件相比，发生故障的概率比较小。但其故障后对电力系统的影响却很大，因此任何由于保护装置本身而进行的不合理动作都将给电力系统或变压器本身造成极大的危害。

1. 变压器故障

变压器的故障总体来说可分为油箱内和油箱外故障，主要包括以下几类：

(1) 相间短路。这是变压器最严重的故障类型，它包括变压器箱体内部的相间短路和引出线（从套管出口到电流互感器之间的电气一次引出线）的相间短路，发生相间短路后会产生大的短路电流，可能只是变压器烧损。因此，当变压器发生这种类型的故障时，要求瞬时切除故障。

(2) 接地（或对铁芯）短路。显然这种短路故障只有发生在中性点接地的系统一侧时，会产生较大的短路电流，对变压器造成危害。对这种故障的处理方式和对相间短路故障的处理方式是相同的，但同时要考虑接地短路发生在中性点附近时的灵敏度。

(3) 匝间或层间短路。对大型变压器，为改善其冲击过电压性能，广泛采用新型结构和工艺，致使匝间短路故障发生的概率有增加的趋势。当短路匝数少，保护对其反应灵敏

度又不足时，在短路环内的大电流往往会引起铁芯严重烧损。

（4）铁芯局部发热和烧损。由于变压器内部磁场分布不均匀、制造工艺水平差、绕组绝缘水平下降等因素，会使铁芯局部发热和烧损，继而可能引发更严重的相间短路。

（5）油面下降。由于变压器漏油等原因造成变压器内油面下降，变压器油有绝缘和散热的作用，油面的下降会引起变压器内部绕组过热及绝缘水平下降，给变压器的安全运行造成危害。

2. 变压器不正常运行状态

变压器不正常运行状态，是指变压器本体没有发生故障，但外部环境变化后引起了变压器处于非正常工作状态。这种非正常运行状态如不及时处理或告警，可能会引发变压器的内部故障。

（1）过负荷。变压器有一定的过负荷能力，但若长期处于过负荷下运行，会使变压器绕组的绝缘水平下降，加速其老化，缩短其寿命。运行人员应及时了解过负荷运行状态，以便能做相应处理。

（2）过电流。过电流一般是由于外部短路后，大电流流经变压器而引起的。由于变压器在这种电流下会烧损，一般要求和区外保护配合后，经延时切除变压器。

（3）零序过电流。对中性点不接地变压器而言，由于变压器的绕组一般都是分级绝缘的，绝缘水平在整个绕组上不一致，当区外发生接地短路时，会使中性点电压升高，影响变压器安全运行。

（4）其他故障。如通风设备故障、冷却器故障等。这些故障也都必须做相应的处理。

（二）主变压器的保护配置

继电保护的任务是对上述的故障和异常运行状态应做出灵敏、快速、正确的反应。因此，以下所述的保护方式仅是当前在变压器保护中普遍采用的保护，但并不限制其他保护方式的采用。特别是微机元件保护问世以后，各种新方法新原理不断出现，必将使保护水平提高到一个新的高度。

1. 相间短路保护

对大型机组一般采用差动保护反映相间短路。同时差动保护还能反映变压器内部匝间短路故障以及中性点接地侧的接地短路，同时还能反映引出线套管的短路故障。它能瞬时切除故障，是变压器最重要的保护。

2. 气体［重（轻）瓦斯］保护

能反映铁芯内部烧损、绕组内部短路及断线、绝缘逐渐劣化、油面下降等故障，不能反映变压器本体以外的故障。它的优点是灵敏度高，几乎能反应变压器本体内部的所有故障。但缺点是动作时间较长。气体［重（轻）瓦斯］保护包括本体重瓦斯，有载调压重瓦斯和压力释放。

3. 后备保护配置

（1）零序电流保护。能反应变压器内部或外部发生的接地性短路故障。完善的零序电流保护一般是由零序电流、间隙零序电流、零序电压共同构成。

（2）过负荷保护。反应变压器过负荷状态。

（3）反时限过励磁保护。

（4）相间后备保护。与发电机相间后备保护类似，主变压器的相间后备保护与发电机变压器单元接线方式的大型机组的相间后备保护常常共用一套，一般采用灵敏度较高的复合电压启动的过电流保护或低阻抗保护，方向阻抗元件带3%的偏移度。

（5）开入量保护。温度保护、油位保护、通风故障保护、冷却器故障保护等，反映相应的温度、油位、通风等故障。

二、变压器差动保护

变压器差动保护常用原理包含：

（1）比率制动式差动保护。除采用二次谐波闭锁原理外，还可以采用波形鉴别闭锁原理或对称识别原理克服励磁涌流误动。

（2）工频变化量比率差动保护。

（3）差动速断保护。

（一）变压器纵差保护与发电机纵差保护的不同

变压器纵差保护与发电机纵差保护一样，也可采用比率制动方式或标积制动方式达到外部短路不误动而内部短路灵敏动作的目的。但是变压器纵差保护在以下方面显著不同于发电机纵差保护：

（1）变压器各侧额定电压和额定电流各不相等，因此各侧电流互感器的型号一定不同，而且各侧三相接线方式不尽相同。

（2）变压器高压绕组常有调压分接头，有的还要求带负荷调节，使变压器纵差保护已调整平衡的二次电流又被破坏，不平衡电流增大。

（3）对定子绕组的匝间短路，发电机纵差保护完全没有作用。变压器各侧绕组的匝间短路，通过变压器铁芯磁路的耦合，改变了各侧电流的大小和相位，使变压器纵差保护对匝间短路有作用（匝间短路可视为变压器的一个新绕组发生端口短路）。

（4）变压器纵差保护区内不仅有电路还有磁路，使得理论上变压器差动保护的不平衡电流不再是零，而是励磁电流。变压器在空载合闸时会出现暂态过励磁电流，其值可为额定电流的数倍至10倍以上，这样大的暂态励磁电流通常称为励磁涌流，它将流入纵差保护的差动回路。

（5）变压器各侧接线方式不同，使各侧相电流的相位不一致，这在构成差动保护时，需要对电流进行相位调整。

总之，变压器纵差保护的不平衡电流大，使得其制动系数比发电机的大，灵敏度相对较低。对于绕组开焊故障，无论变压器还是发电机，它们的纵差保护均不能动作，变压器依靠气体保护或压力保护。

（二）变压器的励磁涌流

变压器在空载合闸时或外部短路故障被切除后电压恢复时，由于绕组中磁场不能跃变，因而产生了暂态磁通，当$\omega t = \pi$时，将出现最大磁通，此时变压器铁芯严重饱和，励磁电流明显增大，其值可为额定电流的数倍至10倍以上，这样大的暂态励磁电流通常称为励磁涌流，单相变压器的空载合闸励磁涌流如图6-46所示，此励磁涌流将流入纵差保护的差动回路，使得其差动电流增大。

为了使差动保护躲过励磁涌流，需要在实际运行条件下对励磁电流波形特征进行分析。励磁电流分析和计算比较复杂，与很多因素密切相关，如变压器的结构形式、接线方式、电压突变初相角、电流、电压、阻抗角、铁芯饱和磁通和剩磁通等。这里仅根据发变

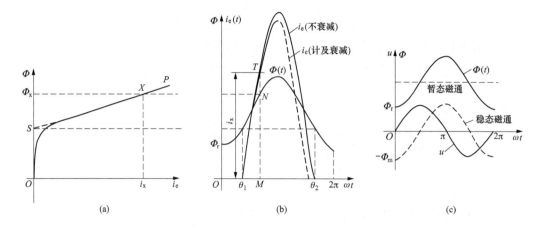

图 6-46 单相变压器的空载合闸励磁涌流
(a) 铁芯磁化曲线；(b) 励磁涌流；(c) 空载合闸铁芯磁通

组的特点，直接给出由理论分析和实验得出的有关励磁涌流的某些重要结论。

(1) 变压器每相绕组励磁涌流中含有较大的二次谐波分量，其含量大小与铁芯饱和磁通、剩磁大小及电压突变初相角等因素直接相关。对单相变压器，涌流中含二次谐波超过 17.1%；对三相变压器，三相涌流中常有一相或两相的二次谐波较小，但是至少有一相大于 17.1%。短路电流中二次谐波分量含量较小。

(2) 每相涌流及二相涌流差的波形均会出现间断角。单相变压器涌流间断角可达 120°。三相变压器涌流间断角可能有一相小于 60°。在变压器内、外部故障的短路电流中，二次谐波分量所占比例较小，一般不会出现波形间断。

利用特点 (1) 可以构成二次谐波制动的变压器差动保护，使之有效地躲过励磁涌流的影响。为了在发生涌流时可靠制动，通常对各相差电流分别求取二次谐波对基波的比值，只要其中有一相超过预先整定的二次谐波制动比，即可闭锁差动保护总出口（或闭锁三相差动元件）。

利用特点 (2) 可以构成间断角原理的变压器差动保护，克服励磁涌流的不利影响。

（三）比率制动的差动保护原理

大型发电机变压器组均需装设单独的主变压器（简称主变）差动保护。主变差动保护通常为三或多侧电流差动，即主变高压侧电流引自高压断路器处的电流互感器（对于 3/2 接线方式需引入两侧断路器的电流量）；主变低压侧电流分为两路，一路引自高压厂用变压器高压侧电流互感器，另一路引自发电机机端处的电流互感器。故主变差动保护的保护范围为各组电流互感器所限定的区域（包括主变压器本体、发电机至主变压器和厂用高压变压器的引线以及主变压器高压侧至高压断路器的引线），主变差动保护可以反映在这个区域内的相间短路、主变高压侧接地短路以及主绕组匝间短路故障。因此主变差动保护是主变压器的主保护之一。

变压器差动保护通常采用与发电机纵差保护类似的折线比率制动特性，这里以双绕组变压器的二次侧差动为例说明变压器比率制动保护原理，双绕组变压器的差动电流如图 6-47所示，图中以流入变压器的电流方向为正方向。

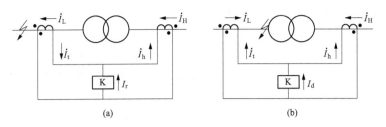

图 6-47 双绕组变压器的差动电流

差动电流为

$$I_{op} = |\dot{I}_H + \dot{I}_L| \tag{6-25}$$

制动电流为

$$I_{res} = \max\{|\dot{I}_H|, |\dot{I}_L|\} \tag{6-26}$$

其动作方程为

$$I_{op} > I_{op \cdot min} \qquad\qquad\qquad I_{res} \leqslant I_{res \cdot min}$$
$$I_{op} > K_{res}(I_{res} - I_{res \cdot min}) + I_{op \cdot min} \qquad I_{res} \leqslant I_{res \cdot min} \tag{6-27}$$

对多侧（如 n 侧）差动，其差动电流和制动电流分别为

$$I_{op} = |\dot{I}_1 + \dot{I}_2 + \cdots + \dot{I}_n|$$
$$I_{res} = \max\{I_1, I_2, \cdots, I_n\} \tag{6-28}$$

（四）标积制动式差动保护

与发电机类似，为了提高变压器差动保护的灵敏度，在比率制动的基础上，变压器也可改用标积制动式差动保护。但在多侧变压器实现标积制动纵差动保护原理要远比发电机标积原理来得困难，因为对变压器而言，为了防止区外故障差动保护误动，必须要寻找出可能产生最大误差的 TA 所在的臂，然后才能完成标积原理的实现。

标积制动原理的制动量反映的是数学上的内积量，它由无制动部分和比率制动部分两部分组成。它具有比比率制动特性高的灵敏度；同时又具有和比率制动特性相同的躲区外故障不平衡电流和抗 TA 饱和的能力。

其差动电流及制动电流为

$$I_{op} = |\dot{I}_1 + \dot{I}_2 + \cdots + \dot{I}_n|$$
$$I_{res} = \sqrt{\max\{I_1, I_2, \cdots, I_n\}(|\dot{I}_1 + \dot{I}_2 + \cdots - \max\{I_1, I_2, \cdots, I_n\}|)\cos(180° - \theta)}$$
$$\tag{6-29}$$

[当 $\cos(180° - \theta) > 0$ 时]

或 $I_{res} = 0$ [当 $\cos(180° - \theta) < 0$ 时]

式中　θ——$\max\{I_1, I_2, \cdots, I_n\}$ 与 $(|\dot{I}_1 + I_2 + \cdots - \max\{I_1, I_2, \cdots, I_n\}|)$ 之间的夹角。

动作方程式为

$$I_{op} \geqslant K_{res}(I_{res} - I_{res.min}) + I_{op.min}[当 \cos(180° - \theta) > 0, I_{res} > I_{res.min} 时]$$
$$I_{op} \geqslant K_{res}(0 - I_{res.min}) + I_{op.min}[当 \cos(180° - \theta) \leqslant 0, I_{res} > I_{res.min} 时]$$
$$I_{op} \geqslant I_{op.min}[当 \cos(180° - \theta) \leqslant 0, I_{res} < I_{res.min} 时]$$

标积制动特性曲线如图 6-48 所示。

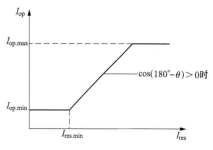

图 6-48　标积制动特性曲线

（五）励磁涌流的抑制措施

1. 二次谐波制动原理

在变压器励磁涌流中含有大量的二次谐波分量，一般约占基波分量的 40% 以上。利用差电流中二次谐波所占的比率作为制动系数，可以鉴别变压器空载合闸时的励磁涌流，从而防止变压器空载合闸时保护的误动。

在差动保护中差电流的二次谐波幅值用 I_{d2} 表示，差电流 I_d 中二次谐波所占的比率 K_2 可由式（6-30）计算。

$$K_2 = I_{d2}/I_d < D_3 \tag{6-30}$$

如选二次谐波制动系数为定值 D_3，那么只要 $K_2 > D_3$ 就可以认为是励磁涌流出现，保护不应动作。在 $K_2 < D_3$ 时，同时满足比率差动其他两个判据时才允许保护动作。所以比率差动保护的第三判据应满足式（6-7）。

二次谐波制动系数 D_3 有 0.15、0.20、0.25 可选。根据变压器动态试验，典型取值为 0.15，一般不宜低于 0.15。

以上变压器差动保护的三个判据（$K_2 < D_3$ 及比率差动的两判据）必须同时满足，才能判变压器内部故障使保护动作。

2. 间断角制动原理

当出现涌流时，励磁涌流偏于时间轴的一侧，相邻波形之间不连续，因此出现间断角 θ_d。间断角定义为涌流波形中在基频周波内保持为 0 的那一段波形所对应的电角度，波宽定义为涌流波形在一基频周期内不为 0 的那一段所对应的电角度，即波宽 $\theta_w = 2\pi - \theta_d$。

对三相变压器而言，电流互感器二次侧所得到的电流总为两相电流差。励磁涌流间断角的大小与电压初相角 α、变压器铁芯饱和磁通 B_s 以及剩磁大小 B_r 有关。当其他条件不变时，单独增大 α，间断角 θ_d 随之增大；当 B_s 减小时，θ_d 相应减小；而当 B_r 增大时，θ_d 随之减小。在某一确定的初相角 α 下，流入继电器的涌流的导数具有最小间断角和最大波宽。

实际应用中，由于受到电流互感器等元件暂态过程的影响，会出现间断角消失的现象，因而采用输入差电流波形的导数及其他相应的措施恢复间断角，并用涌流导数的间断角和波宽构成涌流判据。涌流导数的间断角和波宽主要取决于最大剩磁密度。根据计算分析及国内、外测量结果，考虑最大剩磁密度为 $0.5B_m \sim 0.7B_m$（B_m 为变压器工作磁通密度最大值），差动保护的涌流判别元件可采用下述判据：

$$\left.\begin{array}{l} 波宽\ \theta_w \geqslant 140° \\ 间断角\ \theta_d < 65° \end{array}\right\} \tag{6-31}$$

该判据与广泛采用的间断角原理判据相比，增加了测量波宽，使得允许的最大剩磁密度达到 $0.7B_m$，并可保证变压器在过励磁时不误动。

（六）主变压器差动电流速断

当变压器内部发生严重故障时，差动电流可能大于最大励磁涌流，这时为了缩短保护的动作时间，便不需再进行是否是励磁涌流的判别，而改由差流元件直接出口。对长线或附近装有静止补偿电容器的场合，在变压器发生内部严重故障时，由于谐振也会短时出现较大的衰减二次谐波电流，或者因主电流互感器及中间电流互感器严重饱和产生二次谐波电流，谐波比制动元件可能会误闭锁，直到二次谐波衰减后才返回开放出口；同时谐波比制动元件本身固有延时也比较大。这些情况对快速切除严重故障是不利的，利用差动电流速断元件能克服这个不足。

差动电流速断保护作为辅助保护用以加快保护在内部严重故障时的动作速度。差动速断保护是差动电流过电流瞬时速动保护。差动速断的整定值按躲过最大不平衡电流和励磁涌流来整定。由于微机保护的动作速度快，励磁涌流开始衰减很快，因此微机保护的差动速断整定值就应较电磁式保护取值大，整定值 D_4 可取正常运行时负荷电流的 $5\sim6$ 倍。即

$$I_d > D_4 \tag{6-32}$$

（七）变压器纵差保护在设计运行中应注意的问题

1. 电流互感器二次端子极性接反或二次回路接线错误

历年来纵差保护误动的原因之一总有互感器二次端子极性接反。在新安装、定期试验或二次回路有改动时，变压器纵差保护正式投运之前，必须在变压器带负荷条件下，用高内阻电压表测量差动回路的不平衡电压，该不平衡电压应符合继电保护检验规程的要求；还应测量变压器各侧二次电流的大小和相位，作出六角相量图，各侧同名相电流的相量和应为零或接近零。接线完全正确才能正式投运变压器纵差保护。

2. 空载合闸试验

为保证变压器空载合闸或切除外部出线短路时，在励磁涌流作用下纵差保护不误动，在第一次投运纵差保护时，必须做变压器的冲击合闸试验，而且应进行 $5\sim7$ 次。有条件的应记录励磁涌流和合闸方的电源电压波形，以便对空载合闸条件（电压大小和合闸初相角）和涌流大小做出估计，确认变压器纵差保护（包括差动电流速断保护）有避越励磁涌流的能力。

3. 纵差保护电流互感器二次回路断线

大型变压器对差动保护的灵敏系数要求较高，如要求能灵敏地动作于内部匝间短路故障，因而最小差动电流动作值均低于额定电流，并且三相比率制动元件均采用"或"门出口方式，而不宜采用任意两相"与"的出口方式，因此在电流互感器断线时会误动作。为此二次电流回路内应尽量减少接头、插销、螺钉等；当保护屏处在有振动的地方时，应加装抗震措施，电流接线端子加装弹簧垫圈或锁紧螺母。变压器差动保护还需要附设专门的电流互感器断线闭锁装置。

4. 纵差保护二次电流回路的接地

纵差保护二次电流回路应有一个可靠接地点，但只允许有一个接地点，接地点宜在控制室，切勿在纵差保护的每组互感器二次回路都设接地点，以防止在附近电焊作业时引发纵差保护误动作。

5. 变压器纵差保护的整定计算工作

为了防止励磁涌流的影响，变压器差动保护中往往有励磁涌流的制动回路，若采用二次谐波制动，合理地选择二次谐波制动系数 D_3 非常关键，这需要通过空载合闸试验来确定。而若采用间断角制动，则需要合理的选择其动作值。我国各地发电机、变压器等保护

装置的整定值错误或不当，导致保护的误动或拒动的事情时有发生。

6. 由一次系统参数引起的纵差保护区内短路高次谐波问题

纵差保护区内短路时有时也会产生高次谐波（偶次）电流，它们将呈现对保护的制动作用。这些偶次谐波为衰减的自由电流。随着时间的推移，高次谐波将逐渐减小，但这些高次谐波自由电流将延缓谐波制动式变压器纵差保护在区内短路时的动作速度，给这种原理的保护在运行上制造了很大麻烦。解决此难题的办法，比较彻底的方法如下：

（1）在一次系统设计时，适当考虑继电保护的需要，改变 R、L（串联电抗）和 C（静补电容），使其固有频率不要在 100Hz 和 200Hz（特别是 100Hz）附近，这是不难做到的。

（2）开发与励磁涌流无关的变压器主保护方案。

（八）变压器零差保护

单相式超高压大型变压器的短路类型主要是绕组对铁芯的绝缘损坏，即单相接地短路，而发生相间短路的概率极小。对 YNd 接线的变压器，无论是普通变压器还是自耦变压器，它们的纵差保护用三相互感器，在 YN 侧应接成三角形，目的是防止在 YN 侧外部发生接地短路时，YN 侧有零序电流而 d 侧却没有。若 YN 侧三相互感器二次接成星形，则纵差保护将因外部单相接地短路而误动。

以前普遍采用的变压器纵差保护三相互感器二次接线方式为 YN 侧的互感器二次接成三角形，当变压器内部单相接地短路时，零序短路电流被滤去，使纵差保护对内部单相短路的灵敏度较低甚至拒动。

零序纵差保护的保护范围只包含有电路连接的变压器部分绕组，这样其 YN 侧绕组便如同发电机定子绕组一般，无须考虑励磁电流的影响，使不平衡电流降低，同时可以灵敏地反应单相接地故障。变压器零序差动保护原理接线图如图 6-49 所示。

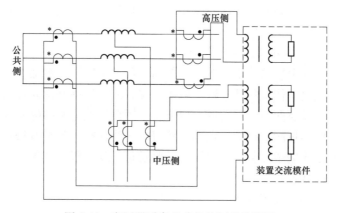

图 6-49　变压器零序差动保护原理接线图

三、变压器非电量保护

（一）气体保护

油浸式变压器利用变压器油作为绝缘及冷却介质。当油箱内部发生短路故障时，在短路电流及故障点电弧的作用下，绝缘油及其他绝缘材料因高温分解而产生气体。这些气体必然会从油箱内部流向油箱上面的储油柜。故障越严重，产生的气体就越多，流向储油柜的气流速度也就越大。利用这些气体来动作的保护称作气体保护（也称瓦斯保护）。气体保护是变压器油箱内故障的一种主要保护，它与纵差保护不能相互替代。

气体保护的主要元件是气体继电器，它安装在油箱与储油柜之间的连通管上，气体继电器安装示意图如图 6-50 所示。为了使气体能顺利地流向储油柜，油箱及连通管应具有一定的倾斜度。国内采用的气体继电器有浮筒挡板式和开口杯挡板式两种。这里只介绍开口杯挡板式气体继电器，以 QJ$_1$-80 型继电器为例，QJ$_1$-80 型开口杯挡板式气体继电器结构如图 6-51 所示。

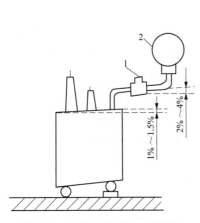

图 6-50　气体继电器安装示意图

1—气体继电器；2—油枕

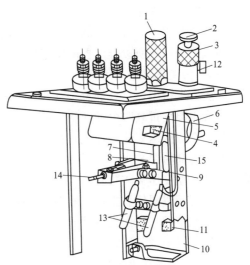

图 6-51　QJ-80 型开口杯挡板式气体继电器结构

1—罩；2—顶针；3—气塞；4、11—永久磁铁；
5—开口杯；6—重锤；7—指针；8—开口销；
9—弹簧；10—挡板；12—排气孔；
13、15—干簧触点；14—调节杆

开口杯挡板式气体继电器的工作原理如下：

（1）在变压器正常运行时，继电器内及开口杯中充满了油。由于开口杯与重锤同时固定在油的两侧，开口杯受到油的重力和油对杯的浮力以及重锤和油对锤的浮力，这些力互相平衡，此时重锤使开口杯处于上方。同时在弹簧的作用下使挡板处于正常位置。

（2）当油箱内发生轻微故障时产生的气体将聚集在继电器的顶部而迫使油面下降。于是，在顶部气体及杯内油重力的作用下产生力矩使开口杯随油面下降。当固定在开口杯上的永久磁铁随着开口杯下降到接近于干簧触点位置 15 时，该触点闭合发出延时的"轻瓦斯动作"信号。当变压器严重漏油使油位下降时，继电器也会在开口杯下降到一定位置时使干簧触点 15 闭合，发出"轻瓦斯动作"信号。

（3）当油箱内部发生严重故障时，就会产生大量的气体并伴随油流冲击挡板。气体和油流速度到达整定值时，挡板被冲到一定位置，固定在挡板上的永久磁铁就接近于干簧触点 13（双干簧触点，串接使用。以防振而避免误动），使该触点闭合。该触点闭合动作于断路器跳闸，并发出"重瓦斯动作"信号。

轻瓦斯触点动作值用气体容积来定，通常用改变重锤力臂长度，可在 250～300cm³ 范围内调整。重瓦斯接点动作值用油流速度来定，对一般变压器整定在1～1.2m/s范围内；对强迫循环冷却的变压器，为防止油泵启动的气体继电器误动，应整定在1.2～1.5m/s范围内。

为了防止由于油箱内发生严重故障时产生的大量气体使油箱膨胀变形，以致影响气体继电器的动作，通常，容量在1MVA及以上的变压器都装有排气孔。在滤油或加油后由变压器内部排出的空气可能引起气体继电器误动，可在2～3天等待空气散发，暂时使重瓦斯触点作用于信号。轻瓦斯接点动作后，可在气体继电器上部排气口收集气体，根据气体性质（颜色、气味、可燃性等）来判断继电器动作的原因。当发生外部短路时，在短路电流热效应作用下分解出来的气体可能使轻瓦斯触点动作，甚至由于油的体积膨胀可能使重瓦斯触点动作，所以继电器的整定值应保证发生外部短路时，保护不误动作。

（二）主变压器温度保护

变压器运行中，总有部分损耗（如铜损、铁损、介质损耗等），使变压器各部分温度升高。绕组温度过高时会加速绝缘的老化，缩短变压器使用寿命。绕组温度越高，持续时间越长，造成绝缘老化的速度越快，使用期限越短。研究表明，绕组温度每增加6℃，变压器使用寿命将要减少一半。根据所采用的绝缘材料，对变压器正常运行温度有一规定限值。因此大型变压器均装有冷却系统，保证在规定的环境温度下按额定容量运行时，使变压器温度不超过限值。主变压器温度保护就是在冷却系统发生故障或其他原因引起变压器温度超过限值时，发出告警信号（以便采取措施），或者延时作用于跳闸。

温度保护定值与绝缘材料级别有关，一般可整定为75℃。

（三）冷却器故障保护

当冷却器故障引起主变压器温度超过安全限值时，并不是立即将主变压器退出运行，常常允许其短时运行一段时间，以便处理冷却器故障。这期间可以降低变压器负荷运行，使变压器温度恢复到正常水平。若在规定时间内温度不能降至正常水平，才切除发变组。

冷却器故障保护一般由反应变压器绕组电流的过电流继电器与时间继电器构成，并与温度保护配合使用，构成两段时限保护。当主变压器的冷却器发生故障时，温度升高，超过限值后温度保护首先动作，发出报警的同时开放冷却器故障保护出口。这时主变压器电流若超过Ⅰ段整定值，先按继电器固有延时t_0动作于减功率，使发变组负荷降低，促使主变压器温度下降，若温度保护返回，则发变组维持在较低负荷下运行，以减少停运机会；若温度保护仍不能返回，即说明减功率无效，为保证主变压器的安全，主变冷却器保护将以Ⅱ段延时t动作于解列或程序跳闸。

延时值通常按失去冷却系统后，变压器允许运行时间整定。

四、变压器零序保护

变压器装设零序保护作为变压器内部绕组、引线、母线和线路接地故障的保护。变压器接地保护方式及其整定值的计算与变压器的型式、中性点接地方式及所连接系统的中性点接地方式密切相关。变压器接地保护要与线路的接地保护在灵敏度和动作时间上相配合。

（一）中性点可能接地或不接地运行的变压器接地后备保护

对分级绝缘的变压器中性点可能接地或不接地运行的变压器，应配置两种接地后备保护。一种接地保护用于变压器中性点接地运行状态，通常采用二段式零序过电流保护。另一种接地保护用于变压器中性点不接地运行状态，这种保护的配置、整定值计算、动作时间等与变压器的中性点绝缘水平、过电压保护方式以及并联运行的变压器台数有关。常装设零序电流电压保护用于变压器中性点不直接接地运行时保护变压器。

1. 中性点装设放电间隙的变压器

变压器中性点经放电间隙接地的分级绝缘变压器接地后备保护如图 6-52 所示，其增设的反应零序电压和间隙放电电流的零序电压电流保护，用于变压器中性点经放电间隙接地时的接地保护。

装在放电间隙的回路的零序过电流保护的动作电流与变压器的零序阻抗、间隙放电的电弧电阻等因素有关，难以准确计算。根据经验，保护的一次动作电流可取 100A；零序过电压继电器的动作值一般取 180V。用于中性点经放电间隙接地的零序电流、零序电压保护动作后经一较短延时断开变压器各侧断路器，这一延时一般不超过 0.5s。

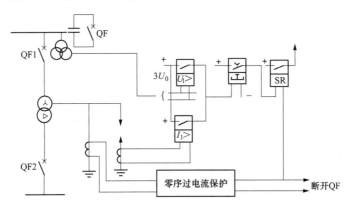

图 6-52 变压器中性点经放电间隙接地的分级绝缘变压器接地后备保护

2. 中性点不装放电间隙的变压器

当两组以上变压器并联运行时，零序电流电压保护线先切除中性点不接地的变压器，后切除中性点接地的变压器。中性点不装放电间隙的分级绝缘变压器接地保护如图 6-53 所示。

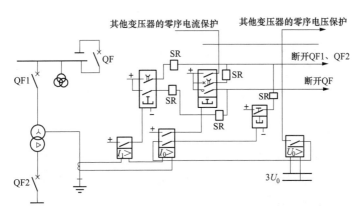

图 6-53 中性点不装放电间隙的分级绝缘变压器接地保护

切除变压器中性点不接地变压器的时间一般不大于 0.5s。这种变压器方案使几台变压器的接地保护之间互有联系，二次接线复杂。

（二）零序保护出口方式

（1）变压器零序电流保护出口逻辑如图6-54所示。

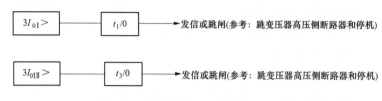

图6-54　变压器零序电流保护出口逻辑

（2）变压器间隙零序电压、零序电流保护出口逻辑如图6-55所示。

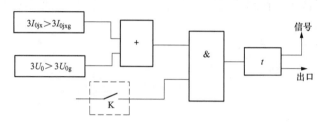

图6-55　变压器间隙零序电压、零序电流保护出口逻辑

五、变压器其他保护

（一）变压器相间短路的后备保护

变压器相间后备保护常见的原理与发电机基本类似，常见的相间后备保护有过电流保护、低电压启动过电流保护、复合电压启动过电流保护、负序电流和单相式低电压启动的过电流保护构成的复合过电流保护、低阻抗保护等，其逻辑框图及整定原则也与发电机基本类似，这里就不再详细介绍了。对采用单元接线的大型机组而言，发电机与变压器往往共用相间后备保护，也就是说，发电机侧即变压器低压侧不再装设后备保护。大型机组的后备保护常采用后三种保护方式。同时要求该保护对相邻的高压母线相间短路有足够的灵敏度。

（二）过负荷保护

变压器过负荷也与发电机类似，表现为绕组的温升发热。对采用单元接线的大型机组而言，发电机与变压器同样共用过负荷保护。一般来说，发电机允许过负荷能力较低，而变压器是静止元件，承受过负荷的能力较强。两者共用的过负荷保护一般按发电机允许过负荷能力考虑。

（三）过励磁保护

变压器的工作磁密与电压成正比，与频率成反比。由于大型变压器的工作磁密和饱和磁密相差非常小，但变压器的U/f有少许变化时，就可能引起过励磁。此励磁电流含有一定量高次谐波，导致变压器铁芯及其他金属构件发热。

对发变组单元接线的大型机组而言，一般来说，发电机承受过励磁能力比变压器要弱一些，过励磁保护一般按发电机过励磁能力来考虑。过励磁保护的构成见第二章第八节发电机过励磁保护。

六、变压器保护的接线及出口

这里我们仍以商洛电厂为例来说明大型发电机组的主变压器保护配置，商洛电厂主变压器保护配置见表6-4。主变压器保护配置同样采用了主保护双重化，使后备保护得以简化。其中，主变压器的相间后备保护与发电机共用一套过励磁保护，这里不再列出。

表6-4　　　　　　　　　　　商洛电厂主变压器保护配置

序号	保护名称	保护出口方式	采样信号
1	主变压器纵差保护	全停	发电机出口端 TA、主变压器高压侧 TA、厂用高压变压器高压侧 TA 间
2	主变压器气体保护	轻瓦斯动作于发信；重瓦斯动作于全停	气体继电器
3	主变压器零序电流保护	3I0I 延时 t_1 动作于跳母联、3I0II 延时 t_2 动作于全停	主变压器中性点引线上的 TA
4	主变压器间隙零序	t_1 全停	变压器中性点放电间隙上的 TA
5	主变压器复压过电流	t_1 动作于跳母联，t_2 动作于全停	母线切换后电压，主变压器高压侧 TA
6	主变压器低阻抗	t_1 动作于跳母联，t_2 动作于全停	母线切换后电压，主变压器高压侧 TA
7	主变压器过负荷	t_1 报警	主变压器高压侧 TA
8	非全相	t_1 跟跳本开关、解除复压闭锁，t_2 启动失灵保护	主变压器高压侧 TA，断路器位置综合触点
9	主变压器冷却器故障	发信	高压侧 TA 及通风柜
10	主变压器绕温、油温、主变压器油位	发信	主变压器本体油位油温表
11	主变压器压力释放	发信	主变压器本体压力释放阀

第四节　厂用电系统保护

一、高、低压厂用变压器的保护

（一）高压厂用变压器保护

近年来，国产及引进的大型机组一般采用高压厂用工作变压器（简称高压厂变），高压侧直接由发变组之间引接，即高压侧不装设断路器的接线。采用这种接线方式的高压厂变，一般配置下列继电保护：

（1）差动保护。如果将高压厂用变压器置于主变压器差动及发电机变压器组差动的双重护范围之内，而且灵敏度足够时，高压厂用变压器可以不再配置专用的差动保护。实际上，这种方法一般不能满足灵敏度要求。所以，高压厂用变压器均配置专用差动保护，瞬时作用于全停。

（2）带复合电压闭锁的过电流保护或低压闭锁过电流和负序过电流保护。其短延时作用于分支断路器，进行厂用切换；长延时作用于全停。

（3）商洛电厂高压厂用工作变压器保护配置见表 6-5。

表 6-5 　　　　　　　　　　商洛电厂高压厂用工作变压器保护配置

保护名称	时限特性	出口方式	使用 TA 变比	备注
高压厂用变压器差动保护	瞬时	全停 II	20kV 高压侧：2500/1 10kV 低压侧：4000/5	
高压厂用变压器复合过电流保护	定时限 t_1	厂用切换		
	定时限 t_2	全停 II		
厂用变压器冷却器故障	定时限 t_0	发信号	2500/5	附加油温触点
	定时限 t_1	厂用切换		
		信号		
厂用变压器零序 A	定时限 t_1	跳分支开关，闭锁快切	100/5	
	定时限 t_2	全停 II	100/5	
厂用变压器零序 B	定时限 t_1	跳分支开关闭锁快切	100/5	
	定时限 t_2	全停 II	100/5	
A 分支过电流	定时限 t_1	跳 A 分支开关，闭锁快切	4000/1	
	定时限 t_2	全停 II	4000/1	
B 分支过电流	定时限 t_1	跳 B 分支开关，闭锁快切	4000/1	
	定时限 t_2	跳 B2 分支开关	4000/1	
非电量保护				
高压厂用变压器轻瓦斯	瞬时	发信号		
高压厂用变压器重瓦斯	瞬时	发信号		通过连接片切换
		全停 III		
高压厂用变压器温度	瞬时	发信号		
高压厂用变压器压力释放	瞬时	发信号		通过连接片切换
		发信号		

高压厂用变压器分支电源保护的配置如下：

1）电缆差动保护。

2）分支低电压闭锁过电流保护。以短时限分别作用于分支两侧断路器，长时限作用于全停。或厂用分支过电流保护由三相式过电流和一延时组成，动作于本分支跳闸，并可闭锁备用电源自动投入装置。

（4）高压厂用变压器零序保护。对低压侧经中阻接地时，零序保护主要反映低压侧接地故障。以短时限分别作用于分支断路器，长时限作用于全停。

（5）非电气量保护。

1）瓦斯保护。重瓦斯瞬时动作于全停（不启动失灵）或切换至信号；轻瓦斯动作于

信号。

2）高压厂变冷却器故障。动作于信号。

3）高压厂变温度。动作于信号。

（二）低压厂用变压器保护

低压厂用变压器一般配置以下保护，以商洛电厂为例，商洛电厂低压厂用变压器保护配置见表6-6。

（1）差动保护。

（2）电流速断保护。

（3）（复合）低压过电流保护。

（4）低电压保护。

（5）零序过电流保护。

（6）过负荷保护。

表 6-6　　　　　　　　　　商洛电厂低压厂用变压器保护配置

设备名称	保护类型	保护型号
照明变压器、汽机变压器、锅炉变压器、电除尘变压器、公用变压器、输煤变压器、厂前区变压器、脱硫变压器、翻车变压器、供水变压器、脱硫废水变压器等	变压器保护测控装置	PST693U
	变压器综合保护＋差动	PST693U PST691U

二、高压启动/备用变压器保护

高压启动/备用变压器（简称高压启/备变）的保护配置和高压厂用变压器基本相同。高压启/备变设置如下保护：

（1）纵差保护。瞬时动作跳开各侧断路器。

（2）复合电压闭锁的过电流保护。由两低压侧母线的复合电压（低电压及负序电压）继电器和高压侧过电流继电器共同构成，设一段延时，动作后跳开各侧断路器。

（3）高压侧零序电流保护。设一段电流，一段延时动作于各分侧断路器。

（4）低压侧零序电流保护。以较短延时跳相关分支断路器，较长延时跳开各侧断路器。

（5）备用分支过电流保护：保护由三相式过电流及一段延时构成，动作于本分支断路器跳闸。在备用电源自投过程中有后加速功能。

（6）非全相保护。当本变压器高压侧开关选用可分相操作的开关时，应装设非全相保护。由三相开关位置不一致触点及负序电流继电器构成，设一段延时，动作于分开各侧开关。

（7）开关失灵保护启动回路。由高压侧开关保护出口触点（不含本体瓦斯及调压瓦斯）和三相电流继电器触点构成。输出触点应能接至强电回路。

（8）通风启动回路。通风启动电流回路接至高压侧，触点应能接至强电回路。

（9）非电量保护。

1）瓦斯保护。重瓦斯瞬时动作跳各侧开关（不启动失灵），也可切换至信号；轻瓦斯动作于信号。

2）冷却器全停。动作于信号。

3）温度。动作于信号。

4）油位。动作于信号。

以商洛电厂为例，商洛电厂启动/备用变压器保护配置见表 6-7。

表 6-7　　　　　　　　　　　　商洛电厂启动/备用变压器保护配置

保护名称	时限特性	出口方式	使用 TA 变比	备注
启动/备用变压器差动保护	瞬时	出口 I	330kV 高压侧：2000/1 10kV 低压侧：200/5	
启动/备用变压器 复合过电流保护	定时限 t_1	出口 I	2000/1	
启动/备用变压器 冷却器故障	定时限 t_0	发信号	2000/1	
	定时限 t_1	不投		附加油温接点
启动/备用变压器零序	定时限 t_1	跳母联断路器	100/1	
	定时限 t_2	出口 I	100/1	
启动/备用变压器零序 A	定时限 t_1	跳 A 侧分支断路器	100/5	
	定时限 t_2	出口 I	100/5	
启动/备用变压器零序 B	定时限 t_1	跳 B 侧分支断路器	100/5	
	定时限 t_2	出口 I	100/5	
A 分支复 压过电流	定时限 t_1	跳 A 分支断路器	4000/1	
	定时限 t_2	出口 I	4000/1	
B 分支复压过电流	定时限 t_1	跳 B 分支断路器	4000/1	
	定时限 t_2	出口 I	4000/1	
A 分支速断	定时限 t	跳 A 分支断路器	4000/1	
B 分支速断	定时限 t	跳 B 分支断路器	4000/1	
非电量保护				
启动/备用变压器轻瓦斯	瞬时	发信号		
启动/备用变压器重瓦斯	瞬时	发信号		通过连接片切换
		出口 II		
启动/备用变压器温度	瞬时	发信号		
启动/备用变压器压力释放	瞬时	发信号		通过连接片切换
		发信号		

　注　出口 I：切除变压器，跳高低压侧断路器，启动失灵，解除复压闭锁；出口 II：切除变压器，跳高低压侧断
　　　路器，不启动失灵，不解除复压闭锁。

三、高压电动机保护

高压电动机一般配置以下保护：

（1）差动保护（2000kW 以上配置）。

（2）相电流速断保护。反应相间短路电流，保护的定值在电动机启动过程中自动采用高定值 $I_{\text{act.h}}$，启动结束后采用低定值。对真空断路器或油断路器，$I_{\text{act.l}} = 0.8 I_{\text{act.h}}$；而对

F-C回路，$L_{act.1}=0.5I_{act.h}$。对真空断路器或油断路器，速断保护动作延时 $t_{act}=0$；F-C回路动作时间应和熔断器的熔断时间相配合。电动机启动时间按实测的最长时间并乘 1.1～1.2 整定。对启动时间较长的循环泵、给水泵、送风机、吸风机、一次风机、磨煤机等，电动机启动时间一般取 $t_{st}=20\sim25s$，而对其他一些快速启动的电动机，$t_{st}=8\sim10s$。

（3）负序过电流保护。该保护作为电动机内部两相短路时速断保护的后备保护，同时还可包括断相和反相，一般采用反时限特性。

（4）接地保护。该保护反应零序电流大小，构成电动机单相接地保护。

（5）过、欠压保护。该保护反应电网电压的大小。

（6）过热保护。该保护综合计及电动机正序电流和负序电流的热效应，对电动机过载、启动时间过长和堵转提供保护。

（7）热记忆保护。该保护在电动机过热保护跳闸后，不能立即启动，需等到电动机散热到允许启动的温度时才能启动。

四、柴油发电机保护

对大型机组而言，一般每台机组设置一台应急柴油发电机组，作为交流事故保安电源。柴油发电机保护配置一般与发电机保护配置基本类似，一般装设了如下保护：

（1）低电压保护。

（2）过电压保护。

（3）低频保护。

（4）逆功率保护。

（5）失磁保护。

（6）低压过电流保护。

（7）零序过电压保护。

（8）超速保护。

第五节 线路及母线保护

一、输电线路继电保护装置的工作原理及配置

（一）220～500kV 电力网线路保护配置原则

在中性点直接接地系统中，对 110kV 电力网，主要是计算各种接地短路、两相短路及三相短路等简单的故障方式；对 220kV 及以上电力网，除上述简单故障外，还必须分析复杂的故障方式，如线路发生单相接地，同时有一侧断开，形成断相加接地复杂故障形式；在单相重合闸周期中，非故障相又发生单相或两相接地；对有串联电容补偿的线路，还必须考虑由短路引起串联电容器的三相不对称击穿，导致发生除横向不对称外，又叠加纵向不对称短路；对同杆架设的平行线，必要时要计算两平行线间同名相或异名相之间跨线故障。除此之外，还应考虑到故障类型的可能转变，如开始为单相接地，而后演变为两相接地或再发展成三相短路接地故障等。

电力系统正常运行时基本是三相平衡的。在发生不对称短路时，在短路电流（电压）中，除了对称的正序分量外，还有负序分量，而在伴有接地短路时，还有零序分量。同时，在短路过程中还存在不同成分的稳态和暂态的故障分量。

由于超高压电力网对继电保护动作的快速性提出严格的要求，因此，必须采取措施消除或减少短路暂态过程对继电保护的影响。短路过程中，暂态电流包括通常的工频强制分量和一系列自由分量，如由线路分布电容引起的高频自由周期分量，串联电容引起的低频自由周期分量，电力网电感元件引起的自由非周期分量等，这些自由周期和非周期分量的幅值在严重情况下可与工频强制分量相比拟。自由非周期分量衰减时间常数在 330kV 线路上，短路时可达 40ms；500～750kV 线路上，短路时为 75ms；在大型火电厂引线出口处，短路时则可达 150～200ms，甚至更长。

为了使继电保护能正确判断故障的类型及位置，要求电流及电压互感器（包括继电保护装置测量回路用的电流、电压变换器）应能线性反应故障状态下工频参数，而把自由周期或非周期分量的作用限制到不影响继电保护正确动作的水平以下。

1.220kV 高压线路的特点及其对继电保护的影响

220kV 线路和 110kV 线路，虽然都是中性点直接接地系统，在接地故障时有较大的零序电流，但 220kV 线路的下列特点对保护的影响比 110kV 线表现更为突出：

（1）一般稳定要求严格，必须全线快速切除故障；

（2）由于短路、操作或负荷突变等扰动，在电力网中可能引起振荡，振荡不应引起保护误动作，在振荡过程中发生故障，应能有选择性地可靠切除。

（3）超高压重负荷线路的负荷阻抗可能接近短路阻抗，继电保护应具备区分负荷状态与短路状态能力。

（4）由于输电电压的提高及采用分裂导线，使线路电容电流增加。对长线路，电容电流使线路两侧电流的幅值和相位均受其影响，影响到继电保护性能。

（5）超高压输电线的潜供电流延长线路的消弧时间，影响自动重合闸的重合时间及功率。

（6）当线路采用串联电容补偿时，将破坏短路阻抗和短路功率的方向随短路距离变化的单一性，同时可能出现断相、短路及串联电容纵向不对称击穿的多重性复杂故障，增加继电保护复杂性。

（7）由于超高压电力网采用大容量机组、并联电抗、分裂导线等，使短路暂态过程严重，对快速保护均产生严格要求。

2.330kV 电力网线路保护配置

330kV 线路一般属于电力网中重要线路，应按 GB/T 14285—2006《继电保护和安全自动装置技术规程》的要求配置反应相间短路和接地短路的保护。按照 GB/T 14285—2006《继电保护和安全自动装置技术规程》规定，330kV 线路根据系统稳定要求或者后备保护整定配合有困难时，可装设两套全线速动保护。330kV 线路宜采用近后备保护方式（但某些线路如能实现远后备，则宜采用远后备，或同时采用远、近结合的后备保护方式）。实际上，除单电源供电的 330kV 终端线路外，为了满足系统稳定或者近后备的要求，达到有选择性的快速切除故障，防止电力网事故扩大，保证电力网安全、优质、经济运行，一般情况下，都应装设两套全线速动保护。

（1）对两套全线速动保护的要求。

1）设置两套完整、独立的全线速动保护。

2）两套主保护的交流电流、电压回路和直流电源相互独立。即两套主保护的交流电流、电压回路分别采用电流互感器和电压互感器的不同二次绕组，直流回路应分别采用专用的直流熔断器供电。

3）每一套主保护对全线路内发生的各种类型故障（包括正常运行、非全相运行以及系统振荡过程中发生接地电阻不大于100Ω的单相接地故障和两相接地、相间故障及转移性故障等），均能快速动作切除故障。

4）每套主保护应具有独立选相功能，能按用户要求实现单相跳闸或三相跳闸。

5）断路器有两组跳闸线圈，两套主保护均能启动任一组跳闸线圈。

6）两套主保护分别使用独立的远方信号传输设备。例如：①当两套主保护均采用电力线载波通道时，应有不同的载波机或远方信号传输装置；②当有光纤通道时，两套主保护均采用光纤通道，按情况可以分别采用专用光纤或分别采用复用终端或分别采用2M/s的保护专用通道；③分别采用不同路径的微波通道或一套微波通道，一套电力线载波通道。

（2）对相间短路，应按下列规定装设相间短路保护：

1）单侧电源单回线路，可装设三相电流电压保护，如不能满足要求，则装设距离保护。

2）双侧电源线路，宜装设距离保护。

3）正常方式下，保护安装处短路，电流速断保护的灵敏度在1.2以上时，可装设电流速断保护作辅助保护。

4）符合装设全线速动保护要求的线路，除了装设全线速动保护外，还应按上述要求，装设相间短路后备保护及辅助保护。

（3）对接地短路，应按下列规定之一装设接地短路保护：

1）对220kV线路，当接地电阻不大于100Ω时，保护应能可靠地、有选择地切除故障。

2）宜装设阶段式或反时限零序电流保护。

3）可采用接地距离保护，并辅之阶段式或反时限零序电流保护。

4）符合装设全线速动保护要求的线路，除了装设全线速动保护外，还应按上述要求，装设接地短路后备保护。

（4）负荷保护。电缆线路或电缆与架空线路，除了相间短路和接地短路保护之外，应装设过负荷保护，过负荷保护宜带时限动作于信号，当危及设备安全时，也可以动作于跳闸。

3. 330～500kV电力网线路保护配置

（1）配置330～500kV线路保护时要考虑的超高压电网特点，主要考虑以下内容：

1）输送功率大，稳定问题突出，要求保护可靠性高、选择性好、动作速度快。

2）系统中采用大容量的发电机、变压器带来的影响。

3）系统中采用串联电容补偿和并联电抗器带来的影响。

4）超高压、长距离输电线路分布电容电流带来的影响。

5）采用电流互感器铁芯带有气隙和电容式电压互感器带来的影响。

6）其他方面，如同杆并架双回线等。

（2）330～500kV电力网线路主保护配置。

1) 设置两套完整、独立的全线速动主保护。

2) 两套主保护的交流电流、电压回路和直流电源相互独立。

3) 每一套主保护对全线路内发生的各种类型故障（包括正常运行、非全相运行以及系统振荡过程中发生单相接地故障和两相接地、相间故障及转移性故障等），均能快速动作切除故障。

4) 每套主保护应具有独立选相功能，实现单相跳闸或三相跳闸。

5) 断路器有两组跳闸线圈，两套主保护均能启动任一组跳闸线圈。

6) 两套主保护分别使用独立的远方信号传输设备。

7) 主保护的整组动作时间，对近端故障不大于 20ms；对远端故障不大于 30ms（不包括远方信号传输时间）。

（3）330～500kV 电力网线路后备保护配置。

1) 采用近后备保护方式。

2) 后备保护应能反应线路各种故障。

3) 接地后备保护应保证在接地电阻不大于下列数值时，能可靠地有选择性切除故障：对 330kV 线路为 150Ω；500kV 线路为 300Ω。

4) 为快速切除线路出口故障，在保护配置中宜有专门反映近端故障的快速辅助保护。

5) 当 330～500kV 线路配置的主保护都具有完备的后备保护功能时，可不再另设后备保护，否则，对每一套主保护都应配置完备的后备保护。

（二）输电线路保护的工作原理

1. 线路的过电流保护

用于各种电压等级电力网的输电线路相间故障的过电流保护。

（1）无时限（瞬时）线路过电流保护。无时限（瞬时）线路过电流保护是瞬时动作的线路过电流保护，可分为有选择性和无选择性两种。

1) 有选择性无时限（瞬时）线路过电流保护。保护范围不超过本线路的全长，它在各级电压电力网中得到广泛采用。电流继电器动作电流必须大于被保护线路两端母线相间短路时通过本线路的最大可能短路电流，因而只能在本线路一定范围内故障时才能动作。它对被保护线路内部短路故障的反应能力（灵敏度）可用被保护线路全长百分数表示，该值恒小于 1。电源阻抗比（电源阻抗与线路阻抗之比）越小，它可以保护的范围越长。该保护仅以电流继电器或者和出口中间继电器本身固有时间动作，通常为 10～40ms。在超高压电力网中，由于它能快速切除线路近端短路故障，对保护电力系统稳定运行往往发挥极为关键的特殊作用。

2) 无选择性无时限（瞬时）线路过电流保护。能保护线路全长的瞬时动作的过电流保护。当相邻线路或相邻电力设备（如变压器）发生相间短路故障时，有可能发生无选择性动作跳闸，用以换得全线路故障的快速切除。该保护方式常常用于线路变压器组及低压电力网的线路保护。对后一种情况，无选择性跳闸通常借助线路自动重合闸纠正。

（2）带时限线路过电流保护。带时限线路过电流保护是延时动作的线路过电流保护。有定时限线路过电流保护和反时限线路过电流保护两种。

1) 定时限线路过电流保护。动作时限与通过的电流水平（大于过电流元件的启动值）无关的能保护线路全长的延时过电流保护。实际应用中常常由几个定时限（包括无时限）

过电流保护段组成带阶段时限特性的多段式线路过电流保护。各保护段的启动电流、动作时限及灵敏度均不相同。它们中有的快速动作，有的能保护线路全长，有的还能保护到相邻电力设备。它们是中、低压电力网中一种主要线路保护方式。对两侧电源的情况，有的保护段需经故障功率方向判别元件控制。特殊情况下，为了满足电力系统运行方式变化较大的需要，有的保护段需依靠电流元件与电压元件协同动作，统称电流电压保护，以取得比较稳定的保护范围。

2）反时限线路过电流保护。利用反时限电流继电器构成的线路延时过电流保护。故障点离保护装置安装处越近，通过的电流越大，其动作时间也越短。恰当地选择所需要的动作反时限特性，可以使本线路短路故障时获得较短的动作时间，而当相邻电力设备故障时又可以与后者的保护选择配合。有的还设有速动过电流部件，可根据需要实现无时限过电流保护功能。它是辐射形简单电力网中最常见的一种线路保护方式。

2. 线路的零序电流保护

用于各种电压等级的有效接地系统中输电线路接地短路故障的过电流保护。保护的类别和功能与保护相间短路故障的线路过电流保护基本相同。但具有如下特点：

（1）只能用以保护有效接地系统中发生的单相及两相接地短路故障，因为只有这两种短路故障（不考虑断线故障）才在电力网中出现零序电流。

（2）由于线路的零序阻抗是正序阻抗的 3 倍以上，而电源侧的零序阻抗一般均较正序阻抗小，因而在线路首、末端发生接地短路故障时通过线路的零序电流幅值变化很大，远远大于相间短路时相应相电流的变化。因此，利用零序电流保护具有获得动作时间快、保护范围相对稳定且易于实现相邻保护间的选择配合等优点。

（3）因为正常运行时线路不通过零序电流，因而零序电流保护（或者它的某一段）可以有较低的启动电流，从而实现对线路发生高电阻接地电阻故障（如对树放电等，对 500kV 线路可高达 300Ω）时的保护，这是任何其他保护方式所不及的。线路零序电流保护也能有条件地用于非有效接地系统，依靠内外部发生单相接地短路故障时通过的零序电流幅值的大小不同，而实现内外部故障的判别，用以发出警报或跳闸。

在双侧或多侧电源的网络中，电源处变压器的中性点一般至少有一台要接地，由于零序电流的实际流向是由故障点流向各个中性点接地的变压器，因此在变压器接地数目比较多的复杂网络中，就需要考虑零序电流保护动作的方向性问题。

零序功率方向继电器接于零序电压和零序电流之上，它只反应零序功率的方向而动作。当保护范围内部故障时，按规定的电流、电压正方向看，$3\dot{I}_0$ 超前于 $3\dot{U}_0$ $95°\sim110°$（对应于保护安装地点背后的零序阻抗角为 $70°\sim85°$ 的情况），继电器此时应正确动作，并应工作在最灵敏的条件之下，亦即继电器的最大灵敏角应为 $-110°\sim-95°$（电流超前于电压）。

3. 线路的距离保护

（1）距离保护的工作原理。距离保护是反应故障点至保护安装地点之间的距离（或阻抗），并根据距离的远近而确定动作时间的一种保护装置。其主要特点是短路点距离保护安装点越近，其测量阻抗越小，动作时间越短；相反的，短路点距离保护安装点越远，其测量阻抗越大，动作时间越长。

以距离测量元件为基础构成的保护装置，其动作和选择性取决于本地测量参数（阻抗、电抗、方向）与设定的被保护区段参数的比较结果，而阻抗、电抗又与输电线的长度成正比，故名距离保护。距离保护是主要用于输电线的保护，一般是三段式或四段式。第一、二段带方向性，作本线段的主保护，其中第一段保护线路的80％～90％。第二段保护余下的10％～20％并作相邻母线的后备保护。第三段带方向或不带方向均可，有的还设有不带方向的第四段，作本线及相邻线路的后备保护。

整套距离保护包括故障启动、故障距离测量、相应的时间逻辑回路与电压回路断线闭锁，有的还配有振荡闭锁等基本环节以及对整套保护的连续监视和自动闭锁等装置，有的接地距离保护还配备单独的选相元件。

1）故障启动元件 F。该元件反应于有故障特征的电流量，如负序电流、零序电流或电流突变量，动作后允许整套保护在动作后输出跳闸命令。这种故障启动方式在电压回路故障、线路在正常运行下过负荷以及元器件损坏时，虽然距离保护可能动作，但因故障启动元件不动作，能可靠地闭锁整套保护装置从而防止误跳闸。

2）第一、二段阻抗继电器 Z1 和 Z2。Z1、Z2 都采用带方向性的阻抗继电器。

3）第三段阻抗继电器 Z3。Z3 大多是方向性阻抗继电器，也可以是动作区向第Ⅲ象限偏移的非方向性阻抗继电器，后者可以保证线路首端故障的可靠动作。Z3 在许多国外电力系统使用的接地距离保护中还兼作选相元件。

4）振荡闭锁。电力系统发生振荡或失步，当振荡中心落在被保护线路上时，阻抗继电器将动作，对不带延时的第一段和带短延时的第二段，应有防止误动的措施，并由距离元件与故障启动元件先后动作的逻辑回路实现。

振荡闭锁的原理：距离保护第一、二段只有在故障启动元件动作后的规定短时间（0.2～0.3s）内动作方为有效。若故障发生在第一段或第二段保护范围内，则在开放时间内 Z1/Z2 有动作信号输出并自保持，或直接跳闸 Z1，或启动 T_2 延时然后跳闸 Z2。

多年的运行实践充分证实，如因第二段保护范围外的故障或其他系统操作等引起系统暂态失稳，虽然故障启动元件动作，但在上述开放短时间内被保护线路两侧电源电动势角不可能摆开很大，Z1/Z2 都来不及动作，其后，Z1/Z2 虽然动作但其跳闸输出回路已被闭锁，保护装置不会误动。同时，为防止电力系统因正常输送功率超过极限而失去静稳定所引起的距离保护误动作，利用 Z3 先动作而故障启动元件不动作或后动作的不对应关系，闭锁 Z1/Z2 的跳闸输出。上述振荡闭锁，只有当检测到系统振荡已平息之后才恢复原状。

5）电压回路断线闭锁。电压互感器二次侧短路、熔断器熔断或回路中接头松动时，阻抗继电器可能因失去电压而误动。一种常用的检测电压二次回路不正常的办法是利用电压二次回路断线时出现的零序电压，和一次系统中零序电流或其他电压二次回路（如 $3U_0$ 回路）零序电压不同时出现的原则，动作一个电压继电器，闭锁整套保护。对三相熔断器全部熔断的情况，用预先在任一相熔断器上并联的阻抗（一般用数百欧容抗）人为产生一个零序电压，使断线闭锁继电器动作。整套距离保护采用故障电流启动方式，配合电压断线继电器的闭锁作用，能可靠防止因电压回路不正常而引起的距离保护误动作。

阻抗继电器内部电压回路断线可由整套保护的连续监视检测。

6）整套保护的连续监视和自动闭锁。当过负荷、电压二次回路断线、阻抗继电器内部元器件损坏或电压回路断线，都可能使阻抗继电器动作。直流回路（静态保护则是逻辑回路）中元器件损坏也可能使保护装置某些部位进入动作状态。因整套距离保护受故障电流启动元件控制，虽不致立即跳闸，但应有相应措施以便及时发现故障。为了实现监视，如在集成电路型保护中，可将所有阻抗继电器的输出信号和直流回路中关键处的电位经"或"门接到一个带长延时的监视继电器上，其所带延时大于距离保护最后一段的整定时间。监视继电器动作，表示收到了不正常状态信息，即将保护装置闭锁并发出警告。监视继电器动作后自保持，只能手动解除。异常部位可由人工选线开关检出，也可由一个设置在保护装置内的巡回检测装置自动进行。

7）距离保护选相。当线路上采用单相重合闸或综合重合闸时，要求距离保护动作后选相跳闸。以接入相电压及相电流（以及零序补偿电流）的接地阻抗继电器（主要是方向接地阻抗继电器）实现的接地距离保护，本身具有良好的选相功能，一般以整定阻抗最大的一段兼作选相元件。如果是用非方向性接地阻抗继电器作为选相元件，则必须采取专门措施防止出口附近单相接地时误选相（如取消零序补偿电流）。如果采用不具有选相功能的接地阻抗继电器，必须有独立的专用选相装置。

（2）影响距离保护正确动作的因素。

1）短路点过渡电阻。电力系统中短路一般都不是金属性的，而是在短路点存在过渡电阻，此过渡电阻一般是由电弧电阻引起的。由于过渡电阻的存在，使得距离保护的测量阻抗发生变化。一般情况下，会使保护范围缩短。但有时候也能引起保护超范围动作或反方向动作（误动）。

在单电源网络中，过渡电阻的存在将使保护区缩短；而在双电源网络中，线路两侧所感受到的过渡电阻不再是纯电阻，通常线路一侧感受到的为感性，另一侧感受到的为容性，这就使得在感受到感性一侧的阻抗继电器测量范围缩短，而感受到容性一侧的阻抗继电器测量范围可能会扩大。

解决过渡电阻影响的办法有许多种。例如：采用躲过渡电阻能力较强的阻抗继电器；采用瞬时测量的技术，因为过渡电阻（电弧性）在故障刚开始时比较小，而时间长了以后反而增加，根据这一特点采用在故障开始瞬间测量的技术可以使过渡电阻的影响减少到最小。

2）系统振荡。电力系统振荡对距离保护影响较大，不采取相应的闭锁措施将会引起误动。防止振荡期间误动的手段较多，下面介绍两种情况：

①构成利用负序（或零序）分量元件启动的闭锁回路。电力系统振荡是对称的振荡，在振荡时没有负序分量。而电力系统发生的短路绝大部分是不对称故障，即使三相短路故障也往往是刚开始为不对称然后发展为对称短路的。因此，在短路时，会出现负序分量或短暂出现负序分量，根据这一原理可以区分短路和振荡。

②利用测量阻抗变化速度构成闭锁回路。电力系统振荡时，阻抗继电器测量到的阻抗会周期性变化，变化周期和振荡周期相同。而短路时，测量到的阻抗是突变的，阻抗从正常负荷阻抗突变到短路阻抗。因此，根据测量阻抗的变化速度可以区分短路和振荡。

3）串联补偿电容。高压线路的串联补偿电容可大大缩短其所联结的两电力系统间的电气距离，提高输电线路的输送功率，对电力系统稳定性的提高有很大作用，但它的存在对继电保护装置将产生不利影响，保护设备使用或整定不当可能会引起误动。

串联补偿（简称串补）电容的存在，使得阻抗继电器在电容器两侧分别发生短路时，感受到的测量阻抗发生了跃变，这种跃变使三段式距离保护之间的配合变得复杂和困难，常常会引起保护非选择性动作和失去方向性。为防止这情况发生，通常采用如下措施：

①用直线型阻抗继电器或功率方向继电器闭锁误动作区域，即在阻抗平面上将误动的区域切除。但这也可能带来另外一些问题，例如为解决背后发生短路失去方向性的问题而使用直线型阻抗继电器，但采用这种方法就会带来正前方出口处发生短路故障时有死区的问题，为此可以另外加装电流速断保护来补救。

②用负序功率方向元件闭锁。因为串补电容一般都不会将线路补偿为容性。对负序功率方向元件，由于在正前方发生短路时，反映的是背后系统的阻抗角，因此串补电容的存在不会改变原有负序电流、电压的相位关系，因此负序功率方向仍具有明确的方向性。但这种方式在三相短路时没有闭锁作用。

③利用特殊特性的阻抗继电器。利用带记忆的阻抗继电器，可以较好地防止串补电容可能引起的误动。

4）分支电流。在高压网络中，母线上接有不同的出线，有的是并联分支，有的是电厂，这些支路的存在对测量阻抗同样有较大影响。

如在本线路末端母线上接有一发电厂，当下回线路发生短路时，由于发电厂对故障点也提供短路电流，使得本线路距离保护测量到的阻抗 Z_K 会因为电厂对故障有助增作用而增大。同样对下回线路为双回线路的情况，则又会引起测量阻抗的减少，这些变化因素都必须在整定时充分考虑，否则就有可能会发生误动或拒动。

5）TV 断线。当电压互感器二次回路断线时，距离保护将失去电压，在负荷电流的作用下，阻抗继电器的测量阻抗变为零，因此，就可能发生误动作，对此，应在距离保护中采用防止误动作的电压互感器断线闭锁装置。

（三）反应故障分量的线路保护

1. 反应故障分量的继电保护基本原理

传统的继电保护原理是建立在工频电气量的基础上，故障暂态过程所产生的有用信息被视为干扰而被滤掉。差动继电器就是利用带速饱和交流器抑制暂态非周期分量，获取了稳态的短路故障信息。要取得快速动作的特性，必须利用故障发生瞬间的故障暂态信息，还必须正确区分内部和外部故障信息，才能获得可靠、快速又有选择性的保护特性。近年来，对继电保护影响最大的是反应故障分量的高速继电保护原理。

（1）故障信息。

1）故障状态的叠加原理。由电工学知识可知，在线性电路的假设前提下，可用叠加原理来研究故障的特性。因为故障信息在非故障状态下不存在，仅在电力系统发生故障时才出现，所以可以将电力网络内发生的故障视为非故障状态与故障附加状态的叠加。不对称短路复合序网解图如图 6-56 所示。

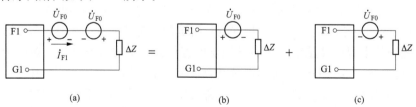

图 6-56　不对称短路复合序网解图

（a）短路状态；（b）短路前状态；（c）短路附加状态

发生短路故障时，可在短路复合序网的故障支路中引入幅值和相位相等，但反向串联连接的两个电压源。两个电压源在数值上等于短路前 K_1 点的开路电压 $\dot{U}_{F0}$，根据叠加原理可将图 6-56（a）分解为图 6-56（b）和图 6-56（c）两个状态的叠加。附加状态中的附加电势又可称为故障点的工频电压变化量，由附加电势产生的电流称为工频电流变化量。附加电势 $\dot{U}_{F0}$ 和工频电流变化量就是故障点的故障信息。

2）附加状态的故障信息。以中性点直接接地系统线路为例，说明附加状态的故障信息。双电源线路发生短路时的网络状态图如图 6-57 所示。

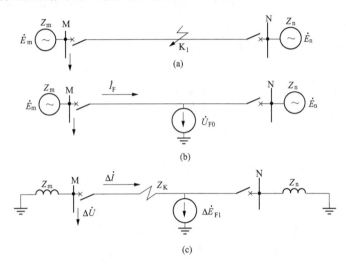

图 6-57 双电源线路发生短路时的网络状态图
（a）双电源输电线路在 K_1 点短路示意图；（b）系统在短路前状态图；
（c）K_1 点发生故障时的故障附加状态网络图

如图 6-57 所示，图中故障点为 K_1，故障点的附加电势为 $\Delta\dot{E}_{F1}=-\dot{U}_{F0}$，由故障点 K_1 看进去，内部的电势均为零。所以在正向短路时附加电势 $\Delta\dot{E}_{F1}$ 是加在 M 端系统阻抗 Z_m 和线路阻抗 Z_K 上，在 M 端母线上产生一个附加电压 $\Delta\dot{U}=\Delta\dot{E}_F\times Z_m/(Z_m+Z_K)$，并在线路上产生了相应的工频电流变化量 $\Delta\dot{I}$。附加电压 $\Delta\dot{U}$ 和工频电流变化量 $\Delta\dot{I}$ 就是 M 点保护安装处的故障信息。显然附加状态中所出现的 $\Delta\dot{I}$ 和 $\Delta\dot{U}$ 只包含故障信息，它们与故障前的负荷状态的电压、电流无关。

（2）故障信息的提取。

1）消除非故障分量法。根据叠加原理，电力系统网络故障可以看作故障前的非故障状态与故障瞬时的附加状态叠加。从原理上看，发生短路时，由保护安装处的实测的故障时电压、电流减去非故障状态下的电压、电流就可以得到电压和电流的故障分量。对快速保护，可以认为电压、电流中非故障分量等于其故障发生前电气量，这种假设与实际情况相符。对非快速保护，就要考虑其他一系列有关因素的影响，例如故障发生后发电机励磁调节器的作用、发电机受到的干扰、系统的振荡、负荷的变化等。因此对快速保护而言，可以将故障前的电压先储存起来，然后从故障时测量得到的相应量中减去已储存了的有关部分，就可以得到故障分量。

2）故障特征检出法。从对称分量法的基本原理可知，在正常工作状态下的电压和电流特征是正序分量的电压和电流；不对称的接地短路时会出现零序分量的电压、电流；不对称短路时会出现负序电压、电流。因此零序分量和负序分量包含有故障信息，它们可用于检出故障。但是，应该注意到，在各种类型故障中都包含有正序分量，因此正序分量中也包含有故障信息，这一特殊的性质也应当用于检出故障。负序分量和零序分量虽然包含有故障信息，可用于判别故障，在保护技术中得到广泛应用，但其缺点是不能反映三相短路。各种对称和不对称短路时都会出现正序分量，而在消除正常运行分量后，正序分量就成为一个比负序、零序分量更为完善的新的故障特征，即正序分量中包含有更丰富的故障信息。

3）门限法和浮动门槛法。门限法是以同一种电气量的数值大小检出故障的，当电流增大、电压降低或阻抗降低而越过固定门限值时，即判断为发生故障。此方法简单易行，但会因灵敏度不满足要求而得不到足够的故障信息。

浮动门槛法是定值不固定，是随着非故障因素引起的故障分量不平衡，输出的大小定值而浮动变化的。在正常运行的情况下，理论的不平衡输出为零，而实际上输出回路不可能为零。在一般情况下，输出的不平衡量较小，在特殊情况下，如频率偏离额定值较大，或者电力系统发生振荡时就有较大的不平衡输出。为此可以设置一个浮动门槛值，它随着非故障因素引起的不平衡而自动改变输出。

浮动门槛设计的优劣是构成实用保护的技术关键。微机继电保护往往设置了自适应的浮动门槛，具有根据短路引起的不平衡瞬间变化，而非故障因素产生的不平衡时缓慢变化的特点。利用此规律可实测出非故障分量产生的不平衡输出值，设置门槛值。

（3）利用故障分量的方向元件。传统的方向元件通常按 $90°$ 接线法使用，这种接法在保护安装处附近发生三相短路时存在电压死区，且其特性受过渡电阻的影响；而且在采用 Yd 接线的变压器发生两相短路故障时，方向元件可能误动。利用故障分量构成方向元件，其动作原理是比较保护装设处故障分量的电压和电流的相位，它具有明确的方向性。线路正、反方向短路时附加状态网络图如图 6-58 所示。

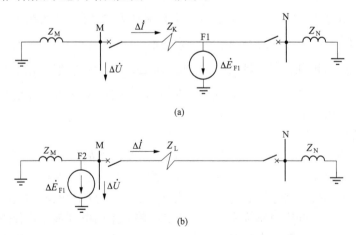

(a)

(b)

图 6-58 线路正、反方向短路时附加状态网络图

（a）正向故障附加状态网络图；（b）反向故障附加状态网络图

假设电流的正方向由母线指向线路，在正方向 F1 点短路时的故障分量电压为

$$\Delta \dot{U} = -Z_\mathrm{m} \Delta \dot{I} \tag{6-33}$$

在反方向 F2 点短路时的故障电压为

$$\Delta \dot{U} = \Delta \dot{I}(Z_\mathrm{L} + Z_\mathrm{N}) \tag{6-34}$$

则由式（6-33）、式（6-34）可以清楚地知道，正向和反向故障时 $\Delta \dot{U}$ 和 $\Delta \dot{I}$ 的相位差为 180°。按比较故障分量 $\Delta \dot{U}$ 和 $\Delta \dot{I}$ 相位的原理构成的方向元件具有明确的方向性。

（4）故障分量的特征。

1）非故障状态下不存在故障分量的电压和电流，故障分量只有在故障状态下才会出现。

2）故障分量独立于非故障状态，但仍受系统运行方式的影响。

3）故障点的电压故障分量最大，系统中性点为零。由故障分量构成的方向元件可以消除电压死区。

4）保护安装处的电压故障分量与故障分量间的相位关系由保护安装处到系统中性点间的阻抗决定，不受系统电动势和短路点过渡电阻的影响，按其原理构成的方向元件的方向性明确。

5）故障分量中包含有稳态成分和暂态成分，两者都是可以利用的。

2. 反应故障分量的方向元件

利用 $\Delta \dot{U}$ 和 $\Delta \dot{I}$ 构成的反应故障分量的方向元件通常在灵敏度不满足要求时，也可以采用综合的故障分量来提高灵敏度。

（1）综合故障分量 $\Delta \dot{U}_{12}$ 和 $\Delta \dot{I}_{12}$。假设该系统的正序阻抗与负序阻抗 Z_s（$Z_\mathrm{s} = Z_\mathrm{M}$）相等（线路保护这样假设是允许的），正方向故障时可以将式（6-33）分解成对称分量，则正序和负序电压故障分量关系式为

$$\Delta \dot{U}_1 = -Z_\mathrm{S} \Delta \dot{I}_1 \tag{6-35}$$

$$\Delta \dot{U}_2 = -Z_\mathrm{S} \Delta \dot{I}_2 \tag{6-36}$$

为了提高不对称短路故障的灵敏度，可以根据不同的短路类型，选择不同的转换因子 M，于是正序、负序综合故障分量 $\Delta \dot{U}_{12}$ 和 $\Delta \dot{I}_{12}$，可分别表示为

$$\Delta \dot{U}_{12} = \Delta \dot{U}_1 + M \Delta \dot{U}_2 \tag{6-37}$$

$$\Delta \dot{I}_{12} = \Delta \dot{I}_1 + M \Delta \dot{I}_2 \tag{6-38}$$

将式（6-35）和式（6-36）代入式（6-37）可得：

$$\Delta \dot{U}_{12} = -Z_\mathrm{S}(\Delta \dot{I}_1 + M \Delta \dot{I}_2) \tag{6-39}$$

则正方向故障时，故障分量关系可表示为

$$\Delta \dot{U}_{12} = -Z_\mathrm{S} \Delta \dot{I}_{12} \tag{6-40}$$

反方向故障时，式（6-35）可分解为对称分量，即

$$\Delta \dot{U}_1 = \Delta \dot{I}_1(Z_\mathrm{L} + Z_\mathrm{N}) = Z_\mathrm{S}' \Delta \dot{I}_1 \tag{6-41}$$

$$\Delta \dot{U}_2 = Z_\mathrm{S}' \Delta \dot{I}_2 \tag{6-42}$$

$$\Delta \dot{U}_{12} = \Delta \dot{U}_1 + M \Delta \dot{U}_2 = Z_\mathrm{S}'(\Delta \dot{I}_1 + M \Delta \dot{I}_2) = Z_\mathrm{S}' \dot{I}_{12} \tag{6-43}$$

式中 $Z'_S = Z_L + Z_N$。

（2）反应故障分量方向元件的判据。若反应故障分量方向元件直接比较故障分量 $\Delta\dot{U}_{12}$ 和 $\Delta\dot{I}_{12}$ 之间的相位，则从式（6-38）和式（6-40）可得正反方向动作判据。

正方向动作判据为

$$180° < \arctan(\Delta\dot{U}_{12}/\Delta\dot{I}_{12}) < 360° \tag{6-44}$$

反方向动作判据为

$$0° < \arctan(\Delta\dot{U}_{12}/\Delta\dot{I}_{12}) < 180° \tag{6-45}$$

实际上的反应故障分量方向元件是比较 $\Delta\dot{U}_{12}$ 和 $\Delta\dot{I}_{12}$ 在模拟阻抗 Z_d 上的电压相位值。取模拟阻抗角 $\varphi_d = 90°$，则

$$\arctan(\Delta\dot{U}_{12}/\Delta\dot{I}_{12}) = \arctan(\Delta\dot{U}_{12}/\Delta\dot{I}_{12}Z_d) + \varphi_d \tag{6-46}$$

将上式代入式（6-42）和式（6-43）得正反方向动作判据分别为

$$90° < \arctan(\Delta\dot{U}_{12}/\Delta\dot{I}_{12}Z_d) < 270° \tag{6-47}$$

$$-90° < \arctan(\Delta\dot{U}_{12}/\Delta\dot{I}_{12}Z_d) < 90° \tag{6-48}$$

3. 反应故障分量的距离保护

（1）反应故障分量距离元件的基本原理。电力系统短路时，相当于在故障点引入与故障前电压幅值相等、相位相反的附加电动势 $\Delta\dot{E}_{F1}$。而且在故障点的附加电势 $\Delta\dot{E}_{F1}$ 最大，保护安装处附加电势为 $\Delta\dot{U}$，电网中性点附加电势为零。保护区内金属性短路时电压分布图如图 6-59 所示，图中 F1 为正方向故障点。整定阻抗 Z_{set} 一般取线路阻抗的 $0.8 \sim 0.9$ 倍。

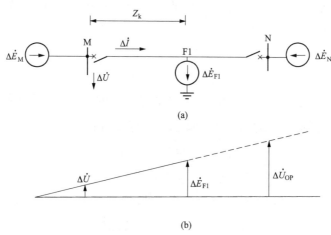

(a)

(b)

图 6-59　保护区内金属性短路时电压分布图
（a）网络图；（b）K 内故障时电压分布图

由图 6-59 可得

$$\Delta\dot{E}_{F1} = \Delta\dot{U} - \Delta\dot{I}Z_K \tag{6-49}$$

而 $\Delta\dot{E}_{F1} = -\dot{U}_{F0}$（故障点处故障前的电压），所以保护安装点到故障点的阻抗 Z_K 可表示为

$$Z_K = (\Delta \dot{U} + \dot{U}_{F0}) / \Delta \dot{I} \tag{6-50}$$

式中 $\Delta \dot{U}$、$\Delta \dot{I}$——故障时计算出的电压、电流故障分量。

由于 $\dot{U}_{F0}$ 是故障点处故障前的电压，而故障点的位置是随机的，因此 $\dot{U}_{F0}$ 不能预先测到。但是实际上，在正常负荷条件下，被保护线路上各点的电压差别不大，从保证距离保护的保护范围末端故障时的测量阻抗精度出发，$\dot{U}_{F0}$ 可按式（6-51）计算。

$$\dot{U}_{F0} = \dot{U}_{LM} - \dot{I}_{LM} Z_{set} \tag{6-51}$$

式中 $\dot{U}_{LM}$、$\dot{I}_{LM}$——正常负荷条件下，保护安装处的电压、电流。

式（6-51）就是故障点处故障前工作电压的表达式，可以通过电流、电压的故障前记忆算得。显然，通过式（6-50）可以求出 Z_K。当满足 $|Z_K| \leqslant |Z_{set}|$ 时，即为区内故障，保护动作。

当反方向故障时，由于 $\Delta \dot{I}$ 改变了符号。根据式（6-50）计算出的 Z_K 也改变了符号，因此反应故障分量的距离元件具有明确的方向性。

（2）反应故障分量距离元件的动作特性。实际上距离元件是通过比较工作电压变化量 $\Delta \dot{U}_{OP}$ 和故障点的附加电势 $\Delta \dot{E}_{F1}$ 的幅值大小来比较实现保护的，并不计算 Z_K。工作电压 $\dot{U}_{OP}$ 是距离保护范围末端（整定值）在正常运行的工作电压。在区内故障时，由电源 $\dot{E}_M$ 供给流经保护安装处的电流，工作电压 $\dot{U}_{OP}$ 仅表示为保护输入电压 $\dot{U}$ 与电流 $\dot{I}$ 在模拟阻抗 Z_{set} 上的压降之差，是一个虚拟的概念，这时它没有实际的物理意义。因此有如下关系式：

$$\dot{U}_{OP} = \dot{U} - \dot{I} Z_{set}$$

$$\Delta \dot{U}_{OP} = \Delta \dot{U} - \Delta \dot{I} Z_{set} \tag{6-52}$$

将式（6-49）与式（6-52）比较可见，$\Delta \dot{U}_{OP}$ 是在故障点的附加电动势 $\Delta \dot{E}_{F1}$ 和系统中性点的连线的延长线上，如图 6-59（b）虚线所示。

因此，工作电压 $\dot{U}_{OP}$ 在正常运行时，表示保护末端的线路工作电压；在区内故障时，它并不对应系统中任何真实点电压，其变化量 $\Delta \dot{U}_{OP}$ 表示保护安装处电压的故障分量 $\Delta \dot{U}$ 与电流故障分量 $\Delta \dot{I}$ 在模拟阻抗 Z_{set} 上压降之差。

（3）反应故障分量距离元件的动作方程式。从图 6-59（b）可知，在正方向的区内故障时，有如下电压动作特征方程式：

$$|\Delta \dot{U}_{OP}| > |\Delta \dot{E}_{F1}| \tag{6-53}$$

式（6-53）中 $|\Delta \dot{E}_{F1}| = |\dot{U}_{F0}|$ 取故障前的工作电压，实际上取其记忆值作比较。因此 $|\Delta \dot{E}_{F1}|$ 是距离保护的门槛值，记作 U_Z，即 $|\Delta \dot{U}_{OP}| > U_Z$ 为区内故障保护动作条件。

正常情况下，$\Delta \dot{U}_{OP} = 0$，而 U_Z 是整定门槛值，取保护范围末端的工作电压，因此保护不会误动。显然，当距离保护整定末端发生金属性短路故障时，工作电压变化量 $|\Delta \dot{U}_{OP}| = |\Delta \dot{E}_{F1}|$，距离保护处于动作边界。在保护正方向区外故障和保护反方向故障时，都有 $|\Delta \dot{U}_{OP}| < |\Delta \dot{E}_{F1}|$，保护不动作。

二、输电线路的自动重合闸

（一）重合闸的基本知识

运行经验表明，在电力系统输电线路上发生的故障很多属于瞬时性故障，如雷击过电压引起的绝缘子表面闪络、大风时的短时碰线、通过鸟类身体的放电、树枝落在导线上引起的短路等。对这些瞬时性故障，当继电保护迅速断开电源后，电弧立即熄灭，故障点的绝缘恢复，故障随即自行消除。这时，若重新合上断路器，往往能恢复供电，因而可减小停电时间，提高供电可靠性。若重新合上断路器的工作由运行人员手动操作进行，停电时间太长，用户电动机多数可能停转，重新合闸取得的效果不明显。为此，通常用自动重合闸代替运行人员的手动合闸。因此，自动重合闸在高压输电线路中得到极其广泛的应用。

1. 自动重合闸的作用

自动重合闸的主要作用有以下几个方面：

（1）提高了供电的可靠性。特别是对于单电源线路尤为显著，减少了线路停电的次数。

（2）对双侧有电源的高压输电线路，大大提高了系统并列运行的稳定性，从而提高线路的输送容量。

（3）对断路器本身由于机构不良或继电保护误动作而引起的误跳闸，自动重合闸能纠正这种误跳闸。

2. 自动重合闸的基本要求

GB/T 14285—2006《继电保护和安全自动装置技术规程》规定，重合闸应满足如下要求：

（1）自动装置可按控制开关和断路器位置不对应的原理启动。对综合重合闸装置，还宜实现由保护同时启动的方式。

（2）用控制开关或通过遥控装置将断路器断开，或将断路器投于故障线路上，而随即由保护将其断开，自动重合闸均不应动作。

（3）在任何情况下（包括装置本身的元件损坏，以及继电器触电粘住或拒动），自动重合闸的动作次数应符合预先的规定（如一次重合闸只应动作一次）。

（4）自动重合闸装置动作后，应能自动复归。

（5）自动重合闸装置应能在重合闸后，加速继电保护的动作。必要时，可在重合闸前加速保护动作。

（6）自动重合闸装置应具有接受外来闭锁信号的功能。

（二）三相自动重合闸

在电力系统中，三相一次重合闸应用十分广泛。三相一次重合闸方式就是不论线路上发生单相接地还是相间短路故障，保护装置均将三相断路器一齐断开，然后重合闸装置启动，将三相断路器一起合上。若故障为瞬时性的，则重合成功；若故障时永久性的，则保护再次将断路器三相一齐断开，而不再重合。

1. 单电源线路的三相一次重合闸

以电磁式三相一次自动重合闸为例来说明三相一次重合闸的工作情况，三相一次重合闸装置原理接线图如图 6-60 所示。三相一次重合闸由 DH 型重合闸继电器构成，其内部接线如图 6-60 中的虚线框内所示，DH 型重合闸继电器是由时间继电器 KT、充电电阻

R4、放电电阻 R6、电容器 C、中间继电器 KM、信号灯 HL 和限流电阻 R17、附加电阻 R5 组成，这样组装在一起，使得装置体积缩小的同时也便于安装调试。时间继电器 KT 用来整定重合闸装置的动作时间；中间继电器 KM 是 AAR 装置（adaptive automatic reclosing）的执行元件，用于发出接通断路器合闸回路的脉冲。中间继电器 KM 的电压线圈 KM（U）在电容器 C 放电时启动，KM 的电流线圈 KM（I）串联在断路器的合闸回路里，在合闸时起自保持作用，直到合闸结束该继电器才失磁复归。电容器 C 和充电电阻 R4，用于保证重合闸只动作一次。在不需要重合闸时，通过放电电阻 R6 放电。信号灯 HL 的熄灭表示直流电源消失或重合闸动作。

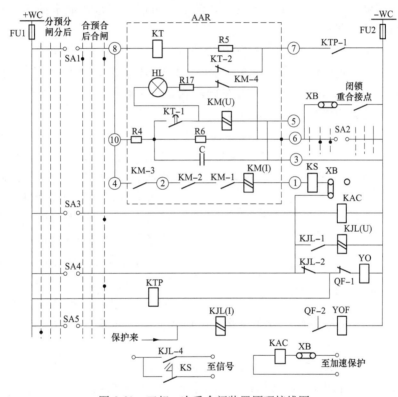

图 6-60　三相一次重合闸装置原理接线图

2. 双电源线路的三相一次重合闸

双电源线路是指两个及两个以上电源间的联络线。在双电源线路上实现重合闸时要考虑断路器跳闸后，电力系统可能分成两个独立部分，两部分有可能进入非同步运行状态。因此除需满足前述基本要求外，还应考虑时间配合和同步两个问题。时间配合是指线路两侧保护装置可能以不同时限断开两侧断路器。为保证故障电弧的熄灭和足够的去游离时间，以使 AAR 装置动作有可能成功，线路两侧 AAR 装置应保证在两侧断路器都跳闸后 0.5～1.5s 再进行重合。同步问题是指线路两则断路器断开后，线路两侧电源间电动势相位差将增大，有可能失去同步，这时合闸一侧的断路器重合时，应考虑线路两侧电源是否同步以及是否允许非同步合闸问题。在我国的电力系统中，在双电源线路上采用的重合闸有如下几种：

（1）快速自动重合闸。快速自动重合闸就是当线路上发生故障时，继电保护很快使线路两侧的断路器断开并紧接着进行重合。由于从短路开始到重新合上的整个时间间隔大约为 0.5～0.6s，在这样短的时间内两侧的电源电势来不及摆开到破坏系统稳定的角度，故能保持系统稳定，恢复正常运行。

采用快速自动重合闸方式必须满足下列条件：

1）线路两侧都装有能全线瞬时切除故障的继电保护，如高频保护等。

2）线路两端必须装设可以进行快速重合闸的断路器，如空气断路器。

3）线路两侧断路器重合闸时，两侧电势的相角差不会导致系统稳定破坏。

（2）非同步重合闸。非同步重合闸就是当线路两侧断路器跳闸以后，不管线路两侧电源是否同步，即可进行重合，在合闸瞬间两侧电源可能同步也可能不同步。非同步合闸后，系统将自行拉入同步。

采用非同步重合闸方式时，应考虑当线路两侧电源电势之间的相角差为 180°时，所产生的最大冲击电流不超过规定的允许值。另外，采用非同步自动重合闸后，在两侧电源由非同步运行拉入同步的过程中，系统处在振荡状态，在振荡过程中对重要负荷的影响要小，对继电保护的影响也必须采取措施躲过。

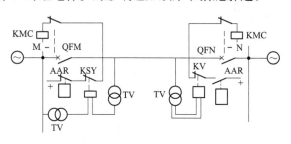

图 6-61　检查线路无电压和检查
同步重合闸方式示意图

（3）检查线路无电压和检查同步重合闸方式。当线路发生短路时，两侧断路器跳闸后，先重合侧按线路无电压的条件合闸，后重合侧应进行同步条件的检查，只有在断路器两侧的电源满足同步条件时，才允许进行重合。

检定同步重合闸的工作原理：在线路 M 侧装有一套同步检查继电器 KSY 的 AAR 装置，在线路 N 侧装有一套带鉴定线路无电压的 AAR 装置，检查线路无电压和检查同步重合闸方式示意图如图 6-61 所示。

线路上发生瞬时故障时，两侧继电保护动作使 QFM 和 QFN 跳闸，线路上无电压。在 N 侧（称无压侧）低电压继电器 KV 触点闭合，AAR 装置检定无电压启动后，经整定的时间延时，QFN 合闸。在 N 侧尚未重合闸时，M 侧（称为同步侧）因同步继电器 KSY 感受两侧不同步，动断触点打开，闭锁重合闸；在 N 侧重合闸后，KSY 继电器开始测量两侧电压是否同步，待符合同步要求时，KSY 触点闭合，AAR 动作，将 QFM 合闸，线路恢复同步运行。由于同步继电器 KSY 和 AAR 装置配合工作，从而使重合闸时产生的冲击电流在预定值之内，保证了系统稳定的要求。

当线路上发生永久性故障时，无电压侧重合至永久性故障线路，保护加速跳闸，这个过程中同步侧始终不可能合闸。

当继电保护误动作或断路器误碰时，在 N 侧，因线路有电压，电压继电器 KV 触点打开，断路器无法合闸。因此，要求在 N 侧也装设同步检查继电器，这样就能保证重合闸恢复同步运行。如果继电保护误动作或断路器误碰跳闸发生在 M 侧时，同步继电器检查两侧同步后，AAR 装置就立即发出自动重合命令。由以上分析可见，两侧断路器工作状态，以无压侧切除故障次数多。为使两侧断路器工作状态接近相同，在两侧均装设低电压继电器和同步检查继电器，利用连接片定期更换两侧重合闸启动方式，即在一段时间内 M 侧改为无电压侧，N 侧为同步侧。值得注意的是，在作为同步侧时，该侧的无电压检查是不能投入工作的，只有切换为无电压侧时，无电压检查才能投入工作，否则两侧无电压检查继电器均动作，启动重合闸，将造成非同步合闸的严重后果。

（三）单相自动重合闸和综合重合闸

1. 单相自动重合闸

（1）单相自动重合闸的概念。输电线路的单相自动重合闸是指当线路发生单相接地故障时，保护动作仅跳开故障相的断路器，实现一次单相重合闸。如果故障是瞬时性故障，则重合成功；如果是永久性故障，而系统又不允许长时间非全相运行时，则重合后保护动作跳开三相的断路器。当发生各种相间故障时均跳开三相断路器而不再重合闸。

实际在线路上设计重合闸装置时，单相重合闸和三相重合闸是综合在一起进行考虑的。即当发生单相接地故障时，采用单相重合闸方式；当发生相间短路时，采用三相重合闸方式。综合考虑这两种重合闸方式的装置成为综合重合闸。

（2）单相自动重合闸的特点。

1）需要装设故障判别元件和故障选相元件。

2）应考虑潜供电流的影响。

3）应考虑非全相运行状态的各种影响。

2. 综合重合闸

（1）综合重合闸的概念。综合重合闸有单相重合闸、三相重合闸、综合重合闸及停用重合闸四种工作方式。单相重合闸方式是当线路发生单相故障时切除故障相，实现一次单相重合闸；当发生各类相间故障时均切除三相而不重合闸。三相重合闸方式是当线路发生各种类型故障时切除三相，实现一次三相重合闸。综合重合闸方式是当线路发生单相故障时切除故障相，实现单相一次重合闸；当线路发生各种相间故障时则切除三相，实现三相一次重合闸。停用重合闸方式是当线路发生各种故障时切除三相，不进行重合闸。

（2）构成综合重合闸装置时应考虑的问题。

1）重合闸启动方式的问题。综合重合闸一般有两种启动方式，一种是由保护启动；另一种是由断路器位置不对应启动。微机保护装置内的各保护是直接去驱动操作三跳和单跳继电器出口动作的，因此微机保护装置的综合重合闸启动是利用各 CPU 启动开关量输出电源，依靠三跳固定继电器和单跳固定继电器的触点闭合，经光隔离后接入综合重合闸的三跳和单跳启动重合闸的开入端，这是装置内部自己构成的保护启动重合闸回路。为了保证重合闸动作的正确性，还设置有断路器三跳和单跳位置开关量输入端，这是断路器位置不对应方式启动。采用断路器位置不对应的启动方式，还可以在单相轻载偷跳时完成重合闸功能。所谓单相轻载偷跳是指选相为单相故障，而故障相又无电流，显然这是空载时误碰或其他原因使单相断路器误跳闸，这时可以在收到断路器位置不对应开关量输入信号后启动重合。

2）选相元件可能拒动的问题。在重合闸中采用了选相元件后，无论这种元件是用什么原理实现的，都不应排除拒动的可能性。因此，应考虑当选相元件拒动时，跳三相，并随之进行三相重合闸，如重合不成功，应再次跳三相。

3）高压断路器的性能问题。重合闸与断路器的性能关系密切，它必须适应高压断路器性能的要求，例如不同的断路器灭弧室去游离的时间不同，重合闸的时间也必须不同。对空气断路器或液压传动的断路器，当气压或液压下降至不允许重合闸时，应能将重合闸自动闭锁。但如果在重合闸的过程中，气压或液压下降至低于允许值时，应保证重合闸动作的完成。

4）不允许长期非全相运行的系统的问题。对不允许长期非全相运行的系统，若一相断开后，重合闸拒绝动作，则可能使系统长时间非全相运行，这时应考虑其余两相。

三、母线保护和断路器失灵保护

(一) 母线故障和装设母线保护的原则

母线是电力系统汇集和分配电能的重要元件，母线发生故障，将使连接在母线上的所有元件停电。若在枢纽变电站母线上发生故障，甚至会破坏整个系统的稳定，使事故进一步扩大，后果极为严重。

运行经验表明，母线故障大多是单相接地短路和由其引起的相间短路。造成短路的主要原因如下：①母线绝缘子、断路器套管以及电压、电流互感器的套管和支持绝缘子的闪络或损坏；②运行人员的误操作，如带地线误合闸或带负荷拉开隔离开关产生电弧等。尽管母线故障概率比线路要少，并且通过提高运行维护水平和设备质量、采用防误操作闭锁装置可以大大减少母线故障的次数，但是由于母线在电力系统中所处地位十分重要，利用母线保护来减小故障所造成的影响仍是十分必要的。

由于低压电网中发电厂或变电站母线大多采用单母线或分段单母线，与系统的电气距离较远，母线故障不致对系统稳定和供电可靠性产生严重影响，所以通常可不装设专用的母线保护，而是利用供电元件（发电机、变压器或有电源的线路等）的后备保护来切除母线故障。这种保护方式简单、经济。但切除故障时间较长、不能有选择性地切除故障母线（例如分段单母线或双母线），特别是对高压电网，这种保护方式不能满足稳定和运行的相关要求。

根据有关规程规定，以下情况应装设专用母线保护：

1）220～500kV 母线，应装设能快速而有选择地切除故障的母线保护。对 3/2 断路器接线，每组母线宜装设两套母线保护。

2）110kV 双母线。

3）110kV 单母线、重要发电厂或 110kV 以上重要变电站的 35～66kV 母线，按电力系统稳定和保证母线电压的要求需快速切除故障母线时。

4）在 35～66kV 电网中，对主要变电站的 35～66kV 双母线或分段单母线需快速而有选择地切除一组或一段母线上的故障，以保证系统安全稳定运行和可靠供电。

对母线保护的要求如下：①必须快速有选择地切除故障母线；②应能可靠、方便地适应母线运行方式的变化；③接线尽量简化。对中性点直接接地系统，为反应相间短路和单相接地短路，母线保护的接线方式须采用三相式接线；对中性点非直接接地系统，只需反应相间短路，母线保护的接线方式可采用两相式接线。

母线保护大多采用差动保护原理构成，动作后跳开连接在该母线上的所有断路器。

(二) 母线常用差动保护的工作原理

为满足选择性和速动性的要求，差动保护同样是母线的基本保护。它与前面所讲发电机、变压器等的差动保护区别在于母线上连接着较多的电气元件。然而，如果把连接各电气元件的母线看作一个节点，则不论连接元件有多少，实现差动保护的基本原则仍是适用的。

（1）从电流数值上看，正常运行或区外故障时，流入节点的电流和流出的电流相等，可表示为 $\sum i = 0$；母线故障时，所有有电源的连接元件都向节点（故障点）供给短路电流，所以 $\sum i = i_K$（i_K 为故障点的总电流）。

（2）从电流相位上看，正常运行或区外故障时，至少有一个连接元件中的电流与其余连接元件中的电流相位相反；母线故障时，除电流为零的连接元件外，其他各连接元件的电流则是同相位的。

按构成原理的不同，母线保护有电流差动、电压差动、带比率制动特性的电流差动和电流比相式母线保护等。而在 500kV 母线上常使用高阻抗式差动保护。在高阻抗式差动保护中，差动回路中串联接入一很大的阻抗，其值高达数百欧甚至上千欧。因而，在外部故障时，进入继电器的不平衡电流大大减小。但在内部故障时，通过回路的应是全部短路电流，将使差动回路的电压大大升高，在此情况下反应差动回路两端电压的过电压保护动作，将差动回路中串联阻抗短接，使差动回路变成低阻抗，继电器动作跳闸。这种保护的动作速度很快，在几毫秒内即可动作。

（三）断路器失灵保护及非全相运行

1. 一般接线断路器的失灵保护

高压电网的保护装置和断路器都应采取一定的后备保护，以便在保护装置拒动或断路器失灵时，仍能可靠切除故障。对于重要的 220kV 及以上主干线路，针对保护拒动通常装设两套主保护（即保护双重化）；针对断路器拒动即断路器失灵，则装设断路器失灵保护。

断路器失灵保护是指当保护跳断路器的跳闸脉冲已经发出而断路器却没有跳开（拒绝跳闸）时，由断路器失灵保护以较短的延时跳开同一母线上的其他元件，以尽快将故障从电力系统隔离的一种紧急处理办法。断路器失灵保护说明如图 6-62 所示，在图 6-62（a）所示的网络中，线路 L1 上发生短路，断路器 QF1 拒动，若由 L2 和 L3 的远后备保护动作跳开 QF6、QF7，将故障切除，此时虽然满足了选择性的要求，但延长了故障切除时间、扩大了停电范围甚至破坏系统稳定，这对于重要的高压电网来说是不允许的。为此，采用断路器失灵保护，以较短的时限动作于跳开 QF2 和 QF5，将故障切除。

有关规程对 220～500kV 电网和 110kV 电网中的个别重要部分装设断路器失灵保护都做了规定。当出现如下情况时，要求失灵保护必须有较高的安全性即不应发生误动作。

（1）线路保护采用近后备方式时，对 220～500kV 分相操作的断路器，可只考虑断路器单相拒动的情况。

（2）线路保护采用远后备方式时，由其他线路或变压器的后备保护切除故障，将扩大停电范围，并引起严重后果时。

（3）如断路器与电流互感器之间发生故障，不能由该回路主保护切除，而由其他断路器和变压器后备保护切除又将扩大停电范围并引起严重后果时。

断路器失灵保护原理框图如图 6-62（b）所示。保护由启动元件、时间元件、闭锁元

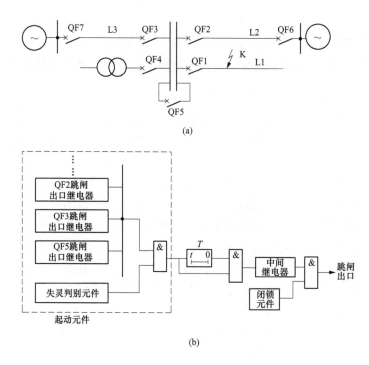

图 6-62 断路器失灵保护说明

(a) 系统图；(b) 原理框图

件和出口回路组成。实现断路器失灵保护的方式很多，但最重要的是如何保证断路器失灵保护的安全性，因为断路器失灵保护的误动所造成的后果相当严重。

一般断路器失灵保护的原理是同时满足下面几个条件的。

(1) 跳闸脉冲已经发出。

(2) 断路器却没有跳开。

(3) 经延时故障依然存在，可用电流或母线电压来确定。

当母线上连接元件较多时，失灵判别元件可采用检查母线电压的低电压继电器，动作电压按最大运行方式下线路末端短路时保护应有足够的灵敏性整定；当母线上连接元件较少时，可采用检查故障电流的电流继电器，动作电流在满足灵敏性的情况下，应尽可能大于负荷电流。

由于断路器失灵保护的时间元件在保护动作后才开始计时，所以延时 t 按只要按躲过断路器的跳闸时间与保护的返回时间之和整定，常取 0.3~0.5s。当采用单母分段或双母线时，延时可分两段，第Ⅰ段以短时限动作于分段断路器或母联断路器；第Ⅱ段再经一时限动作跳开有电源的出线断路器。

为进一步提高保护工作的安全性，应采用负序、零序和低电压元件作为闭锁元件，通过"与"门构成断路器失灵保护的跳闸出口回路。

2. 3/2 断路器的失灵保护

近几年，我国已相继建成了许多区域性的大型电力系统，如果大型电力系统上的大容量发电厂和枢纽变电站发生了停电事故，则将给整个电力系统的安全稳定运行带来严重威胁。为了提高这些厂所电气主接线的可靠性，在330kV及其以上电压等级的系统中，3/2断路器接线已经被广泛采用。这种主接线的主要优点是运行调度灵活、操作方便，当任何一台断路器在切除故障的过程中拒动时，最多可扩大到多切除一条引出线。3/2断路器的主接线图如图6-63所示，如图6-63中引出线1.1XL上发生故障，而断路器1.2QF拒动时，由断路器失灵保护切除断路器1.3QF，这时只多切除了引出线1.2。因此供电可靠性较高。此外，当两台断路器同时运行时，如因引出线故障而同时跳开后，如果先重合的断路器拒绝重合，可以由后重合的断路器来补救。

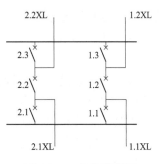

图6-63 3/2断路器的
主接线图

3/2断路器接线都具有断路器—线路（母线或变压器）—断路器—线路（母线或变压器）……的循环联系，因此这种接线的断路器失灵保护装置可以有两种组合方式。一种是以线路、母线或变压器为单元进行组合；另一种是以断路器为单元进行组合。

以断路器为单元的组合方式的优点如下：

（1）任何一个断路器的失灵保护动作时，都有它自己的动作信号，因此运行人员能立即知道是哪一个断路器拒动，从而有利于事故的快速处理。

（2）这种接线的每个断路器都是和它两侧的两套保护发生联系，因此所有断路器的失灵保护的构成方式可以一致。如果以线路或母线为单元，则一套保护可以和两个或两个以上的断路器发生联系（例如以母线为单元），随着所联系的断路器数量的不同，每个单元的断路器失灵保护的构成方式也不一样。

（3）按断路器为单元，则断路器失灵保护可以随断路器检修而检修。3/2断路器失灵保护也是由启动元件、时间元件和跳闸出口元件三部分组成，这种失灵保护的主要特点是启动元件由故障线路综合重合闸三相跳闸继电器和按相启动电流继电器构成。按相启动电流继电器不仅是判别故障是否已消除的鉴别元件，而且也是判别断路器是否断开的关键元件。

3. 非全相运行保护

220kV（及以上）断路器通常为分相操作断路器，常由于误操作或机械方面的原因，使三相不能同时合闸和跳闸，或在正常运行中突然一相跳闸，这时线路中将流过负序电流。如果靠反映负序电流的反时限保护，则有可能会因为动作时间较长，而导致相邻线路对侧保护先动作，使故障范围扩大，甚至造成系统瓦解事故，因此要求装设非全相运行保护。非全相运行保护电路原理图如图6-64所示。

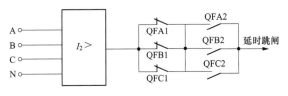

图6-64 非全相运行保护电路原理图

非全相运行保护一般由灵敏的负序电流元件和非全相判别回路构成。保护经短延时（例如 $t=0.2\sim0.5$s）动作于断开其他健全相。如果是操纵机构故障，断开其他健全相不能成功，则应动作（启动）断路器失灵启动元件，切断与本回路有关的母线段上的其他有源回路。

289

四、成套的母线保护装置

（一）SGB-750 数字式母线保护装置

1. 概述

SGB-750 微机保护装置适用于 500kV 及以下电压等级，包括单母线、单母线分段、双母线、双母线分段以及 3/2 接线在内的各种主接线方式，最大主接线规模为 24 个间隔（线路、元件和联络开关）。

（1）装置的主要特点。SGB-750 微机母线保护装置的主要特点如下：

1）快速、高灵敏复式比率差动保护，整组动作时间小于 15ms。

2）自适应全波饱和检测器，差动保护在区外饱和时有极强的抗饱和能力，又能快速切除转换性故障，适用于任何按技术要求正确选型的保护电流互感器。

3）允许 TA 型号、变比不同，TA 变比可以现场设定。

4）母线运行方式自适应，电流校验自动纠正刀闸辅助接点的错误。

5）超大的数字液晶显示屏，能进行查询、打印、校时等操作，不影响保护运行。

6）完善的事件和运行报文记录，与 COMTRADE 兼容的故障录波，录波波形通过液晶显示屏即时显示。

7）灵活的后台通信方式，配有 RS-232、RS-422/RS-485 通信接口，支持电力行业标准通信规约。

8）采用旋转机柜，插件强弱电分开的新型结构，装置电磁兼容特性满足就地布置运行的要求。

（2）保护配置。SGB-750 微机母线保护装置可以实现母线差动保护、母线充电保护、母联过电流保护、母联失灵（或死区）保护以及断路器失灵保护出口等功能。

2. 保护装置原理

（1）母线差动保护。带制动特性的差动保护采用一次的穿越电流作为制动电流，以克服区外故障时由于电流互感器误差而产生的差动不平衡电流。SGB-750 系列母差保护以此为基础，发展出以分相瞬时值复式比率差动元件为主的一整套电流差动保护方案。

1）启动元件。母线差动保护的启动元件是由和电流突变量和差电流越限两个判据组成。和电流是指母线上所有连接元件电流的绝对值之和 $I_{res} = \sum_{j=1}^{N} |i_j|$，差电流是指所有连接元件电流和的绝对值 $I_d = \left| \sum_{j=1}^{N} i_j \right|$，$i_j$ 为母线上第 j 个连接元件的电流。

和电流突变量判据：当任一相的和电流突变量大于突变量门槛时，该相启动元件动作。其表达式为

$$\Delta i_r > \Delta I_{dset} \tag{6-54}$$

式中　Δi_r——和电流瞬时值比前一周波的突变量；

　　ΔI_{dset}——突变量门槛定值。

差电流越限判据：当任一相的差电流大于差电流门槛定值时，该相启动元件动作。其表达式为

$$I_d > I_{dset} \tag{6-55}$$

式中　I_d——分相大差动电流；

I_{dset}——差电流门槛定值。

启动元件返回判据：启动元件一旦动作后自动展宽 40ms，再根据启动元件返回判据决定该元件何时返回。当任一相差电流小于差电流门槛定值的 75％时，该相启动元件返回。其表达式为

$$I_d > 0.75 I_{dset} \tag{6-56}$$

2）差动元件。母线保护差动元件由分相复式比率差动判据和分相突变量复式比率差动判据构成。复式比率差动判据动作表达式为

$$I_d > I_{dset} \tag{6-57}$$
$$I_d > K_r \times (I_r - I_d) \tag{6-58}$$

式中　I_{dset}——差电流门槛定值；

　　K_r——复式比率系数（制动系数）。

复式比率差动判据相对于传统的比率制动判据，由于在计算中引入了差电流，使其在母线区外故障时有极强的制动特性，在母线区内故障时无制动，因此能更加明确地区分区外和区内故障。复式比率差动元件的动作特性如图 6-65 所示。

故障分量复式比率差动判据：根据叠加原理，故障分量电流有以下特点：①母线内部故障时，母线各支路同名相故障分量电流在相位上接近相等（即使故障前系统电源功角摆开）；②理论上，只要故障点过渡电阻不是无穷大，母线内部故障时故障分量电流的相位关系不会改变。

图 6-65　复式比率差动元件的动作特性

故障分量的提取有多种方案，本保护采用的数字算法如下：

$$\Delta i(k) = i(k) - i(k-N) \tag{6-59}$$

式中　$i(k)$——当前电流采样值；

$i(k-N)$——一个周波前的采样值。

在故障发生后的一个周波内，其输出能较为准确地反映包括各种谐波分量在内的故障分量。

故障分量差电流为

$$\Delta I_d = \left| \sum_{j=1}^m \Delta i_j \right| \tag{6-60}$$

故障分量和电流为

$$\Delta I_r = \sum_{j=1}^m | \Delta i_j | \tag{6-61}$$

动作判据表达式为

$$\Delta I_d > \Delta I_{dset} \tag{6-62}$$
$$\Delta I_d > K_r \times (\Delta I_r - \Delta I_d) \tag{6-63}$$
$$I_d > I_{dset} \tag{6-64}$$
$$I_d > 0.5 \times (I_r - I_d) \tag{6-65}$$

式中　Δi_j——母线上第 j 个连接元件的电流故障分量；

　　　ΔI_{dset}——故障分量差电流门槛定值；

　　　K_r——复式比率系数（制动系数）。

由于电流故障分量的暂态特性，故障分量复式比率差动判据仅在和电流突变启动后的第一个周波投入，并受使用低制动系数（0.5）的复式比率差动判据闭锁。

保护将母线上所有连接元件的电流采样值输入上述两个判据，即构成大差（总差）比率差动元件；对分段母线，将每一段母线所连接元件的电流采样值输入上述两个判据，即构成小差（分差）比率差动元件。

3）电流互感器饱和检测元件。虽然母线复式比率差动保护在区外故障时允许 TA 有较大的误差，但是当 TA 饱和严重超过允许误差时，差动保护还是有可能误动的，因此还有必要进一步防止其误动。

从 TA 饱和时的暂态实测波形分析可知，在区外故障的初期和线路电流过零点附近 TA 存在一个线性传变区，这时差动元件因反映区外故障，初始时不平衡电流是不会误动的，但这时反映突变量的启动元件会因故障立即启动。这说明区外故障时，差动元件后来因 TA 严重饱和的误动与实际故障的瞬间在时间上是不同步的（差动元件动作时间的滞后是可测量的）。而在区内故障时，因为差动电流就是反映实际的故障电流，所以差动元件动作与实际故障是同步发生的。由此可见，通过判别差动元件动作与启动元件动作发生是否同步就可识别饱和情况，识别 TA 饱和后，先闭锁差动保护一周，可防止保护误动。

另外在 TA 饱和后，由于每周中存在一个过零点，即存在一个线性传变区，因此对饱和的闭锁应该是周期性的。在判 TA 饱和后差动保护先闭锁一周期，随后在线性传变区时再度开放。这样即使出现故障发展，如区外故障转区内故障，差动保护仍能可靠地快速动作，以满足系统稳定要求。

4）电压闭锁元件。电压闭锁元件的动作表达式为

$$U_{ab} \leqslant U_{set} \tag{6-66}$$

$$3U_0 \geqslant U_{0set} \tag{6-67}$$

$$U_2 \geqslant U_{2set} \tag{6-68}$$

式中　　　　U_{ab}——母线电压；

　　　　　$3U_0$——母线三倍零序电压；

　　　　　U_2——母线负序电压；

U_{set}、U_{0set}、U_{2set}——分别为各序电压闭锁值。

三个判据中的任何一个被满足，该段母线的电压元件就会闭锁；如母线电压正常，则闭锁元件返回。本元件瞬时动作，动作后自动展宽 40ms 再返回。差动元件动作出口，必须相应母线段的母线差动复合电压元件动作。

5）故障母线选择逻辑。对固定连接方式分段母线，如单母线分段、2/3 断路器接线等主接线，由于各个元件固定连接在一段母线上，不在母线段之间切换，因此大差电流只作为启动条件之一，各段母线的小差比率差动元件既是区内故障判别元件，也是故障母线选择元件。

（2）母联失灵和死区保护。当母线保护动作，出口跳闸，而母联断路器失灵或发生死区故障，死区位置图如图 6-66 所示。即母联断路器 TA 间发生短路，故障点不能切除，这

时需要进一步切除母线上其余单元。因此在保护动作，发出跳开母联开关的命令后，经延时后判别母联电流是否越限，如经延时后母联电流满足越限条件，且母线复合电压动作（表示故障仍未切除）。则跳开母线上的所有断路器，母联失灵保护逻辑图如图 6-67 所示。

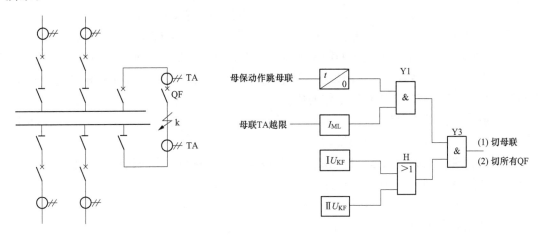

图 6-66　死区位置图 　　　　　　　图 6-67　母联失灵保护逻辑图

（3）母联充电保护。当一段母线经母联开关对另一段母线充电时，若被充电母线存在故障，此时需由充电保护将母联断路器跳开。

为了防止由于母联 TA 极性错误造成的母差保护误动，在接到充电保护投入信号后先将差动保护闭锁，此时若母联电流越限且母线复合序电压动作，经延时将母联断路器跳开。当母线充电保护投入的接点延时返回时，将母差保护正常投入。

（4）母联（分段）过电流保护。母联（分段）过电流保护可以作为母线解列保护，也可以作为线路（变压器）的临时应急保护。母联（分段）过电流保护连接片投入后，当母联任一相电流大于母联过电流定值，或母联零序电流大于母联零序过电流定值时，经可整延时跳开母联开关，不经复合电压闭锁。

（5）电流回路断线闭锁。差电流大于 TA 断线定值，延时 9s 发 TA 断线告警信号，同时闭锁母差保护。电流回路正常后，0.9s 自动恢复正常运行。

母联（分段）电流回路断线，并不会影响保护对区内、区外故障的判别，只是会失去对故障母线的选择性。因此，联络开关电流回路断线不需闭锁差动保护，只需转入母线互联（单母方式）即可。母联（分段）电流回路正常后，需手动复归恢复正常运行。由于联络开关的电流不计入大差，母联（分段）电流回路断线时上一判据并不会满足。而此时与该联络开关相连的两段母线小差电流都会越限，且大小相等、方向相反。

（6）电压回路断线告警。某一段非空母线失去电压，延时 9s 发 TV 断线告警信号。除了该段母线的复合电压元件一直动作外，对保护没有其他影响。

（二）PCS-915A-G 微机母线保护装置

1. 概述

PCS-915A-G 微机型母线保护装置适用于 500kV 及以下电压等级的各种母线接线方式的母线保护。该装置采用 STD 总线工业控制机作为 CPU，大大提高了保护的速度和可靠性，也使保护的调试和维护更加方便。装置采用一主三从多 CPU 方式。从 CPU 用作相电流数据采集、故障分析并向主 CPU 传送故障信息；主 CPU 用作保护的通信管理、人机对话、故障报告的打印、母线电压的数据采集、故障分析以及双母线运行状态的识别。

保护装置采用全封闭型柜式结构，整套保护装置由一柜构成。

（1）装置的主要特点 。PCS-915A-G 微机型母线保护装置的主要特点如下：

1）装置利用 STD 总线工业控制机构成母线保护，主、从 CPU 间实现网络互联，并可与中央处理机一起实现更高级的协调管理，为全站自动化的实现创造了条件。

2）采用分相式多微机系统结构，使得整套保护装置对系统各种故障有相同的灵敏度。同时，大大提高了保护装置整组动作的速度。

3）提出了抗 TA 饱和新方案。当系统发生区内故障 TA 饱和时，装置仍能迅速动作；区外故障 TA 饱和时，装置不会误动，对 TA 无特殊要求。

4）结合对交流量的动态分析和隔离开关触点的实时检测，实时跟踪母线的运行方式，实现了双母线保护的自适应性，保证了母线运行的可靠性。

5）系统及母线发生相继故障时，保护能正确、迅速反应。

6）独立的电压闭锁回路增强了装置抗误动的能力。

7）丰富的自检功能及人机对话功能使得装置的运行、调试更加方便。

8）在母线倒闸过程中发生外部故障，保护不会误动。

（2）主要功能。

1）准确区分母线区内、区外故障，区内故障时保护迅速动作于出口，区外故障则可靠制动，TA 饱和时不影响保护装置正确动作。

2）实时跟踪母线的运行状态，具有自适应性。双母线解列运行时，保护仍能正常工作。

3）具有线路断路器失灵保护、母联失灵（死区）保护及充电保护功能。

4）低电压闭锁功能。

5）交、直流回路的检测功能，TA 断线能闭锁保护，断线恢复后自解除闭锁。电压回路断线告警，断线恢复后自动解除告警；直流消失发预告信号。

6）具有灵活功能，可以文件方式或打印方式记录故障前后信息，便于进行故障分析。

2. 保护工作原理

（1）带比率制动特性的电流差动保护原理。母线在正常工作或其保护范围外部故障时，所有流入及流出母线的电流之和为零，而在内部故障情况下，所有流入及流出母线的电流之和不再为零。差动保护可以正确地区分被保护元件的内部和外部故障，因而，在母线保护中得到广泛的应用。

接入母线上所有单元（包括母联或分段）的三相电流，通过各自的模拟通道、数据采集变换，形成相应的数字量，按各相别实现分相式微机母线差动保护。

对每相的差动判据，取各单元电流之和的绝对值作为差动电流 $I_\mathrm{d} = \left| \sum\limits_{j=1}^{N} i_j \right|$，取各单元电流的绝对值之和为制动电流 $I_\mathrm{res} = \sum\limits_{j=1}^{N} \left| i_j \right|$，其差动判据为

启动元件：

$$\left| \sum_{j=1}^{N} i_j \right| \geqslant I_{op} \tag{6-69}$$

动作元件：

$$\left| \sum_{j=1}^{N} i_j \right| - K_{res} \cdot \sum_{j=1}^{N} |i_j| \geqslant 0 \tag{6-70}$$

式中 i_j——第 j 单元的电流；

N——参与差动计算的单元数；

I_{op}——差动作电流；

K_{res}——制动系数，其值小于 1。

当任一相的差动判据同时满足启动元件和动作元件的判据时，即判认为差流越限，差动保护动作于出口。差动保护动作，其出口跳闸命令保持 400ms 后返回，以确保断路器可靠跳闸。若差电流不返回，差动出口命令也不返回。

上述两种差动判据必须确保所有单元电流的总传变变比相同、极性一致。当主 TA 变比不一致时，在差动判据中，必须将各单元电流乘以各自相应的通道平衡系数，使所有单元电流的总传变变比（即主 TA 变比与通道平衡系数之积）相同。本母线保护装置中电流通道平衡系数可通过键盘整定，各主 TA 变比差异允许非整数倍。

差动保护制动特性如图 6-68 所示，动作范围与差动动作电流 I_{op} 及制动系数 K_{res} 的整定值有关。

（2）抗 TA 饱和措施。当系统发生故障而 TA 发生饱和时，由于饱和 TA 的二次不能正确反应系统一

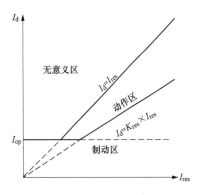

图 6-68　差动保护制动特性

次电流，这将使差动判据中的差电流产生偏差，严重时可能导致差动保护误判。

为解决 TA 饱和对差动保护判据的不利影响，采用同步识别法抗 TA 饱和措施。同步识别法基于饱和 TA 的以下特征工作：

1）在系统发生故障瞬间，不论一次电流有多大，TA 不可能同步饱和。从故障发生到 TA 保护至少经过 1/4 周波的时间，在此期间 TA 能够正确传变一次电流。

2）TA 饱和后，二次电流波形出现畸变、缺损，但当一次电流过零点附近，饱和 TA 二次侧将出现一个线性传变区（即二次电流能正确反应一次电流）。

同步识别法的实质：识别差电流越限的出现与故障发生是否同步。差电流越限即两差动保护判据同时满足，故障发生是指制动电流量 I_{res} 或母线电压量发生突变。

若差电流越限与故障发生同步出现，则认为差电流越限是由母线发生区内故障而引起的。此时差动保护在 5ms 以内即可发出动作出口指令并记忆保持 400ms。若差电流越限滞后于故障发生，两者不同步，则认为差电流越限是由母线区外故障 TA 发生饱和所引起的。此时差动保护可靠不动作。

当判别到区外故障 TA 发生饱和后，饱和逻辑进一步根据上述饱和 TA 特征，通过分析在一个完整周波内各采样点差电流越限的计算结果，并结合其他辅助判据，判别故障是否有转换或发展。

在一个完整周波内，计算各采样点的电流是否符合差电流越限判据，当符合动作判据的点数足够多，则判定为故障由区外发展到区内，保护迅速动作，发出跳闸命令；否则判为仍是区外故障 TA 饱和，差动保护可靠不动作，并在随后的每个完整周波内重复上述判据，直到差电流越限完全消失（即区外故障被切除）。

（3）电压闭锁。根据 GB/T 14285—2006《继电保护和安全自动装置技术规程》规定，专用母线保护为了防止误动作，其出口回路应该经过闭锁触点控制，加装电压闭锁可以明显提高母线保护的安全性。但是，加装电压闭锁应保证闭锁元件不影响母线保护的灵敏度和动作速度。

由于母线故障基本上属于金属性接地故障，故障相电压几乎为零，相间故障不接地时的残压最大，是正常时的 50%。同时，由于在微机型母线保护中，计算机具有很强的记忆功能，能记忆故障前的信息，因而，在母线发生故障的瞬间，由于故障相电压的突变很大，故可以利用电压的突变量与周围比较，通过比较工频周期电压的值，可以迅速地检测出电压故障是否满足保护快速动作的要求。

电压突变：电压突变时检测当前采样点电压与前一周波对应采样点电压两者间的突变量。

动作判据：

$$|u_{K-T} - u_K| > \Delta U_{op} \tag{6-71}$$

式中　u_K——当前采样点的电压值；

u_{K-T}——与采样点相应的前一周期该点样值，其中下角 K 代表采样点、T 代表周期；

ΔU_{op}——电压突变动作整定值。

为提高电压动作的灵敏度，在应用电压突变量判据的基础上，我们还引入负序电压、零序电压和低电压判别。

1）低电压：低电压实时监测各单相电压量。

动作判据：任一单相电压量小于低电压动作整定值。

2）负序电压：负序电压实时监测由三相电压通过负序过滤计算所得的负序电压量。

动作判据：自产负序电压量大于负序电压动作整定值。

3）零序电压：零序电压实时监测自产零序电压量或外接零序电压量（即 TV 开口三角形电压）。

动作判据：自产零序电压量或外接零序电压量大于零序电压动作整定值。

上述 3 个电压动作判据经"或"逻辑启动中间继电器，其动作触点接入差动失灵保护的出口跳闸回路中，构成开放母线保护出口跳闸闭锁条件。母联单元的出口跳闸可根据需要，不经电压闭锁触点。

（4）母联断路器失灵保护。对双母线或单母线分段，配置有母联断路器失灵保护。

当母线保护判别到一段母线发生故障，保护动作后，经过延时（确保母联断路器可靠跳闸），若母联 TA 故障电流仍存在，则启动母联断路器失灵保护，动作于另一段母线保护的出口，从而彻底切除故障，此时保护装置发"母联失灵"动作信号。

（三）短引线保护

主接线采用二分之三接线时，每回出线均由两台断路器控制，二分之三接线如图 6-69 所示。但是在某一回出线停运且断路器需要和环运行时，如图 6-69 中出线 L1 停运，拉开出线侧隔离刀闸 QS1，合上断路器 QF1、QF2 后，断路器 QF1、QF2 之间的短引线就因本回出线（特别是出线接入变压器时）保护的退出而失去了保护。因此在出线保护中就增加了一种特有的保护——短引线差动保护，来保护两台断路器之间的这一段引线。

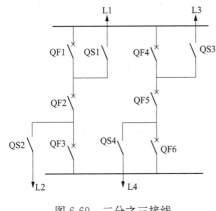

图 6-69 二分之三接线　　　　　　　图 6-70 差动保护原理图

短引线差动保护是按基尔霍夫电流定律来判断区内、区外故障的一种保护。流经电流继电器的电流为两电流互感器二次侧的电流向量和，差动保护原理图如图 6-70 所示。因此在正常运行或区外故障时，流经电流继电器的电流为

$$\dot{I}_{KA} = (\dot{I}_1 - \dot{I}_2)/n_{TA} = 0 \tag{6-72}$$

由于流经电流继电器的电流为零，因此保护不会动作。

而在区外故障时，流经电流继电器的电流为

$$\dot{I}_{KA} = (\dot{I}_1 + \dot{I}_2)/n_{TA} = \dot{I}_K \tag{6-73}$$

此时由于 $\dot{I}_K$ 的作用，电流继电器将会动作，启动整套保护，使两侧的断路器跳闸。

当线路运行，线路侧隔离开关 QS 投入时，该短引线保护在线路侧故障时，将无选择性地动作，因此必须将该短引线保护停用。一般可由隔离开关 QS 的辅助触点控制，在QS 合闸时使短引线保护停用。

（四）保护装置常见故障及处理

自检报告中符号说明及异常情况处理如下：CPU1 自检出错时，液晶显示 "CPU1 FAILURE"；CPU2 自检出错时，液晶显示 "CPU2 FAILURE"；MONITOR 自检出错时，液晶显示 "MONITOR FAILURE"。

（1）CPU1 自检报告。

1）EPROM——EPROM 出错，处理办法：与厂家联系更换程序芯片。

2）RAM——RAM 出错，处理办法：与厂家联系更换 62256 芯片。

3）EEPROM——EEPROM 出错，处理办法：重新整定定值；与厂家联系更换 2817 芯片。

4）TWJ——跳闸位置触点异常，处理办法：检查断路器位置触点。

5）PT——交流电压回路断线，处理办法：检查 TV 回路；检查装置内部电压采样回路。

6）L0Q——零序电流长期启动，处理办法：检查 TA 回路；检查装置内部电流采样

回路。

7）D_CHANNEL——压频变换器或计数器出错，处理办法：检查VFC插件的＋5V偏置；检查VFC插件上的AD652；检查CPU上的8254芯片。

8）除TV断线外，其余自检错误均闭锁本CPU的保护，此时本CPU插件上的"OP"灯灭。TV断线时，"DX"灯亮。

（2）CPU2自检报告。

1）XPT——用于检重合条件的线路电压断线，处理办法：检查线路电压的TV回路；检查线路电压的采样回路。

2）自检报告中的其他字符含义同CPU1。

自检错误中除XPT外，均闭锁本CPU的保护，此时本CPU插件上的"OP"灯灭。

（3）MONITOR自检报告。

1）EEPROM WR——定值修改允许开关，处理办法：检查定值修改开关位置打在"修改"位置时，报警。

2）RAM——RAM出错，处理办法：与厂家联系更换RAM芯片。

3）EPROM——EPROM出错，处理办法：与厂家联系更换程序芯片。

4）OPT DC——光耦电源坏，处理办法：检查电源＋24V输出；检查OPT插件。

5）TA ABN——跳A出口异常，处理办法：检查CPU1或CPU2插件TA输出口。

6）TB ABN——跳B出口异常，处理办法：检查CPU1或CPU2插件TB输出口。

7）TC ABN——跳C出口异常，处理办法：检查CPU1或CPU2插件TC输出口。

8）HJ ABN——重合闸出口异常，处理办法：检查CPU2插件HJ输出口。

9）L0Q——零序电流长期启动，处理办法：检查零序电流回路；检查MONITOR插件零序电流。

10）LQ——电流突变量长期动作，处理办法：检查电流采样回路；检查TA回路。

11）CPU1 COMM——与CPU1通信异常，处理办法：与厂家联系。

12）CPU2 COMM——与CPU2通信异常，处理办法：与厂家联系。

13）LIQUID——液晶显示出错（仅在打印自检报告中可见），处理办法：与厂家联系。

其中EEPROM WR、TA ABN、TB ABN、TC ABN、HJ ABN都将整套装置闭锁。以上任意一种自检出错，装置都将向中央信号屏发送装置异常信号，即BJJ触点动作。

（五）其他异常情况处理

1. 上电后液晶出现两道黑杠

处理办法如下：

（1）检查程序芯片是否插对。

（2）按红色复位键看是否正常，若正常则上电复位电路有问题，检查MONITOR板的LM393及所配电阻；若不正常，则与厂家联系。

2. 按"↑"键不能进菜单

处理办法如下：

（1）检查 MONITOR 的零序启动定值是否太低。

（2）检查按键是否损坏。

3. 打印报告无或不完整

处理办法如下：

（1）检查 MONITOR 板上的 E0 和 E10 应连上。

（2）检查 ISO232 芯片是否完好。

（3）检查打印机及电缆线是否有损坏。

4. 跳闸时只有信号无出口

处理办法如下：

（1）检查 MONITOR 板是否启动（有无报告）。

（2）检查 MONITOR 板上的跳线 E4 和 E5 应连上。

第六节　继电保护的运行

一、继电保护与自动装置的有关规定

（1）各电气设备的继电保护与自动装置应随该设备的运行方式投退，不得随意进行投退操作。

（2）根据系统运行方式的要求和检修工作的需要，可依据工作票或值长的命令进行保护投退操作。

（3）有继电保护的电气设备均不允许无保护运行。

（4）由电网各级调度管辖的保护和厂内管辖的厂用系统保护，其投入或停运及改变运行方式等均应按值长的命令执行。

（5）继电保护与自动装置运行中的检查维护、投退操作均由运行值班人员进行。继电保护与自动装置的消缺、维修、检修、调试、动作定值整定及必须通过改变保护装置内部接线才能改变运行方式的工作，均由电气检修维护人员进行。

（6）继电保护与自动装置以及保护控制的二次回路，其检查、维修、实验等工作，应随其电气设备的检修维护工作同步进行。运行中的消缺维护需要退出其保护时，均应在值长同意的情况下并要办理工作票后进行。无工作票者不准在保护装置以及二次回路上进行工作（事故处理、紧急抢修除外）。

（7）有下列情况之一者，可以退出运行设备的某一保护或自动装置进行检修调试：

1）继电保护或自动装置发生故障需要紧急消缺者。

2）继电保护和自动装置误动作或事故跳闸后需要进行校核测定者。

3）有两种及以上主保护，只停其中之一且不影响其他保护正常运行者。

（8）发生下列情况之一者，可将继电保护或自动装置退出运行，并应及时汇报值长，联系电气检修维护人员进行处理：

1）继电器已烧坏、损伤或振动大、触点抖动严重者。

2）保护装置、自动装置控制板面信号指示灯指示异常，与实际运行状况不符，有误动的危险或已发生误动者。

3）电压、电流互感器故障影响到保护装置、自动装置正常运行者。

（9）保护装置、自动装置的投退及运行方式的改变，均应用其投退连接片或切换连接片、切换开关进行操作；若用其他方法才能进行上述操作的，均由电气专业检修维护人员进行。

（10）接有交流电压的保护装置、自动装置，在进行运行方式切换操作过程中，应防止造成失压引起保护装置或自动装置误动。若在交流电压回路上进行工作时，必须采取防止保护装置、自动装置误动的措施。

二、继电保护自动装置的维护和检查

为了使继电保护自动装置能长期安全可靠地工作，应加强对运行中继电保护自动装置的检查和维护，以便及早发现异常运行情况，及时进行处理和消除，防止误动或拒动现象发生。

1. 检查的周期

对检查周期应有明确的规定，具体检查周期按现场规程执行，一般可遵循下列规则。

（1）每个运行班在接班前做必要的一般检查。内容包括：①操作过的连接片位置；②切换过的直流电源；③改动过的继电保护定值；④信号继电器是否有不正常的指示；⑤直流电压是否正常；⑥差动回路不平衡电流是否正常；⑦保护装置电源监视灯指示是否正常；⑧无异常报警指示。

（2）每个运行班在值班过程中还应对继电保护及自动装置做一次详细的检查，检查内容及要求后文会做详细介绍。

（3）在继电保护及自动装置投入后，运行状态或定值改变后，均应进行检查，以核对或确认继电保护自动装置的方式变化和定值调整是否符合要求。

（4）每次电气事故、电气录波或信号发生后，应至现场检查，以分析和验证保护的动作和信号是否正确无误。

2. 检查的内容和要求

（1）微机保护柜内各插件（卡）应插紧到位；保护投入指示灯亮；无异常报警指示灯亮；保护面板上各小开关位置符合要求，液晶显示屏画面指示正常。

（2）继电器无脱轴现象；轴和触点无歪斜；动静触点的间距正常；触点无烧黑烧毛现象；触点无异常的抖动或异常响声；继电器线圈无过热烧焦，无烧焦味道；电阻无灼热情况。

（3）二次回路连接片及切换开关位置应符合当时运行方式的要求；继电器的定值应在规定记号处。

（4）运行设备的保护盘柜门应完好，并且已关好；保护装置前后应无妨碍运行的杂物。

（5）继电器应保持清洁无积灰。

（6）检查中如发现异常，应立即汇报，并作出相应处理。

三、继电保护及自动装置在检修后投运前的工作

（1）应由检修人员向运行值班人员详细交代工作内容，包括做了哪些工作、发现的问题、存在的缺陷、运行中的注意事项等。讲明设备变动情况和特殊要求，如继电器、连接片或切换开关的位置；增加或减少的继电器；定值的更改情况等。并在继电保护工作记录簿上详细写明，检修、运行双方复核无误后签字。

（2）根据整定书核对继电器定值无误。否则，应立即通知检修人员纠正。检查二次回路连接片符合设备检修停用时的位置（即运行操作结束状态），并检查各连接片接触良好。

（3）检修现场及继电器、连接片等场所的清洁工作已做好，无积灰，无妨碍运行的杂物。继电器内校验用的纸片等应清除。

（4）应按相应的检查要求对将投运的继电保护进行检查，符合投运条件。

四、检修时的安全措施及注意事项

为了保证设备和人身安全，并防止运行设备发生误动，在进行检修时，应做好以下安全措施。

（1）原则上，继电保护及自动装置的检修应与所属一次设备检修同时进行。因为电气设备不允许无保护运行。

（2）运行中因故要进行二次回路检修时，一定要先断开其动作回路，对有相互影响的保护，如低压闭锁过电流、重合闸装置等要同时停止运行，拆开有关连接片或断开切换开关，采取防止误动的可靠措施。

（3）工作中应防止电流互感器二次侧开路和电压互感器二次侧短路及接地。在操作有关连接片时，必须注意电流互感器二次侧先短接后方可取下。

（4）必须履行检修工作票。

（5）应将运行中的继电器屏用醒目标志（如红白带）明显围好，并在需检修的继电器屏上悬挂"在此工作"牌。防止跑错设备、拆错线而造成事故。

（6）在检修过程中，需要加电压或进行断路器动作试验时，应有专职监护人，并事先进行联系，以免发生人身事故。

五、运行中的操作原则及安全注意事项

（1）电气设备通常不允许无保护运行，所以，运行中不能无故将保护退出运行。

（2）对于电气设备主保护运行中因故需退出运行的，事先应征得总工程师及有关部门的同意。

（3）继电保护及自动装置的投入或停用必须按上级调度或值长的命令，或征得其同意后执行。但当判明并确认有发生保护误动作的危险时，值班人员有权先解除该保护装置的跳闸作用，然后逐级汇报。

（4）在改变一次系统的运行方式时，应同时考虑到一次设备和二次回路的配合，防止由于一、二次运行方式不对应或不配合而造成的拒动、误动。当一次系统方式改变时，在调整操作过程中或潮流变化时，应控制和监视最大负荷电流不超过继电保护装置允许的限额值。防止由于人为疏忽而使保护装置或自动装置动作，造成不必要的事故。

（5）在需要断开运行中的电压互感器时，应先解除与该电压互感器有关的继电保护装置或自动装置。如低电压保护装置、备合闸装置、自动调节励磁装置、低压闭锁过电流保护装置等，不可盲目依赖元件的闭锁作用来防止保护误动。

（6）在运行设备的互感器二次回路上工作或调整定值时，要防止电流回路开路和电压回路短路、接地。在调整运行设备差动保护变流器二次连接片时，应首先解除差动保护的跳闸作用，以防止误动作。

（7）在改变一次系统运行方式的同时须进行继电器定值调整时，应遵守下列事项：

1）对反应故障时数值上升的继电器，如过电流、过电压继电器，若定值由大调小，应在运行方式改变后进行调整；若定值由小调大，则应在运行方式改变前进行调整。

2）对反应故障时数值下降的继电器，如阻抗继电器、低电压继电器，若定值由大调小，应在运行方式改变前调整；若定值由小调大，则应在运行方式改变后进行调整。

（8）微机保护的定值在调整后，应打印保护定值并核对无误。

（9）设备运行中由于一次方式变更而需要改变继电保护方式或定值时，应具备下列条件方可进行：

1）通过二次回路的连接片或切换开关能改变二次回路的运行方式。

2）继电器上已事先标好明显的经校验的定值标记，微机保护人机对话显示正常，且运行人员已掌握了该继电器的调整方法和注意事项。

（10）凡遇到新的继电保护设备要投入运行或原运行设备经过异动（即变动）及定值调整方法有变动时，应由继电保护检修人员事先向运行人员现场交代清楚，并视需要与可能做现场示范，以便运行人员及时掌握新的调整方法和注意事项。如果比较复杂，还应提供详细的书面说明。

（11）调整过程中的注意事项。

1）调整前应做好可靠的安全措施，保证调整过程中不致引起电流互感器二次侧开路和电压互感器二次侧短路或接地。

2）调整作用于跳闸的保护定值时，应于调整前打开与该继电器有关的跳闸连接片；无跳闸连接片时，应隔绝其直流电源；电源无法隔绝时，也要采取其他防止误动的措施，如仍无法判断时，可用高内阻电压表测量该继电保护跳闸连接片断开时二端无异极性电压后方可将该连接片放上。

3）调整时应小心谨慎，动作要轻，防止引起振动或误碰，同时应注意不要误碰相邻的继电器或元件。

4）在调整过程中，要防止连接片接地。经试验证明，有些保护和直流系统在跳闸连接片断开而连接片接地的情况下，也可能发生误跳闸。

5）在调整运行中的差动保护时（如母差保护），在放上跳闸连接片前，除上述工作外，还应着重检查差动断线闭锁未动作，并无异常信号报警时才可放上。

6）对运行中临时需要调整个别保护定值时，如运行人员未掌握调整方法，不清楚安全事项，则不可盲目进行。应通知继电保护专职人员进行，以免发生严重后果。

第七章 发电厂电气控制

第一节 发电厂的控制及远动调度通信系统

一、发电厂的控制方式

我国火电厂的控制方式可分为主控制室的控制方式和单元控制室的控制方式，下面分别叙述这两种控制方式。

（一）主控制室的控制方式

单机容量为 10 万 kW 以下的火电厂，一般采用主控制室的控制方式，即全厂的主要电气设备都集中在主控制室里进行控制，而锅炉设备及汽机设备则分别安排在锅炉间的控制室和汽机间的控制室进行控制。

主控制室为全厂的控制中心，因此要求监视方便、操作灵活，能与全厂进行联系。火力发电厂主控制室平面布置图如图 7-1 所示。凡需要经常监视和操作的设备，如发电机和变压器的控制元件、中央信号装置等须位于主环正中的屏台上，而线路和厂用变压器的控制元件、直流屏及远动屏等均布置在主环的两侧。凡不需要经常监视的屏，如继电器屏、自动装置屏及电能表屏等布置在主环的后面。

主控制室的位置可设在主厂房的固定端或方便与 6～10kV 配电装置相连通的位置，而且主控制室与主厂房之间设有天桥通道。

主控制室的控制方式具有控制分类明确、单方面操作简单、现场巡视方便、现场操作或采取应急措施较容易等优点；但也存在着控制点多，控制设备分散，工作环境差，机、炉、电之间协调配合困难等缺点。随着机组容量的

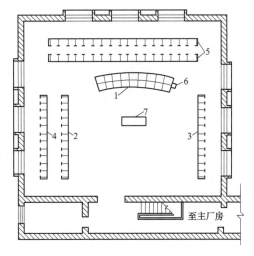

图 7-1 火力发电厂主控制室平面布置图
1—发电机、变压器、中央信号控制屏台；
2—线路控屏；3—厂用变压器控制屏；
4—直流屏和远动控制屏；5—继电保护和
自动装置屏；6—同期小屏；7—值班台

增大和自动化水平的不断提高，机、炉、电的关系将更加紧密，主控制室的控制方式已不能满足现代化控制管理的需要，而单元控制室的控制方式越来越显示出其优越性，已成为发电厂控制广泛采用的控制方式。

（二）单元控制室的控制方式

单机容量为 20 万 kW 及以上的大型机组，广泛采用将机、炉、电的主要设备集中在一个单元控制室进行控制的方式。为了提高热效率，现代大型火电厂趋向采用亚临界或超临界高压、高温的机组。锅炉与汽机之间蒸汽管道的连接，由一台锅炉与一台汽机构成独立的单元系统，不同单元系统之间没有横向的联系，这样管道最短，投资较少。运行中，

锅炉能配合机组进行调节，便于启停及处理事故。

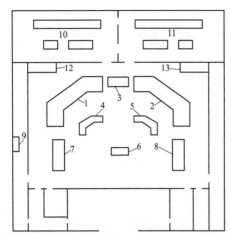

图 7-2 单元控制室平面布置图

1、2—炉、机、电控制屏；3—网络控制屏；

4、5—运行人员工作台；6—值长台；

7、8—发电机辅助屏；9—消防设备；

10、11—计算机；12、13—打印机

机、炉、电集中控制的范围，包括主厂房内的汽轮机、发电机、锅炉、厂用电以及与它们密切联系的制粉、除氧、给水系统等，均采用单元控制室的控制方式，以便让运行人员监控主要的生产过程。至于主厂房以外的除灰系统、化学水处理系统、输煤系统等均采用就地控制。

如果高压电力网比较简单，出线较少，可将网络控制部分放在第一单元控制室内。高压电力网出线较多时，应单独设置网络控制室。

单元控制室平面布置图如图 7-2 所示，该系统的控制方式为两台大型机组合用一个单元控制室。主环为曲折式布置，中间为网络控制屏，而两台机组的控制屏台分别按炉、机、电顺序位于主环的两侧，计算机装在后面机房内。

单元控制室的控制方式具有机、炉、电协调配合容易，机组启停安全、迅速，运行稳定，经济效益高，事故判断准确，处理迅速和工作环境好等优点；但也存在着巡视较远，现场操作不便，对运行人员的技术水平要求较高等缺点。随着计算机监控系统在发电厂的广泛应用，单元控制室的控制方式已成为大型机组普遍采用的一种控制方式。

（三）单元机组炉机电集控

1. 控制室的总体布置

控制室应按炉机电集控布置，把炉机电作为一个整体来监视和控制，实现以显示器（CRT）为中心的过程监控，取消常规的仪表盘（BTG）、分散控制系统（DCS），承担机组数据采集系统（DAS）、机组协调控制系统（CCS）、燃烧器管理系统（BMS、FSSS）、顺序控制系统（SCS）、汽轮机数字电液调节系统（DEH），实现机组自启停及快速甩负荷（FCB）等单元机组大部分主要监控功能。运行人员在控制室内通过显示器、键盘（鼠标球标/光笔）实现单元机组的启动、停止、正常运行及事故处理的全部监视和操作。控制室一般以两台机组共用一个控制室为宜，这样便于两台机组之间的联系管理。两台发电机的仪表盘和厂用电的仪表盘可装在一起，一目了然，便于值长统一调度，还可减少后备值班人员数量。安装施工 2 号机组时，可用临时隔板隔开，并加强管理，不会影响到运行机组的安全运行，也不会影响到施工机组的施工进度。

两台机组共用一个控制室，控制盘台一般是两侧对称布置。两台机组共用一个控制室控制盘台布置示意图如图 7-3 所示。对称布置有中心轴线对称、中心旋转 $180°$ 对称两种对称方式，分别如图 7-3（a）、（b）所示。

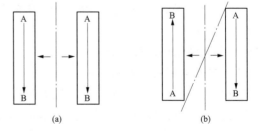

图 7-3 两台机组共用一个控制室控制盘台布置示意图

（a）中心轴线对称；（b）中心旋转 $180°$ 对称

大型单元机组的监控主要在集控室内完成，两台机组共用一个控制室时的布置，宜采用180°对称布置，运行人员监控1号或2号机组时，监视和操作设备的方向和顺序不变，都是从左到右，如图7-3（b）所示。国外也有两台机组并列布置的情况。随着分散控制系统（DCS）功能覆盖面的扩大，电气监控也越来越多地纳入DCS系统。控制室向着小型化发展，利用信息高度集中的优势，节约空间，降低造价。

2. 常规仪表和记录仪表

原则上不用或少用常规仪表，重要参数如汽包水位、主蒸汽温度、主蒸汽压力、汽轮机转速、发电机功率等可根据情况选用少量专用数字显示仪表；汽包水位和炉膛火焰可另设工业电视。记录仪表除汽轮机厂有特殊要求外，可不装设。

3. 操作开关和M/A站

原则上不用硬接线的操作开关，辅机的启/停、阀（风）门的开/关均在CRT键盘（鼠标/球标/触屏）上操作，对重要辅机只设停止的硬接线开关，以确保重要辅机在任何情况下安全停运。作为DCS组成部分的数字逻辑操作站原则上也不要设置。M/A站即手动/自动站，具有手/自动切换、手操增/减等操作功能，过程变量、设定值和输出值显示功能，设定值调整功能。但就其基本功能来说，则类同于常规控制盘台上的硬手操操作器。随着机组自动化程度的极大提高、人工干预要求日趋减少以及DCS功能的日益完善，控制台上CRT和键盘（鼠标/球标/触屏）已提供了软M/A站操作功能，控制台盘上的M/A站的设置应与机组的自动化水平一致。

4. 人员配置

实现单元机组一体化控制、全能值班员，即不设司机、司炉和电气值班员，而是一台机组配备一名主值班员（机组长）、两名副值班员负责对整个机组实施全面监控。主、副值班员要求有较高的文化技术水平，一般应具有高职高专以上学历。

二、发电厂的微机监控系统

发电厂的微机监控系统可分为两大部分，一部分是以热工为主的分布式微机控制系统（DCS），另一部分是与电网有关的网络计算机监控系统（NCS）。DCS对单元发电机组进行数据采集、协调控制、监视报警和连锁保护，在技术上和经济上都已取得了良好效果，使我国火力发电机组的自动控制和技术经济管理水平发展到了一个新阶段。

国内300MW机组发电厂的电气量（模拟量和开关量）都已进入DCS系统，即通过该系统实现对这些量的监视和测量。而电气系统和设备的调节、控制如何进入DCS系统由计算机控制，下面就电气系统进入DCS的技术问题和网控微机监控系统的应用情况做简单介绍。

（一）电气控制系统进入DCS的有关技术问题

1. 电气控制系统的特点及要求

电气控制系统的控制对象是继电器、接触器、断路器的合、跳闸等电磁线圈，与热工控制设备相比较，电气设备具有如下特点：

（1）信号简单，模拟量为电流、电压（其他电气量，如功率、电量等，均可变换为电压、电流），开关量为无源接点。

（2）信号的传输和变换相对简单（TA、TV及电量变送器，输出动作对象为电磁线圈）。

（3）信号变化速度快（电气量的变化一般为毫秒级，热工量一般为秒级或更长）。

（4）控制策略一般为开关量逻辑控制。与热工设备比较控制对象少，控制逻辑简单，操作机会少，正常运行时，发电机及厂用电设备很长时间才可能操作一次。

（5）电气设备的主要保护、安全自动装置要求可靠性高、动作速度快（电气设备主保护的动作时间一般为几毫秒至十几毫秒）。

由于发电机、厂用变压器等电气设备在正常运行时操作机会少，但如果发生误动或拒动，对生产造成的损坏是巨大的，所以对电气控制回路的监视功能就提出了很高的要求，如断路器合、跳闸线圈断线监视，控制回路熔断器熔断监视，继电保护元件的故障监视等。

2.DCS控制电气设备的方式及其优缺点

（1）由DCS的硬件及软件实现电气逻辑。包括发电机同期逻辑、厂用电自动切换逻辑、发电机励磁系统自动电压调整器甚至简单的继电保护逻辑等。

（2）DCS通过I/O或网络将控制指令发送到电气控制装置上，DCS仅实现高层次的逻辑，如与热工系统的联锁，操作员发出的手动操作命令的合法性逻辑检查等，其他操作逻辑均由电气控制装置自身来实现。主要的电气控制装置包括发电机励磁系统自动电压调整器（AVR），发电机自动准同期装置（ASS），厂用电自动切换装置（ATS），厂用电高、低压开关等。

采用方式（1）具有如下优点：①由于控制逻辑均在DCS中实现，电气控制系统的可靠性与DCS的可靠性相同；②由于控制逻辑均在DCS中实现，电气控制装置非常简单；③电气控制逻辑全部由DCS软件实现，组态灵活，修改逻辑方便，可适应不同运行方式；④部分厂家的DCS已实现了发电机同期逻辑、厂用电自动切换逻辑、发电机励磁系统自动电压调整器等硬件专用模块，这些硬件模块配合DCS的软件组态，可以完成相应电气装置的功能。

采用方式（1）有如下缺点：①电气控制将依赖于DCS设备，以前发电厂使用的DCS设备严重依赖进口；②按电厂的运行习惯，电气与热工检修人员的分工是非常明确的，如果上述电气功能均由DCS硬件和软件实现，而硬件模块安装在DCS机柜中，给专业人员的运行及检修造成矛盾，并致使责任不清；③尽管DCS可以依靠专用硬件模块及软件实现发电机自动准同期、厂用电自动切换等逻辑，但这些功能对速度的要求很高（如厂用电快速切换功能要求在15～20ms完成逻辑运算并发出命令），DCS实现其功能，花费的代价太大，对DCS负担较重，甚至有可能影响其他子系统；④DCS的发展水平还不能满足发电机-变压器继电保护、发电机电气量故障录波等功能要求；⑤按电厂的建设程序，厂用电系统是首先投入运行的，一般比热工系统要早6个月左右，这时如果DCS不能正常运行，厂用电系统将失去控制及保护。

采用方式（2）有如下优点：①电气控制设备完全独立，电气设备的安全性连锁逻辑完全由电气控制设备自身实现，脱离DCS系统，各电气控制系统仍然能够维持安全运行；②对速度要求很高的电气装置，由于并不依赖于DCS，能够大大地减轻DCS的系统负担；③对数字化电气控制设备，有可能实现DCS的网络通信连接，减少DCS的硬件设备，实现真正意义上的分散控制。节省控制电缆及建设投资；④符合当前电厂的专业分工，对设备的检修维护有利；⑤有利于电气控制设备厂家发展数字化电气控制装置，促进国产数字化产品的进步。

采用方式（2）有如下缺点：①电气控制系统的可靠性取决于电气控制装置的可靠性；②国产数字化电气控制设备大部分还达不到与 DCS 网络通信的水平，只能通过 I/O 方式连接。

综上所述，按当前控制及设备水平，电气控制系统进入 DCS 宜采用上述方式（2）。

3. 电气量纳入 DCS 控制的内容

电气量纳入 DCS 控制，即由 DCS 根据所采集的电气设备的各种参数加以分析、判断，作出决定，并对某个设备发出指令；或者对运行人员输入的某个指令根据所采集的数据进行分析判断，决定是否执行该指令。

DCS 应主要实现以下控制功能：①发变组的顺序控制和键盘软手操控制；②厂用高低压电源的键盘软手操控制；③发变组启动、升压、并网及正常停机的顺序控制；④发变组启动、升压、并网及正常停机的软手操控制。

（1）发电机启动升压操作步序：①当发电机转速为 2950r/min，且其他条件满足时，由工作人员确认后，软手操启动顺控或软手操操作；②投起励开关；③投磁场开关［控制自动电压调整装置（AVR），使发电机出口开始升压，直至发电机额定电压 90%］。

（2）发变组并网操作步序：①当发电机出口已经开始升压，并由工作人员确认后，软手操启动顺序控制或软手操操作；②当发电机出口电压大于 $90\%U_N$ 时，投入自动准同期装置（ASS）；③ASS 控制 DEH 与 AVR 进行调频率及调电压，直至发电机变压器组达到并网条件；④当并网条件满足时，ASS 发出命令投发变组断路器。

（3）发变组正常停机步序：①当接到正常停机指令，并经工作人员确认后，由软手操启动顺控或软手操操作；②DCS 命令厂用电源切换装置将厂用负荷由厂用工作变压器切换至启动/备用变压器；③发电机减负荷，DCS 控制 AVR 使发电机出口减压；④当负荷降为零后，DCS 断开发变组断路器；⑤当发电机出口电压 $U_G \approx 0$ 时，DCS 切磁场开关（退出 AVR）。

自动电压调整装置（AVR）、自动准同期装置（ASS）、厂用电源切换装置均为独立的装置，不属于 DCS。

（4）DCS 控制功能。

1）对以上步序，DCS 主要完成以下顺控及软手操功能：①发变组主断路器的投切；②磁场开关的投切；③起励开关的投切；④AVR 的投切及切换控制；⑤整流装置的投切及切换；⑥ASS 装置的投切及控制；⑦厂用电源切换装置的投切及控制。

DCS 应能对以上设备进行条件判断，在各个步序中完成顺控功能。

2）厂用电源的软手操控制：DCS 应能实现高低压厂用电源的必要的连锁逻辑，例如先投高压侧开关后投低压侧开关，同一母线段工作电源备用电源不同时投入等；当操作人员误操作时，DCS 应能根据逻辑状态条件判断为误操作。

3）厂用启动/备用电源系统，应能在两套单元机组的 DCS 系统上完整实现控制功能，两套 DCS 之间应相互闭锁，确保在任何情况下只能在一套 DCS 中发出操作指令。

4）DCS 完成的厂用电源控制功能如下：①厂用高压启动/备用变压器高压侧断路器软手操投切；②厂用高压 6~10kV 各段工作断路器软手操投切；③厂用高压断路器 6~10kV 段备用断路器软手操投切。

控制厂用电源切换装置完成厂用切换工作，完成工作电源和启动/备用电源的正常及故障时的快速切换。

工作变压器、公用变压器、照明变压器、检修变压器等低压厂变断路器的软手操投切主要包含：①工作变压器、公用变压器、照明变压器、检修变压器等低压厂变低压侧断路器的软手操投切；②工作段、公用段、照明段、检修段等低压厂变低压侧断路器的软手操投切。

为能保证安全停机及保证厂用电源供应，设置以下硬操作于辅助屏上：①发变组断路器控制开关；②磁场开关控制开关；③柴油发电机启动控制开关。

4. 电气量纳入 DCS 监测的内容

数据采集与处理（DAS）是实现实时监控的基础，对各系统的数据采集应能实现 DCS 对各电气系统的实时监测和控制。

数据采集包括模拟量、开关量、脉冲量的采集，其中开关量应分为一般开关量和事件顺序记录量有以下电气量纳入 DCS 监测的内容。

（1）发变组纳入 DCS 监测的电气量。

1）发电机电压、电流、频率、功率、功率因数等。

2）封闭母线温度、压力。

3）主变压器电压、电流、功率、温度、油位等。

4）启/备变电压、电流、功率、温度、油位等。

5）厂高变电压、电流、功率、温度油位等。

6）发变组主断路器状态油压等。

7）启/备变高压侧断路器状态油压等。

8）励磁系统电压、电流、磁场开关、起励开关等开关状态。

9）以上系统各种保护设备的动作状态。

（2）厂用电源系统纳入 DCS 监测的电气量。

1）厂用高压侧 6～10kV、3kV 各段母线电压。

2）厂用低压工作变压器、公用变压器、照明变压器、检修变压器等电流、功率、温度等。

3）厂用低压变压器高低压侧断路器状态。

4）厂用低压各段母线电压，各分段断路器状态等。

5）以上厂用电源系统各保护设备的动作状态。

（3）其他系统纳入 DCS 监测的电气量。

1）保安电源及柴油发电机电压、电流、功率、功率因数等。

2）保安电源及柴油发电机各个开关状态等。

3）直流系统各开关、蓄电池，充电设备及各开关状态及保护设备动作状态。

4）UPS 系统各设备状态及电压、电流、功率等状态。

5）AGC 负荷控制指令状态。

（二）发电厂的网控微机监控系统的应用

1. 网控微机监控系统的功能特点

（1）主要特点。按 GB 50660—2011《大中型火力发电厂设计规范》规定，大型火力发电厂的网控室均要求配置网控微机监控系统，主要用于完成网络控制系统所要求的全部控制、测量、信号、操作闭锁、事故记录、统计报表、打印记录等功能。前些年采用常规监控系统和微机监控装置双重设置的方式，其主要特点可以总结如下：

1）采用常规的强电一对一的控制、信号方式、常规的测量仪表直接从 TV、TA 测量或经变送器测量。

2）设置一套单机或双机的微机监测装置，具有测量、信号显示、事故记录及追忆、打印等功能。

3）设置独立远动装置，单独采集数据和信号，向调度所发送信息，与当地常规监控系统不发生关系。

4）继电保护装置独立设置，继电保护动作信号同时送至中央信号及网控微机。

（2）存在缺陷。事实证明，这种模式只是网控微机应用的初级阶段，其设计思想本身存在以下缺陷：

1）设备、功能重复设置，造成大量的浪费。网控微机本身具有极强的功能，它完全可以取代常规的监控设备及独立的远动装置，而将这些功能协调、有机地统一到网控微机中。

2）运行管理水平没有得到实质提高。由于各部分功能的分散，网控微机的功能在运行中只得到很少一部分的发挥，因而其优越性不能得到充分体现。

3）增加了设计、施工的工作量，降低了二次设备运行的可靠性。例如，有的信号既要送到常规的信号系统，又要送到网控微机和远动装置，接点数量有限，不得不用中间继电器来增加接点数量，这样既增加了设备，又增加了故障概率。

4）增加了大量电缆。正是因为网控微机应用初级阶段存在着很多问题，才使得我们的进一步研究具有实际意义。

2. 国内外网控微机应用的发展趋势

近年来，随着微机技术的迅速发展，微机型继电保护装置和微机控制系统的技术得到了很大的提高，这为变电站综合自动化系统的发展提供了极其有利的条件。

国内应用的发展趋势：①网控微机采用开放式、分散式网络；②网控微机具有远动功能，不再另设独立的远程终端单元（RTU）；③采用微机型继电保护装置，继电保护系统通过软接口与网控微机系统相连，保护设备一般放在保护小室内。

国外应用的发展趋势：①网控微机采用开放式、分散式网络。控制装置就地布置，做到功能分散、地点分散；②网控微机具有远动功能，不再另设独立的 RTU；③保护设备下放。

国内外做法的主要区别在于：国外的做法是将控制、保护设备尽量做到分散布置，即在一次设备就地设置微机控制终端和保护单元，将就地所有的电流、电压等模拟量及各种开关量收集到一起，再通过光缆传输到主机接收。这种做法真正体现了分散式控制系统的设计思想，即功能分散、地点分散。而在我国，由于有些设备不具备下放到就地的条件（因就地条件相对来说较差），因而只能集中布置，但从系统结构上看，系统本身还是分散式的。

3. 网控微机的设计原则

（1）取消常规监控设备。常规监控设备和网控微机的双重设置造成了大量的浪费，也极大地限制了微机监控系统功能的发挥。因此，若要上网控微机，就应彻底革新，取消常规的监控设备。

（2）网控微机系统的设计思想。在做网控微机系统的设计时，要考虑到可靠性、实用性和开放性。

（3）系统功能。系统与用户之间的交互界面为视窗图形化显示，利用鼠标控制所有功能键等方式，使操作人员能直观地进行各种操作，用户利用菜单可以容易到达各个控制画面，每个菜单的功能键上均有清楚的文字说明用途以及可以到达哪一个画面。每个画面都有瞬时报警显示，当收到报警时，无论操作人员在任何画面，均会跳到报警显示。所有系统的原始数据，均为实时采集。

系统应用程序的每一项功能均能按用户要求及系统设计而修改，并可随扩建或运行的需要而进行扩充和修改。一般情况下，系统应配有以下基本功能：

1）系统配置状况显示。以图形或表格的方式显示整个系统的配置状况及系统软件配置，并显示当前的运行状态信息。

2）接线图显示。分层显示接线图画面，并显示出各被控对象的运行状态并动态更新。

3）数据采集、处理。将有关信息，如开关量、模拟量、外部信号等数据，传至监控系统做实时处理，更新数据库及显示画面，为系统实现其他功能提供必需的运行信息。

4）报警。按系统实际需要，用户可以指定在某些事件发生时或保护动作时自动发出报警，如一般可设置在以下情况下系统将发出报警：开关量突然变位；断路器位置不对应；模拟量越限等。

5）事件顺序记录（SOE）。根据运行需要，可将某些事件，如继电保护动作、断路器跳闸等的动作时间及有关信息做记录，供事故分析等使用。

6）遥控修改继电器整定值。经授权的操作人员可以通过系统主机或工作站遥控修改各继电器的保护功能和整定值。

7）操作闭锁。系统上所有操作对象均可设定闭锁功能，以防止操作人员误操作。

8）趋势图。

（4）模拟量采用交流采样方式，不设直流变送器。

（5）由微机监控系统传送远动信息到区调或总调，不另设独立的 RTU。

（6）可设一块由微机监控系统驱动的主接线模拟屏，进行主要设备的状态及主要模拟量的动态显示。

（7）就地设备和网控微机之间用光缆连接。

（8）设置一套独立的 UPS。

（9）继电保护下放。国内外高压开关场内的设备的保护，已广泛采用了微机型保护装置。国外很多公司的做法是将保护下放到配电装置，这种方案节省了大量电缆，而且从可靠性观点来看也比较恰当。国内因设备质量问题，保护还不能下放，而是集中在继电器室内，这种做法由于设备的运行环境较好，有利于电子设备的运行，因而也是可以接受的。就当前情况来说，不必特意追求保护的下放。

（10）网控微机和单元控制系统（集控）的信息交换。根据生产调度的需要，集控和网控之间需要有必要的信息交换，这种信息交换以往都是通过硬接线实现的。网控部分采用微机监控系统以后,可以通过软接口实现 DCS 与网控微机之间的信息交换。

三、发电厂运行与系统调度中心的关系

电力系统中连接着许许多多、大大小小的发电厂,发电厂要通过电网将生产的电能送到用户去,而电能生产的过程又是发、送、用同时完成。这就决定了电能生产、输送、分配的全过程必须要有一个统一的调度,即电力系统调度,来组织、协调和管理生产过程,以保证电力系统的安全、可靠及稳定运行,保证电能的质量。发电厂是电力系统中最重要的电源,特别是大容量机组电厂,机组的稳定、经济、可靠运行,对电力系统正常、灵活运行起着至关重要的作用,为此电力系统调度均采用调度自动化系统,将遍布各地的电厂、变电站信息传送至调度中心,以使调度人员统观全局,运筹全网,有效地指挥和控制电网安全、稳定和经济运行。

调度自动化系统是电力系统调度的重要手段。也是电力系统自动化的重要组成部分。电网调度自动化的作用主要有以下三个方面:

(1) 对电网安全运行状态实现监控。电网正常运行时,通过调度人员监视和控制电网的频率、电压、潮流、负荷与功率、主设备的位置状态及水、热能等方面的工况指标,使之符合规定,保证电能质量和用户计划用电的要求。

(2) 按照经济合同,对各电厂的功率曲线进行控制,对电网运行实现经济调度。

(3) 对电网运行实现安全分析和事故处理。信息的及时传送、监控手段的改善以及安全分析,可防止事故发生或及时处理事故,避免或减少事故造成的重大损失。

调度自动化系统主要由三部分组成,即厂所端数据采集与控制子系统(简称厂所端子系统)、通信子系统、调度端数据收集与处理和统计分析与控制子系统(简称调度端子系统)。调度自动化系统构成示意图如图 7-4 所示。

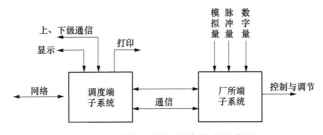

图 7-4　调度自动化系统构成示意图

厂所端子系统习惯的说法是远动系统,远动就是运用通信技术传输信息,以监视控制远方运行的设备。该子系统包括远程终端(RTU)、测量用变送器、模拟量和状态量、脉冲量二次回路以及控制与调节执行元件。

通信子系统包括载波、微波、无线电台、有线电话、高频电缆、光纤以及卫星通信、程控交换机等提供的数据信道。信道质量直接影响调度自动化系统的可信性和可靠性。

调度端子系统主要内容有电子计算机、人机会话设备、各种外部设备、开发与维护设备和与之相适应的软件包等。

如上所述,调度自动化系统是一个综合系统。从理论的角度来看,该系统的基本理论包含了自动控制理论、转换技术、计算技术、编码理论、数据传输原理、网络控制以及信息论等。

随着计算机技术的发展，大电网中普遍实现了数据采集与监控（SCADA），有的还实现了自动发电控制（AGC）和经济调度控制（EDC），还有少量的电网实现了安全分析（SA），大大提高了电网调度自动化水平。

大型电厂通常与省调和网调分别相接。商洛电厂直接由陕西省调调管，所有涉网信息上送陕西省调，部分信息传送至西北网调和商洛地调。

四、电网的分层调度和管理

（一）概述

电力系统由发电厂、输电线路、配电系统及负荷等组成，并由调度中心对全系统的运行进行统一的管理。随着国民经济的发展和人民生活水平的提高，对电能生产的需求不断增长，因而发电设备的装机容量不断增长，电网结构和运行方式越来越复杂，人们对电能质量的要求也越来越高。为了保证供电的质量和电力系统的可靠性和经济性，系统的调度控制中心必须及时而准确地掌握全面的运行情况，随时进行分析，作出正确的判断和决策，必要时采取相应的措施，及时处理事故和异常情况，以保证电力系统安全、经济、可靠地运行。

要满足以上要求，除了提高电力设备的可靠性水平，配备足够的备用容量，提高运行人员的素质等外，还必须实现电力系统自动化，即采用继电保护和自动化装置，采用电网调度自动化。

按照信息处理的方式，电力系统的自动化系统可以分为信息就地处理的自动化系统和信息集中处理的自动化系统。

1. 信息就地处理的自动化系统

信息就地处理的自动化系统的特点是能对电力系统的情况作出快速的反应。如高压输电线上发生短路故障时，要求继电保护快速而及时地切除故障，保证系统稳定；而同步发电机的励磁自动调节系统，在电力系统正常运行时，可以保证系统的电压质量和无功功率的平衡，在故障时可以提高系统的稳定水平；按频率自动减负荷装置能在电力系统出现严重的有功缺额时，快速切除一些较为次要的负荷，以免造成系统的频率崩溃。以上这些就地处理装置的最大优点是能对系统中的情况作出快速的反应，尤其是在电力系统发生故障时其作用更加明显。但由于其获得的信息有局限性，因而不能从全局来处理问题。如频率及有功功率自动调节装置，虽然可以跟踪负荷的变化，但不能实现有功功率的经济分配。另外，信息就地处理自动装置一般只能"事后"处理出现的事件，因而不能"事先"从全局的角度对系统的安全性作出全面而精确的评价，故有其局限性。

2. 信息集中处理的自动化系统

信息集中处理的自动化系统（即电网调度自动化系统），可以通过设置在各发电厂和变电站的远程终端（RTU）采集电网运行的实时信息，通过信道传输到设置在调度中心的主站（MS），主站根据收集到的全网信息，对电网的运行状态进行安全性分析、负荷预测、自动发电控制及经济调度控制等。当系统发生故障，继电保护装置动作切除故障线路后，调度自动化系统便可将继电保护和断路器的动作状态采集后送到调度员的监视屏幕和调度模拟屏显示器上。调度员在掌握这些信息后可以分析故障的原因，并采取相应的措施，使电网恢复供电。

由于信息的采集、传输需要一定的时间，所以在发生系统故障，信息就地处理系统和信息集中处理系统各自有其特点，互相补充但不能替代。以往这两个系统的联系不够紧密。随着微机保护、变电站综合自动化等技术的发展，两个信息处理系统之间的相互联系必然会更加紧密，如微机保护的定值可以远方设置，并随着系统运行状态的改变而改变，可以使保护的定值总是处于最佳状态，但考虑到网络安全，商洛电厂涉网继电保护定值必须通过调度下发并由继电保护专业人员依照定值单更改。基于全球卫星定位系统（GPS）的新一代动态安全分析与监测系统技术、通信技术、数字信号处理（DSP）技术以及电力系统的动态电量测量和在线参数辨识等关键技术的发展，已给电力系统动态监测创造了必要的条件。可以预料，随着计算机技术和通信技术的发展，电力系统的自动化技术将发展到一个新的水平。

（二）电力系统的分层调度

电力系统是一个分布面广、设备量大、信息参数多的系统。电能的生产、输送分配和消费均在一个电力系统中进行。我国已经建成五大电网（华北、东北、华东、华中、西北）及一些省网，并且在大电网之间通过联络线进行能量交换。随着三峡工程的建成，全国统一大电网的格局也将渐呈雏形。另外按照我国行政体制的划分，电力系统的运行管理本身也是分层次的，各区域电网公司、各省电力公司、各市县电力局均有其管辖范围，它们的运行方式和功率、负荷的分配受到上级电力部门的管理，同时又要管理下一级电力部门，以保证整个电力系统能够安全、经济、高质量地发供电。

我国电网实行五级分层调度管理，五级分别为国家调度控制中心、大区电网调度控制中心、省电网调度控制中心及地（市）、县电网调度控制中心，电网分层控制示意图如图 7-5 所示。

由于电网调度管理实行分层管理，因而调度自动化系统的配置也必须与之相适应，信息分层采集，逐级传送，命令也按层次逐级下达。分级调度可以简化网络的拓扑结构，使信息的传送变得更加合理，从而大大节省了通信设备，并提高了系统运行的可靠性。为了保证电力系统的安全、经济、高质量的运行，对各级调度都规定了一定的职责。

各级调度的职责（与电网调度自动化有关的部分）包含以下内容：

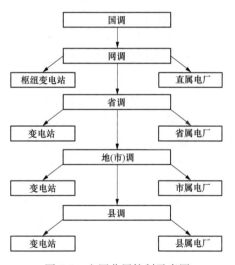

图 7-5 电网分层控制示意图

（1）国家调度中心的职责。

1）负责跨大区电网间联络线的调度管理。

2）掌握、监督和分析全国各电网运行状况。

3）审查、协调各电网的月度发、用电计划，并检查、监督其执行情况。

4）监督各电网的计划用电和水电厂水库水位计划和执行情况。

5）配合有关部门制定年度发用电计划及煤耗、厂用电、线损等技术经济指标。

6）参加全国电网发展规划、系统设计和工程设计的审查。

（2）大区电网调度中心（网调）的职责。

1）负责所辖电网的安全稳定运行。

2）制定大区主电网运行方式或核准省网与大区主网相关部分的运行方式。

3）编制全网月发电计划或省网间联络线送电月计划和直调发电厂的月发电计划，编制下达调度计划。

4）核准省网计划外送电，做好全网经济调度工作。

5）指挥管辖设备的运行操作和系统性事故处理。

6）领导全网的频率调整和主电网的电压调整，并负责考核。

7）监督省网间联络线的送受电力、电量计划或省网发用电计划执行情况，并指挥省网调整。

8）参加制定年度发用电计划和各项有关技术经济指标，批准管辖范围内主要发供电设备的检修。

9）负责全网计划用电和负荷管理工作。

10）按要求向国调和省调或地调传送实时信息。

（3）省级电网调度中心的职责。

1）在保证全网安全经济的前提下，负责本网的安全运行。

2）参加全网运行方式计算分析，负责编制本网运行方式，与网调管辖有关部分应报网调核准。

3）编制本网发、供电设备检修计划。

4）根据上级调度下达的联络线功率、电量计划和直调厂发电计划或本网的发电调度计划，编制本网和调度管辖的独立核算发电厂的发电计划。

5）负责管辖设备的运行、操作、事故处理以及无功功率、电压调整。

6）监督本网计划用电执行情况。

7）按规定向网调、地调传送实时信息。

（4）地区电网调度中心的职责。

1）管辖范围的运行操作和事故处理。

2）管辖范围的设备检修许可。

3）监督本地区和用户的计划用电执行情况。

4）管辖范围的电压和无功功率调整。

5）按规定向省调、县调传送实时信息。

（5）县级电网调度中心的职责。

1）管辖范围的运行操作和运行管理。

2）管辖范围的设备检修许可。

3）监督本地区和用户的计划用电执行情况。

4）按规定向地调传送实时信息。

五、电网调度自动化系统功能简介

电网调度自动化是一个总称，由于各级调度中心的职责不同，因而对其调度自动化系统的功能要求也是不一样的。另外，调度自动化系统的功能也有一个层次，其高一级的功能往往建筑在某些基础功能之上。下面简单介绍各级功能的内容和含义。

（一）数据采集和监控功能

数据采集和监控（SCADA）是调度自动化系统的基础功能，也是地区或县级调度自动化系统的主要功能。它主要包括以下方面：

（1）数据采集。包括模拟量、状态量、脉冲量、数字量等。

（2）信息的显示和记录。包括系统或厂站的动态主接线、实时的母线电压、发电机的有功功率和无功功率、线路的潮流、实时负荷曲线、负荷日报表的打印记录、系统操作和事件顺序记录信息的打印等。

（3）控制和调节。包括断路器和有载调压变压器分接头的远方操作，发电机有功功率和无功功率的远方调节。

（4）越限告警。

（5）实时数据库和历史数据库的建立。

（6）数据预处理。包括遥测量的合理性检验、遥测量的数字滤波、遥信量的可信度检验等。

（7）事故追忆（PDR）。对事故发生前后的运行情况进行记录，以便分析事故的原因。

（二）自动发电控制功能

自动发电控制（AGC）是以 SCADA 功能为基础而实现的功能，一般写成 SCADA＋AGC。自动发电控制是为了实现下列目标：

（1）对独立运行的省网或大区统一电网，AGC 功能的目标是自动控制网内各发电机组的功率，以保持电网频率为额定值。

（2）对跨省的互联电网，各控制区域（相当于省网）AGC 的功能目标是既要求承担互联电网的部分调频任务，以共同保持电网频率为额定值，又要保持其联络线交换功率为规定值，即采用联络线偏移控制的方式（在这种情况下，网调、省调都要承担 AGC 任务）。

（三）经济调度控制功能

经济调度控制（EDC）是与 AGC 相配套的在线经济调度控制，是实现调度自动化系统的一项重要功能。如果说 AGC 功能主要保证电网频率质量的话，那么 EDC 则是为了提高电网运行的经济性。

EDC 通常同 AGC 配合进行。当系统在 AGC 下运行较长时间后，就可能会偏离最佳运行状态，这就需要按一定的周期（通常可设定为 5～10min），启动 EDC 程序重新分配机组功率，以维持电网运行的经济性，并恢复调频机组的调节范围。

（四）能量管理系统

能量管理系统（EMS）是现代电网调度自动化系统硬件和软件的总称，它主要包括 SCADA、AGC/EDC 以及状态估计、安全分析、调度员模拟培训等一系列功能。SCADA、AGC/EDC 在上面已做介绍，下面只简单介绍 EMS 中的一些其他功能。

1. 状态估计

状态估计（SE）是指根据有冗余的测量值对实际网络的状态进行估计，得出电力系统状态的准确信息，并产生可靠的数据集。

2. 安全分析

安全分析（SA）可以分为静态安全分析和动态安全分析两类。

（1）静态安全分析。一个正常运行着的电网常常存在着许多潜在危险因素，静态安全分析的方法就是对电网的一组可能发生的事故进行假想的在线计算机分析，校核这些事故发生后电力系统稳态运行方式的安全性，从而判断当前的运行状态是否有足够的安全储备。当发现当前的运行方式安全储备不够时，就要修改运行方式，使系统在有足够安全储备的方式下运行。

（2）动态安全分析。动态安全分析就是校核电力系统是否会因为一个突然发生的事故而导致失去稳定。校核因假想事故后电力系统能否保持稳定运行的稳定计算。由于精确计算工作量大，难以满足实施预防性控制的实时性要求，因此人们一直在探索一种快速而可靠的稳定判别方法。

3. 调度员模拟培训

调度员模拟培训（DTS）系统的主要作用如下：

（1）使调度员熟悉本系统的运行特点，熟悉控制系统设备和电力系统应用软件的使用。

（2）培养调度员处理紧急事件的能力。

（3）试验和评价新的运行方法和控制方法。

调度自动化系统的功能是随着电力系统发展的需要和计算机技术及通信技术提供的可能而变化的，电网调度自动化技术的发展，可以使电网运行的安全性和经济性达到更高的水平。

六、商洛电厂的控制及远动调度通信系统

（一）电厂自动化水平

火电厂自动化水平通过控制方式、控制室布置、热工自动化系统的配置、系统功能以及运行组织及主辅机设备可控性等多方面综合体现。商洛电厂工程机组为自备电厂机组，带基本负荷运行，但要参与调峰。

商洛电厂工程给水调节、等离子调节、加热器水位调节等采用全程调节，其他回路的自动调节范围将按在最低稳燃负荷以上设计。顺序控制系统按机组级、组级和子组级、设备级设计，锅炉炉膛安全监控系统的燃烧器管理系统按照能根据机组的负荷自动启停燃烧器设计，汽机数字电液控制系统按照具有汽机自启停功能设计。

（二）控制方式

商洛电厂工程采用升压站网络监控系（NCS）、电气监控管理系统（ECMS），以及分散控制系统（DCS）组成的自动化控制网络，实行控制功能分散、信息集中管理的设计原则。其中ECMS只监不控，厂用电控制由DCS系统完成。

商洛电厂工程采用炉、机、电、网、辅集中控制方式，不再单独设电气网络控制室。单元机组全部实现液晶显示屏（LCD）监控。运行人员在集中控制室内通过大屏幕显示器与LCD操作员站实现机组启/停运行的控制、正常运行的监视和调整以及机组运行异常与事故工况的处理。

在集中控制室内通过辅助车间控制网络的LCD操作员站可对各辅助车间进行监控。考虑到本工程的实际情况，辅助车间还设有煤、灰、水、脱硫四个辅助监控点。其中煤、灰、水三个辅助监控点在机组运行初期，就地值班员通过就地LCD操作员站进行监视和控制，待积累成熟的运行经验后，可以过渡到以集中控制室为主要监控手段，就地辅助车间LCD操作员站监控仅在网络故障、设备调试等特殊情况下使用。

控制室内不设后备监控设备和常规显示仪表，仅保留少数独立于DCS的硬接线，紧急停机、停炉、停发电机等的控制开关或按钮。设置炉膛火焰和汽包水位工业电视以及重要无人值班区域的闭路电视监视系统。

单元机组炉机电统一运行管理，运行组织宜按机组操作员（1名主操，2名副操）设岗。辅助系统水、灰渣等统一运行管理，可设1或2名值班员。脱硫系统采用BOT模式统一运行管理。

（三）控制室布置及厂级监控信息系统

1. 集中控制室布置

商洛电厂工程2台机组合设一个集中控制室。控制室布置在集控综合楼运转层，面积约为320m²。在集中控制室内布置有值长监控站、单元机组监控LCD操作员站、电气网络监控LCD操作员站、辅助车间监控网的LCD操作员站、大屏幕显示器、单元机组工业电视显示器、全厂闭路电视显示器、全厂火灾报警监控盘以及各监控系统的打印机等。在集中控制室前布置有值班员交接班室、会议室、更衣室。

2. 厂级管控一体化系统

商洛电厂设立厂级管控一体化系统（CMIS），各控制系统向厂级监控信息系统（SIS）提供有效的实时生产信息，通过SIS系统将全厂各控制系统联网，实现全厂生产过程实时监控，使电厂在最佳状态下运行，同时SIS为管理信息系统（MIS）提供所需的生产过程的信息。SIS与MIS相结合，形成CMIS。

（四）单元机组控制系统

单元机组分散控制系统按照功能分散和物理分散相结合的原则设计。DCS的功能包括数据采集系统、模拟量控制系统、顺序控制系统、锅炉炉膛安全监控系统，为了便于DCS物理分散原则的具体实施，DAS、SCS、MCS的简单回路统一考虑控制器和I/O配置。

汽机数字电液控制系统（DEH）随汽轮机供货商成套设计和供货，尽可能采用与DCS一致的硬件。

对2台机组的公用系统，如厂用电公用系统等设备的监控纳入DCS公用系统，其设计原则为三套DCS均可对公用系统实现监控，但应确保在同一时刻，只能由一台机组的DCS实现对公用部分设备的控制，另套功能应被闭锁掉仅有监视功能。

商洛电厂工程单元机组DCS设有与电力调度自动化系统远动终端的自动发电控制（AGC）的硬接线接口，即单元机组可以接受电力调度系统的直接调度。同时，厂级监控信息系统留有与电力调度自动化系统远动终端的连接接口，可将调度信息采集至厂级监控信息系统，作为数据累计和运行参考。

（五）单元机组辅助控制系统

（1）单元机组辅助控制系统的组成。发电机励磁调压系统（AVR）、发电机自动同期系统（ASS）、厂用电快切装置等电气设备均为专用控制设备，重要的监视、报警及操作信号均采用硬接线与DCS系统交换信息。

（2）分散控制系统内各子系统的信息共享。凡DAS所需要的数据，而在其他系统中已设计了相应信息的I/O，则可通过数据通信解决，DAS不再重复设置I/O。

（3）各系统间重要信号采用硬接线连接。商洛电厂工程采用远程I/O技术，远程I/O设备通过通信与DCS控制系统构成一体。分散控制系统留有与空预器间隙调整控制系统等的通信接口；其他系统如化学加药控制系统、发电机励磁调压系统（AVR）、发电机自动同期系统（ASS）、厂用电快切装置等均采用硬接线与DCS系统交换信息。

（六）远动调度通信系统

远动调度通信系统的远动信息传输遵循直调直采、直采直送的原则。对有直接调度关系的电网调度中心，所需的远动信息在采集、处理及传输过程中不允许有其他的中间处理环节，以满足调度自动化的实时性和可靠性要求。电厂内的远动设备主要模块按冗余配置考虑，以确保远动系统的可靠性。

1. 调度范围

根据接人系统一次部分分析及审查意见，商洛电厂2×660MW机组满足商洛地区企业自身用电需要，正常时电厂系统通过三回330kV联络线为其提供事故和检修备用，同时也可承担陕西省电网的调频调峰，因此根据西北电网调度管理规定调度范围划分原则的要求，商洛电厂将由陕西省调直接调度管辖，西北网调间接调管。

远动系统是电网调度自动化系统的组成部分，它采集的实时信息是实现电网安全的基础，根据上述分析以及相关标准要求，商洛电厂远动信息将直送陕西省调，并考虑以数据网为主的远动信息传输方式。西北网调如需监视相关的远动信息，则以电力调度数据网或省调转发的方式采集电厂的有关信息。

商洛电厂安全稳定运行将直接影响陕西电网的安全稳定运行和商洛电厂的正常生产。根据电网调度自动化系统功能的要求，电厂将实现安全监控和自动发电控制功能。即电网调度中心对电厂内的主设备的运行情况进行遥测、遥信，对发电机组有功功率进行遥调。

2. 远动系统方案

电网安全调度依赖于实时、可靠的信息采集，电厂远动设备的主要模块按冗余配置考虑，以满足可靠性要求。随着电网调度自动化技术的发展和控制手段的更新，远动设备和电厂内计算机控制系统的结合更加紧密。远动系统方案按照计算机监控系统中设置远动工作站的方式考虑。直采升压站内及1号、2号发变组、0号启动/备用变压器的所有电气量信息，通过调度数据网双平面上传调度。

第二节　断路器及隔离开关的控制、信号与测量装置

一、二次回路的基本知识

发电厂的二次设备是指测量表计、控制及监察装置、信号装置、同期装置、继电保护装置、自动装置和远动装置等。根据测量、控制、保护和信号显示的要求，表示二次设备互相连接关系的电路统称为二次回路或二次接线。二次回路的任务是反映一次系统的工作状态，控制和调整一次设备，并在一次系统发生事故时使事故部分退出工作。

在发电厂和变电站中虽然一次回路或一次接线是主体，但是要实现安全、可靠、优质、经济的生产和输配电能，二次回路同样是不可缺少的重要部分。特别是随着机组容量和电力系统容量的增大及自动化水平的提高，二次回路及其设备将起着越来越重要的作用。由于二次回路使用范围广、元件多、安装分散，为了设计、运行和维护方便，我们又按照不同的要求将其进行详细划分。

按二次回路电源的性质，可分为交流回路（电压、电流）和直流回路。交流回路是由电流互感器、电压互感器和厂（所）用变压器供电的全部回路；直流回路是由直流电源正极到负极的全部回路。

按二次回路的用途，可分为操作电源回路、测量表计回路、断路器控制和信号回路、

中央信号回路、继电保护和自动装置回路等。

二次回路的图纸按用途可分为原理接线图、展开接线图、安装接线图三种。图中各元件都有国家规定的图形符号和文字符号，二次回路厂用图形符号见表 7-1。表中各开关电器和继电器触点都是按照它们的正常状态表示的，正常状态是指开关电器在断开位置和继电器线圈中没有电流时的状态。

表 7-1 二次回路厂用图形符号

序号	名称	图形	序号	名称	图形
1	电流继电器	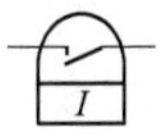	18	断路器或隔离开关的动合辅助触点	
2	电压继电器	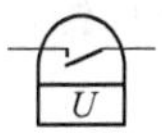	19	断路器或隔离开关的动断辅助触点	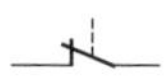
3	时间继电器	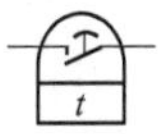	20	带灭弧装置的接触器接点	
4	中间继电器	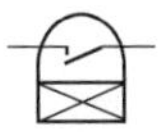	21	自动复归按钮的动合触点	
5	信号继电器	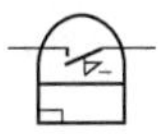	22	自动复归按钮的动断触点	
6	气体继电器	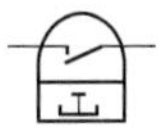	23	温度继电器的触点	
7	一般继电器和接触器的线圈	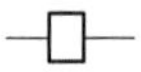	24	压力（气压或液压）继电器的触点	
8	继电器的电流线圈	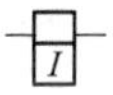	25	连接片	
9	继电器的电压线圈	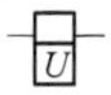	26	切换片	
10	有延时的电压线圈	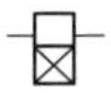	27	信号灯	
11	继电器的瞬时动作动合触点	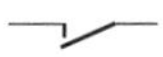	28	电流互感器	
12	继电器的瞬时动作动断触点	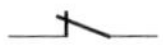	29	电压互感器	
13	继电器的延时闭合的动合触点		30	熔断器	
14	继电器的延时闭合的动断触点		31	警铃	
15	继电器的延时断开的动断触点		32	蜂鸣器	
16	继电器的延时断开的动合触点		33	测量表计线圈	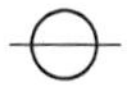
17	继电器的动合保持触点		34	电笛	

（一）原理接线图

原理接线图是用来表示继电保护、测量仪表和自动装置等工作原理的一种二次接线图，它以元件的整体形式表示二次设备间的电气联系。它通常是对应各个一次设备分别画出，并将和一次接线有关部分综合在一起。这种接线图的特点是使看图者对整个装置的构成有一个明确的整体概念。

6～10kV线路过电流保护原理如图7-6所示。整套装置由四个继电器组成，其中3、4为电流继电器，其线圈接于AC相电流互感器的二次侧回路中。当电流超过其动作值时，3、4继电器接点闭合，启动时间继电器5，经一定延时后时间继电器5的接点闭合，经信号继电器6的线圈、断路器辅助接点7接通跳闸线圈8的回路，使断路器跳闸，同时信号继电器6的触点闭合发出信号。断路器跳闸后，由其辅助触点7断开跳闸线圈中的电流。

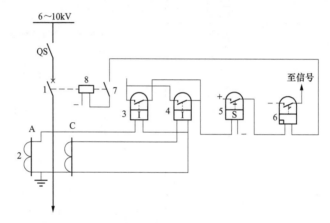

图7-6 6～10kV线路过电流保护原理

1—断路器；2—电流互感器；3、4—电流继电器；5—时间继电器；6—信号继电器；
7—断路器辅助触点；8—跳闸线圈

从以上分析可见，原理接线图概括地给出了保护装置或自动装置的总体工作概念，它能够明显地表明二次设备中各元件形式、数量、电气联系和动作原理，但是对一些细节未表示清楚，如未画出元件的内部接线、元件的端子标号和回路标号，直流操作电源也只标明其极性，同时，交流电压回路与交流电流回路又混合在一起，当二次回路比较复杂时，对回路中的缺陷不易发现和寻找。因此，仅有原理接线图还不能对二次回路进行检查维修和安装配线。

（二）展开接线图

展开接线图是用来说明二次回路动作原理的，在现场使用极为普遍。展开接线图的特点是将每套装置的交流电流回路、交流电压回路和直流回路分开表示。为此，将同一仪表或继电器的电流线圈、电压线圈和接点分开画在不同的回路里。为了避免混淆，对同一元件的线圈和接点采用相同的文字标号。

在绘制展开图时，一般将电路分成几部分，如交流电流回路、交流电压回路、直流操作回路和信号回路等。对同一回路内的线圈和接点，按电流通过的路径自左至右排列。交流回路按A、B、C相序，直流回路按继电器的动作顺序自上至下排列。在每一行中各元件的线圈和接点是按实际连接顺序排列的。在每一回路的右侧通常有文字说明，以便阅读。

6～10kV 线路保护展开图如图 7-7 所示,该图是根据图 7-6 而绘制的 6～10kV 线路过电流保护的展开接线图。图中右侧为示意图,表示主接线情况及保护装置所连接的电流互感器在一次系统中的位置,左侧为保护回路展开图。展开图由交流回路、直流操作回路和信号回路三部分组成。阅读展开图时,一般先读交流回路,后读直流回路。由图可见,交流电流回路是按 A、B、C、N 的顺序自上而下逐行排列,它是由 A、C 相电流互感器的二次侧 TA_a1、TA_c1 分别接到电流继电器 KA1、KA2 的线圈,然后并联起来,经过一个公共线引回。图中 A411、C411 和 N411 为回路标号。

在展开图的直流操作回路中,绘在两侧的竖线条表示正、负电源,向上的箭头及编号 101 和 102 表示它们是从控制回路的熔断路 FU1 和 FU2 下面引来的。横线条中上面两行为过电流保护的时间继电器启动回路,第三行为跳闸回路,最下一行为"掉牌未复归"的信号回路。

展开图接线清晰,易于阅读,便于了解整套装置的动作程序和工作原理,在复杂的电路中其优点尤为突出。

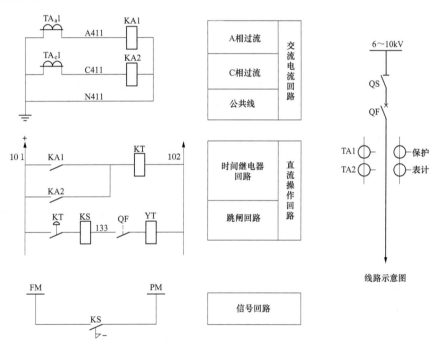

图 7-7 6～10kV 线路保护展开图

(三)二次回路展开图的绘制原则

(1)二次回路中所有设备的触点位置规定都应按正常状态绘出,即以设备不带电状态(如断路器在跳闸状态、继电器在未通电动作状态)下的各触点位置绘出。

(2)二次设备分成线圈和触点等部件后,属于同一个二次设备的所有部件应标以同一文字符号。例如,中间继电器 KM 的线圈和触点都要标以 KM,以便查找,这些文字符号都要符合国家标准的规定。

(3)在同一电气回路中,若有多个同类型设备,则应在文字符号后加注不同数字符号以便区别。如电流回路中有三个电流继电器,则应分别标上 KA1、KA2 和 KA3。不同电气回路中同一设备的编号用阿拉伯数字表示，放在设备文字符号的前面。

（4）二次设备的各组成部件，要分别绘在相应回路中，按照电流从电源流出的先后顺序从左到右排成行，行与行之间也应尽量按动作的先后次序从上到下排列。为了便于阅读，一般在展开图的右边对应用文字标明每行或一部分回路的名称和用途。

（5）二次回路的标号。为了阅读、安装和检修的方便，二次回路通常都用标号来表示该回路的性质和用途。我国对二次回路中不同回路的编号范围有相关规定，二次回路编号范围见表 7-2、表 7-3。

表 7-2 二次回路编号范围

回路类别	控制信号回路	保护回路	励磁回路	信号及其他回路
标号范围	1～599	01～099	601～699	701～799 （不足时可以递增）

表 7-3 二次交流回路标号组

序号	回路名称	回路标号组					
		用途	A 相	B 相	C 相	中性线	零序
1	保护装置及测量仪表电流回路	T1	A11～A19	B11～B19	C11～C19	N11～N19	L11～L19
2		T1-1	A111～A119	B111～B119	C111～C119	N111～N119	L111～L119
3		T1-2	A121～A129	B121～B129	C121～C129	N121～N129	L121～L129
4		T1-9	A191～A199	B191～B199	C191～C199	N191～N199	L191～L199
5		T2-1	A211～A219	B211～B219	C211～C219	N211～N219	L211～L219
6		T2-9	A291～A299	B291～B299	C291～C299	N291～N299	L291～L299
7		T11-1	A1111～A1119	B1111～B1119	C1111～C1119	N1111～N1119	L1111～L1119
8		T112	A1121～A1129	B1121～B1129	C1121～C1129	N1121～N1129	L1121～L1129
9	保护装置及测量仪表电压回路	T1	A611～A619	B611～B619	C611～619	N611～N619	L611～L619
10		T2	A621～A629	B621～B629	C621～C629	N621～N629	L621～L629
11		T3	A631～A639	B631～B639	C631～C639	N631～N639	L631～L639
12	经隔离开关辅助触点或继电器切换后的电压回路	6～10kV	A（C、N）760～769、B600				
13		35kV	A（C、N）730～739、B600				
14		110kV	A（B、C、L、Sc）710～719、N600				
15		220kV	A（B、C、L、Sc）720～729、N600				
16		330（500）kV	A（B、C、L、Sc）730～739、N600〔A（B、C、L、Sc）750～759、N600〕				
17	绝缘检查电压表的公用回路		A700	B700	C700	N700	
18	母线差动保护共用电流回路	6～10kV	A360	B360	C360	N360	
19		35kV	A330	B330	C330	N330	
20		110kV	A310	B310	C310	N310	
21		220kV	A320	B320	C320	N320	
22		330（500）kV	A330（A350）	B330（B350）	C330（C350）	N330（N350）	

二次回路展开图中各线段的标号按等电位原则标注，即在同一回路中具有同一电位的线段标以同一标号，而经触点、电阻、电容或线圈等元件分隔的线段，则应视为不同电位的线段而标以不同的标号。按水平方向绘制的回路，标号应尽量从左到右或从左、右到中间。

对交流回路，一般按从左到右顺序连续标号。对直流回路，奇数表示正极性，偶数表示负极性，一般从左、右两极向中间标号，即正电源从左向右按奇数顺序编号，负电源从右向左按偶数顺序编号，遇有电容、电阻或线圈等主要降压元件时，应变换极性，该元件两端分别按规定标以奇、偶不同标号。在二次回路中，为了便于记忆，对某些特定的部分，并不完全按顺序编号，而是给予专用的标号。例如，合闸回路线段常标以 3、103、203 或 303；跳闸线圈的线段一般标以 33、133、233 或 333；合闸监视回路标以 5、105、205、305 等；跳闸回路监视标以 35、135、235、335 等。

（四）阅读展开图的基本步骤

（1）先一次后二次。通常在二次回路展开图中都绘有与二次回路相应的一次回路示意图。先一次后二次是指在阅读二次回路图时，先了解一次回路。因为二次回路是为一次回路服务的，只有对一次回路有了一定的了解后，才能更好地掌握二次回路的结构和工作原理。

在阅读一次回路时应了解以下内容：

1）一次回路的构成情况，如保护和控制对象是变压器、线路还是电动机？变压器是双绕组还是三绕组？回路中有几台断路器和几组隔离开关？有几组电流或电压互感器以及它们的编号是什么？

对电流互感器还应了解其装设地点、保护范围等，注意隔离开关是否带有辅助开关。

2）了解一次回路的运行方式和特殊要求。

（2）先交流后直流。所谓先交流后直流，就是说先应了解交流电流回路和交流电压回路，从交流回路中可以了解互感器的接线方式、所装设的保护继电器和仪表的数量以及所接的相别。掌握交流回路的情况，对阅读保护回路展开图尤为重要。

（3）先控制后信号。相对于信号回路来说，控制回路与一次回路、交流电流、电压回路以及保护回路具有更密切的联系，因此了解控制回路是了解直流回路的重要和关键部分。

（4）从左到右，由上到下。在了解直流回路时，应按照从左到右、由上到下的动作顺序阅读，再辅以展开图右边的文字说明，就能比较容易地掌握二次回路的构成和动作过程。

值得指出的是，以上顺序也不是绝对的，有时还需要反复地进行阅读和分析才能掌握二次回路的工作原理。另外，展开图虽然是按照不同回路分别绘制的，但是在阅读时，特别是在阅读直流回路时，不要孤立地去分析直流回路的动作情况，一定要在脑海里将其与一次设备动作情况、交流回路以及其他回路联系起来分析。例如，研究断路器控制回路时，一定要把控制开关的操作与断路器跳、合情况联系起来；分析保护回路一定要将保护的范围、继电器的交流回路动作情况联系起来；研究联锁回路时，要将工作电动机控制回路与备用电动机连锁回路联系起来。这样才能全面地、系统地掌握二次回路展开图的有关内容。

（五）安装接线图

安装接线图是制造厂加工屏（屏台）和现场施工安装所必不可缺少的图纸，也是试验、验收的主要参考图纸。安装图包括屏面布置图、屏后接线图和端子排图。

（1）屏面布置图是决定屏上各个设备的排列位置及相互间距离尺寸的图纸，要求按照一定比例尺绘制。

（2）屏后接线图是在屏上配线所必需的图纸，其中应标明屏上各设备在屏背面的引出端子之间的连接情况，以及屏上设备与端子排的连接情况。

（3）端子排图是表示屏上需要装设的端子数目、类型及排列次序，以及屏上设备与屏顶设备、屏外设备连接情况的图纸。

在安装接线图中，各种仪表、电器、继电器以及连接导线等，都是按照它们的实际图形、位置和连接关系绘制的。

二、断路器的控制方式

（一）断路器的各种控制方式及其特点

按控制回路的工作电压，断路器控制方式可以分为强电控制和弱电控制两种。

1. 强电控制

强电控制就是从发出操作命令的控制设备到断路器的操动机构，整个控制回路的工作电压均为直流110V或220V。

强电控制分为强电一对一直接控制和强电选线控制。后者在实际工程中应用的很少。强电一对一直接控制具有控制回路接线简单、操作电源电压单一、运行人员容易掌握、维护方便、可靠性较高等优点，是国内投入运行的各类变电站中采用的一种主要的控制方式。强电控制因控制设备的电压比较高，为满足绝缘距离的要求，控制设备、接线端子排等设备体积都比较大，而在控制屏（台）上单位面积内可布置的控制回路数却较少。

2. 弱电控制

（1）断路器控制回路的工作电压分成弱电和强电两部分，发出操作命令的控制设备工作电压是弱电（一般是48V）。命令发出后，再经过中间强弱电转换环节把弱电命令信号转换成强电信号，送至断路器的操动机构。中间转换环节和断路器之间的回路结构与强电控制相同。这种弱电控制，实质上只是把布置在控制屏（台）上的控制设备弱电化了。

（2）从控制设备到断路器的操动机构全部回路的工作电压均为弱电。弱电控制主要应用于计算机系统控制，主要有NCS和DCS两种控制方式，商洛电厂330kV断路器控制采用NCS控制方式，10kV及以下断路器采用DCS控制方式。

按控制地点划分，断路器的控制方式有就地控制和远方控制两种。

在大型发电厂中，330～500kV的断路器数量多，且极其重要，距离主控制室远，因此采用单独的NCS控制方式。

（二）弱电控制方式

弱电控制的特点是由于在控制屏（台）上采用了小型化的弱电控制设备，控制屏（台）上单位面积内可布置的控制回路多。在相同数量的被控对象情况下，与强电控制相比，可以减小控制屏（台）的面积，方便运行人员监视和操作；减小了主控制室的建筑面积，降低土建工程投资。部分弱电控制可以做到在中间转换环节与断路器操纵机构之间强电化，所以，控制距离与比强电控制没有缩短。但是某些弱电接线（例如弱电选线）比较复杂，可靠性相对比较低，对运行维护的要求也比较高，所以在一定程度上限制了弱电控制的发展及应用。

按控制地点划分，断路器的控制方式有就地控制和远方控制两种。

在大型发电厂中，330~500kV 的断路器数量多，且极其重要，距离主控制室远，采用弱电一对一控制远方较为适合。这种控制方式能比较圆满地解决控制量大以及控制屏（台）的布置问题，有效缩小单元控制室的面积。

（三）对断路器控制回路设计的基本要求

（1）应有对控制电源的监视回路。断路器的控制电源最为重要，一旦失去电源断路器便无法操作。因此，无论何种原因，当断路器控制电源消失时，应发出声、光信号，提示值班人员及时处理。

（2）断路器控制回路应能满足手动操作和自动操作的要求，并且应有区分手动操作和自动操作的信号。

（3）应经常监视断路器跳闸、合闸回路的完好性。当跳闸或合闸回路故障时，应发出断路器控制回路断线信号。

（4）应有防止断路器"跳跃"的电气闭锁装置，发生"跳跃"对断路器是非常危险的，容易引起机构损伤，甚至引起断路器的爆炸，故必须采取闭锁措施。

（5）断路器的"跳跃"现象一般是在跳闸、合闸回路同时接通时才发生。防跳回路的设计应使得断路器出现"跳跃"时，将断路器闭锁到跳闸位置。

（6）跳闸、合闸命令应保持足够长的时间，并且当跳闸或合闸完成后，命令脉冲应能自动解除。因断路器的机构动作需要有一定的时间，跳合闸时主触头到达规定位置也要有一定的行程。命令保持足够长的时间就是要保障断路器可靠地完成跳闸、合闸动作。

（7）为了加快断路器的动作，增加跳合闸线圈中电流的增长速度，要尽可能减小跳合闸线圈的电感量。为此，跳合闸线圈都是按短时带电设计的。因此，跳合闸操作完成后，必须自动断开跳合闸回路，否则，跳闸或合闸线圈会烧坏。通常由断路器的辅助触点自动断开跳合闸回路。

（8）对断路器的合闸、跳闸状态，应有明显的位置信号。故障自动跳闸、自动合闸时，应有明显的动作信号。

（9）断路器的操作动力消失或不足时，如弹簧机构的弹簧未拉紧，液压或气压机构的压力降低等，应闭锁断路器的动作回路，并发出信号。

（10）SF_6 气体绝缘的断路器，当 SF_6 气体压力降低而断路器不能可靠运行时，也应闭锁断路器的动作回路并发出信号。

（11）在满足上述要求的条件下，力求控制回路接线简单，采用的设备和使用的电缆最少。

（四）断路器控制回路接线

由于电厂使用的电气设备类型各不相同，操作机构和回路也多种多样，加上一次接线方式的差异，对控制回路的要求也不尽相同。这里介绍的内容，以发变组支接厂用电的一次接线为基础进行叙述。厂用系统断路器的一次接线如图 7-8 所示。

图 7-8 中,300MW 发变组 330kV 断路器 QF1 为平顶山高压开关厂生产的 LW6-22 六氟化硫(SF$_6$)断路器。该断路器的操作动力为液压驱动,断路器三相联动。330kV 隔离开关 QS1、QS2、QS3 为电动操作机构,其余 6kV 断路器均为手车型真空断路器。QF5 断路器为 400V 小车式 ME 型断路器。

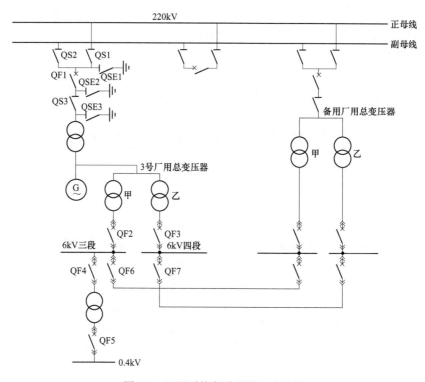

图 7-8　厂用系统断路器的一次接线

1. 发变组 330kV 断路器(QF1)的控制

发变组 330kV 断路器(QF1)控制回路如图 7-9 所示。QF1 为发变组的出口断路器,在正常情况下,只用于进行并、解列操作。

(1) QF1 的合闸。由图 7-9 可以看出,QF1 的合闸通过合闸继电器 KC 进行,而 KC 的励磁则必须通过准同步装置来完成。发电机并列操作时,在具备同步条件后,由准同步装置发合闸脉冲,同步合闸母线 WCS3 带正电后遂使 KC 励磁。回路为＋330V FU1→SA①-②→WCS1→准同步装置→WCS3→ SA1③－④→SA③-④→KC 线圈→FU2→－330V,使 KC 励磁。

在断路器的合闸回路中,串入了油压低和 SF$_6$ 气压低的重复继电器 KL4(该继电器由油压低 SP2 触点或 SF$_6$ 气体压力低触点 KL3 启动)的触点,这是因为断路器的机构用液压驱动,灭弧则以 SF$_6$ 气体为介质。在合闸过程中,如果操作油压或 SF$_6$ 气体密度不符合要求,KL4 触点断开,闭锁断路器合闸,防止断路器发生意外事故。

KC 励磁后,KC 触点接通时,使断路器合闸线圈 YC 励磁,打开高压油路,推动活塞将 QF1 合闸。

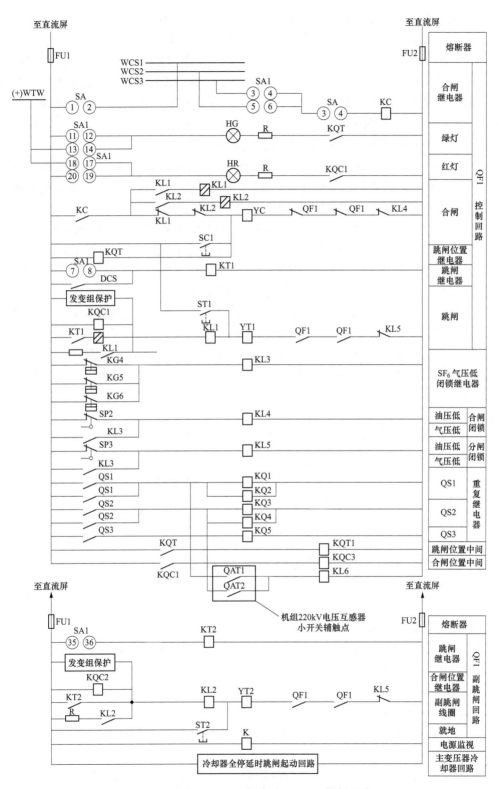

图 7-9 发变组 330kV 断路器（QF1）控制回路

在合闸线圈 YC 回路中串入了防止跳跃继电器 KL1、KL2 的动断触点，其作用是当 QF1 合闸于故障且已由继电保护动作跳闸时，如果此时合闸脉冲尚未消失时，即 KC 仍处于励磁过程中，将造成 QF1 再次合闸、再跳闸，出现断路器跳跃现象。合闸回路中串入 KL1、KL2 动断触点后，如果接在主、副跳闸回路中的 KL1、KL2 电流线圈被继电保护启动，合闸回路中的动断触点 KL1 或 KL2 断开，从而切断合闸回路。与合闸线圈回路并联的 KL1、KL2 电压线圈由本身动合触点自保持，可靠断开 QF1 的合闸回路，这一自保持作用直至合闸脉冲消失才会解除。达到了防止断路器跳跃的目的。

合闸回路中串入断路器辅助触点 QF1 的作用：①在断路器合闸后切断合闸回路，以免烧毁合闸线圈；②和跳闸位置继电器 KQT 配合作为断路器位置指示，并实现增加断路器辅助触点的功能，同时起到监视合闸回路是否完整的作用。

QF1 合闸后，位置指示绿灯灭，红灯闪光，回路为 ＋WTW→SA1⑩-⑥→HR 红灯电阻→KQC1 位置继电器触点→FU2→－330V 由合闸位置继电器 KQC1 接通红灯 HR 的闪光回路，红灯闪光表示 QF1 合闸。顺时针旋转控制开关后，SA1 操作开关⑳-⑲触点接通，红灯常亮。SA1 操作开关⑱-⑰触点断开，闪光停止。

综上可以看出，QF1 的合闸必须具备下列条件：①直流控制电源正常；②断路器操作机构油压和 SF_6 气体密度符合要求；③跳闸闭锁继电器 KL1、KL2 不动作；④回路中各继电器、线圈等元件良好；⑤发电机符合同期条件且准同期装置发出合闸脉冲。

（2）QF1 的分闸。为提高故障时 QF1 分闸的可靠性，分闸回路由主跳闸回路和副跳闸回路组成，两组回路基本相同。所不同的是主分闸回路的分闸操作还能在机组 DCS 操作画面中进行，下面以主跳闸回路说明。

1）手动分闸。在发电机具备解列条件后，由控制开关 SA1 或在 DCS 操作界面进行分闸操作。其分闸由 KT1 跳闸继电器进行，回路为

$$+330 \rightarrow FU1 \rightarrow SA1\ ⑦\text{-}⑧ \rightarrow KT1 跳闸继电器 \rightarrow FU2 \rightarrow -330V。$$
$$ DCS \uparrow$$

当 SA1 触点⑦-⑧或 DCS 触点闭合后，跳闸继电器 KT1 励磁。同样在分闸回路中串入了分闸继电器 KL5，其作用原理与合闸闭锁继电器 KL4 相同，KT1 触点闭合后使断路器的跳闸线圈 YT1 励磁，并使油回路泄压，高压油推动活塞使 QF1 三相联动跳闸。跳闸过程：＋330V：→FU1→KT1 动合触点→KL1 继电器→YT1 跳闸线圈→QF1 断路器辅助触点→QF1 断路器辅助触点→KL5 分闸闭锁动断触点→FU2→－330V，断路器跳闸线圈 YT1 励磁，使 QF1 跳闸。

2）保护跳闸。当机组或系统发生短路或异常工况时，有关继电保护（如发电机差动保护、发变组差动保护、零序保护等）将动作，使 QF1 跳闸。跳闸由发变组保护装置出口继电器发出跳闸指令，并直接接通跳闸线圈 YT1，而不经过 KT1 回路，这样既提高了保护动作跳闸的快速性，同时也提高了保护动作跳闸的可靠性。

2. 厂用高压工作变压器 6kV 断路器（QF2、QF3）的控制

厂用系统断路器的一次接线如图 7-8 所示。

（1）QF2、QF3 的控制。这两台断路器为 6kV 厂用母线的电源断路器，正常运行时必须合上。断路器为 VB 型 6kV 真空断路器，配用弹簧操动机构。每台断路器均有独立的控制电源。

考虑到 QF2、QF3 断路器与其他电源有并列的可能，因此在合闸回路中设置了同步鉴定环节，该回路中的同步装置由操作人员检查同步条件后，可通过手动操作 SA1、DCS 操作画面发合闸指令或按同步装置手动合闸按钮，使其合闸。

QF1、QF3 断路器的合闸操作有时可能向空母线空充，有时则是在两侧带电情况下切换。在切换过程中，例如合上 QF2 后，必须检查 QF2 的表计指示确已承载负荷电流后，方可拉开 QF6，否则将使高压厂用母线失去电源。

QF2、QF3 两台断路器的控制回路相同，厂用 6kV 断路器（QF2 和 QF3）控制回路如图 7-10 所示。

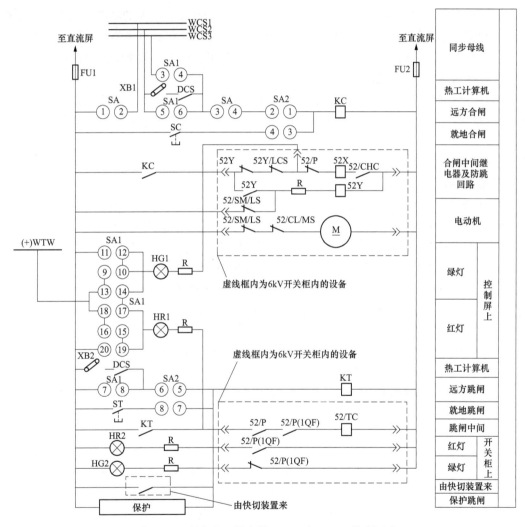

图 7-10　厂用 6kV 断路器（QF2 和 QF3）控制回路

由图 7-10 可见，QF2 的分合闸可以手动遥控进行，也可近控。遥控、近控操作的选择通过断路器柜上切换开关 SA2 进行。其中遥控操作除常规操作能进行外，在 CRT 操作界面内也可进行操作。

（2）合闸过程。合闸过程如下：

```
                    ┌→手动同步合闸按钮—SA1③-④ ─────────────┐
                    ├→SA1⑤-⑥ ────────────────────────────┐  │
+220V→FU1→SA①-②同期开关→同期装置→XB1连接片→DCS输出触点→SA③-④→SA2→KC
                    └─────SC近控按钮 ──────────────────────┘
合闸中间→FU2→-220V
```

当同期鉴定条件满足时，合闸继电器 KC 的励磁可由以下方式接通：①SA1 控制开关⑤-⑥触点；②DCS 的输出触点（合闸）；③同步装置手动合闸按钮并经 SA1③-④；④近控按钮 SC。由 KC 接通 6kV 断路器柜内操作回路，使断路器柜内 52X 合闸线圈励磁，将 QF2 开关合上。正常合闸操作应采用同步鉴定的操作方法。

开关柜内 52Y 闭锁继电器有两个作用：一是具有防断路器跳跃的功能；二是当操作机构弹簧储能不够，52/SM/LS 常闭触点不能断开时，使 52Y 闭锁继电器常励磁，切断合闸回路，只有当操作机构弹簧储能充足后，52Y 继电器才会失电，其常闭触点返回，允许开关合闸，从而避免意外事故的发生。

（3）分闸过程。QF2 的分闸可通过 5 条回路进行，分别如下：①手动遥控分闸；②现场近控拉闸；③通过 DCS 操作画面发分闸指令；④继电保护动作跳闸；⑤备用合闸快切跳闸。

KT 为跳闸中间继电器。当上述条件满足时，KT 励磁，接通跳闸回路，使跳闸线圈 52/TC 励磁后，QF2 跳闸。

3. 低压厂用工作变压器 6kV、0.4kV 断路器（QF4、QF5）的控制

低压厂用变压器一般为 1000kVA 双绕组变压器，6kV 侧 QF4 断路器结构与高压厂用工作变 6kV 侧断路器 QF2 相同。低压侧断路器（QF5）为 ME 型万能式断路器。6kV 侧断路器的控制回路与 QF2 断路器相同。0.4kV 侧断路器控制回路如图 7-11 所示。

（1）合闸过程。QF5 为低压厂用变压器的 0.4kV 断路器，操动机构由电动机储能合闸。合闸可遥控或就地近控进行。合闸过程如下：

合闸回路为继电器 K2 动作，其动合触点 K2 闭合并自保持；电动机 M 转动储能并使断路器 QF5 合闸。当开关合闸完毕，动合触点 S 闭合，使继电器 K1 励磁动作，其动合触点 K1 闭合并自保持，动断触点 K1 断开，切断储能电动机 M 的电源。

（2）连锁跳闸。当控制开关 SA2 自复到合闸位置时，其触点⑤-⑥断开，继电器 K1 失电返回。低压厂用变压器投入运行时，除正常分闸操作外，在下列情况之一出现时，联锁将 QF5 跳闸。

1）保护动作跳闸。

2）6kV 断路器 QF4 联锁跳闸。

3）在备用合闸投入时，备用合闸启动跳闸。

其中第（2）、（3）条只有在备用合闸投入时才能进行。

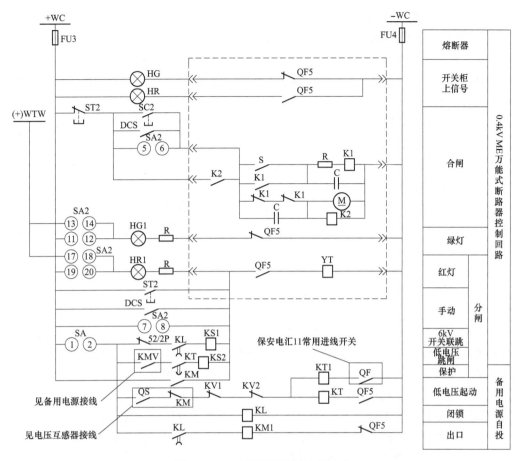

图 7-11 0.4kV 侧断路器控制回路

高压断路器 QF4 联跳是指当 QF4 跳闸后连锁将 QF5 跳闸的过程。QF4 跳闸后，低压电源失电，低压厂用变压器实际已退出运行，所以 QF5 继续处于合闸状态已失去意义。为防止备用电源的投入过程中可能出现的非同步合闸，将备合闸的启动由 QF5 断路器的动断触点启动，所以 QF5 的连锁跳闸是非常必要的。

运行中，当 QF4 断路器跳闸且备合闸投入时，QF4 辅助触点 52/2P 闭合，下面回路将启动，+WC→FU3→SA①－②→52/2P（QF4 副触点）→KL 动合延时断开触点→KS1 信号继电器→QF5 动合副触点→YT 跳闸线圈→FU4→－WC。由此可见，QF4 的跳闸接通了 QF5 的跳闸回路。KL 闭锁继电器触点正常时常闭，因其线圈始终处在励磁状态。但当 QF5 跳闸且低压母线失电后，使 KL 线圈失电，KL 触点延时断开，切断 QF4 联跳 QF5 回路，也就起到了一次闭锁的作用。

上述联锁跳闸过程结束后，QF5 跳闸，其辅助触点闭合，在 KL 闭锁继电器尚未断电返回前，启动下面回路：+WC→SA①－②→KL 动合延时断开触点→KM1→QF5 动断副触点→FU4→－WC 接通，备用电源自投出口继电器 KM1 励磁，使备用厂用变压器自动投入。

QF5 的另一自动跳闸回路是由备合闸启动的，回路为 +WC→FU3→SA①－②→QS→KM→KV1→KV2→KT 时间继电器→QF5 动合副触点→FU4→－WC。回路中 KT 为备合闸时间继电器，当母线失电低电压继电器触点 KV1、KV2 返回接通，而电压互感器初级隔离开关在合上位置（黑框内 QS 辅助触点闭合）、电压互感器次级也未发生断线（黑框内 KM 动断触点未断开）时，KT 时间继电器励磁，其动合触点延时闭合，准备了 QF5 的跳闸回路。回路中的 KMV 动合触点为备用电源有电压鉴定闭锁触点，即只有备用电源电压正常时，备合闸才启动 QF5 的跳闸回路。否则，即使 QF5 跳闸，备用电源断路器合上也是毫无作用的。

三、隔离开关的控制和安全操作闭锁

（一）隔离开关的控制方式

隔离开关的操作分为远方和就地两种方式。在大型电厂的 330～500kV 升压站中，隔离开关大多采用远方控制，其原因如下：

（1）升压站的配电装置距主控制或单元控制室较远，如隔离开关采用就地操作，在倒闸操作过程中，操作人员走路较远，增加了倒闸操作时间，不利于运行中的正常操作和事故处理。

（2）330～500kV 隔离开关操作功率大，靠人力操作不能保证隔离开关断开和合闸所需要的速度。国产的 330～500kV 隔离开关，制造厂都配有电动操动机构，为实现远方控制提供了方便条件。

（3）采用带电动操动机构的隔离开关，远方控制容易实现安全闭锁，防止误操作。由于对隔离开关的位置信号、操作的自动记录、遥信等方面的要求，在隔离开关的操动机构和控制室之间已经敷设有联系电缆。在此基础之上再加控制回路，不会明显地增加电缆费用。此外，隔离开关实现远方控制为网控部分实现计算机监控打下基础。

常用的隔离开关远方控制有弱电一对一控制和成组选择控制两种方式。

为了便于值班人员随时了解隔离开关的位置，对于需要经常操作的重要隔离开关可在控制屏上装设电动的隔离开关位置指示器。

通常采用的隔离开关位置指示器是 MK-9 型隔离开关位置指示器，MK-9 型隔离开关位置指示器构造如图 7-12 所示。指示器由一个固定的带两个线圈的 U 形电磁铁与一个能在电磁铁的磁场内旋转 90°的磁化衔铁以及固定在衔铁上的带有黑条的模拟牌所组成。它们被装在圆筒形外壳内，像指示灯一样固定在屏面上。

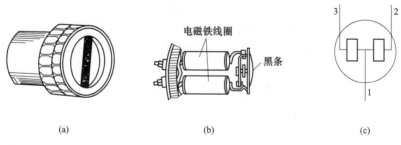

图 7-12　MK-9 型隔离开关位置指示器构造
（a）外形；（b）内部结构；（c）接线图

模拟牌上的黑条有三种位置，即垂直位置、水平位置和倾斜 45°角的位置。黑条停留的位置取决于两个线圈中哪一个中有电流通过。当两个线圈中都无电流通过时，由于弹簧的作用，黑条停留在 45°角的位置。因此，可将位置指示器的两个线圈通过隔离开关辅助

触点接入直流信号电源回路，使隔离开关在接通状态时，指示器的模拟牌在垂直位置；隔离开关在断开状态时，模拟牌在水平位置。隔离开关位置指示器接线图如图7-13所示。

图7-14为隔离开关弱电一对一控制回路接线。这种控制方式具有接线简单，操作方便，模拟性强，和断路器的控制方式相协调，控制回路统一，维护方便的优点。其缺点是在控制屏（台）上的控制设备较多，布置困难。特别是在一次系统采用双母线带旁路接线时，每回路有5组隔离开关，需要5个控制开关，在控制屏（台）上更难以布置。

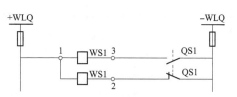

图7-13 隔离开关位置指示器接线图

WS1—位置指示器的线圈；

QS1—隔离开关辅助接点

隔离开关采用成组选择控制可以减少控制设备，有利于控制屏（台）的屏面布置。但在控制回路中用了大量中间（或电码）继电器，使控制回路复杂，操作步骤多。

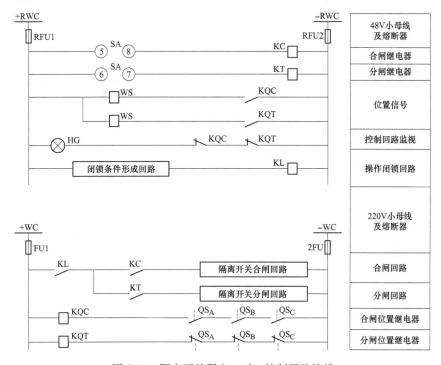

图7-14 隔离开关弱电一对一控制回路接线

在实际工程中，应根据一次系统的接线方式，控制屏（台）的形式、控制设备的大小等因素综合考虑，确定隔离开关的控制方式。一般情况下，在一次系统接线简单，隔离开关数量较少，例如采用3/2断路器接线的情况下，且控制开关在控制屏（台）上的布置又不困难时，应优先选用弱电一对一的控制方式。在一次系统接线复杂，隔离开关数量较多，例如采用双母线带旁路接线，控制开关在控制屏（台）上难以布置时，宜采用成组选择控制方式。

（二）隔离开关的安全操作闭锁

运行实践证明，隔离开关的误操作事故是经常发生的，往往会造成极为严重的后果。

因此，无论是远方操作或就地操作的隔离开关和接地刀闸，都必须配备有完善的防止误操作的闭锁措施。能实现五防，即防止带负荷拉（合）隔离开关，防止误分（合）断路器，防止带电挂地线，防止带地线合隔离开关，防止误入带电间隔。

1. 操作闭锁内容和闭锁条件

隔离开关、接地开关和母线接地器的操作闭锁包括下列内容：

（1）各隔离开关主刀闸的操作闭锁。闭锁的目的是防止隔离开关带负荷拉（合）主刀闸和防止在带接地点的情况下合主刀闸。

（2）各隔离开关、接地开关的操作闭锁。闭锁的目的是防止在带电的情况下合接地开关。

（3）各母线接地器的操作闭锁。其目的是防止在母线带电的情况下，合母线接地器。

隔离开关的主刀闸、接地开关、母线接地器的操作闭锁条件，主要取决于它所在回路的电气接线。图 7-15 所示为在发电厂 330~500kV 升压站常用的 3/2 断路器接线中，隔离开关、接地开关和母线接地器的操作闭锁条件。

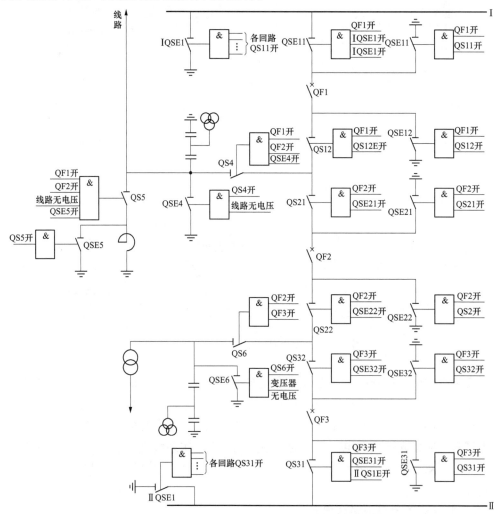

图 7-15 3/2 断路器接线中隔离开关、接地开关和母线接地器的操作闭锁条件

2. 常用的操作闭锁方式

(1) 带动力操动机构的隔离开关主刀闸、接地开关及母线接地器，在其电气控制回路中加入由辅助触点实现的闭锁条件。用辅助触点实现闭锁的隔离开关控制接线如图 7-16 所示。

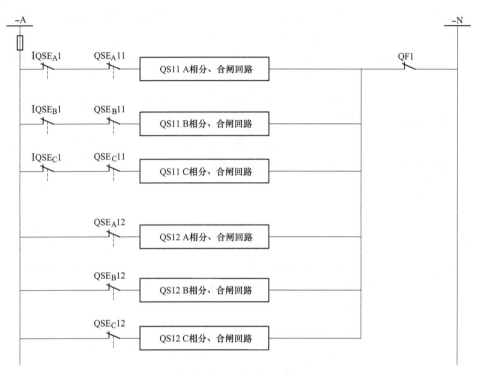

图 7-16 用辅助触点实现闭锁的隔离开关控制接线

这种闭锁方式在具体实现时又分为两种情况，一种是利用闭锁条件中有关的断路器、隔离开关、接地器等设备操动机构的辅助触点，在配电装置各操动机构之间通过电缆联系实现闭锁。其优点是闭锁回路不经过中间转换环节，直观、可靠、容易实现。其缺点是控制电缆用量大。

另一种是利用闭锁条件中有关断路器和隔离开关的位置继电器触点，在控制室内形成闭锁条件，接入控制回路内，实现闭锁。采用这种闭锁方式，每一安装单位设一个接口柜，将本安装单位断路器和隔离开关的位置继电器都安装在同一个接口柜内，形成闭锁条件的接线均为屏内接线，接线方便，实现闭锁也容易。这种闭锁方式的缺点是闭锁条件是通过中间环节实现的，不够直观。如果位置继电器故障，容易造成闭锁条件失效而发生误动作。所以，在采用这种闭锁方式时，对用于闭锁回路的位置继电器完好情况要进行监视。

(2) 手动操作的隔离开关、母线接地器等，在操动机构上装设电磁锁。

(3) 采用微机防误闭锁装置。随着变电站综合自动化技术的发展，很多电厂升压站的 330～500kV 线路、母线设备在单元集中控制室由网络计算机监控系统来实现监控，取消常规一对一硬手操，不设模拟屏，不专设微机五防闭锁装置，330kV 断路器及相应的隔离开关、接地开关之间的闭锁由网控计算机软件来实现。

第三节 发电机的同步系统

一、同步系统综述

发电厂中，将发电机组投入运行的操作是经常进行的操作。在系统正常运行时，随着负荷的增加，要求备用发电机迅速投入系统，以满足用户用电量增长的要求；在系统发生事故时，失去部分电源，要求将备用机组快速投入电力系统以制止系统崩溃。这些情况均要对发电机进行同步操作，将发电机组安全可靠、准确快速地投入系统参加并列运行。

在发电厂网控室中，同步操作可解决系统中断开运行的线路断路器正确投入的问题，实现系统并列运行，以提高电力系统运行的稳定性、可靠性。

同步操作是发电厂、变电站中重要的操作。对同步操作的基本要求如下：①在合闸瞬间，对发电机的冲击电流和冲击力矩不超过允许值；②并列后发电机能迅速被拉入同步。

1. 同步方法分类

同步方法分为准同步法和自同步法。

（1）准同步。准同步方式是将待并发电机在投入系统前通过调节器调节原动机转速，使发电机转速接近同步转速，通过励磁调整装置调节发电机励磁电流，使发电机端电压接近系统电压，在频差及压差满足给定条件时，选择在零相角差到来前的适当时刻向断路器发出合闸脉冲，在相角差为零时完成并列操作。准同步方式断路器合闸瞬间引起的冲击电流小于允许值，发电机迅速被拉入同步运行。

（2）自同步。自同步并列的操作是将未加励磁电流的发电机的转速升到接近额定转速，首先投入断路器，然后立即合上励磁开关供给励磁电流，随即将发电机拉入同步。

自同步并列方式的主要优点是操作简单，速度快，在系统发生故障、频率波动较大时，发电机组仍能并列操作并迅速投入电网运行，可避免故障扩大，有利于系统事故处理，但因合闸瞬间发电机定子吸收大量无功功率，导致合闸瞬间系统电压下降较多。因此，GB/T 14285—2006《继电保护和安全自动装置技术规程》规定，在正常运行情况下，同步发电机的并列应采用准同步方式；在故障情况下，水轮发电机可以采用自同步方式。

同步操作是电力系统的一项经常性的操作，它关系到发电机和电力系统的安全，应充分认识它的重要性。

2. 准同步并列的条件

（1）准同步并列的理想条件。

1）待并发电机电压和系统电压的幅值相等。

2）待并发电机频率和系统频率相等。

3）合闸瞬间，发电机电压和系统电压间的相角差为零。

如果能同时满足上述三个条件，则断路器两侧的电压相量重合且无相对运动，并列时产生的冲击电流为零，发电机与系统立即同步运行，不发生任何扰动。然而，实际并列时以上三个条件很难同时得到满足。

（2）准同步并列的实际条件。由于同期并列操作是一项经常性的操作，按照保证发电机和电力系统安全的总体要求，《继电保护和安全自动装置技术规程》规定，并列时引起的冲击电流应当限制在发电机端短路时短路电流的 $1/10 \sim 1/20$ 以内。依据这个原则，经过分析计算，可以得到准同期并列的实际条件，条件如下：

1）允许压差不超过额定电压的 $5\%\sim10\%$。

2）允许频差不超过 $0.1\sim0.25\mathrm{Hz}$。

3）允许合闸相角差不超过 $5°$。

对 300MW 以上的大机组，准同步的实际条件则更加严格。

准同步方法可分为自动准同步和手动准同步两种方式。自动准同步方式是通过自动准同步装置来实现的。手动准同步是人工通过手动准同步装置（同步表、同期转换开关等）来实现的。由于手动准同步存在很大的缺点，相关标准规定，发电厂应装设自动准同步装置，对于手动准同步装置不强求一定要装设。大型火力发电厂一般只装设自动准同期装置。

二、同期点的选择及同期电压的引入方式

（一）同期点的选择

在发电厂中，凡是有同期并列要求的断路器都是电厂的同期点。在电厂设计初期，主接线确定之后，同期点也就随之确定了。选择同期点的原则主要是考虑电厂主接线运行方式灵活、操作简单方便。大型火电机组一般采用发变组单元接线，电气主接线采用双母线或 3/2 接线。现结合商洛电厂双母线接线说明同期点的选择原则。同期点的选择原则如下：

（1）发电机变压器组高压侧断路器为同期点。

（2）母线联络断路器为同期点。

（3）对侧有电源的线路断路器为同期点。

（4）联络变压器的三个电源侧断路器均为同期点。

（5）母线分段断路器不设为同期点。

商洛电厂主接线图如图 7-17 所示，商洛电厂为双母线接线，为运行操作方便，除启动/备用高压器高压侧断路器外，其余 330kV 断路器均为同期点。

此外，对大容量发电机组的高压厂用电系统，启动/备用厂用变压器由高压配电装置引接，或由联络变压器第三绕组引接，各断路器均有非同期可能，故厂用高压工作变压器和启动/备用变压器的断路器，应能进行同期操作，其低压侧断路器为同期点。

1. 差频并网

在发电厂中，将一台发电机与另一台发电机同步并网、一台发电机与一个电力系统的同步并网、两个电气上没有联系的电力系统并网均称为差频并网。差频并网的特点是同步点两侧电源的电压幅值、相位、频率都不同。

进行差频并网，是要在同步点两侧电压差、频率差均小于允许值时，捕获相位差为零的时机完成同步并列。

2. 同频并网

电力系统运行中，还存在着同频并网的情况。同频并网是指断路器两侧电源在电气上原本存在联系，现通过该断路器的同期再增加一条通路的操作。其主要特点是并列前同步点两侧电源电压幅值可能不同，但频率相同，且存在一个固定的相角差，这个相角差即为功角。从本质上讲，同频并网只不过是在有电气联系的两电源间再增加一条连线。

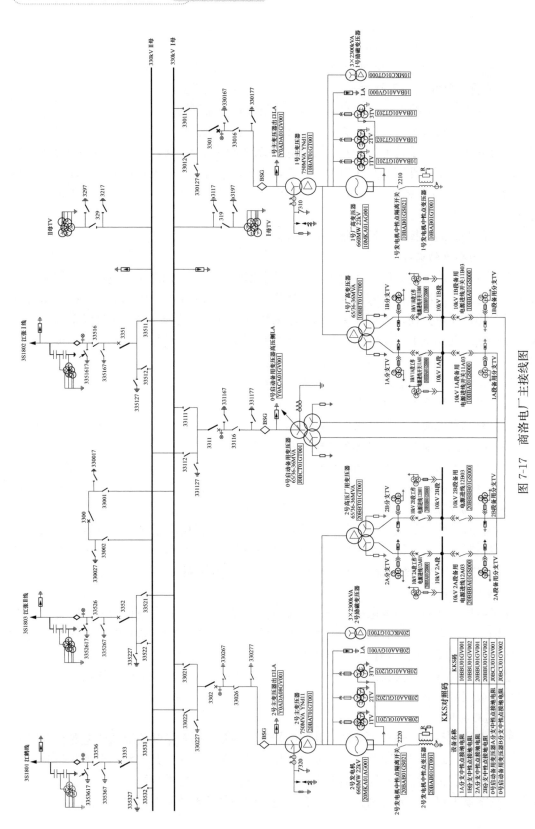

图 7-17 商洛电厂主接线图

过去在发电厂的运行实践中，没有区分同频并网和差频并网，而是认为同频并网同期点两边本来就是一个系统，只要合上断路器就可以了，没有把同频并网当作并网来看待，其结果如下：①若自动进行，不满足同步条件（电压差、相角差太大时），断路器合不上闸；若手动进行，其一是相位表停在某功角位置上不动，不存在相角差为零的机会；②若功角大于同步闭锁继电器的整定值时，合闸回路将被同步鉴定继电器 TJJ 触点断开，无法合闸。无奈之下，大多数电厂采取强行合闸，或是利用同步闭锁开关 STK 解除 TJJ 的闭锁之后再强行合闸。有些情况下强行合闸能奏效，有些情况下强行合闸失败，断路器被继电保护再次跳开。这种不加功角校核的手动同频并网可能诱发继电保护误动及系统振荡（实际运行中不乏这样的例子）。一些电厂为稳妥起见，不得不把发电机先断开，然后在无压的情况下手动合上线路，再在发电机断路器上进行自动准同步操作，这样要进行繁复的倒闸操作，延误了同步时间，浪费了大量的能源和电力，误操作还可能引起事故。因此，对于同频并网的情况，必须引起高度重视。

（二）同期电压的引入方式

发电厂的同步系统的设计，涉及以下几个方面的问题：

（1）电气主接线及其运行方式，电源侧或线路侧的同期点是同频并网还是差频并网。

（2）电压互感器的接线、接地方式。

（3）二次电压和同期点两侧电压网络的相序及相位。

根据我国电力系统的接地方式，发电厂单相同期接线的同期电压引入方式有以下几种。

1. 110kV 及以上的中性点直接接地系统

中性点直接接地系统采用的电压互感器通常有两个二次绕组，主二次绕组的相电压为 $100/\sqrt{3}$ V，辅助二次绕组的相电压为 100V。中性点直接接地系统的电压互感器如图 7-18 所示。由于中性点直接接地系统的距离保护、零序方向保护，在电压互感器主二次绕组采用零相接地时较优越，故电压互感器主二次绕组采用零相接地方式，同期系统则接入辅助二次绕组。同步电压取得方式如图 7-18（a）所示。如电压互感器有多个二次绕组，二次绕组电压均为 $100/\sqrt{3}$，其同步电压的获取方式如图 7-18（b）所示。

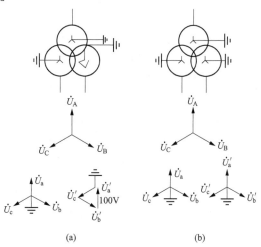

图 7-18　中性点直接接地系统的电压互感器

(a) $U_A/100/\sqrt{3}/100$V；(b) $U_A/100/\sqrt{3}/100/\sqrt{3}$ V

2. 中性点不接地或经高电阻接地系统

该系统采用的电压互感器通常有两种，一种有两个主二次绕组，主二次绕组的相电压为 $100/\sqrt{3}$ V，辅助二次绕组的相电压为 100/3V。中性点不接地系统的电压互感器如图 7-19 所示。由于中性点非直接接地，一般不装设距离保护和零序方向保护，b 相接地对保护的影响较小；又由于该系统单相接地时，中性点电压会出现偏移，所以同期系统不能用相电压，必须用线电压。为简化二次回路，一般电压互感器主二次绕组采用 b 相接地方式，同期系统从电压互感器的主二次绕组引入 100V 线电压。接线及相量图如图 7-19 所示。

3. 主变压器高、低压侧

因主变压器多为 YNd11 接线，高压侧比低压侧同相电压滞后 30°，为使两侧同步电压的相位和数值相同，如果同步装置需要接入的 TV 二次电压为 100V，高低压侧电压互感器二次绕组分别为零相接地和 b 相接地，建议高压侧接入同步系统的二次电压为电压互感器辅助绕组的电压（$-U_c$），低压侧则接电压互感器主二次绕组的线电压 U_{bc}'，YNd11 变压器两侧同步电压向量图如图 7-20 所示。

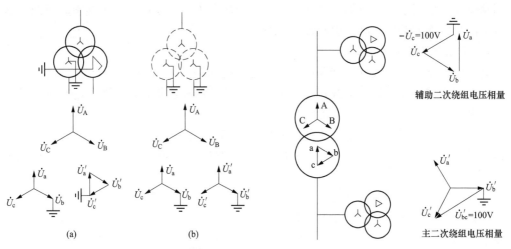

图 7-19 中性点不接地系统的电压互感器
（a）$U_A/100/\sqrt{3}/100/3\text{V}$；（b）$U_A/100/\sqrt{3}\,\text{V}$

图 7-20 YNd11 变压器两侧同步电压向量图

综上所述，根据我国电力系统的接地方式、常见的发电厂和变电站主接线、电压互感器、同步装置设备等情况，来确定单相同步接线的同步电压取得方式及向量图，单相同步接线方式及相量图见表 7-4。

表 7-4　　　　　　　　　　　单相同步接线方式及相量图

同步方式	运行系统	待并系统	说明
中性点直接接地系统母线之间	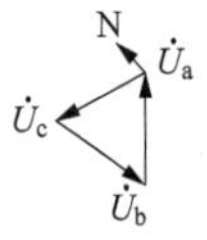		利用电压互感器接成开口三角形的辅助二次绕组的一相电压 U_{CN} 和 U_{CN}'，如商洛电厂的双母线之间的母联断路器
中性点直接接地系统线路之间	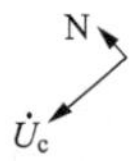	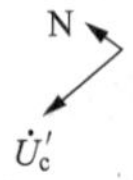	利用电压互感器接成开口三角形的辅助二次绕组 U_{CN} 和 $U_{C'N}$

续表

同步方式	运行系统	待并系统	说明
Yd11 变压器两侧断路器	$\dot{U}_c$、N（相量图）	$\dot{U}'_a$、$\dot{U}'_b$、$\dot{U}'_c$（相量图）	运行系统取电压互感器辅助绕组相电压 U_{CN}，待并系统 bc 相接地的 U_{bc}
中性点非直接接地系统	$\dot{U}_a$、$\dot{U}_b$、$\dot{U}_c$（相量图）	$\dot{U}'_a$、$\dot{U}'_b$、$\dot{U}'_c$（相量图）	电压互感器二次侧为 B 相接地，利用 U_{bc} 和 U_{bc}

应当指出，同期接线方式的选择与电压互感器的配置有关。表 7-4 是双母线接线的电压互感器配置示例图。三段母线上装设电压互感器，用于同步、母线电压及频率的测量。发变组变压器高压侧电压互感器省去，以节约投资，发变组变压器高压侧断路器的同步电压，一路取自母线电压互感器，一路取自发电机出口（主变压器低压侧）电压互感器。各出线断路器的同期电压可通过母线和线路电压互感器取得。3/2 断路器接线，其同步电压取得要复杂一些，此处略去。

（三）大容量机组发电厂的同步闭锁措施

为使同期操作可靠进行，同期系统还需要以下同步闭锁措施：

（1）每次只允许一个同期点进行同期操作，被并列的断路器之间应相互闭锁。为此，所有同期点的同期转换开关共用一个可抽出的手柄，而手柄只有在断开位置方能抽出。

（2）只允许一套同期装置工作，各同期装置之间相互闭锁。

（3）在集中同期屏或发电机控制屏上进行手动调速或调压时，应切除自动准同期装置的调速或调压回路。自动准同期和集中同期屏上的手动调速或调压装置，每次只允许对一台发电机进行调速或调压。

（4）具有工作、断开和试验三个位置的自动准同期装置的同期转换开关，在试验位置时，要切除出口回路。

当前大多数的大容量机组（单机 200MW 及以上）发电厂采用微机分散控制系统（DCS），网络控制室采用微机监控系统（NCS）。微机监控系统采用开放式分层分布网络结构。发电厂机组控制方式一般为二级控制，即厂控层和就地控制，发电厂网络控制和变电站实现站控层、就地和远方遥控的三级控制方式，同一时间只允许一种控制方式有效。对任何操作方式，应保证只有本次操作步骤完成后，才能进行下一步操作。在厂（所）站控层或远方遥控均通过人工按键实现对断路器的一对一操作，根据操作需要具有同步检定和防误操作闭锁功能，因此，被操作的断路器之间相互闭锁可以不设。

大容量发电厂机组采用 DCS 控制时，一般每台机组专设一套自动准同步装置（ASS），ASS 通过接口接入网络总线中。此时，发电机的断路器合闸有两个途径。

一个途径是由 DCS 的机组程序启动来实现，即 DCS 发出机组启动指令后，按程序要求由汽轮机电液调速器（DEH）对汽轮机进行调速，达到接近同步转速时，DCS（有些 DCS 系统由 DEH 来实现）发出指令，自动将灭磁开关合闸，并投入自动电压调整装置（AVR），由 AVR 自动调节励磁电流，使发电机机端电压接近额定值；随后，DCS 发出指令接通 ASS，ASS 对运行和待并机组的在线参数进行判断，给 DEH 和 AVR 脉冲，自动调节发电机转速和电压，ASS 按断路器的实际合闸时间整定越前时间，当满足同步条件时，将发电机断路器合闸，操作的全过程由 DCS 自动完成。

另一个途径是当发电机转速和电压接近同步条件时（可由 DEH 和 AVR 自动调节，也可由运行人员手动调节），运行人员投入 ASS，ASS 按上述途径将发电机断路器合闸，这个途径是当机组运行前 DCS 未调整好或 DCS 机组程序启动故障或停运时，运行人员干预进行同步操作。国产几种 ASS 产品的面板上有整步表，同步过程可以观察。

三、微机型自动准同步装置的原理

（一）原理特点

模拟式自动准同期装置的基本原理：以一个滑差周期 T_s 为基本检测周期，一旦压差和频差符合条件，就认为在恒定导前时间内滑差 ω_s 是不变的常数（即匀速），即认为并列操作是在发电机转速已达稳定情况时进行的，这是理想情况。实际情况是多变的，如系统频率不甚稳定或发电机转速是变化的（变速 ω_s），都会有不同程度的加速度。如系统具有较强的冲击性负荷或由于原动机和发电机的惯性，调速器的不灵敏性都会导致 ω_s 变化，可能有较大的加速度，特别对合闸时间较长的断路器，合闸瞬间相角差会很大，引起很大的冲击电流。或为了获得较稳定的 ω_s，把并列过程拉得很长，这与处在紧急和恢复状态的电力系统，希望机组快速并入的要求是相矛盾的。

随着电力系统的发展，单机容量不断增大，大机组在系统中的地位举足轻重，对同期合闸相角差要求也高，国外 600MW 以上机组要求合闸相角差为 $2°\sim4°$，因此，以匀速 ω_s 准则实现的准同期装置有一定的局限性，或者说存在缺陷。近年来，微机技术的广泛开发应用，为变速 ω_s 条件下的准同期原理的实现提供了可能。利用微机，可对复杂的数学模型进行求解计算，可考虑等加速 ω_s 和变速 ω_s 等。从原理上讲，微机型准同期并列控制系统具有如下特点：

（1）整步电压不以模拟量出现，因此不存在纹波造成的影响和元件参数变化引起的合闸相角差误差。

（2）便于考虑 ω_s 不同的变化规律，实现准确、快速捕捉同期合闸机会。

（3）以最优控制策略对待并列发电机的电压、频率，并进行调节，以加快并列过程。

（4）能准确测定并列断路器本次实时合闸时间，存储近几次断路器合闸时间，为导前时间的准确整定提供可靠依据。

（5）保证并列操作的高度可靠性，采用装置软件自诊断。

（二）微机同期装置基本原理分析

待并发电机和系统电压经变换和方波整形，使方波脉冲的幅值与原来发电机出口和系统 U_f、U_x 的幅值无关。把脉冲方波看作是逻辑变量 U_f'、U_x'，作为异或电路的输入信号，只有 U_f'、U_x' 的逻辑电平相异时电路才有输出，其输出 U_{yh} 为

$$U_{yh} = \overline{U}_f' \times U_x' + U_f' \times \overline{U}_x' \tag{7-1}$$

U_{yh}电压波形图如图 7-21 所示，它是一系列宽度和间隔不等的脉冲方波，脉冲宽度 τ_{Hi} 与两电压的相角差大小有关。δ 从 $0 \rightarrow \pi$ 时，τ_{Hi} 从零变化到最大，δ 从 $\pi \rightarrow 2\pi$ 时，τ_{Hi} 从最大变到零。U_{yh}脉冲宽度是按 T_s 周期性变化的。

1. 可根据 U_{yh} 规律判断 δ 所处的角度区间

为分析清楚，将 U_{yh} 波形放大，U_{yh} 波形分析如图 7-22 所示。设发电机方波的周期为 $T_f = 1/f_f$，脉冲宽度 $\tau_f = 1/2T_f$；系统方波的周期为 $T_x = 1/f_x$，脉冲宽度 $\tau_x = 1/2T_x$；U_{yh} 的脉冲宽度为 τ_{Hi}，间隔为 τ_{Li}，可根据 U_{yh} 相邻两个脉冲宽度和间隔变化值来判断 δ 所处区间。

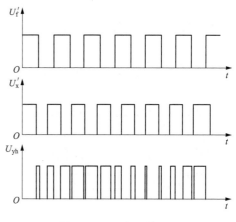

图 7-21　U_{yh}电压波形图

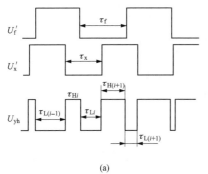 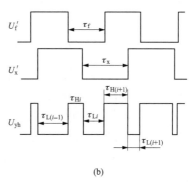

图 7-22　U_{yh}波形分析
(a) $f_f < f_x$；(b) $f_f > f_x$

若满足式（7-2）或式（7-3）的条件，则可判断出 δ 在 $0 \rightarrow \pi$ 区间。

$$\Delta\tau_{H(i-1)} = \tau_{Hi} - \tau_{H(i-1)} > 0 \tag{7-2}$$

$$\Delta\tau_{L(i-1)} = \tau_{Li} - \tau_{L(i-1)} < 0 \tag{7-3}$$

若满足式（7-4）或式（7-5）的条件，则 δ 在 $\pi \rightarrow 2\pi$ 区间。

$$\Delta\tau_{H(i-1)} = \tau_{Hi} - \tau_{H(i-1)} < 0 \tag{7-4}$$

$$\Delta\tau_{L(i-1)} = \tau_{Li} - \tau_{L(i-1)} > 0 \tag{7-5}$$

断路器合闸命令的发出应在 $\pi \rightarrow 2\pi$ 区间考虑。

2. 可实时测得滑差值

微机型自动准同期装置，可以对滑差大小进行实时的精确计算，与整定值进行比较，从而得出滑差是否合格的结论。

$$\omega_s = 2\pi f_f - 2\pi f_x = \frac{2\pi}{T_f} - \frac{2\pi}{T_x} = \frac{(\tau_x - \tau_f)\pi}{\tau_f \cdot \tau_x} \tag{7-6}$$

图 7-22（a）中有以下关系：

$$\tau_x = \tau_{Hi} + \tau_{Li}, \quad \tau_f = \tau_{Li} + \tau_{H(i+1)} \tag{7-7}$$

将式（7-7）代入式（7-6）得：

$$\omega_s = (\tau_{Hi} - \tau_{H(i+1)})\pi/\tau_f \cdot \tau_x \tag{7-8}$$

图 7-22（b）中有以下关系：

$$\tau_x = \tau_{Li} + \tau_{H(i+1)}, \quad \tau_f = \tau_{Hi} + \tau_{Li} \tag{7-9}$$

将式（7-9）代入式（7-6）得：

$$\omega_s = (\tau_{H(i+1)} - \tau_{Hi})\pi/\tau_f \cdot \tau_x \tag{7-10}$$

归纳式（7-8）、式（7-10）得：

$$|\omega_s| = |(\tau_{Hi} - \tau_{H(i+1)})\pi/\tau_f \cdot \tau_x| \tag{7-11}$$

如果 τ_{Hi}、$\tau_{H(i+1)}$、τ_f、τ_x 的值用已知时钟频率 FC 的脉冲记数值 N_i、N_{i+1}、N_f、N_x 表示，则有

$$|\omega_s| = \left|\frac{(N_i/f_c - N_{i+1}/f_c)\pi}{N_f/f_c \cdot N_x/f_c}\right|$$
$$= |(N_i - N_{i+1})\pi f_c/N_f \cdot N_x| \tag{7-12}$$

另一方面，若以系统电压为基准，即 τ_x 相应于工频 180°，则 A 波形脉宽 τ_{Hi} 相应相角差 φ_i 为

$$\varphi_i = \frac{\tau_{Hi}}{\tau_x} \cdot 180° = \frac{N_i}{N_x} \cdot 180° \tag{7-13}$$

$$\omega_s = (\varphi_i - \varphi_{i-1})/\Delta t = (\varphi_i - \varphi_{i-1})/2\tau_x \tag{7-14}$$

式中 φ_i、φ_{i-1}——i、$i-1$ 计算点的角度值；

τ_x——两计算点间的时间。

根据以上关系式很容易算出滑差的大小。

可以看出，每工频半周采样一次，每半周（0.01s）就可以计算出一个 ω_s 和一个相角差，故 ω_s 可求得。

3. 计算理想的导前合闸角 φ_{dq}

常规自动准同期装置，只能在匀速滑差情况下，争取在相角差 $\varphi = 0°$ 时合闸，与发电机并列时的实际情况相去甚远，再加之技术实现上越前时间的不恒定，还有断路器合闸时间的分散性等种种因素，造成了并列时合闸相角差较大。微机型自动准同期装置，为准确描述原动机运动规律，按变速运动考虑其数学模型，合闸导前角的计算按下式进行：

$$\varphi_{dq} = \omega_s t_{dq} + \frac{1}{2} \times \frac{d\omega_s}{dt} t_{dq}^2 + \frac{1}{6} \times \frac{d^2\omega_s}{dt^2} t_{dq}^2 \tag{7-15}$$

前已述及，每半个工频信号周期可获得一个 ω_s，在微机的随机存储器 RAM 中始终保留一个 Δt 时段的 ω_s，通过计算已知时段始、末 ω_s 的差值，得到滑差的一阶导数 $d\omega_s/dt = (\omega_{sn} - \omega_{s1})/\Delta t$；同样还可以计算出已知时段始、末滑差的二阶导数 $d^2\omega_s/dt^2$，这样就具备了计算 φ_{dq} 的条件。

在频差存在的情况下，实际的相角差 φ 容易测到：即从两个 TV 二次电压 U_f、U_x 相邻同方向的过零点就可以得到两电压之间的相角差，并且每半个工频周期就可以得到一个实时的相角差 φ。

有了每个工频周期计算出来的理想导前合闸角 φ_{dq}，又有了每半个周期测量出来的实时相角差 φ，只要不断地搜索 $\varphi = \varphi_{dq}$ 的时机，一旦出现实际相角差等于理想的合闸相角差，同步装置即可发出合闸命令，使待并发电机恰好在 $\varphi = 0°$ 时并入系统。

式（7-15）中，t_{dq} 的整定值越接近于断路器的实际合闸时间，并网时的相角差就越小。为了获得断路器合闸时间的确切值，微机同期装置中设置了断路器辅助触点信号，即在发出合闸命令的同时，启动内部一个毫秒计时器，直到收到 DL 辅助触点变位信号时停止计数，这个计时值即为 DL 合闸时间。

4. 微机同期装置的均频均压原理

微机同期装置中，从压差鉴别电路鉴别出压差的数值和极性，在压差超过允许值时，对自动励磁调节器发出均压脉冲。在滑差计算电路中，获得滑差及其微分，并按某种控制原理对调速器进行均频控制。上述控制均能实时改变控制脉冲的宽度和间隔，从而使发电机快速而又平稳地达到允许同步的条件。

由于控制原理不同，各厂家的装置有所不同，有的是按照 PID 控制原理进行的，有的是按照模糊控制理论设计的，还有的是采用现代控制理论的控制器，对发电机的电压、频率实行变参数调节，提高了同期精度，也提高了并网速度。

由以上分析可以看出，微机型同期装置有如下特点：

（1）在软件上采用快速求解计算滑差及其一阶、二阶导数的微分方程，实现精确的零相角差并网。

（2）建立在机组运动方程基础上的理想导前相角的预测方法，能万无一失地捕捉到第一次出现的同步时机。

（3）按模糊控制算法实施自动均频均压控制，具有促成同步条件快速实现的良好品质。

上述特点再加之微机同期装置在软件及硬件上对合闸控制采用了多重冗余闭锁；结构上采用了全封闭式和严密的磁屏蔽措施；对输入信号进行光隔离及数字滤波，并可接受上位机以开关量的投入和切除命令等，使其特别适合在大型发电机上采用。

（三）微机型自动准同步装置硬件组成

微机型自动准同步装置具有实现差频和同频并网的两种功能，它首先判断并网模式（即差频还是同频），如为差频时则按差频并网方式处理，当判断为同频时，则按同频并网方式处理。故其适用于发电厂和变电站的全部并列点断路器可能出现的情况。

微机自动准同步装置逻辑框图如图 7-23 所示，将图中的同步装置划分为 7 个部分，第 1 部分是由微处理器、输入/输出接口构成的微计算机。第 2 部分是频差、相角差鉴别电路。第 3 部分是压差鉴别电路。第 4 部分是输入电路（开关量输入、键盘）。第 5 部分是输出电路（显示部件、继电器组）。第 6 部分是装置电源。第 7 部分是试验装置。

1. 微机

由单片机、存储（贮）器及相应的输入/输出接口电路构成。同步装置运行程序存放在程序存储器（只读存储器 EPROM）中，同步参数整定值存放在参数存储器（电可擦存储器 EE-PROM）中，装置运行过程中的采样数据、计算中间结果及最终结果存放在数据存储器（静态随机存储器 RAM）中。输入/输出接口电路为可编程并行接口，用以采集并列点选择信号、远方复位信号，断路器辅助触点信号、键盘信号、压差越限信号等开关量，并控制输出继电器实现调压、调速、合闸、报警等功能。

2. 频差、相角差鉴别电路

频差、相角差鉴别电路用以从外界输入装置的两侧 TV 二次电压中提取与相角差有关

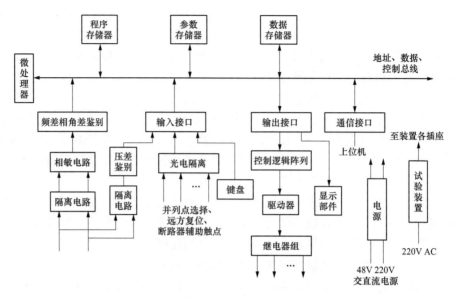

图 7-23　微机自动准同期装置逻辑框图

的量，进而实现对准同步三要素中频差及相角差的检查，以确定是否符合同步条件。如前所述，来自并列点断路器两侧 TV$_f$ 及 TV$_x$ 的二次电压经过隔离电路隔离后，通过相敏电路将正弦波转换为相同周期的矩形波，通过对矩形波电压的过零点检测，即可从频差、相角差鉴别电路中获取计算待并发电机侧及运行系统侧的频率 f_f、f_x 的信息，进而就不难获得频差 f_s（或 ω_s）。在每个工频周期中有两次过零点，故每半个周期就可以取得一个实时相角差。只要不断搜索 $\varphi = \varphi_{dq}$ 的时机，一旦出现，同步装置即可发出合闸命令，使待并发电机恰好在 $\varphi = 0°$ 时并入系统。

ω_s 和 $d\omega_s/dt$ 也是同步装置按模糊控制原理实施均频控制的依据，装置在调频过程中不断检测这两个量，进而改变控制脉冲宽度及间隔，以期用快速而又平稳的力度使待并发电机组进入允许同步条件。

3. 压差鉴别电路

压差鉴别电路用以从外部输入装置的 TV$_f$ 及 TV$_x$ 两电压互感器二次侧电压中提取压差超出整定值的数值及极性信号。该电路具有整定允许压差及检查压差极性的功能。

整定压差的内容包括允许正、负方向压差对额定电压的百分值、发电机电压对额定电压过电压保护整定值的百分值、待并发电机侧及运行系统侧的低压闭锁启动电压对额定电压百分值。低电压闭锁的作用是防止 TV 二次侧断线或熔丝熔断引起同步装置误动作。有些厂家生产的自动准同期装置的压差整定值用绝对值，这是不恰当的，因为 TV 二次侧的电压不都是在一次侧电压为额定时二次侧电压为 100V。因此，压差整定值应以 TV 二次电压的实际额定值为基值的百分数来整定。

压差的数值及极性还可作为同步装置在压差偏离允许值时对励磁调节器进行均压的依据，为快速并网创造条件。

4. 输入电路

自动准同期装置的输入信号除并列点两侧的 TV 二次电压外还要输入如下信号：

（1）并列点选择信号。自动准同步装置不论是单机型还是多机型同步装置，其参数存储器中都要预先存放好各台发电机的同步参数整定值，例如导前时间、允许频差、均频控制系数、均压控制系数等。在确定即将执行并网的并列点后，首先要通过控制台上每个并列点的同步开关（或由上位机控制的相应继电器）从同步装置的并列点选择输入端送入一个开关量信号，这样同步装置接入后（或复位后）即会调出相应的整定值，进行并网条件检测。装置可供多台发电机并网共用，但每次只能为一台发电机服务。如同时给同步装置的并列点选择输入端送上一个以上的开关量信号时，装置将会给出并列点不小于2的出错信号。

（2）断路器辅助触点信号。并列点断路器辅助触点是用来实时测量断路器合闸时间（含中间继电器动作时间）的，同步装置的导前时间整定值越是接近断路器的实际合闸时间，并网瞬间的相角差就越小，这也是要实测断路器合闸时间的理由。在同步装置发出合闸命令的同时，即启动内部的一个毫秒计时器，直到装置回收到断路器辅助触点的变位信号后停止计时，这个计时值即为断路器合闸时间。断路器主触头的动作不一定和辅助触点同步，因此，这种测量合闸时间的方法是存在误差的。弥补的办法是将由录波器在并网时通过记录的脉振电压及同步装置合闸继电器触点动作的波形图得到断路器精确合闸时间，与由辅助触点测出的合闸时间的差值在软件上进行修正。也可通过同步瞬间并列点两侧电压的突变这一信息，精确计算出断路器合闸时间。

（3）远方复位信号。复位是使微机从头再执行程序的一项操作，同步装置在自检或工作过程中，如果出现硬件、软件问题或受干扰都可能导致出错或死机。此时可通过按一下装置面板上的复位按钮或设在控制台上的远方复位按钮使装置复位，复位后装置可能又正常工作了也可能仍旧显示出错或死机。前者说明是装置受短暂的干扰，而本身无故障，后者则是装置有故障应检查。

复位的另一作用是在同步装置处在经常带电工作方式时，如果要使其再启动，则需通过进行一次复位操作。因同步装置在上次完成并网后，程序进入循环显示断路器合闸时间状态，直到接到一次复位命令后才又重新开始新一轮的并网操作。

（4）面板的按键及拨码开关。同步装置面板上装有若干按键和开关，这些开关按键也是开关量形式的输入量，与前述输入开关量不同的不是由装置对外的插座输入，而是由装置面板直接输入到并行输入接口电路。分别实现均压功能、均频功能、同步点选择、参数整定、频率显示以及外接信号源类别。

（5）输出电路。微机自动准同步装置的输出电路分为4类，第1类是控制类，实现自动装置对发电机组的均压、均频和合闸控制。第2类是信号类，装置异常及电源消失报警。第3类是录波类，对外提供反映同步过程的电量进行录波。第4类是显示类，供使用人员监视装置工况、实时参数、整定值及异常情况等提示信息。

控制命令由加速、减速、升压、降压、合闸、同步闭锁等继电器执行，同步闭锁继电器是在进行装置试验时闭锁合闸回路的。所有继电器的触点断开容量为 220V DC，0.5A，如直接驱动被控对象触点容量不够，应加装外部从动继电器，如用于合闸回路，可考虑选用大功率高抗扰 MOS 无触点继电器，这种继电器断开容量为 250V DC，2A，在 100ms 内可过载到 5A。

装置异常及失电信号也是由继电器发出，同步装置的任何软件和硬件故障都将启动报警继电器动作，触发中央音响信号，具体故障类别同时在同步装置的显示器上显示。

为了评价同步装置参数整定值设置的正确性，需要在同步装置并网过程中进行录波，脉振电压及同步装置合闸出口继电器触点能最确切地描述并网过程。因此，这两个电量是同步装置供录波用的输出量。

同步装置面板上有两个显示部件，一个用来指示并网过程的相角差变化，也有反映滑差的极性和大小的同步表；另一个显示器主要用来显示参数整定值、频差及压差越限状况、出错信息、待并发电机及系统频率等。

（6）电源。自动准同步装置使用专门设计的广域交直流两用高频开关电源。电源可由48～250V交直流电源供电。装置内部因电路隔离的需要，使用了若干个不共地的直流电源。选择并列点的外部同步开关触点（或继电器触点），取用由装置中的一个不与其他电源共地的直流电压作驱动光电隔离器的电源，以免产生干扰。

（7）试验装置。为便于进行自动准同步装置的试验，提供了专用的试验开发装置，或装置内部自带试验模块，试验装置功能如下：

1）产生模拟待并侧及系统侧TV二次电压的信号，电压调节范围为45～140V。

2）有多路模拟多个并列点同步开关触点的同步点选择开关。

3）由多个按键组成的控制键盘可实现设置或修改同步参数整定值；修改并列点断路器编号；检查同步装置的全部开关、按键、数码管、发光二极管、继电器、同步表是否正常。

配合同步装置内部的可调频的工频信号源即可对同步装置进行全面的检查及试验。试验装置作为电站的试验设备，可供全厂自动准同步装置共用。

（四）微机自动准同期装置实现的功能

微机自动准同期装置可实现以下功能：

1. 能适应TV的不同相别和电压

即装置不依赖外部转角电路和相电压及线电压的转换电路，可任意选择TV次级电压的额定值，额定值是100V或$100V/\sqrt{3}$，并具有自动转角功能。

2. 具有良好的均频与均压控制品质

同步装置的均频与均压控制应具备自适应的控制品质。它们应根据频差和压差的绝对偏差及其变化率随时调整控制力度，以期快速且平滑地使偏差值达到整定范围。

对汽轮机，逆向无功和有功功率是有害的，因此同步装置在实施控制时应能设置成不产生逆功率的控制方式。

3. 确保在相角差为零时同步合闸

算法的精确和快速确保了在相角差为零时同步合闸。强调同期合闸的精度、速度，无论是对同步发电机组还是对电力系统都有着非常重要的意义，同期装置的原理和技术研究也是围绕"提高精度、加快速度"这个主题展开的。

4. 不失时机地捕获第一次出现的同步时机

同步装置必须在算法上确保能捕获第一次出现的同步时机，而不能像那些模拟式同步装置靠碰运气。同步快速性的重要意义不仅在事故情况下显得很重要，同时也能获得良好的经济性。

5. 具备低压和高压闭锁功能

系统事故会引起电压下降和升高，TV 断线或熔丝熔断会导致同步装置误判断，此时都应使同步装置进入闭锁状态，以避免产生后果严重的误同步。

6. 能及时消除同步过程中的同频状态

同步装置在差频并网时，如发电机与系统频率相同或很相近时是不能并网的，即使此时相角差保持在 0°也不能同步。这是因为一旦同步装置发出合闸脉冲后相角差又拉大了，就会造成大的冲击。因此，同步装置在检测到并列点两侧电压同频时必须控制发电机调速器，破坏当前的同频状态。一般应进行加速控制，以免同步时出现逆有功功率。

7. 具备接入发电厂分布式控制系统（DCS）和变电站微机监控系统（SNCS）的通信功能

对 DCS 而言，自动准同步装置（ASS）就是它的一个控制器，ASS 通过现场总线与上位计算机相连。上位机可根据工序流程启动或退出同步装置，并在同步过程中获取必要的信息构造生动的画面，使远在集控室的值班员能监视到同步的全过程。

8. 能自动在线测量并列点断路器合闸回路动作时间

恒定导前时间是自动准同步装置的重要整定值，它关系到同步时的冲击大小。仅靠电厂在断路器检修时所测得的数据是不准确的，因随着断路器运行时间的加长，其数值会发生变化。而且导前时间还应包含合闸回路中其他环节（如中间继电器，接触器等）的动作时间。因此，同步装置具有在线测量合闸回路动作时间就尤为重要。

9. 具有更多便于设计和使用的功能

（1）自动转角功能。

（2）复合同步表功能。

（3）调试校验功能。

（4）检查外接电路的功能。

（5）提供录波的相关电量。

（五）自动准同步装置的同步二次接线

以 SID-2CM 型微机同期装置为例，介绍自动准同步装置的同步二次接线，SID-2CM 型微机同期装置接线图（交流回路）、SID-2CM 型微机同期装置接线图（直流回路）分别如图 7-24、图 7-25 所示。

图 7-24 为交流回路接线图，其中 DTK12 继电器将发电机出口电压信号及系统侧电压信号引入装置；信号回路可发出断路器自动准同期合闸信号、微机同期回路失电、微机同期装置故障等信号；在同期条件不满足时，可以通过 AVR 进行增磁、减磁调节，通过 DEH 进行增速、减速调节。

图 7-25 是直流控制回路接线图，同期装置由电厂 DCS 来启动。当满足启动条件时，中间继电器 DTK11、DTK12 线圈通电，DTK11 接点接通，给同期装置上电；DTK12 的接点则将待并发电机电压和系统电压分别接入装置的 3、5 端子和 4、6 端子，即将同期电

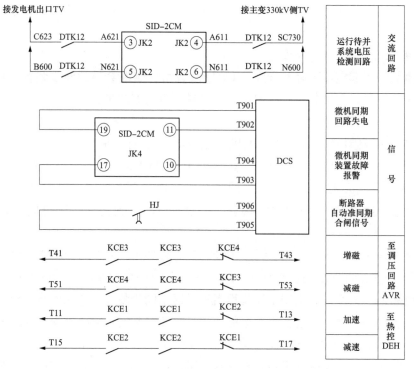

图 7-24 SID-2CM 型微机同期装置接线图（交流回路）

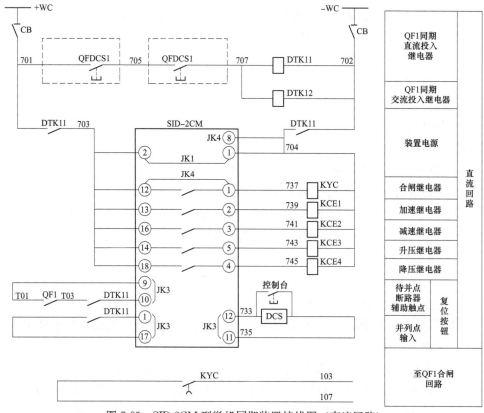

图 7-25 SID-2CM 型微机同期装置接线图（直流回路）

压引入装置，在装置内部进行同期条件的检查。若满足同期条件，则装置的 JK4-12、JK4-1 接点接通，合闸继电器 KYC 通电，使断路器 QF1 合闸。若不满足同期条件，装置将通过 KCE1、KCE2 至热控 DEH 对发电机进行加速或减速；装置也可通过 KCE3、KCE4 至调压回路 AVR，对发电机进行升压或降压。

图 7-25 中的 KYC、KCE1、KCE2、KCE3、KCE4 是外接电磁型中间继电器，如合闸及均频、均压控制回路的负载不大于 250V DC，0.5A，则可由同步装置直接驱动被控对象。

JK3-9、JK3-10 接入的是待并断路器的辅助触点信号，用以测量断路器的合闸时间。JK3-1、JK3-17 是并列点输入信号。本装置可以接入 8 台发电机断路器的并列信号。JK3-11、JK3-12 接远方复位信号，与分散控制系统 DCS 相接。

SID-2CM 型微机同期装置失电、故障报警信号都通过机组 DCS 反映至集控中心（或单元控制室），断路器同期合闸信号也同样通过 DCS 反映。

第四节 厂用电的切换装置

一、概述

（一）大型机组厂用电切换的重要性

发电厂中，厂用电的安全可靠关系到发电机组、电厂乃至整个电力系统的安全运行。以往厂用电切换大都采用工作电源断路器的辅助接点直接（或经低压继电器、延时继电器）启动备用电源投入。这种方式未经同步检定，厂用电动机易受冲击。合上备用电源时，母线残压与备用电源电压之间的相角差已接近 $180°$，将会对电动机造成过大的冲击。若经过延时，待母线残压衰减到一定幅值后再投入备用电源，由于断电时间过长，母线电压和电机的转速均下降过大，备用电源合上后，电动机组的自启动电流很大，母线电压将可能难以恢复，从而对电厂的锅炉系统的稳定性造成严重的危害。

近几年，随着大型机组的迅速发展，高压电动机的容量增大很多，300～600MW 机组的高压电机容量可达 5500～6300kW。如某 300MW 电厂的电动给水泵为 5500kW，锅炉风机为 2250kW。如果厂用电切换仍采用慢速切换装置时，大容量电动机在断电后电压衰减较慢，残余电压的幅值很大，如残压较大时重新来电（即投入备用电源），电动机将因受到冲击而损坏；对机炉运行热工参数影响极大，可能造成机炉运行不稳定。因此，迫切需要采用快切装置来实现厂用电的切换。国内外都已经在大机组厂用电切换中采用快切技术和装置，下面从大机组厂用电接线特点入手，对快切装置原理及功能进行分析。

（二）大型机组厂用电源一次接线原理及特点

单台机组厂用电接线图（660MW 机组）如图 7-26 所示。每机组设置一台高压工作变压器，每台高压工作变压器下设两分支，分别接 10kV 工作段；两台机组设置一台启动/备用变压器，启动/备用变压器下设两分支分别接 10kV 备用段。两段备用段再接入相对应的工作段。

660MW 机组厂用电的特点是每台机组设置两段工作段，每一工作段上均有两路电源供电，一路来自高压工作变压器分支电源，另一路来自启动/备用变压器分支或备用段电源，以保证工作电源事故时，由工作电源切换到备用电源供电，或备用电源事故时，由备用电源切换到工作电源供电。

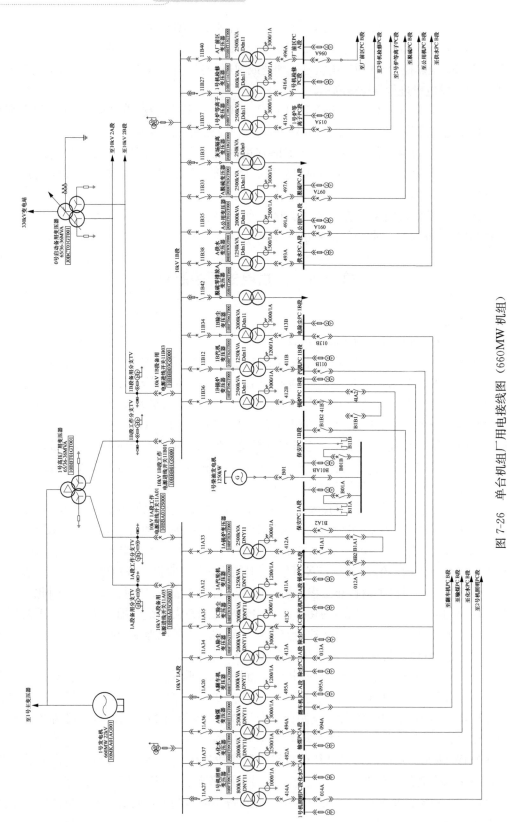

图 7-26 单台机组厂用电接线图（660MW 机组）

在发电机开机之前，它的辅机应首先启动起来，此时辅机的启动电源要靠启动/备用电源；而在发电机并网发电之后，发电机的各种辅机的工作电源都应来自本机组，即各机组带自己的厂用负荷。当发电机需要正常停机时，应首先将厂用负荷切换至启动/备用电源，以保证发电机的安全停机；当在发电机运行过程中，由于事故导致厂用电源突然失去时，应该由厂用电的快速切换装置迅速将厂用负荷切换至备用电源。以上这个过程称之为厂用电的切换。厂用电的切换是发电机正常开、停机时的必然过程，快速切换也是厂用电源失去时的必然要求。

二、厂用电快速切换装置基本功能

厂用电源的控制方式及切换方式分为两种。一种方式为在常规大板屏上控制，采用硬接线，一对一控制，红绿灯监视，切换方式为由一般的继电器实现慢速切换方式或由专用的快速装置实现快速切换方式，这种方式常用于过去300MW机组的设计。另一方式为在计算机分散控制系统（DCS）中控制，切换方式为由DCS和专用的快速装置实现快速切换，这种方式多用于近几年300MW机组和600MW机组的设计。

（一）正常切换

通过控制屏（台）上开关，完成从工作电源到备用电源，或从备用电源到工作电源的切换，切换方式有串联切换和并联切换两种方式，通过控制屏（台）上串并联选择开关可以选择切换方式。

（1）串联切换（也称相继切换）。装置启动后，先跳开工作（备用）电源，如果同期条件满足，则自动合上备用（工作）电源。如果同期条件不满足，装置自动转入慢速切换，待母线残压条件满足后再合上备用（工作）电源。

切换时间即为备用电源断路器的合闸时间；切换条件是采用快速分合的断路器。

（2）并联切换（也称搭接切换）。并联切换又分为自动和半自动两种方式。装置启动，经同期检查后，先合上备用（工作）电源，确认合闸成功后，再自动（手动）跳开工作（备用）电源。

切换过程不停电，无扰动；厂用工作电源与备用电源之间的初始相角不能太大，否则不能并联切换。

（二）事故切换

通过反映工作电源故障的保护出口启动快切装置，完成从工作电源至备用电源的单方向切换，切换方式也有串联和并联切换两种方式。其切换过程和正常切换过程基本相同。

（三）不正常切换

不正常切换是由母线非故障性低压引起的切换，只能由工作电源切换至备用电源。不正常切换分为工作电源断路器误跳和母线三相电压持续低于整定值的时间超过设定时间两种情况。不正常切换的切换方式及切换过程与事故切换相同。

（四）保护闭锁

为防止备用电源切换到故障母线，将反映母线故障的保护出口接入快切装置，当保护动作时，关闭装置所有切换出口。

（五）闭锁出口

通过控制屏（台）上开关，关闭装置跳合闸出口。

三、快速切换的有关问题

(一) 初始相角问题

在厂用电源快速切换中，由于厂用工作和启动/备用变压器的引接方式不同，它们之间往往有不同的阻抗。厂用工作与启动/备用变压器的引接方式如图 7-27 所示。

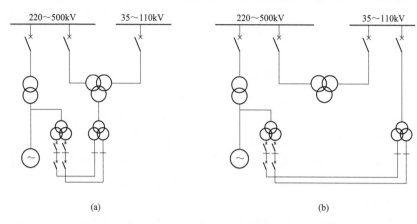

图 7-27 厂用工作与启动/备用变压器的引接方式

(a) 联络变压器低压绕组引接启动/备用电源；(b) 中压母线引接启动/备用电源

当联络变压器 220~500kV 侧断路器断开后，两电源之间所接的变压器阻抗差异很大，这些变压器带上负荷时，两个电源之间的电压将存在一定的相位差，这相位差称为初始相角。初始相角的存在，使手动并联切换时，两台变压器之间要产生环流，环流过大时对变压器是不利的。若在事故自动切换时，初始相角将增加备用电源电压与残压之间的角度，从而增大实现快速切换的困难。初始相角为 20°时，环流的幅值大约等于变压器的额定电流，在切换的短时内，该环流不会给变压器带来危害。如果厂用工作与启动/备用变压器的引接可能使它们之间的夹角超过 20°时，厂用备用电源切换装置和手动切换时均应加同步检查继电器闭锁。同步检查继电器可与快速自动切换回路公用，也可单独装设。

(二) 断路器合闸时间要求

快速切换是基于快速真空断路器而言的。在快速切换的接线中，备用电源自动投入装置是由保护启动的，当工作电源故障时，发电机变压器组的保护动作，保护出口继电器同时启动工作电源断路器跳闸和启动/备用变压器的断路器合闸，这种接线方式大大地缩短了自动投入时间。其切换停电时间不会超过断路器合闸时间或短暂供电搭接时间，一般在使用快速切换时，断路器合闸时间要求小于 0.07~0.08s。

(三) 两台变压器瞬时并联问题

在快速切换过程中，可能有两台变压器瞬时并联的情况存在，如果在工作厂用变压器低压绕组和它的断路器之间发生故障时，可能引起备用电源分支断路器侧继电保护启动。因此，备用电源分支断路器的保护装置要考虑一定的延时，不应跳开备用电源断路器。

(四) 断路器遮断容量的考虑

在切换期间出现并列，一般情况下通过断路器的电流不会超过其额定值，除非在并列期间母线馈线断路器之一发生短路。在这种情况下，流过断路器的电流将超过其额定关合电流，但由于厂用变压器供给的电流已在切断过程中，所以遮断容量一般不会被超过。

（五）启动/备用变压器供给两台及以上机组的电源的情况

启动/备用变压器供给两台及以上机组的电源时（如商洛电厂厂用电系统），分支断路器应各自装设由运行人员选择的切换开关。厂用分支母线故障，分支断路器保护动作跳开备用电源断路器不能再进行自动投入，若厂用母线装设母线保护时，母线保护动作也不允许备用电源自动投入。

四、快速切换装置举例

微机型备用电源快速切换装置是专门为解决厂用电的安全运行而研制的。采用该装置后，可避免备用电源电压与母线残压在相角、频率相差过大时合闸而对电机造成冲击，如失去快速切换的机会，则装置自动转为同期判别或残压切换及长延时的慢速切换，同时在电压跌落过程中，可按延时甩去部分非重要负荷，以利于重要辅机的自启动。提高厂用电切换的成功率。

随着真空及 SF$_6$ 快速开关的广泛使用，厂用电源采用新一代的快速切换装置已毋庸置疑。下面分几个方面对 WBKQ-01B 微机备用电源快速切换装置原理加以介绍。

（一）装置简介

WBKQ-01B 是国电南京自动化股份有限公司（简称国电南自）在原有 WBKQ-01 的基础上改进、完善的新一代备用电源快速切换装置。该装置改进了测频、测相回路，运用32位单片机强大的运算功能采用软件进行测量，提高了装置在切换暂态过程中测频、测相的准确性、可靠性。该装置采用了特殊的软件算法，保证了工作电源（或备用电源）与母线电源不同频率时的采样、计算的准确性。装置采用免调试理念设计，所有的补偿采用软件进行调整，重要参数采用密码锁管理，大屏幕中文图形化显示，使得用户对厂用电源的各种运行参数一目了然。厂用电源故障时，实时测量相角差速度及加速度，实现同期判别功能。内置独立的通信、打印机管理单元，使得多台装置可共享一台打印机，与电厂 DCS 或监控系统轻松连接。

（二）主要功能

（1）正常情况下实现工作、备用电源之间的手动双向切换。

（2）故障情况下实现工作至备用电源的快速、同期判别、残压、长延时单向切换。

（3）串联、并联、同时三种切换方式可供选择。

（4）低电压、残压、长延时失电、开关偷跳及其他开关量引起的事故切换。

（5）三段式定时限低压减载。

（6）事故投切时启动备用分支后加速保护功能。

（7）母线 TV 小车检修闭锁低电压切换功能。

（8）TV 断线报警。

（9）多种闭锁功能。

（10）事故追忆、打印及完善的录波功能。

（11）支持多种通信方式和硬件 GPS 对时功能。

（三）装置切换原理说明

装置切换方式分类如图 7-28 所示。

1. 正常切换

手动切换是指电厂正常工况时，手动切换工作电源与备用电源。这种方式可由工作电

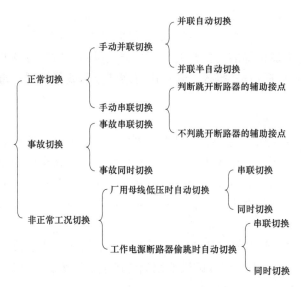

图 7-28　装置切换方式分类

源切换至备用电源，也可由备用电源切换至工作电源。它主要用于发电机起、停机时的厂用电切换。该功能由手动启动，在控制台或装置面板上均可操作。手动切换可分为并联切换及串联切换。

（1）手动并联切换。手动并联切换逻辑示意图如图 7-29 所示。

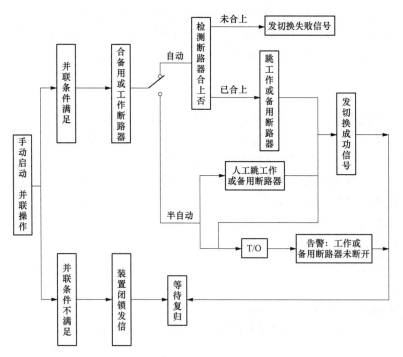

图 7-29　手动并联切换逻辑示意图

1）并联自动切换。并联自动指手动启动切换，如并联切换条件满足要求，装置先合备用（工作）断路器，经一定延时后再自动跳开工作（备用）断路器。如果在该段延时内，刚合上的备用（工作）断路器被跳开，则装置不再自动跳开工作（备用）断路器。如果手动启动后并联切换条件不满足，装置将立即闭锁且发闭锁信号，等待复归。

2）并联半自动切换。并联半自动指手动启动切换，如并联切换条件满足要求，装置先合备用（工作）断路器，而跳开工作（备用）断路器的操作则由人工完成。如果在规定时间内，操作人员仍未跳开工作（备用）断路器，装置将发告警信号。如果手动启动后并联切换条件不满足，装置将立即闭锁且发闭锁信号，等待复归。

手动并联切换需要注意以下问题：①手动并联切换只有在两电源并联条件满足时才能实现，并联条件可在装置中整定。②两电源并列条件满足是指两电源电压差小于整定值；两电源频率差小于整定值；两电源相角差小于整定值；工作、备用电源开关任意一个在合位、一个在分位；目标电源电压大于所设定的电压；母线 TV 正常。

（2）手动串联切换。手动串联切换逻辑示意图如图 7-30 所示。手动串联切换指手动启动切换，先跳开工作（备用）电源断路器，待切换条件满足后，合上备用（工作）电源断路器。该切换有快速、同期判别、残压及长延时四种切换条件。快速切换不成功时自动转入同期判别、残压及长延时切换。

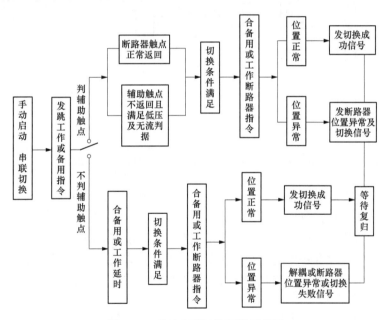

图 7-30 手动串联切换逻辑示意图

跳开工作（备用）电源断路器后对所跳开断路器辅助接点的判别有两种方式：

1）判断路器辅助触点。当断路器辅助触点正常返回时，按手动切换逻辑切换。如断路器辅助触点不能正常返回，考虑到该切换为手动切换，当断路器辅助触点经一段时间不能正常返回且满足低压及无流判据时，可自动转入快速、同期判别、残压及长延时切换。

2）不判断路器辅助触点。该种方式是指发跳开工作（备用）电源断路器命令后，不等断路器辅助触点返回，在切换条件满足时，发合备用（工作）断路器命令。如断路器合闸时间小于断路器跳闸时间，自动在发合闸命令前加所整定的延时以保证断路器先分后合。切换操作完成后，如断路器位置正常，发切换成功信号，如断路器位置异常，此时如用户提供工作、备用分支 TA 时，装置可正确解耦及发断路器位置异常及切换失败信号。如用户不提供工作、备用分支 TA 时装置发断路器位置异常及切换成功信号，提醒用户进行人工干预。

2. 事故切换

事故切换指由发变组保护（或因工作电源故障保护）触点启动，单向操作，只能由工作电源切向备用电源。事故切换有两种方式可供选择。

（1）事故串联切换。事故及非正常工况串联切换逻辑示意图如图 7-31 所示。由保护触点启动，先跳开工作电源断路器，在确认工作电源断路器已跳开且切换条件满足时，合上备用电源断路器。

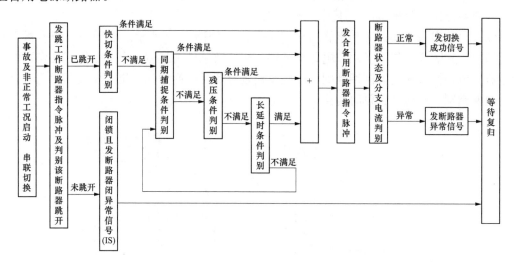

图 7-31 事故及非正常工况串联切换逻辑示意图

该切换有快速、同期判别、残压及长延时四种切换条件，当快速切换不成功时自动转入同期判别、残压及长延时切换。

（2）事故同时切换。由保护触点启动，先发跳工作电源断路器指令，在切换条件满足时（或经用户延时）发合备用电源断路器命令。该切换有快速、同期判别、残压及长延时四种切换条件，快速切换不成功时自动转入同期判别、残压及长延时切换。

3. 非正常工况切换

非正常工况切换是指装置检测到不正常运行情况时自行启动，单向操作，只能由工作电源切向备用电源。该切换有以下两种情况。

（1）厂用母线低压时自动切换。当厂用母线三线电压均低于整定值且时间大于所整定延时定值时，装置根据选定方式进行串联或同时切换。事故及非正常工况同时切换逻辑示意图如图 7-32 所示。

该切换有快速、同期判别、残压及长延时四种切换条件，快速切换不成功时自动转入同期判别、残压及长延时切换。

（2）工作电源断路器偷跳时自动切换。因各种原因（包括人为误操作）引起工作电源断路器误跳开，装置可根据选定方式进行串联或同时切换（图 7-31、图 7-32）。

该切换有快速、同期判别、残压及长延时四种切换条件，快速切换不成功时自动转入

358

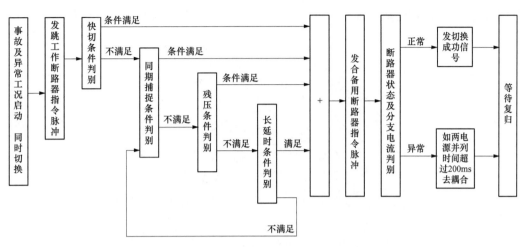

图 7-32　事故及非正常工况同时切换逻辑示意

同期判别、残压及长延时切换。

4. 低压减载功能

装置可提供三段式定时限低压减载出口功能。该功能的设置主要为了在厂用母线电压降低时，先逐级切除部分非重要辅机，以保证重要辅机能正常自启动。

5. 快速切换、同期判别切换、残压切换及长延时切换说明

大量大容量的厂用电动机在工作电源消失后还有一个复杂的残压衰减过程，这个电动机群在失压后惰转所产生的残压，其电压和频率在不断下降，且与备用电源间的相角差也在不断变化，这种变化规律与电动机的类型、数量、负载性质等有关，电动机在备用电源切换时电路的等值电路及相量图如图 7-33 所示。

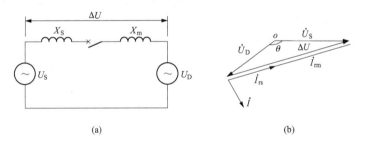

(a)　　　　　　　　　　　　　(b)

图 7-33　电动机备用电源切换时的等值电路和相量图

(a) 等值电路图；(b) 相量图

U_S—电源电压；U_D—母线上电动机残压；X_S—电源等值电抗；

X_m—母线上电动机和低压负载的等值电抗（折算到高压厂用母线）；

ΔU—电源电压和残压之间的差拍电压

由图 7-33 可看出，在投入备用电源时，必将面临备用电源电压 U_S 与工作母线残压 U_D 的冲撞。图中 θ 是 U_S 与 U_D 的相角差，随着残压 U_D 的频率下降，θ 将不断由 0° 增大到 180°，再到 360°，如此下去。图中 ΔU 是 U_S 和 U_D 的差拍电压，即 U_S 与 U_D 的相量和，由于 θ 不断在变，残压 U_D 不断在降低，因此 ΔU 也不断在变。如 $\theta=180°$，ΔU 最大，如果此时投入备用电源，对电动机的冲击最严重。根据母线上成组电动机的残压特性和电动机

耐受电流的能力，在极坐标上可绘出残压特性曲线，残压特性曲线如图 7-34 所示。

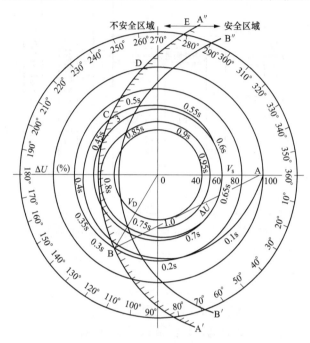

图 7-34 残压特性曲线

厂用电源母线上重新合上电源时，电动机上的电压 U_m 为

$$U_m = \Delta U \frac{X_m}{X_s + X_m} \tag{7-16}$$

式中 X_m——工作母线上电动机组和低压负荷折算到高压厂用母线电压后的等值电抗；

X_s——备用电源的等值电抗；

ΔU——备用电源电压与电动机群残压之间的差拍电压。

令电动机启动时的允许电压为电动机的额定电压 U_{DN} 的 1.1 倍，可得出

$$U_m = \Delta U \frac{X_m}{X_s + X_m} = 1.1 U_{DN} \tag{7-17}$$

$$\frac{\Delta U}{U_{DN}} = \frac{1.1(X_s + X_m)}{X_m} \tag{7-18}$$

令

$$K = \frac{X_m}{X_s + X_m} \tag{7-19}$$

则有

$$\Delta U(\%) = \frac{1.1}{K} \tag{7-20}$$

系数 K 的取值与电动机群的类别、数量及负荷有关，电动机数量越多，K 越小。根据经验取一个情况较严重时的值，$K=0.67$，计算得 $\Delta U(\%)=1.64$，即在差拍电压为额定电压的 1.64 倍以内时进行电动机群的自启动。图 7-34 中，以 A 为圆心，以 1.64 为半径绘出 $A'A''$ 弧线，其右侧为厂用备用电源投入的安全区域，在残压曲线 AB 段实现电源切换称之为快速切换。而在图 7-34 中的 C 点（0.47s）以后进行同期判别切换，对电动机

也是安全的。等残压衰减到 $20\%\sim40\%$ 实现的切换,称之为残压切换,后两种情况统称为慢速切换。

(1) 快速切换。式 (7-19) 中的 K 与机组负荷有关,负荷轻时会切除一些辅机。切除部分电动机后,X_m 增加,K 也增加,ΔU 则减少,此时在图 7-34 中,以较小的 $\Delta U(\%)$ 画出的圆弧就向 $A'A''$ 曲线右侧移动,如图中的 $B'B''$ 曲线。据有关资料分析,按 $K=0.67$ 作出的允许极限是最危险的,因此 K 应该取一个较大的数值,对同期判别及其他慢速切换,$\Delta U(\%)$ 取 110%;对快速切换,$\Delta U(\%)$ 取 100%,如 $\Delta U(\%)$ 取 100%,则从图 7-34 可看出此时残压与备用电源之间的相位差约为 $65°$,此时如开关的固有时间为 100ms,则合开关的指令约需提前 $40°$,即残压向量与母线电压向量夹角为 $25°$ 以内时实现的快速切换对电动机是安全的。

(2) 同期判别切换。在 WBKQ-01B 厂用电源快速切换装置中,厂用电源母线电压(事故切换时为残压)的采样采用了自动频率跟踪技术,各电源电压的频率、相位及相位差采用软件测量,使得残压幅值计算的准确性及各相位计算的准确性、可靠性得到了有效保证。在同期判别过程中,装置计算出目标电源与残压之间相角差速度及加速度,按照设定的目标电源开关的合闸时间进行计算得出合闸提前量,从而保障了在残压与目标电压向量在第一次相位重合时合闸。减小了对厂用旋转负载的冲击。

设某时刻残压与目标电源角差速度 $V(°/\text{ms})$,加速度为 $A(°/\text{ms})$,目标电源开关的固有合闸时间为 $T(\text{ms})$,则目标开关发合闸指令的提前角度为

$$\theta = V \times T + 0.5 \times A \times T^2 \tag{7-21}$$

设当前残压与目标电源之间相位差为 ψ,则同时满足以下条件:① $|360° - (\psi + \theta)| = \xi$;② $\psi \geqslant 180°$ 且第一次过反相点;③ ξ 为一固定小值时,装置发合目标电源开关指令,实现同期判别切换功能。

(3) 残压切换。当母线电压(残压)下降至 $20\%\sim40\%$ 额定电压时实现的切换称为残压切换,该切换可作为快速切换及同期判别功能的后备,以提高厂用电切换的成功率。

(4) 长延时切换。当某些情况下,母线上的残压有可能不易衰减,此时如残压定值设置不当,可能会推迟或不再进行合闸操作。因此在该装置中另设了长延时切换功能,作为以上三种切换的总后备。

(5) 快速切换及同期判别的几点说明。采用快速切换及同期判别的目的是为了在厂用母线失去工作电源或工作电源故障时能可靠、快速地将备用电源切换至厂用母线上,而从以往快切装置反馈的信息看,往往是快切装置正确动作,而备用电源因速断或过电流保护动作而跳开,从某种意义上说,此时的切换也是失败的。究其原因主要是备用电源速断及过电流保护定值整定的依据往往为躲过变压器励磁涌流及所带负荷中需自启动的电动机最大启动电流之和。根据经验,快速切换及同期判别切换一般在 0.5s 左右完成,如果切换期间母线残压衰减较快,所带负荷中的非重要辅机可能还来不及退出,如此时合上备用电源,所有辅机将一起自启动,引起启动/备用变压器过电流,其值可能超过过电流定值,甚至达到速断定值。为避免出现上述情况,在快速切换及同期判别时,分别增加了母线电压的判据(可通过控制字投退)。当母线电压小于定值时不再进行快速切换或同期判别切换,等切除部分非重要辅机后再进行残压或长延时切换,提高厂用电切换的成功率。

另外,由于厂用工作和启动/备用变压器的引接方式不同,它们之间往往有不同的阻

抗，当变压器带上负荷时，两电源之间的电压将存在一定的相位差，这个相位差通常称作初始相角。在手动并联切换时，初始相角的存在使两台变压器之间产生环流，此环流过大时，对变压器是十分有害的，如在事故自动切换时，初始相角将增加备用电源电压与残压之间的角度，使实现快速切换更为困难。初始相角为20°时，环流的幅值大约等于变压器的额定电流，在切换的短时内，该环流不会给变压器带来危害。因此在厂用工作与启动/备用变压器的引线可能使它们之间的夹角超过20°时，在手动并联半自动的切换方式下，虽然装置可通过软件进行相角调整，但该方式仍需慎用（此时可采用手动并联全自动或手动串联切换方式进行）。

（6）启动后加速保护功能。装置内提供了备用分支后加速保护及过电流保护功能，在事故切换合备用电源开关的同时，在设定的后加速有效时间内提供速断保护功能，分支过电流功能长期有效。

同时装置也给出一对信号接点，用于投入变压器分支保护装置的后加速保护，接点闭合时间为设定的后加速有效时间。

6. 装置闭锁及报警功能

（1）保护闭锁。为防止备用电源投入故障母线，装置提供了保护闭锁接口回路，当某些保护动作时（如工作分支过电流、厂用母差等），装置将自动闭锁出口回路，同时发出闭锁信号并等待复归。

（2）出口闭锁。当装置因软连接片退出或控制台闭锁装置出口时，装置将闭锁出口并给出出口闭锁信号，如装置软连接片投入或控制台解除闭锁时，装置将自动解除闭锁，恢复正常运行。

（3）TV断线闭锁。当厂用母线TV断线时，装置将自动闭锁低电压切换功能且发TV断线信号，如TV恢复正常时，装置将自动解除闭锁，恢复正常运行。

（4）快速切换功能闭锁装置提供了快速切换功能闭锁接口回路，如有必要，可引入外部开关量触点启动，装置启动后不再进行快速切换判别，直接进入同期判别切换或残压及长延时切换。

（5）目标电源低压。当工作或备用电源电压低于整定值时，装置将发低压信号。当工作电源投入，备用电源电压低时，装置将自动闭锁出口回路，且发闭锁信号，直到电源电压恢复正常后，自动解除闭锁，恢复正常运行。

（6）母线TV检修及TV辅助触点断开闭锁。当母线TV检修连接片退出及TV辅助触点断开时，装置将自动闭锁低电压切换功能。当恢复正常时，自动恢复低电压切换功能。

（7）装置故障。装置运行时，软件将自动地对装置的重要部件，如CPU、FLASH、EEPROM、AD、装置内部电源电压、继电器出口回路等进行动态自检，一旦有故障将立即报警。

（8）断路器位置异常及去耦合。装置在正常运行时，将不停地对工作和备用断路器的状态进行监视，装置在正常运行情况下，工作、备用断路器应一个在合位，另一个在分位。如检测到断路器位置异常（工作断路器误跳除外），装置将闭锁出口回路，且发断路器位置异常信号，如在切换过程中，在一定时间内该跳的断路器未跳开或该合的断路器未合上，装置将根据不同的切换方式进行不同的处理并给出断路器位置异常信号。

如在事故同时切换或并联切换中，该跳的断路器未能跳开，造成两电源并列时，装置将执行去耦合功能，跳开刚合上的断路器。

（9）等待复归。在以下几种情况下，需对装置进行复归操作，以备进行下一次操作：①进行了一次切换操作后；②发出闭锁信号后，且为不可自恢复；③发生装置故障情况后（直流消失除外）。

此时，装置将不响应任何外部操作及启动信号，只能手动复归解除。如故障或闭锁信号仍存在，需待故障或闭锁消除后才能复归。

7. 事件记录、事故记录、录波、通信及 GPS 对时和打印

（1）事件记录。装置一旦运行，所有事件信息（装置上电、接点闭锁、断路器变位、电压低、装置启动等）都将进行记录保存，且不因装置失电而丢失。该记录最大可保存1000 条。记录格式为时间（包括毫秒）、事件信息。

（2）事故记录。装置一旦启动切换（包括手动启动），装置将记录启动时间、本次切换的所有定值、投退标志、分支电压、分支电流、残压、频差、相差及其他相关信息。

（3）录波。装置启动切换后，对启动前 1s，启动后 3s 的电压、电流进行实时录波（每周波 20 采样点）。如果装置在启动切换 3s 后仍未能完成切换，则装置对发合闸脉冲指令前 0.5s，后 1.5s 的电压、电流进行实时录波。录波数据掉电不丢失。

（4）通信及 GPS 对时。装置通过通信管理插件对所有其他的快切装置进行联网通信，包括与上微机或 DCS 系统进行通信，通信管理插件还可实现打印机共享打印功能。快切装置不仅可通过通信进行对时，还预留了硬件 GPS 对时接口，可与 GPS 进行精确对时。

（5）打印。装置配置了通信管理插件及共享打印机，装置可将所有的事件记录、事故记录，以及录波信息以一定的方式打印出来，供用户进行分析、研究。

第五节　电力系统稳定控制装置

一、稳定控制装置概述

随着区域性发电厂的单机容量的增大，以及超高压输电网络的形成，电厂与系统间的联系电抗也随之增大，加之大容量机组的惯性时间常数相对较小，系统的稳定水平受到影响。在当前电网建设水平下，一般只能保证常见运行方式发生单相永久性故障情况下的稳定水平，有可能造成特殊运行方式下发生单相永久性故障使运行机组失步的严重后果。因此，采取有效的稳定措施是十分必要的。

从电厂侧来看，提高暂态稳定的措施有多种，如切机、快关汽门、加速切除故障、快速励磁控制、电气制动等。一般情况下，除电厂出线始端发生三相短路必须采取切机减功率外，其他的单一故障，可以通过快关汽门来达到电网稳定运行的目的。

用以保证电力系统安全稳定运行，防止系统频率和电压崩溃的控制装置称为系统安全稳定控制装置。电力系统应不断充实和完善安全措施，加强安全稳定控制装置的管理。新投产的发输变电设备及其接入系统配套工程，必须具备完善的安全措施和必要的安全稳定控制装置。

系统安全稳定控制装置一般包括发电机自动调节励磁装置及电力系统静态稳定

器（PSS）、切负荷装置、系统切机装置、低频减载装置、低压减载装置、低频（或低频低压）解列装置、备用电源自投装置等。将上述装置的单一功能集成为一体而形成的新型的安全稳定控制装置，可以实现多种功能，并可实现安全稳定策略的优化分析。本节通过对典型系统的分析来说明安全稳定控制系统的原理。

二、安全稳定紧急控制装置的原理及功能

安全稳定紧急控制装置是当电力系统由于扰动进入紧急状态或极端紧急状态，为防止系统稳定破坏、运行参数严重超出规定范围以及事故进一步扩大引起大范围停电而进行的控制。适用于电网暂态稳定控制、电压频率紧急控制、系统解列、切机切负荷等需要紧急控制的场合。

（一）安全稳定紧急控制装置的基本原理

安全稳定紧急控制装置的基本原理如图 7-35 所示。该装置引入发电厂母线电压、出线电流以及发电机的出口电流，根据测量到的电压和电流实时计算正常运行时的潮流以及线路和机组的运行状态，在线路过负荷时发出报警信号及自动关小主汽门。在系统静态稳定储备不足时，发出信号，提示运行人员注意。在线路发生故障时独立地判断故障距离、故障类型，来预测扰动消除后的网络拓扑，预测系统暂态稳定性并快速选择合适的机组进行切机控制。对动态稳定的监视、失步检出、解列进行控制，保证电厂和系统之间不发生失步振荡。

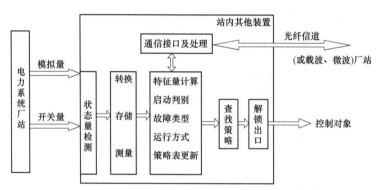

图 7-35　安全稳定紧急控制装置的基本原理

1. 测量原理

安全稳定紧急控制装置影响面大，其动作行为以及在线方式下控制策略表的确定都取决于测量的精度和速度，因此测量显得尤为重要。电压、电流、功率（U、I、P、Q）、频率及相角测量根据不同周波间电压取样，通过快速算法用软件算出，测量精度高、速度快、简单可靠，完全能够满足紧急控制装置对频率测量的要求。

2. 装置启动原理

装置设置的启动组件有电流突变量、功率突变量、过电流、频率变化率、频率高或低、低电压等，每个组件都可以用控制字或压板投入或退出，以适应不同的安全稳定控制场合（区域稳控系统、电压稳定、频率稳定等），其中任一启动组件动作，都使启动继电器动作。

（二）安全稳定紧急控制装置的硬件构成

稳定控制的目标是确保电网在事故状态下的安全性与稳定性，要实现这一目标，必须能够反应以下内容：①扰动前全系统的网络拓扑、开机方式及运行状态；②扰动对全系统各机组的影响；③扰动清除后全系统的网络拓扑、开机方式的变化。

针对控制要求，装置硬件一般采用模块化设计，且留有足够的扩展位置，以适应电网发展和现场的运行维护的要求。

1. 线路前置机

故障处理期间，机组单元时刻监视发电机投切情况，将结果传送给管理机，作为后台机切机、解列执行结果的监视手段。

2. 通信管理机

通信管理机是整个装置系统的管理中心，是前置机和后台机进行信息交换的枢纽。并且和前置机、后台机之间进行互检，监视各 CPU 工作的情况；同时通过机间通信，将各线路前置机单元、机组单元传送来的电压、电流和功率进行汇总、检查和预处理，然后再传送给后台机。通信管理机控制装置各前置机采样、故障处理的同步性。

3. 后台控制机

后台控制机输入的数据为经过通信管理机汇总后的电压、电流、功率和各线路及机组单元的投运信息（网络拓扑），根据这些数据和信息，实时计算本电厂对等值系统的功角及其他稳定性指标。运用电力系统模型和算法，完成静稳储备不足报警，暂态不稳定的预测以及检测系统的动态稳定性等，根据预测结果进行切机量的计算，发出切机、快关、解列、线路过负荷关主汽门等控制命令。

4. 装置的主从通信系统

由于采用在线实时计算的控制方式，计算所要使用的信息量非常大，每台前置机要将每周期计算的线路正序电压、电流、功率，线路的投运信息以及机组的输出功率和投运信息传送给通信管理机，由其将所有线路前置机和机组单元的信息进行汇总、检错、纠错处理，然后传送给后台控制机。如果将这么多的信息以串行通信的方式进行传输，显然不能够满足装置快速实时的要求。可在通信管理机与其余各前置机单元之间设一个公用 RAM 区，通过特殊的总线控制，通信管理机与各个从机对这块 RAM 区都享有读、写权利，机间通信也就靠它完成。

（三）基本功能

（1）测量厂站的出线潮流、机组功率、主变潮流及线路、发电机、变压器等断路器开关位置，母线电压及频率等。

（2）判断厂站进出线、母线、主变压器的故障状态，自动判别其故障类型。当系统发生故障时，按照事故前运行方式、故障类型，依据预定的控制策略表判别系统是否稳定及应采取的控制措施，发出切机、切负荷、解列或快关汽门等控制命令。

（3）当收到远方的故障信息或控制命令时，查找本地策略表或经本地判别后，发出相应的控制命令。

（4）若控制对象是发电机组或电力负荷，可以按要求对其进行排队，合理地选择被控对象。

（四）区域安全稳定紧急控制系统的构成

安全稳定问题一般牵涉到某个区域的多个厂站，所以又称一个区域内由多个（至少 2 个）厂站构成的安全稳定紧急控制系统为区域安全稳定紧急控制系统。区域安全稳定紧急控制系统的构成如图 7-36 所示，其一般由一个主站、若干个子站和多个执行站组成，各站之间用信道相连，相互交换系统运行信息，传送控制命令。

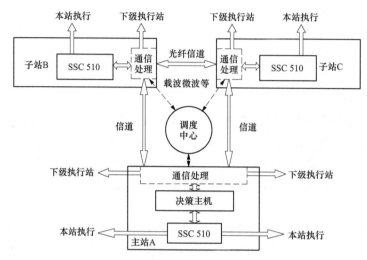

图 7-36　区域安全稳定紧急控制系统的构成

若控制策略表在线形成，则主站内要设决策主机，其作用是根据各子站及本站测量执行装置或调度 EMS 送来的实时信息，在线计算出当前运行方式下每一个预想事故的控制策略，形成控制策略表，并下发给各子站的测量执行装置。一旦有事故发生，各装置迅速查找控制策略表，确定并执行控制策略。若控制策略表离线形成，各厂站的安全稳定紧急控制装置组成一个分布式系统，站与站之间没有严格的主从之分，也无须决策主机，只需把计算出的控制策略表固化或通过整定的方式输入到各个安全稳定紧急控制装置中去。一旦有事故发生，由相关稳控装置查找策略而出口。

在区域安全稳定紧急控制系统中，通信（包括信道、协议、处理方式等）显得尤为重要。其性能好坏直接影响区域稳定紧急控制系统的可靠性和速度，进而影响到整个区域乃至更大范围的电网的安全稳定。电力系统传送数据主要采用电力线载波、微波和光纤信道。其中光纤信道在抗干扰性、带宽和速度等方面的优势使其得到越来越广泛的应用，特别是在像区域安全稳定紧急控制系统这类对抗干扰性能和速度要求很高的场合。

（五）商洛电厂稳控装置

1. 装置功能概述

商洛电厂稳控装置由装设于该厂的两套 FWK-C 型稳控装置（柜）构成，包括 1 号、2 号两面稳控柜，采用双主方式运行，并配置一面稳控通信接口柜，备用于未来电网侧的区域稳控的扩建需求。其中 A 套稳控装置对应 1 号稳控柜，调度命名为商洛电厂 FWK-C 稳控装置 1，B 套稳控装置对应 2 号稳控柜，调度命名为商洛电厂 FWK-C 稳控装置 2，以上装置统称商洛电厂稳控装置。商洛电厂稳控装置是提高商洛电厂送出能力，保证该地区电网安全稳定运行的重要设备。明确该装置的调度运行管理，可保证其安全有效地发挥作用。

2. 装置的用途

通过采取稳控切机措施，提高 330kV 江张双回＋江鹤线断面的稳定极限，解决正常及检修方式下商洛电厂两台机组送出严重受阻的问题，另外，装置还可实现高频切机功能，可快速消除电网高频事故。

装置实时监测 330kV 江张 1、2 线、江鹤线以及 1 号、2 号机变组高压侧的三相电流和电压量、330kVⅠ、Ⅱ段母线的三相电压量，进行 330kV 送出线路过载判断和电网高频事故判断，可实现以下稳控功能：

（1）330kV 线路过载控制功能。正常或检修方式下，当判出 330kV 江张 1 线、江张 2 线、江鹤线中的任一条线路接近满载时，经一定延时发该线路过负荷告警信号；当判出上述任一条线路正向过载且另两条线路中至少有一条处于停运或检修状态时，分一轮动作，切除商洛电厂序号大的一台允切机组（注：单机运行时不切机）。

（2）高频切机功能。正常或检修方式下，当判出商洛电厂 330 母线发生高频事故时，分两轮动作，第一轮切除序号大的一台允切机组；第二轮切除序号小的一台允切机组，直至系统高频事故消除（目前暂用一轮）。

第六节　故障录波装置

GB/T 14285—2006《继电保护和安全自动装置技术规程》规定，为了分析电力系统故障及继电保护和安全自动装置在事故过程中的动作情况，迅速判断线路故障的位置，在主要发电厂、220kV 及以上变电站和 110kV 重要变电站，应装设故障录波装置或其他故障记录装置。故障录波装置是一种常年投入运行、监视电力系统运行状态的自动记录装置。

一、故障录波装置的作用

故障录波装置是提高电力系统安全运行的重要自动装置。电力系统正常运行时，故障录波装置不启动录波；当系统发生故障或振荡时，故障录波装置迅速启动录波，直接记录故障或振荡过程中的电气量。故障录波装置记录的电气量，反映故障录波装置安装处与系统一次值成比例关系的电流互感器和电压互感器的二次值，是分析系统振荡和故障的可靠依据。

故障录波装置的作用如下：

（1）为正确分析故障原因、研究防范对策提供原始资料。故障录波装置记录的故障过程波形或数据，可以准确反映故障类型、相别、故障时电气量的大小、断路器的跳闸时间、保护及重合闸动作情况等，从而可以分析事故原因，研究防止对策，减少事故发生。

（2）帮助寻找故障点。根据故障录波装置记录的数据或波形，可以较准确地判断故障点，减轻巡线工人的劳动强度。微机故障录波装置判断故障点的误差在 2% 以内。

（3）帮助正确评价继电保护、自动装置、高压断路器的工作情况，及时发现这些设备的缺陷，以便消除事故隐患。根据录波资料，可以正确评价继电保护和自动装置工作情况（正确动作、误动、拒动），尤其是发生转换性故障时，故障录波装置提供的准确资料，可以帮助发现继电保护和自动装置的不足，有利于进一步改进和完善这些装置。同时，故障录波装置真实记录了断路器的情况（跳、合闸时间、拒动、跳跃、断相等），可以发现断路器存在的问题，消除隐患。

（4）便于了解系统运行情况，及时处理事故。微机型故障录波装置实时性强，能及时输出（显示）系统参数，并帮助判断事故原因，为及时处理事故提供可靠依据，从而提高了系统稳定性和供电可靠性。

（5）实测系统参数，可供分析研究振荡规律。故障录波装置可以实测某些难以用普通实验方法得到的参数，为系统有关计算提供可靠依据。在电力系统振荡时，故障录波装置可提供从振荡发生到结束全过程的数据，用以分析振荡周期、振荡中心、振荡电流和电压等问题，从而可提供防止振荡的对策。

由此可见，故障录波装置对电力系统安全运行有着十分重要的作用。同时，可加强对电力系统的认识，积累运行经验，提高运行水平。所以故障录波装置在电力系统中得到了广泛的应用。

二、微机故障录波装置的构成及功能

微机故障录波装置由硬件和软件两部分构成。

（一）硬件介绍

微机故障录波装置硬件构成如图7-37所示。微机故障录波装置采用主从分布式结构，前台工控机完成实时信号的采样及故障录波功能，后台工控机完成的主要是录波数据的分析和远传功能。

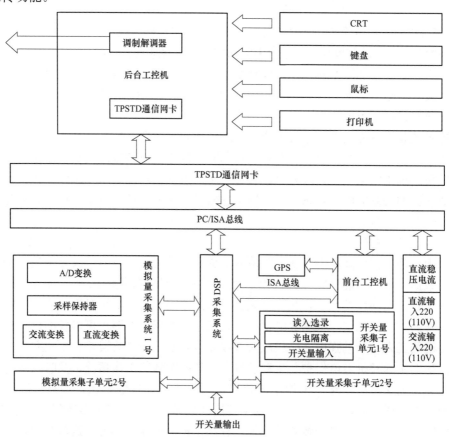

图 7-37 微机故障录波装置硬件构成

各路模拟量经交流变换插件变为 5V 弱电信号，各路开关量采样信号经过光电耦合隔离变换为高低电平，DSP 采样系统对所有模拟量、开关量进行采样，前台工控机软件以实时中断方式读取 DSP 采样数据，每次中断时间为 20ms，并以实时中断方式读取 GPS 校时信息，从而完成前台工控机的采样工作。

前台工控机通过工业标准结构（ISA）总线从 DSP 系统中读取采样数据，同时向 DSP 系统发送装置运行状态信息，DSP 系统驱动开关量输出以发光二极管、继电器信号等方式显示装置运行状态信息。前、后台工控机通过两块工业通信网卡进行数据交换，后台工控机通过调制解调器经电话或电力数据网可将故障数据文件远传至上级调度。

（1）模拟量采样保持板由采样保持电路、多路开关、16 位高速 A/D 转换器构成，模拟量采样保持板包括 32 路模拟输入量，故两块板可同时采集 64 路模拟量。

（2）开关量采样保持板可采集 64 路开关量，两块板可同时采集 128 路开关量。

（3）开关量输出变换板以发光二极管、继电器等方式显示故障录波装置的运行状态信息，其输出的主要信息有装置部件自检信号、装置运行正常信号、故障录波启动信号、打印机电源信号，同时引出两对触点供驱动事故或预告信号用。

（4）DSP 采样系统主板有两个功能：①完成 64 路模拟量、128 路开关量信号的采集工作，所得数据供前台工控机读取；②按照前台工控机发出的有关故障录波装置自身运行状态的开关量输出信息，并驱动开关量输出板以发光二极管、继电器信号等方式显示装置运行状态信息。

（5）GPS 校时系统接受户外 GPS 卫星信号，用于统一确定电力系统中各种事件发生和结束的准确时间。前台工控机通过中断方式读取 GPS 系统的校时信息。

（6）前台工控机用于读取 DSP 系统所得的采样数据、进行启动计算及保存故障数据。

（7）前台机工业通信网卡使前台机与后台机组成一个工业高速局域网。此局域网可与其他录波装置联网，形成一个各节点平等的局域网系统。同时也可与厂内其他局域网络互联，支持以太网协议。

（8）后台机通信网卡与前台机网卡配对，完成前、后台机通信。

（9）数据远传调制解调器和局域网接口用于数据远方传送，适用于调制解调器经电话线传送，或利用电力系统三级数据网传送。

（10）一体化工作台用于管理、故障数据分析、数据远传等功能。

（二）软件介绍

微机故障录波装置软件构成如图 7-38 所示。

当系统发生故障或出现异常工作状况时，前台工控机将记录故障前后一段时间的各采样量数据。其软件的主要部分是启动判据，启动判据用于 64 路模拟量和 128 路开关量在线监测过程中对实时数据进行分析计算，以判定系统是否存在各种短路故障、接地故障或异常工作状况，启动判据包含：

（1）电气量越限启动，比如电流、电压等，包括过限启动、低限启动、突变量启动和振荡启动。

（2）非电气量越限启动，可以经传感器变为直流信号。

（3）开关量启动，用于监测断路器跳、合闸及保护装置的动作状态。

（4）手动启动，用于检查装置运行状况，或监视系统正常运行时的各路电气量和非电

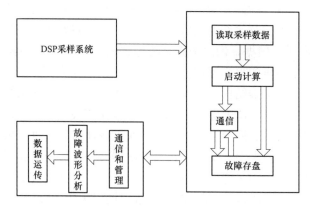

图 7-38　微机故障录波装置软件构成

气量。

（三）微机故障录波装置的特点

（1）采用分布式计算机结构，将实时与非实时任务合理分配于前、后台机，具有完善的软硬件自检功能，采用 ISA 总线结构，具有高可靠性、高抗干扰性、高数据传输率，保证装置长期稳定可靠运行。

（2）DSP 采样系统采用高速采样硬件结构。

（3）启动、计算、判据种类齐全，能有效检测各种故障及不正常运行状态，灵敏地启动录波。

（4）录波容量大，模拟量 64 路、开关量 128 路。

（5）记录时间长，并可查阅和打印输出。

（6）后台管理机采用一体化工作站，兼容性、可扩展性强并附有在线帮助，使得操作更为简单、方便。工作环境为全中文界面，并附有在线帮助，使操作更为简单方便。

（7）后台故障分析功能强大，不仅是校核保护动作行为是否正确的依据，而且可提供比保护更加详细的各种故障电气信息。

（8）后台机具有运行数据实时监控功能，并具有完善的运行数据管理功能，可提供各类运行记录报表并方便地查询和打印，还具有事故追忆功能，同时可远传数据至上级调度。

三、故障录波装置的应用

商洛电厂故障录波器共配置 4 套，其中网继室配置一套山大电力的 WDGL-VI 微机电力故障录波监测装置，用于监测 330kV 设备的电气量及开关量，包含升压站的 110V 直流系统也纳入监控。剩余三套均为国电南自的 DRL600 电力系统故障录波与测距装置，分别配置在 1 号发变组、2 号发变组、0 号启动/备用变压器系统。

现介绍 DRL600 电力系统故障录波与测距装置。该装置是广泛应用于单元接线、非单元接线、和扩大单元接线的发变组的全新一代故障录波装置。它以保护理论为指导，综合应用启动判据；以先进的计算机软硬件技术为核心，充分利用高精度的采样技术、录波储存技术和数字传输技术，使其自动完成机组故障和异常工况时的交、直流电气量数据记录，保护安全自动装置的动作顺序记录以及非电气量及热工保护装置的动作过程的记录，再现故障和异常运行时各参量的变化过程，并辅助完成故障录波数据的综合分析，作为评价继电保护动作行为、分析故障和异常运行的重要依据。

（一）硬件结构

新型的 DRL600 电力系统故障录波与测距装置结构上可分为两层，即设备层和厂站层。设备层为多 CPU 并行处理的分布式主从结构的录波装置，分为前置主机和采集子单元。前置主机采用高性能的 32 位嵌入式微处理器系统插件，两级 Watchdog 电路，完善的软、硬件自检功能；数据采集子单元采用高速数据处理的 DSP 采样系统主板。厂站层为采用 PC 工控机或一体化工作站的后台监控、分析管理机。

设备层的录波装置实现了一般通常意义上的故障录波器功能，可独立于厂站层设备单独作为故障录波器组屏运行。厂站层设备主要完成故障录波数据的分析及对故障录波装置的在线检测和管理，它既可与设备层的录波装置组屏构成多功能的单机录波与分析装置/屏，亦可放置于主控室监控台，与设备层多台机组的录波装置/屏组网，形成多机分布式厂站录波与分析系统。

1. 采集子单元

采集子单元在功能上分为模拟量采集子单元、开关量采集子单元，结构上分为信号变换输入部分、数字信号处理（DSP）采样系统主板。采集子单元以 DSP 系统为核心构成，完成模拟量、开关量的数据采集，同时判断是否启动录波，并把采集的实时数据（录波数据）送给双口 RAM 储存，由前置主机读取，作录波数据处理；采集子单元也接收前置主机及其转发的后台管理机的命令。

2. 前置主机

前置主机以高性能的 32 位嵌入式微处理器系统为核心，包括：

（1）系统主板（CPU）。在正常运行情况下，将 DSP 采样系统主板传送的采样数据存于指定的 RAM 区中，循环刷新，同时穿插进行硬件自检及与后台管理机的定时互检等工作，并通过工业以太网向后台管理机传送实时采样数据。

调试状态下，接收后台管理机下传的运行监控命令，完成相关操作。

一旦启动条件满足，则按故障记录时段的要求，进行数据记录，同时启动相关信号继电器。录波数据文件就地存放于前置机硬盘，后台管理机通信正常的情况下，可通过文件管理查阅、调存故障文件，以进一步分析故障波形。

装置具有变速率和分段录波的功能，也是由前置主机的软件功能实现的。

GPS 系统接受户外 GPS 卫星信号，用于统一确定电力系统中各种事件发生和结束的准确时间。前置主机通过中断方式读取 GPS 系统的校时信息。

（2）辅助信号板（SIGNAL）。该板将装置运行、录波、自检等状态量输出，包括录波动作信号接点输出，各种运行状态的灯光信号输出。灯光信号输出直接显示于面板，可直观明了地显示运行工况。

正常运行时，运行通信灯闪烁，启动录波时，点亮录波信号灯和正在录波灯；录波过程结束，正在录波灯自动熄灭，录波信号灯直到人工按复归按钮熄灭。系统置于调试状态时，开机上电时，全面自检主机、DSP 子单元、通信回路，自检通过时进入正常运行状态；自检出错时，点亮相关的自检出错灯，并在后台管理机屏幕显示自检未通过的主要内容。

3. 后台分析管理机

后台分析管理机一般由工控 PC 机系统构成，包含主机、显示器、鼠标及键盘等，也可选用工业一体化工作站。它通过以太网与前置主机相连接，主要完成故障录波数据的分析及对故障录波装置的在线检测和管理。在发变组正常运行时，接受故障录波装置采集的实时数据，以机组系统主接线图的形式显示发变组的各项运行参数和各开关的开合状态，并可形成曲线和报表，结合以太网全厂组网，辅助实现全厂发电运行监视 SCADA/DAS 功能，也可接入全厂 MIS 网。

（二）装置功能

1. 实时监视 SCADA/DAS 功能

（1）画面编辑。用于制作、修改机组主接线画面，并设有常用电气设备组件图库。

（2）实时数据监视。机组正常工作时，后台管理机实时监测发电机组的运行参数，并以电气主接线图的形式显示实时数据的有效值。

（3）报表管理。生成并管理各类年报、月报、日报等报表，并可定时或召唤打印。

（4）密码管理。系统设置了授权密码管理，密码设置可创建、修改和删除。

（5）修改定值。模拟量专项启动的投退及定值整定，开关量启动投退及启动方式整定。设置录波记录故障前几个周波。

（6）修改时钟。使前置主机与后台管理机人工对时。

（7）手动录波。用于检查维护装置整体的运作状态。

（8）通信远传。录波文件可集中通过后台机及调制解调器经电话线或专网远传。

2. 故障录波数据波形的分析、管理

该功能用来查看故障数据文件，将二进制数据转化为可视化波形曲线，以实现对故障波形分析。

（1）标明录波启动时间、故障发生时刻。

（2）标注故障性质、模拟量专项启动方式或某开关量启动方式。

（3）图形编辑与分析。电压、电流的幅值、峰值、有效值分析；电压、电流波形的滚动、放大、缩小、比较；同屏显示任一时段各模拟量、开关量波形，并可显示或隐藏任意一波形。

（4）输出打印录波分析报告。包括录波文件路径名、启动时间、启动方式、系统频率、模拟量波形、开关量动作情况等。

（5）录波文件管理。存取、拷贝、删除、排序等；序电压/电流的分析、显示。

（6）谐波分析。有功功率、无功功率、阻抗分析；根据所录波形，分析发电机或变压器的有功、无功分量及机端阻抗轨迹图。

（7）负序功率分析。

（8）功角分析。

（9）有效值计算与分析。

（三）录波启动和输出方式

1. 录波启动方式

（1）手动启动。人工启动故障录波装置，可就地或远方启动。用于检查装置运行状况，监测机组正常运行或启动过程中的各路电气量或非电气量的波形。

（2）开关量启动。用于监测汽轮机、锅炉、发电机、变压器、继电保护装置等各开关量（电气、非电气）状态是否发生改变。开关量可任意设定为变位启动、开启动、闭启动或不启动。

（3）模拟量启动。模拟量启动主要概括如下：①发电机内部短路启动；②发变组内部短路启动；③发电机定子绕组接地启动；④发电机低励失磁启动；⑤过励磁启动；⑥低频启动；⑦定子、转子过负荷启动；⑧逆功率启动；⑨非全相运行启动；⑩近处外部相间或接地短路启动；⑪机组振荡启动。

2. 录波记录

装置根据不同的故障类型，采用不同的时段记录数据，数据记录时段图如图 7-39 所示。

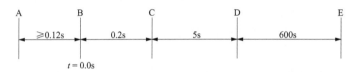

图 7-39 数据记录时段图

AB 段：0.12～5.0s 可整定，记录故障前的瞬时波形；

BC 段：0.2s，记录故障初期的瞬时波形；

CD 段：5.0s，记录故障中期的瞬时波形；

DE 段：600s，仅振荡、失步、低频等特殊工况时，记录故障长期过程数据。

主设备内部短路故障，录波按 ABC 时段进行；对特定的工况（失步、振荡、低频），录波按 ABCDE 时段进行；主设备近处外部短路故障或异常工况，录波按 ABCDE 时段进行；在录波过程中又发生不同的启动录波方式的另一种故障，录波重新按 ABCDE 时段进行。

3. 录波输出方式

所有录波数据均自动存于后台管理机或前置主机硬盘，可备份储存于另设的软驱中，以太网或标准串口通信输出，打印输出。

参 考 文 献

[1] 王晓莺. 变压器故障与监测 [M]. 北京：机械工业出版社，2004.

[2] 杨新民，杨隽琳. 电力系统微机保护培训教材 [M]. 北京：中国电力出版社，2000.

[3] 国家电力调度通信中心. 电力系统继电保护规程汇编 [M]. 北京：中国电力出版社，2000.

[4] 国家电力调度通信中心. 电力系统继电保护实用技术问答 [M]. 北京：中国电力出版社，2000.

[5] 陈生贵. 电力系统继电保护 [M]. 重庆：重庆大学出版社，2003.

[6] 王维俭. 电气主设备继电保护原理与应用 [M]. 北京：中国电力出版社，2002.

[7] 华东六省一市电机工程（电力）学会. 600MW火力发电机组培训教材—电气设备及其系统 [M]. 北京：中国电力出版社，2000.

[8] 望亭发电厂. 300MW火力发电机组运行与检修技术培训教材—电气 [M]. 北京：中国电力出版社，2002.

[9] 吴必信. 电力系统继电保护同步训练 [M]. 北京：中国电力出版社，2000.

[10] 李基成. 现代同步发电机励磁系统设计及应用 [M]. 北京：中国电力出版社，2002.

[11] 韩富春. 电力系统自动化技术 [M]. 北京：中国水利水电出版社，2003.

[12] 李火元. 电力系统继电保护与自动装置 [M]. 北京：中国电力出版社，2006.

[13] 李斌. 电力系统自动装置 [M]. 北京：高等教育出版社，2007.

[14] 卓乐友. 微机型自动准同步装置的设计和应用 [M]. 北京：中国电力出版社，2002.

[15] 何永华. 发电厂及变电站的二次回路（第二版）[M]. 北京：中国电力出版社，2016.

[16] 王颖明，李剑峰，于剑东，等. 采用微机厂用电快速切换装置应注意的几个问题 [J]. 电力自动化设备，2004，24（5）：98-100.

[17] 张保会. 电网继电保护与实时安全性控制面临的问题与需要开展的研究 [J]. 电力自动化设备，2004（7）：4-9.

[18] 沙励. 大型发电厂同期系统设计方案 [J]. 电力自动化设备，2005（2）：68-72.

[19] 安徽电力调度控制中心. 电力设备监控运行培训手册 [M]. 北京：中国电力出版社，2013.

[20] 张利燕. 电力设备用SF_6气体技术问答 [M]. 北京：中国电力出版社，2012.

[21] 毛锦庆. 电力设备继电保护技术手册 [M]. 北京：中国电力出版社，2014.

[22] 刘辉，刘光宇. 电力设备试验常见问题解析 [M]. 北京：中国电力出版社，2019.

[23] 史月涛，丁兴武，盖永光. 汽轮机设备与运行 [M]. 北京：中国电力出版社，2008.

[24] 常湧. 电气设备系统及运行 [M]. 北京：中国电力出版社，2009.

[25] 广东电网公司电力科学研究院. 电气设备及系统 [M]. 北京：中国电力出版社，2011.

[26] 徐坊降，袁明，高洪雨，等. 超（超）临界火电机组检修技术丛书—电气设备检修 [M]. 北京：中国电力出版社，2014.

[27] 姜荣武. 小型水电站运行与维护丛书—电气设备检修 [M]. 北京：中国电力出版社，2015.

[28] 周武仲. 电气设备运行技术基础 [M]. 北京：中国电力出版社，2016.